量化投资
交易模型开发与数据挖掘

韩焯 / 著

电子工业出版社
Publishing House of Electronics Industry
北京·BEIJING

内 容 简 介

本书是一本针对想在股票、期货和期权等投资市场上获取更多收益的初中级投资者的技术参考书。

本书第 1~4 章主要讲解量化投资的入门知识，包括量化投资的发展现状、量化投资的开发工具、策略回测、择时与选股策略等内容；第 5~7 章主要讲解量化对冲策略与数据挖掘，包括数据加载与收益分析、量化投资中数据挖掘的使用等内容；第 8~9 章主要讲解量化投资中的配置方法，包括资产配置和风险控制，以及量化投资中的仓位决策方法与技巧等内容；第 10~11 章主要讲解人工智能技术在量化投资中的运用，包括机器学习与遗传算法、人工智能选股模型的使用等内容。

全书内容专业，案例丰富翔实，是作者近 10 年不断在量化投资与人工智能技术领域探索的最佳结晶。

本书不仅适合初入门的投资者，也适合有一定投资经验且想深入掌握量化操作的投资者使用，还可以作为私募投资机构和券商培训机构的参考教材。

未经许可，不得以任何方式复制或抄袭本书之部分或全部内容。
版权所有，侵权必究。

图书在版编目（CIP）数据

量化投资：交易模型开发与数据挖掘 / 韩焱著.—北京：电子工业出版社，2020.1
（量化交易丛书）
ISBN 978-7-121-37586-6

Ⅰ．①量… Ⅱ．①韩… Ⅲ．①机器学习②数据处理 Ⅳ．①TP181②TP274

中国版本图书馆 CIP 数据核字（2019）第 219785 号

责任编辑：刘　伟　　　　特约编辑：田学清
印　　刷：北京盛通数码印刷有限公司
装　　订：北京盛通数码印刷有限公司
出版发行：电子工业出版社
　　　　　北京市海淀区万寿路 173 信箱　　　　　　邮编：100036
开　　本：787×980　　1/16　　　印张：30.00　　字数：600 千字
版　　次：2020 年 1 月第 1 版
印　　次：2024 年 8 月第 6 次印刷
定　　价：99.00 元

凡所购买电子工业出版社图书有缺损问题，请向购买书店调换。若书店售缺，请与本社发行部联系，联系及邮购电话：（010）88254888，88258888。
质量投诉请发邮件至 zlts@phei.com.cn，盗版侵权举报请发邮件到 dbqq@phei.com.cn。
本书咨询联系方式：010-51260888-819，faq@phei.com.cn。

推荐序一

散户亏钱的原因不是不懂基本面，也不是不懂技术面，而是克服不了人性的弱点，而量化交易以先进的数学计算模型代替个人的主观判断，能够避免贪婪、恐惧、侥幸等让投资者亏钱的人性弱点，其在国内外市场上受到了很多人的追捧，这一定也是未来研究股票交易策略的发展方向。

我个人很早就听说过量化交易，但一直没怎么在意，直到2016年我们营业部发行了一款基于量化交易的私募基金，到2018年结束的时候，两年时间该基金盈利超过20%。而每个投资者都知道，2016年—2018年的市场行情是什么样的，很多中小板股票跌幅达60%~70%，从那以后，我对量化交易产生了很大的兴趣。

而对量化交易有更深的认识是来自网上的一段话，大意是"在AlphaGo战胜李世石的那个夜晚，疲惫的李世石早早睡下，而AlphaGo又和自己下了100万盘围棋。第二天当太阳照常升起的时候，李世石还是李世石，而AlphaGo已经变成完全不同的存在，从此以后人类可能再无获胜的机会。人工智能不再是科幻电影里的画面，不再是新闻标题，它正在以一个我们不可想象的速度改变我们的生活"。

受以上两件事的影响，我们营业部确定了大力发展量化交易类私募基金产品的方向，随后调研了许多人工智能和量化交易类的私募基金，并查看了很多相关资料，最后得出一个结论：凡是在总结经验有用的领域，人类可能将永远失去机会。简单来说，对同一种病症，即便是三甲医院的医生，一辈子可能也就能看上万张X光片（我觉得这还是往多了说的），而使用人工智能，可能一晚上就能看上千万张，更重要的是，它还不会因为生活中的琐事而影响自己的判断。

股票交易恰好处在一个总结经验有用的领域中，我认识一个私募界前辈，他从5万元起家，通过权证、股指期货、股票交易等赢得了几亿元的身家。他给我分享成功经历时，有一段话使我印象非常深刻，"1997年刚开始炒股时，买不起电脑，每周六到报刊亭买《中国证券报》，上面有当时几百只股票的日K线图，周末时就反复看这些图，预测下周可能的走势，等下周再买新的报纸，把真实的走势和当时自己的预测进行比较，看了半年后，基本上就没有再亏过钱，后来赚的几亿元也是当时打下的坚实基础"。因此，我相信人工智能和量化交易将在股票市场中大放异彩。

市场上有很多关于量化交易的参考书，但大家仔细去看就会发现，作者大部分来自计算机行业或高校，这些书理论上没有问题，对想要学习量化交易的投资者也会起到一定的作用，但我觉得总是缺了一点什么——这些人或者不懂交易原理，或者不懂交易心理。

而本书作者，我的好朋友韩燕先生，是一个从散户成长起来的私募基金经理，作为散户他知道普通投资者容易犯哪些错误，他成功就是因为他反思并修正了这些错误；作为基金经理，他懂得机构是如何进行投资决策的。在本书中，他结合自己的投资经验，给出了很多交易策略，可以说其中有一些就是他投资盈利的"真家伙"，很多人可能不相信有人会把自己赖以生存的东西无私地拿出来分享。这里，我想和大家说的是：真正的投资者无论是做价值投资，还是做技术投资，都是非常纯粹并乐于分享的人，如股神巴菲特、传奇基金经理彼得·林奇等，都用其一生的时间给所有股票投资者树立了一个良好的榜样——与投资者分享他们的方法，甚至他们买的股票品种等。可是真正能从中获益的人并不多。究其原因，就是很多人为了方法而方法，没有真正掌握他们所说的方法中的使用技巧，本书将这些技巧进行了详细说明，期望对读者有所帮助。

你相信什么，就会看到什么，最终也会得到什么。我相信，在不远的将来，未来股票市场中量化交易的交易量将达到50%以上，到时候市场上分为两种人：懂量化交易的和不懂量化交易的。如果你是那个不懂量化交易的人，就如同拿着木棒的原始人与一批武装到牙齿的数字化士兵在战斗，你凭什么获胜？

因此，无论你是散户，还是机构投资者，或者和我一样是证券公司的从业人员，只要有志于学习和了解量化交易，这本书你一定要读，因为这是市面上十分接地气的一本量化交易专业类书籍。

张云龙

东北证券北京三里河东路证券营业部

财富总监

推荐序二

量化投资作为一门投资的方法论及应用技术，在国外成熟市场已经有几十年的成功应用与靓丽业绩。应韩焱先生之邀为本书作序，感到很荣幸。国内资本市场形成之初的十几年，由于交易规则、技术条件、投资品种、资产管理等方面均处于起步阶段，量化投资的应用相当有限。随着国内市场的逐步开放与技术进步，尤其是大量诸如金融期货、期权等新的投资品种上市交易，伴随着交易技术的自动化执行，量化投资在策略开发端与交易执行端等投资核心环节，日益受到重视，大量以量化投资为核心业务的资产管理公司也如雨后春笋般涌现出来。

韩焱先生在本书中一一列举了量化投资对于传统投资的优势与改进策略，包括但不限于量化投资在数据样本、精确度、准确度等方面质的提升，以及可供交易的策略类型、数量的大幅度增加。同时，本书也对量化投资的产生、发展与兴盛，在时间维度上进行了阐述，对量化投资在国内外实践应用过程中的一些有代表性的具体案例进行了深入说明。

量化投资是一个系统性的思维、设计、研发与决策实施的过程，包括策略、交易、风险控制等诸多核心内容。本书作者以当下流行的Python语言作为量化投资的程序设计语言，结合通联数据公司提供的优矿量化投资平台，对于多种不同类型与目标的量化投资策略进行了详细解说，其中有传统的因子、择时策略，也有基于机器学习的智能化策略，还有风险与资金管理技术。

处于量化投资起步阶段的国内资本市场，投资者面临更多的是机遇，一本好书能为读者带来正确的投资观与执行方法。韩煮先生笔耕不辍而成此书，也希望本书能指导国内有志于研究量化投资技术、从事量化投资行业的读者进入一片新的领域。

童少鹏

北京市金融发展促进中心

首都经济贸易大学

量化金融研究中心研究员

推荐序三

人工智能作为当前信息社会中的热词，其深度学习、机器学习和神经网络等技术在各个领域都得到了广泛的应用，尤其是在金融领域，应用更为深入。

作为当今的投资者，在常规理财的基础上，最好了解一些多品种、多策略的投资理财方式。例如，基金、股票、外汇等多资产配置手段。小到一件商品在不同商店的差价，大到全球经济一体化背景下的跨国贸易，以及在资本市场进行股票、期货和大宗商品等套利交易，也都是投资的一种手段。投资者要想在投资市场博取利润，必须学会降低投资风险，提升投资收益率。而要想有效地捕捉这种非对称信息下的投资机会，尽可能地降低投资风险，就对数据的统计分析有很大的挑战，由此也使得人工智能显得日益重要。

当下，散户机构化是资本市场的一个发展趋势，机构投资者凭借雄厚的资本实力和丰富的投资经验，借助计算机的运算能力，在人工智能化的趋势下逐渐催生出纷繁复杂的量化投资模型。在这个过程中，无论是公募、私募等机构投资者，还是很多个人投资者，量化投资作为一种专业化的投资方式已经不再陌生，并在资本市场的推动下一步步地扩散并深入人心。量化投资领域中应用较为广泛的人工智能技术的不断发展，进一步推动了量化投资策略的逐步完善，很多机构也从简单的技术选股到多因子选股，再到通过计算机的大数据获取与挖掘，逐步形成了独特而有效的量化投资模型。

量化投资模型一般具备如下特点：
- 能使用多层次的量化模型观察海量数据，进而捕捉投资机会。
- 能够依靠概率取胜，如定量投资从历史数据中挖掘有望在未来重复的历史规律，以及大概率获胜的投资策略。量化投资模型是依靠筛选出的股票组合取胜的，而不是依靠一只或几只股票取胜，从投资组合的理念来看也是捕获大概率获胜的股票。
- 能严格地执行量化投资模型所给出的投资建议，克服了人性的弱点。
- 能准确客观地评价交易机会，克服主观情绪的一些偏差，通过全面、系统性扫描捕捉错误定价和错误估值带来的机会。
- 能及时而快速地跟踪市场变化，不断发现能够提供超额收益的新统计模型，寻找新的交易机会。

以上这些量化投资的特点，其实也是我们在投资中需要克服的弱点。那么，如何更加有效地克服这些弱点呢？韩煮先生根据多年的投资经验与量化研究，在本书中给出了精彩的答案。

本书开篇先回顾了量化投资研究发展中的几个过程，并在中间给出了量化投资策略设计的相关思路，包括择时、对冲、风险控制和回测等内容，还指出了人工智能中的数据挖掘、神经网络、机器学习等技术应用于相应投资中的问题与解决方法。我们知道，人工智能各种技术的应用，都需要大量的底层数据，作者在介绍数据获取时也说明了各种数据的获取渠道和清洗方法。韩煮先生指出，得益于移动互联网的快速发展与互联网的宽带化，各种物联网技术的快速发展及源源不断产生的数据，都为人工智能催生的量化投资的发展打下了坚实的基础。

韩煮先生的这本书，不失为当前量化技术丛书中的一抹彩虹，相比市面上琳琅满目的书籍，更具实用价值。韩煮先生凭借自身对量化投资知识的多年投资经验和研究，很多观点见解独到，以过去洞察未来，引导读者认清量化投资技术的真正含义，内容深入浅出，既有专业的介绍，又有通俗的语言。特别是他通过多年的实践和研究及生动的案例得出的结论，以及直言不讳地分享在量化投资应用中的一些弯路更让人钦佩，只有理论和实践相结合才能真正及时发现问题，并给出具有可行性的解决方案，由此给读者带来更大的启发。

本书不仅适用于各类初级投资者，对有一定投资基础且想进行资产配置的投资者也是很好的参考书，书中的投资思想和量化投资策略适用于股票、期货、期权等各类资产配置。他山之石，可以攻玉。愿这本书能为投资者带来不一样的体会与感悟，更愿本书能为投资机构提供更多的参考与帮助。

韩 勇

中信建投证券机构业务部副总裁

目 录

第1章 量化投资入门 1
1.1 量化投资概述 1
1.2 量化投资与传统投资的比较 2
1.2.1 两种投资策略简介 2
1.2.2 量化投资相对于传统投资的主要优势 2
1.3 量化投资的国外发展现状及国内投资市场未来展望 4
1.3.1 量化金融和理论的建立过程 4
1.3.2 国外量化投资基金的发展历史 5
1.3.3 国内量化投资基金的发展历史 8
1.3.4 国内投资市场的未来展望 8
1.4 突发汇率、加息、商誉的应对方法 9
1.4.1 突发汇率变化和加息的应对方法 10
1.4.2 面对商誉减值的应对方法 12

第2章 量化投资策略的设计思路 17
2.1 量化投资策略的研发流程 18
2.2 量化投资策略的可行性研究 20
2.3 量化平台常用语言——Python 22
2.3.1 Python 简介 22
2.3.2 量化基础语法及数据结构 23
2.3.3 量化中函数的定义及使用方法 40

         2.3.4 面向对象编程 OOP 的定义及使用方法 43
         2.3.5 itertools 的使用方法 48
    2.4 量化投资工具——Matplotlib 51
         2.4.1 Matplotlib 基础知识 52
         2.4.2 Matplotlib 可视化工具基础 56
         2.4.3 Matplotlib 子画布及 loc 的使用方法 58
    2.5 Matplotlib 绘制 K 线图的方法 61
         2.5.1 安装财经数据接口包（TuShare）和绘图包（mpl_finance） 61
         2.5.2 绘制 K 线图示例 62

第 3 章 量化投资策略回测 65
    3.1 选择回测平台的技巧 65
         3.1.1 根据个人特点选择回测平台 66
         3.1.2 回测平台的使用方法与技巧 66
    3.2 调用金融数据库中的数据 68
         3.2.1 历史数据库的调取 68
         3.2.2 数据库的分析方法与技巧 72
    3.3 回测与实际业绩预期偏差的调试方法 74
    3.4 设置回测参数 75
         3.4.1 start 和 end 回测起止时间 75
         3.4.2 universe 证券池 76
         3.4.3 benchmark 参考基准 78
         3.4.4 freq 和 refresh_rate 策略运行频率 78
    3.5 账户设置 83
         3.5.1 accounts 账户配置 83
         3.5.2 AccountConfig 账户配置 85
    3.6 策略基本方法 88
    3.7 策略运行环境 89
         3.7.1 now 90
         3.7.2 current_date 90
         3.7.3 previous_date 91

          3.7.4   current_minute 91
          3.7.5   current_price 92
          3.7.6   get_account 93
          3.7.7   get_universe 93
          3.7.8   transfer_cash 95
   3.8 获取和调用数据 96
          3.8.1   history 96
          3.8.2   get_symbol_history 103
          3.8.3   get_attribute_history 105
          3.8.4   DataAPI 107
   3.9 账户相关属性 107
          3.9.1   下单函数 107
          3.9.2   获取账户信息 115
   3.10 策略结果展示 120
   3.11 批量回测 122

第4章　量化投资择时策略与选股策略的推进方法 125

   4.1 多因子选股策略 125
          4.1.1   多因子模型基本方法 125
          4.1.2   单因子分析流程 126
          4.1.3   多因子（对冲）策略逻辑 134
          4.1.4   多因子（裸多）策略逻辑 139
   4.2 多因子选股技巧 141
          4.2.1   定义股票池 141
          4.2.2   指标选股 144
          4.2.3   指标排序 145
          4.2.4   查看选股 146
          4.2.5   交易配置 147
          4.2.6   策略回测 147
   4.3 择时——均线趋势策略 148
          4.3.1   格兰维尔八大法则 149

	4.3.2 双均线交易系统	150
4.4	择时——移动平均线模型	151
	4.4.1 MA 模型的性质	151
	4.4.2 MA 的阶次判定	153
	4.4.3 建模和预测	154
4.5	择时——自回归策略	155
	4.5.1 AR(p)模型的特征根及平稳性检验	156
	4.5.2 AR(p)模型的定阶	158
4.6	择时——均线混合策略	163
	4.6.1 识别 ARMA 模型阶次	164
	4.6.2 ARIMA 模型	167

第 5 章 量化对冲策略 174

5.1	宏观对冲策略	174
	5.1.1 美林时钟	175
	5.1.2 宏观对冲策略特征	178
5.2	微观对冲策略：股票投资中的 Alpha 策略和配对交易	178
	5.2.1 配对交易策略	178
	5.2.2 配对交易策略之协整策略	185
	5.2.3 市场中性 Alpha 策略简介	202
	5.2.4 AlphaHorizon 单因子分析模块	203
5.3	数据加载	204
	5.3.1 uqer 数据获取函数	204
	5.3.2 通过 uqer 获取数据	209
	5.3.3 因子数据简单处理	211
5.4	AlphaHorizon 因子分析——数据格式化	213
5.5	收益分析	214
	5.5.1 因子选股的分位数组合超额收益	214
	5.5.2 等权做多多头分位、做空空头分位收益率分析策略	217
	5.5.3 等权做多多头分位累计净值计算	220
	5.5.4 多头分位组合实际净值走势图	221

  5.5.5 以因子值加权构建组合 222
 5.6 信息系数分析 223
  5.6.1 因子信息系数时间序列 223
  5.6.2 因子信息系数数据分布特征 224
  5.6.3 因子信息系数月度热点图 225
  5.6.4 因子信息系数衰减分析 226
 5.7 换手率、因子自相关性分析 227
 5.8 分类行业分析 228
 5.9 总结性分析数据 231
 5.10 AlphaHorizon 完整分析模板 233

第 6 章 数据挖掘 241

 6.1 数据挖掘分类模式 241
 6.2 数据挖掘之神经网络 242
  6.2.1 循环神经网络数据的准备和处理 243
  6.2.2 获取因子的原始数据值和股价涨跌数据 243
  6.2.3 对数据进行去极值、中性化、标准化处理 246
  6.2.4 利用不同模型对因子进行合成 256
  6.2.5 合成因子效果的分析和比较 269
  6.2.6 投资组合的构建和回测 270
  6.2.7 不同模型的回测指标比较 282
 6.3 决策树 295
  6.3.1 决策树原始数据 295
  6.3.2 决策树基本组成 296
  6.3.3 ID3 算法 297
  6.3.4 决策树剪枝 302
 6.4 联机分析处理 303
 6.5 数据可视化 304

第 7 章 量化投资中数据挖掘的使用方法 306

 7.1 SOM 神经网络 306
 7.2 SOM 神经网络结构 307

7.3 利用 SOM 模型对股票进行分析的方法 308
　7.3.1 SOM 模型中的数据处理 308
　7.3.2 SOM 模型实验 309
　7.3.3 SOM 模型实验结果 310

第8章 量化投资的资产配置和风险控制 311

8.1 资产配置的定义及分类 311
8.2 资产配置杠杆的使用 312
　8.2.1 宏观杠杆实例 312
　8.2.2 微观杠杆实例 313
8.3 资产配置策略 314
　8.3.1 最小方差组合简介 314
　8.3.2 经典资产配置 B-L 模型 322
8.4 风险平价配置方法的理论与实践 335
　8.4.1 风险平价配置方法的基本理念 335
　8.4.2 风险平价配置理论介绍 335
8.5 资产风险的来源 343
　8.5.1 市场风险 343
　8.5.2 利率风险 344
　8.5.3 汇率风险 344
　8.5.4 流动性风险 345
　8.5.5 信用风险 345
　8.5.6 通货膨胀风险 346
　8.5.7 营运风险 346
8.6 风险管理细则风险控制的 4 种基本方法 347
　8.6.1 风险回避 347
　8.6.2 损失控制 348
　8.6.3 风险转移 348
　8.6.4 风险保留 348
8.7 做好主观止损的技巧 349
　8.7.1 没做好止损——中国石油 349
　8.7.2 积极止损——中国外运 350

第9章 量化仓位决策 ... 354

9.1 凯利公式基本概念 ... 354
9.1.1 凯利公式的两个不同版本 ... 355
9.1.2 凯利公式的使用方法 ... 355
9.1.3 用凯利公式解答两个小例子 ... 356
9.1.4 在实战中运用凯利公式的难点 ... 356

9.2 凯利公式实验验证 ... 357

9.3 等价鞅策略与反等价鞅策略 ... 367
9.3.1 等价鞅策略定义及示例 ... 367
9.3.2 反等价鞅策略定义及示例 ... 368

9.4 购买股指期货 IF1905 被套心理分析及应对策略 ... 371

9.5 期货趋势策略仓位管理方法 ... 372
9.5.1 期货交易策略 ... 373
9.5.2 仓位管理的八大方法 ... 373

9.6 海龟交易法操作商品期货策略 ... 375
9.6.1 海龟交易步骤回顾 ... 375
9.6.2 需要用到的计算、判断函数 ... 376
9.6.3 海龟交易回测 ... 378
9.6.4 日线螺纹钢测试 ... 379
9.6.5 测试不同商品在唐奇安通道 N 上的表现 ... 385

第10章 机器学习与遗传算法 ... 393

10.1 机器学习系统及策略 ... 393
10.1.1 学习策略简介 ... 394
10.1.2 学习策略分类 ... 394

10.2 演绎推理及归纳推理规则 ... 396
10.2.1 自动推理 ... 396
10.2.2 演绎推理及示例 ... 396
10.2.3 归纳推理及示例 ... 397
10.2.4 自然演绎推理及示例 ... 399

10.3 专家系统体系结构 ... 401

10.3.1 专家系统的定义 401
10.3.2 专家系统的构成 401
10.3.3 专家系统的分类 402
10.3.4 专家系统的特点 403
10.4 遗传算法基本原理及应用 404
10.4.1 遗传算法简介与特点 404
10.4.2 基本遗传算法多层次框架图 405
10.4.3 遗传算法实施步骤 406
10.4.4 遗传算法应用 406
10.5 使用遗传算法筛选内嵌因子 407
10.5.1 加入 Python 包 408
10.5.2 设定时间回测范围 409
10.5.3 设置标准化过程 410
10.5.4 训练，测试集合的选择 412
10.5.5 评价指标 413
10.5.6 利用遗传算法改进过程 414

第 11 章 人工智能在量化投资策略中的应用 420
11.1 人工智能选股 Boosting 模型使用方法 420
11.1.1 对数据进行预处理——获取因子数据和股价涨跌数据 420
11.1.2 对数据进行去极值、中性化、标准化处理 424
11.1.3 模型数据准备 428
11.2 Boosting 模型因子合成 430
11.2.1 模型训练 431
11.2.2 模型结果分析 437
11.2.3 因子重要度分析 438
11.3 因子测试 440
11.3.1 载入因子文件 440
11.3.2 回测详情 441
11.3.3 Boosting 模型合成因子分组回测 459

第1章

量化投资入门

量化投资是指通过复杂而精密的数学算法及计算机程序发出买卖指令,以寻找市场中异常并非显而易见的交易方式。与传统的投资方法不同,量化投资利用计算机系统语言帮助人脑处理无法完成的大量信息,并进行量化投资决策。其策略可以广泛应用在整个投资流程中,从自上而下的资产配置、行业配置、风格配置,到自下而上的数量化选股等。其可以从4个方面来克服人性的弱点:①纪律性;②系统性;③套利思想;④概率取胜。

量化投资经理运用一套成熟的量化投资体系,通过渗透的不同因子结构操作,从而能有效地避开像商誉风险这样的雷区,比主观投资经理仅依靠个人主观经验而操作要强很多。

1.1 量化投资概述

20世纪五六十年代量化投资就已经开始应用于投资组合业绩评价和风险度量的学术界研究中。其可以有效地将基本面、技术面和市场面的相关数据汇总,并依靠数据和模型的有效组合寻找相应的投资标的进行有针对性的批量化投资,并且由于其投资业绩非常稳定,在赚钱效应的影响下市场规模不断扩大,交易份额也不断增加,使得量化交易目前已经占据美国总交易规模的2/3,在不断壮大的中国金融市场中,量化交易必将有广阔的发展前景。

从2007年开始,大批在海外从事量化基金投资的人才回国进行创业,拉开了国内量化投资交易的市场序幕。如今，在经历了几轮牛熊交替后无论是单边行情的上升、下跌，还是震荡行情，量化投资基金的净值表现都格外引人注目，这一全新的投资方式正在逐步被各类资产管理公司及金融机构研究使用。

股票类、债券类、商品类等不同种类的资产配置需求给量化投资带来了巨大的发展机遇。机器学习（Machine Learning，ML）的发展、人工智能的应用、大数据的方便采集，使得任何投资者都可以将量化投资应用到自身资产组合中，这也对量化投资起到了促进作用。

1.2 量化投资与传统投资的比较

量化投资与传统投资求同存异，相同的是都通过公司本身的分析，不同的是传统投资有人工执行的部分，涉及人来执行，有时候难免会受到情绪的影响；而量化投资是建立在程序化交易基础上，根据设定的程序自动执行的，但有时候也会将错误放大。下面进行简要说明。

1.2.1 两种投资策略简介

传统投资策略包括多种，常见的主要包括以下两种。

（1）价值投资：主要看基本面，即分析公司的经营状况，以及与公司本身相关的一些情况，如基本面、市场空间等。

（2）趋势投资：研究图表技术，也就是通过技术面分析长期或短期走势。

相比传统的投资策略，量化投资不是以个人主观判断来经营并管理资产的，而是将专业投资基金经理的个人思想、交易经验和直觉及各项财务数据中的因子，综合在一起反映在量化模型中，利用计算机系统语言帮助人脑处理无法完成的大量信息，并进行量化投资决策交易的。

1.2.2 量化投资相对于传统投资的主要优势

量化交易有效利用金融学、统计学、数学等多种学科知识建立模型，通过不断测试定制出有效的投资策略，根据行情捕捉合理且具体的买卖点位，理性地对待上涨和下跌的正常波动。

与传统投资相比，量化投资的主要优势如下，如图1-1所示。

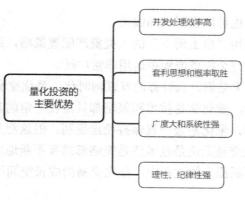

图 1-1

（1）并发处理效率高：对于传统的主动型投资者而言，人的精力和体力是有限的，即决策方向的深度和广度都是非常有限的，体现在行情操作上，即所跟踪股票数量的极值不会太大，几只可以看得过来，但当几十只甚至几百只同时发出买入或卖出信号时，是没有相应充裕的时间去决策、思考、应变、操作的；而量化投资依靠计算机来运算执行策略，有着更为专业的投资视角和更宽阔的广度，无论与市场相关的信息量多么庞大，人工智能策略都可以高效快速地挖掘和处理所有信息。

（2）套利思想和概率取胜：定量投资通过全面、系统地深入挖掘，寻找市场中总会出现的一些由于错误的定价或估值等带来的机会，从而通过买入被低估的品种或卖出被高估的品种，等待市场自身纠正错误而达到获利目的。定量投资不断从历史数据中挖掘市场行情走势，重演特点及规律并加以利用；依靠不同策略的投资组合取胜，而不是仅依靠单个资产取胜。

（3）广度大和系统性强：随着市场信息传递速度不断加快，以基本面研究为主的分析师团队，即使不断挖掘并进行更加深入的分析也无法弥补决策广度的不足，而基于计算机执行的量化投资策略可以解决这方面的问题。传统的主动投资，在决策深度上有一定的可取之处，并能深入做足基本面研究，但这些能否弥补决策广度的不足才是决定成败的关键因素。量化投资在多层次、多角度及海量数据领域处于领先优势。多层次是指大类资产、行业选择和精选资产 3 个以上层次；多角度是指包括估值、成长、盈利等多个角度；海量数据，即对海量数据的处理。

（4）理性、纪律性强：传统投资的管理者很难做到完全理性，如受到周边环境影响，或制订的交易行为计划在执行过程中出现偏差，也在情理之中。而量化投资不受周边环境干扰，根据模型的运行结果严格执行进行决策，而不是凭感觉。纪律性既可以克服人性中贪婪、侥幸心理等弱点，也可以克服认知偏差。

量化投资不仅可以采用"自上而下"的大类资产配置策略，还可以采用"自下而上"的数量化选股策略，其在整个投资流程中运用非常广泛。

目前，在人工智能、大数据、云计算的互联网时代，量化交易随着金融市场、IT及投资方法的发展而不断进步，量化交易技术和策略都只是在一定的时间范围内有效，虽然美国量化交易存在了几十年，量化基金一直保持稳定盈利，但这都是在不断改进策略、优化策略的前提下，所以量化交易无论是技术还是策略都需要不断地完善，发现问题并及时解决问题。在市场有效性不断提升的过程中，量化交易的成长空间不可限量。

1.3　量化投资的国外发展现状及国内投资市场未来展望

前面介绍了量化投资策略的优势，那么，量化投资策略在国内外的发展情况如何呢？

1.3.1　量化金融和理论的建立过程

1．20世纪五六十年代的代表人物

哈里 M.马科维茨（Harry M.Markowitz）的风险定价思想和模型具有历史开创意义，在1952年建立了均值-方差模型，奠定了现代金融学、投资学等金融理论基础。

跨期资本资产定价模型是1964年在资产组合理论的基础上发展起来的，主要成员包括美国学者威廉 F. 夏普（William F. Sharpe）、杰克·特里诺（Jack Treynor）、约翰·林特尔（John Lintner）和简·莫辛（Jan Mossin）等，跨期资本资产定价模型是现代金融市场价格理论的重要支柱，广泛应用于金融领域。

在总结了前人的理论和实证的基础上，并借助萨缪尔森（Samuelson）的分析方法和Robets提出的3种存放形式，尤金·法玛（Eugene F. Fama）提出了有效市场假说（Efficient Markets Hypothesis，EMH）理论。

2．20世纪七八十年代的代表人物

1973年，费希尔·布莱克（Fischer Black）与迈伦·斯科尔斯（Myron Scholes）提出期权定价模型（Option Pricing Model，OPM）。该模型认为，只有股价的当前价格与未来的预测有关；即该公式中包含的变量，其过去的历史与演变方式不能用于预测未来。模型表明，期权价格的决策非常复杂，合约期限、股票现价、无风险资产的利率水平及交割价格等都会

影响期权价格。在金融实践过程中，期权定价模型对金融市场创新起到了重要作用。

斯蒂芬·罗斯（Stephen Ross）在 1976 年建立了套利定价理论（Arbitrage Pricing Theory，APT），其是 CAPM 的拓展，APT 给出的定价模型与 CAPM 类似，都是属于均衡状态下的模型，不同的是 APT 的基础是因素模型，属于量化选股的基础理论。

3. 20 世纪 90 年代至今

尤金·法玛和肯尼思·弗伦奇（Kenneth R. French）在 1993 年指出可以建立一个三因子模型来解释股票回报率。模型表示，一个投资组合（包括单只股票）的超额回报率可由它对三个因子的暴露来解释，这三个因子是：市场资产组合（Rm–Rf）、市值因子（SMB）、账面市值比因子（HML）。通过对美股实证研究发现，小盘价值股具有显著的超额收益。

1993 年 30 国集团（Group of Thirty，G30）把 VaR（Value at Risk，风险价值）方法作为处理衍生工具风险的"最佳典范"方法进行推广。

1.3.2 国外量化投资基金的发展历史

这里主要介绍国外量化投资基金的发展历史。

1. 20 世纪 60 年代（量化投资的产生）

1969 年美国人爱德华·索普（Edward Thorp）结识了东海岸的杰伊·里根（Jay Regan），两人合伙在新泽西州的普林斯顿市开办了一家基金：可转换对冲合伙基金（Convertible Hedge Associates）。索普主要负责基金的投资策略，里根则主要负责基金的运营。由于该基金成立后连续 11 年都没有出现年度亏损，而且持续跑赢标普指数，所以爱德华·索普被誉为量化投资的鼻祖。

2. 20 世纪七八十年代（量化投资的兴起）

1973 年 4 月 26 日，芝加哥期权交易所（Chicago Board Options Exchange，CBOE）成立，它由芝加哥期货交易所（Chicago Board of Trade，CBOT）会员组建，标志着期权交易进入了标准化和规范化的全新发展阶段。

1983 年，配对交易策略（Pairs Strategy）由格里·班伯格（Gerry Bamberger）发明，即买入一个品种股票的同时卖出另一个同类品种的股票以规避市场风险。班伯格发现，如果进行大宗交易通常会导致这一配对股票中的一只股票强烈波动，而另一只股票却几乎不动，即这一配对股票的价差会暂时出现异常。

1988年，詹姆斯·西蒙斯（James Simons）成立了大奖章对冲基金（简称大奖章基金），主要利用高频交易和多策略交易方式进行期货交易。

1990年—1993年的收益率如图1-2所示。1994年大奖章对冲基金净回报率71%，而同一年美国债券市场净回报率为-6.7%，如图1-3所示。

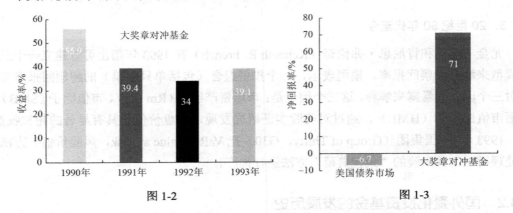

图1-2　　　　　　　　　　　　　图1-3

2000年，大奖章对冲基金净回报率98.5%，而同一年科技股"股灾"，标准普尔（美国市场）指数跌了10.1%。

2008年，大奖章对冲基金净回报率80%，而同一年全球金融危机，大部分对冲基金亏损。从1998年成立到2008年的20年间，大奖章对冲基金每年净回报率35.6%，而同一时期标准普尔指数每年平均上涨9.2%。大约4倍的差异使得西蒙斯被称为"量化对冲之王"。

3．20世纪90年代（量化投资的黄金十年）

1992年，克里夫·阿斯内斯（Cliff Asness）发明了价值和动量策略（OAS），并进入高盛资产管理有限公司建立了全球阿尔法基金，创造了第一年95%、第二年35%的收益率神话。

1994年，约翰·梅里威瑟（John Meriwether）创建长期资本管理有限公司（LTCM），并邀请完善了期权定价模型（OPM）的著名诺贝尔经济学奖获得者斯科尔斯和莫顿也加入其中。

LTCM最初募集了12.5亿美元的资金，当年的投资回报率达28.5%；1995年，投资回报率达42.8%；1996年，投资回报率达40.8%；1997年，投资回报率达17%，如图1-4所示。1998年，长期资本管理有限公司破产，原因是采用了过高的杠杆并遭遇了黑天鹅（小概率事件）。

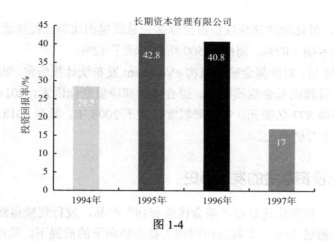

图1-4

4. 21世纪（量化投资危中有机）

全球对冲基金市场经历了快速增长、衰退、反弹3个阶段。在2000年，全球对冲基金规模为3350亿美元，而数量仅为2840只。截至2008年金融危机前，该规模已经上升至1.95万亿美元，涨幅接近500%，管理的基金已接近1万只。2008年金融危机后，对冲基金由于业绩表现不佳，导致投资者大量赎回，截至2009年4月，全球对冲基金规模已经由1.95万亿美元缩减至1.29万亿美元。2009年6月起，在全球经济复苏的带动下，到2013年11月底，该规模已经有将近2万亿美元的资产。

2013年11月，北美地区（以美国为主）成为全球对冲基金市场发展十分成熟的地区并且还在不断扩大，占据了全球对冲基金总规模的67.5%；其次是欧洲地区，占比达22.2%；亚太地区，占比仅为7.3%并且还有下降的趋势，如图1-5所示。

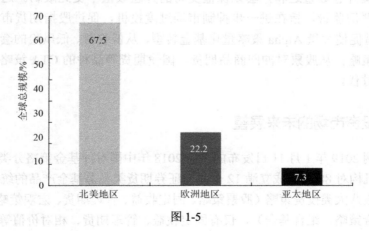

图1-5

2016年12月，量化对冲基金规模占全球基金总规模的比例已经接近1/3，达到3万亿美元，但全年平均亏损1.07%，而标普500指数上涨了12%。

2019年1月24日，对冲基金研究机构eVestment发布统计报告称，2018年全球约58%的对冲基金管理人管理的基金规模缩水。综合赎回和净值变化因素，2018年全球对冲基金全行业管理规模下降877亿美元，年下降幅度仅次于2008年。截至2018年12月底，对冲基金管理规模约3.2万亿美元。

1.3.3　国内量化投资基金的发展历史

2004年12月，华宝信托发行"基金优选套利"产品，发行规模虽然仅为1535万元，但实际收益率年均超过10%，尤其是在同期大盘走势向下的前提下，策略表现十分优异的原因主要是利用捕捉封闭式基金的大幅折价机会，进行优选套利。

2010年，伴随着沪深300股指期货上市，大量从事量化基金研究的机构开始参与沪深300股指期货投资，并利用量化对冲策略，去挖掘市场无效性寻找超额收益从而实现对冲策略的盈利。

2013年创业板的牛市让Alpha量化投资策略基金获益很多，但产品同质化和权重依赖创业板的问题，在创业板牛市结束的时候就逐步暴露了出来。2014年2月7日中国证券投资基金业协会正式实施私募基金管理人和产品登记备案制，私募基金行业发展迅速，加快了私募基金产品的发行，量化对冲型私募基金产品数量和规模也随之不断增加。

中国金融期货交易所（简称中金所）决定，自2015年9月7日起，沪深300、上证50、中证500股指期货客户在单个产品、单日开仓交易量超过10手的将构成"日内开仓交易量较大"的异常交易行为。日内开仓交易量是指客户单日在单个产品所有合约上的买开仓数量与卖开仓数量之和，套期保值交易的开仓数量不受此限制。这是对股指期货实施的史上最严厉监管，旨在进一步抑制市场过度投机，促进股指期货市场规范、平稳运行。这一举措促使大量Alpha策略量化基金转型，从低收益、低风险的套利对冲策略，逐步转向多空策略；从股票对冲向商品期货、国债期货等品种的CTA策略转变，为量化投资开辟了新时代。

1.3.4　国内投资市场的未来展望

私募排排网2019年1月11日发布的最新2018年中国对冲基金策略分类收益排行数据显示，根据该机构对8841只成立满12个月的证券期货类私募基金产品的统计，2018年证券期货私募基金八大类投资策略（股票策略、固定收益、管理期货、宏观策略、相对价值、事件驱动、复合策略、组合基金），仅有固定收益、管理期货、相对价值等三大类策略取得了全年正收益,这三大类策略在 2018 年全年的平均收益率分别为 2.50%、7.63%和 3.60%。其中,管理期货策略 7.63%的平均收益率水平,位列八大类策略的首位,如图 1-6 所示。

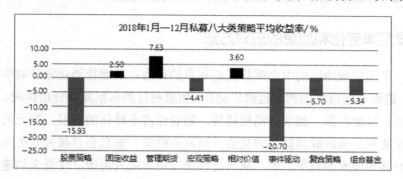

图 1-6

与此同时,相对于 2018 年传统多头股票策略平均-15.93%的大幅亏损,五大类典型量化对冲策略(管理期货、宏观策略、相对价值、事件驱动、复合策略)在 2018 年的防守优势十分突出。其中,除事件驱动策略出现较大幅度亏损外,其余四大类量化对冲策略的全年收益率水平均在-6%以上,好于股票多头策略,如图 1-7 所示。

八大类策略私募基金2018年1月—12月表现情况					
投资策略	平均收益率/%	最高收益率/%	最低收益率/%	首尾差/%	产品数量/只
股票策略	-15.93	152.33	-95.36	247.69	5488
固定收益	2.5	45.8	-80.6	126.4	943
管理期货	7.63	226.69	-80.94	307.63	526
宏观策略	-4.41	50.21	-50.32	100.53	152
相对价值	3.6	84.3	-45.57	129.87	322
事件驱动	-20.7	37.37	-81.19	118.56	126
复合策略	-5.7	275.42	-87.06	362.48	977
组合基金	-5.34	60.52	-47.47	107.99	307

图 1-7

2019 年在股指期货松绑、A 股市场风险逐步释放、量化私募基金放开的形势下,年内大宗商品价格波动性显著提高,中高频量化投资策略将面临广阔的空间。

1.4 突发汇率、加息、商誉的应对方法

经过对量化交易的简单介绍,相信读者对量化投资在股票市场运用中的优势有了初步

的认识和了解,下面举例说明量化投资经理与主观投资经理面对同一事件做出的不同反应,使读者更好地理解定量策略与定性策略在实际交易中的区别。

1.4.1 突发汇率变化和加息的应对方法

加息是一个国家或地区的中央银行提高利息的行为,从而使商业银行对中央银行的借贷成本提高,进而迫使市场的利息也同步提高。加息的目的包括减少货币供应、抑制消费、抑制通货膨胀、鼓励存款、减缓市场投机等。随着经济全球化的发展,美元的价值已经和世界经济联系紧密。美国联邦储备委员会(简称美联储)加息会直接提升美元收益率,并且提高美元对其他国家的货币汇率,从而会使全球资本流入美国,使资金加速流出发展最快的新兴国家。

随着经济复苏,美联储自 2015 年开始到 2018 年底,共加息 9 次,仅 2018 年就加息 4 次。2019 年 1 月 28 日,人民币兑美元中间价大幅调升 469 个基点,在岸与离岸即期汇价联袂大涨,均刷新 2018 年 7 月中旬以来的新高。在岸人民币兑美元年内涨幅已近 2%,如图 1-8 所示。

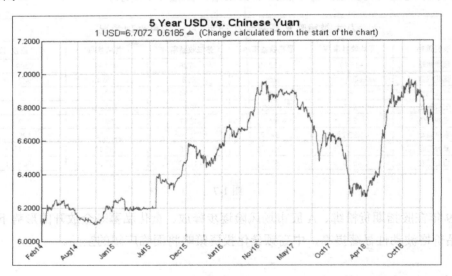

图 1-8

银行利率是影响股票市场价格因素中最敏锐的金融因素,也是政府进行经济宏观调控的重要手段。大多数投资者对利率的变化非常敏感,当利率提高时,股票短期价格下跌;

当利率降低时，股票短期价格上涨。

2019年初，人民币兑美元汇率连续多日强势走高，这是因为美元指数在当时有走弱迹象，在一定程度上助推了人民币的反弹。随着振兴经济的各项政策逐步发力、国内金融市场的逐步开放，以及美元指数从技术走势看已经进入回调周期，都有利于人民币汇率持续走强。

汇率波动对上市公司的业绩影响主要有两点：一是企业以外币计量的资产和负债可能发生的汇兑损益体现的直接影响，二是汇率波动影响企业出口商品的价格优势，从而影响企业出口商品的价格优势和商品销售利润，间接影响企业经营业绩。所以，在人民币升值过程中，外币负债较高和原材料依赖进口的企业将直接受益于人民币升值，而相对于依靠产品出口的企业，将面临汇兑利率损失和产品价格无形上涨导致竞争优势下降的困难。

缩表即缩减资产负债表，即把资产减少了，把负债也减少了，美联储虽然是美国的中央银行，由于美元是全球性货币，所以美联储也相当于全球的中央银行。但它也不能随意印钱，如美联储有1亿美元资产，它又印了1亿美元现金，那么它在资产负债表中体现的资产就会变成2亿美元，当然同时也显示增加了1亿美元负债。2008年金融危机以后，美联储资产负债表规模达到4.5万亿美元，缩表就是要卖出资产，从市场收回美元，以达到减少资产负债的目的，这将直接导致美元升值，全球流动性资金紧张。

总体上看，经济的整体宏观趋势和上市公司的整体盈利能力才是决定股票市场运行方向的重要因素。投资者应尽量回避高负债、高耗能的行业和相关企业。

面对突发汇率变化和加息这同一事件，量化投资经理与主观投资经理有不同的应对方法。

- **主观投资经理的应对方法**：推荐配置外币负债规模较高、原材料或设备较为依赖进口且海外业务收入占比较低的行业。具体为航空、造纸、电力、有色、石油开采等，此外汽车制造及医药行业在成本端也较为受益，并且人民币快速升值对出境游有促进作用。
- **量化投资经理的应对方法**：除了依靠本身的投资经验，还能很好地运用计算机模型，来量化筛选、深度挖掘不同行业由于利率变化而随之变化的行业股票，例如调取历史数据不难发现，每当美联储加息时，市场存在避险需求，资金多数时候会选择黄金板块，计算机模型会根据黄金板块个股表现选出含有优质因子的股票进行买进，而石油板块由于与国际接轨程度很高并且都是以美元计价的，所以一旦美元升值就会造成其价格下跌，所以计算机模型会选择卖出。

可见量化投资经理在运用一套成熟的量化投资体系进行分析，所以相比主观投资经理仅依靠个人主观经验操作要强得多。

1.4.2 面对商誉减值的应对方法

金融市场的高风险来源于不可确定的变数，只凭经验操作的主观投资经理是很难把控的，例如目前市场最关注的商誉集中爆发也有过去的监管原因，2015 年 A 股上市公司并购重组潮，当时签订了大量的业绩对赌协议。业绩承诺期限通常为 3 年，待承诺期过后，业绩下滑成为常态，2019 年 1 月 31 日是商誉自 2015 年以来 3 年的到期日，如图 1-9 所示。

图 1-9

截至 2018 年 12 月 24 日，已确定 2018 年进行商誉减值金额最大的是宁波东力（002164），其减值后股价走势如图 1-10 所示。

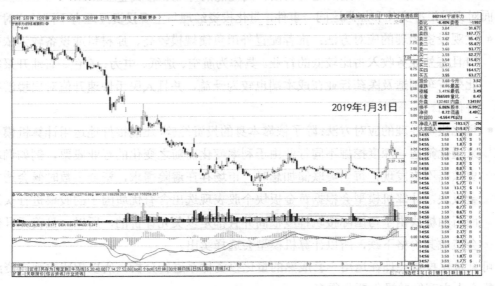

图 1-10

蓝黛传动（002765）2019 年 1 月 31 日发布公告预计公司 2018 年 1 月—12 月归属于上市公司股东的净利润为 0～2511.42 万元，与上年同期相比下降 80%～100%，其股价走势如图 1-11 所示。

图 1-11

据《上海证券报》（简称《上证报》）消息，福安药业（300194）于 2019 年 2 月 21 日晚公布的 2018 年业绩快报显示，2018 年公司实现营业总收入 26.69 亿元，同比增长 27.64%；营业利润为-3.19 亿元，同比下降 196.77%；归属于上市公司股东的净利润为-3.57 亿元，同比下降 225.35%。2017 年公司归母净利润（归属于母公司所有者净利润）为 2.85 亿元，其股价走势如图 1-12 所示。

商誉减值集中爆发的原因是企业会主动选择在实体经济年景不好的时候为第二年的财务报表减轻负担做准备。由于公告是有披露时限的，业绩波动大于 50%的企业必须在 2019 年 1 月 31 日前披露业绩预告，所以近百家公司集中在 3 天内发布预亏公告。

由于 A 股的造假成本越来越高，所以相关法律法规也越来越完善，很多上市公司借新老班子换届，宏观实体经济面临总需求不足之时，计提商誉减值将公司"坏账"一笔勾销，所有负担一次性甩掉；然后，好好"做老实人"，为后续漂亮的年度业绩报表提前做准备。

图 1-12

商誉是指支付收购价与被收购企业净资产的差额。

商誉减值是指对企业在合并中形成的商誉进行减值测试后,确认相应的减值损失,其是企业在合并中购买企业支付的买价超过被购买企业净资产公允价值的部分,也是上市公司高管掏空上市公司的一种手段。被收购方无法实现业绩承诺,业绩不及预期,就将会造成商誉减值,直接影响购买企业的净利润。商誉越重,计提减值对利润造成的冲击越大、风险越大,所以要高度警惕商誉过度减值带来的风险。

举例来说,成长性高的 A 企业自身估值为 100 亿元,但依据同行业平均规模和营收标准,其估值仅为 40 亿元。如果 B 企业看好 A 企业未来的发展前景,愿意以高于同行业的估值价格 100 亿元收购,那么高于同行业估值的 60 亿元隐性资产可理解为商誉。

由于国内会计准则与国际会计准则接轨之后,商誉减值已经没有固定期限,公司可以自行调节减值,所以导致一些上市公司会在经济形势不好或业绩下滑的时候,一次性大幅计提商誉减值,虽然导致当时的业绩很难看,但后期还有咸鱼翻身的机会。如果企业连续 3 年利润亏损,将会进行特别处理(Special Treatment,ST)。

截至 2018 年三季报发布时，A 股上市公司的商誉总值合计 1.45 万亿元。主板、中小板和创业板的商誉分别为 7914 亿元、3774 亿元和 2761 亿元。另外，据全景财经统计，截至 2018 年三季报发布时，A 股共有 2075 家上市公司（占所有上市公司的 58.28%）存在商誉，其中，227 家公司的商誉规模占净资产比例超 40%、72 家公司的商誉规模占净资产比例超 60%，更有 18 家公司商誉规模超过净资产。

2018 年 11 月 16 日，中国证券监督管理委员会（简称证监会）发布《会计监管风险提示第 8 号——商誉减值》文件，提及在商誉减值的会计处理及信息披露上要注意以下 4 个方面。

一是要定期或及时进行商誉减值测试，并重点关注特定减值迹象公司，应当在资产负债表日判断，是否存在可能发生资产减值的迹象。按照《企业会计准则第 8 号——资产减值》的规定，对企业合并所形成的商誉，公司应当至少在每年年终进行减值测试。

二是要合理将商誉分摊至资产组或资产组组合进行减值测试。按照《企业会计准则第 8 号——资产减值》的规定，对因企业合并形成的商誉，由于其难以独立产生现金流量，公司应自购买日起按照一贯、合理的方法将其账面价值分摊至相关的资产组或资产组组合，并据此进行减值测试。

三是商誉减值测试过程和会计处理。按照《企业会计准则第 8 号——资产减值》的规定，在对商誉进行减值测试时，如与商誉相关的资产组或资产组组合存在减值迹象的，应先对不包含商誉的资产组或资产组组合进行减值测试，确认相应的减值损失；再对包含商誉的资产组或资产组组合进行减值测试。若包含商誉的资产组或资产组组合存在减值，应先抵减分摊至资产组或资产组组合中商誉的账面价值；再按比例抵减其他各项资产的账面价值。

四是商誉减值的信息披露。按照《企业会计准则》、《公开发行证券的公司信息披露编报规则第 15 号——财务报告的一般规定（2014 年修订）》（证监会公告〔2014〕54 号）的规定，公司应在财务报告中详细披露与商誉减值相关的、对财务报表使用者做出决策有用的所有重要信息。

只是没想到监管者的担忧这么快就成为现实。

仅在 2019 年 1 月 30 日当天，披露 2018 年业绩预告修正公告的就有 49 家，其中不乏多家由预盈变巨幅预亏的上市公司。

2019年1月30日晚，上市公司业绩爆雷潮持续上演，多家上市公司被怀疑存在"大洗澡"情况，即将未来费用挪到本年确认，为未来提高业绩做准备。

通过以上案例不难看出，量化投资经理在运用一套成熟的量化投资体系里，通过渗透的不同因子结构操作，能够有效地避开像商誉风险这样的雷区，要比主观投资经理仅依靠个人经验操作要强很多。

第 2 章

量化投资策略的设计思路

在金融理论中，资产定价的核心是无套利定价原则，由于金融市场可以方便快捷地实施套利，所以套利机会的存在总是暂时的。可以利用多因子策略，选择一系列因子搭建模型。通过这些因子筛选股票，满足则买入，不满足则卖出。在不同的市场和行情下，因子库中总有一些因子能够发挥作用，利用多因子模型在承担相同风险的情况下，寻找收益率最高的因子组合，从而得到对冲后的 Alpha。

量化投资策略的技术主要包括量化选股、量化择时、股指期货套利、商品期货套利、统计套利、算法交易、资产配置、风险控制等。

量化基金运用历史数据来预测证券的潜力，通过专业的模型来配置最优的投资组合，然后运用量化指标衡量基金的业绩及风险，为投资者带来稳健的资产增值收益。由此可见，采取量化投资策略的量化基金，在市场整体下行或剧烈波动的情况下，能够通过量化投资策略，采用适当的对冲工具来平衡风险，进一步稳定并提高收益率。

Python 是一个高层次的结合了解释性、编译性、互动性的面向对象的脚本语言，可以应用于 Web 开发、Internet 开发、科学计算和统计、教育、桌面程序和图形界面开发、软件开发、后端开发等领域。其已经成为非常受欢迎的程序设计语言。Python 的特点为简单易学；具有可移植性；解释性语言；可扩展性；可嵌入型；数据库庞大。

Matplotlib 是一个 Python 2D 绘图库，它可以在各种平台上以各种硬拷贝格式和交互式环境生成具有出版品质的图形。Matplotlib 可用于 Python 脚本、Python 与 IPython shell、Jupyter 笔记本、Web 应用程序服务器和 4 个图形用户界面工具包，是高质量的通用绘图工具，对数据进行提炼和展现信息的重要手段，并且是重要的量化投资工具。

2.1 量化投资策略的研发流程

量化投资策略的研发流程图，如图 2-1 所示。

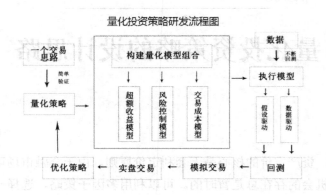

图 2-1

详细步骤如下。

步骤 1：首先要有一个交易思路，如"热点板块""市值 20 亿元左右""活跃板块""高净值""高分红"等，无论是单个因子还是多个因子，首先自己要有一个清晰的想法，如图 2-2 所示。

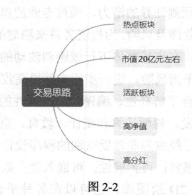

图 2-2

步骤 2：要把你的思路变成一个量化投资策略，通过优矿、Wind 经济数据库、东方财富网等一些开放、易得的数据商对你的个人想法进行简单验证。

步骤 3：有了量化投资策略以后，接下来构建一个量化模型组合。其中包括超额收益、风险控制、交易成本三大项，这也是量化模型的重要组成部分，它们之间是一个平衡关系，在追逐高利润的同时，要做到降低风险和交易成本。

步骤 4：量化投资策略通过实盘操作执行，对人来说比较困难但让机器"跑起来"非常容易，根据量化数据、文本数据、媒体数据开发各种因子。因子是指一个成功的选股策略，稳定盈利的量化投资策略需要一个高质量的因子库。量化投资策略执行主要有两条思路：假设驱动和数据驱动。但一定需要大量的数据回测，如图 2-3 所示。

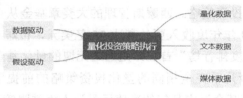

图 2-3

步骤 5：接下来执行相应操作，首先要对自己的量化投资策略进行回测。假如回测历史时间可以任意选择，就要多运行几次数据看看实际效果，如盈利多少、回撤多少。程序的运行状态、报撤单比率、保证金市值等都需要投资者认真记录，一直到这个策略在历史上的表现符合你的预期，再开始下一步的模拟交易。

步骤 6：进行模拟盘交易。先注册一个模拟账户，然后把你的量化投资策略放在上面"跑一跑"，看看在当前市场中能不能赚到钱。模拟盘交易这一步是必不可少的，因为你的量化投资策略用历史数据"跑"得再漂亮也只代表在历史上曾经有效，并不代表在当前依然有效。任何历史走势都会惊人的相似，但绝不会简单地重复，回测再好也要在模拟交易中验证是否真正有效，如图 2-4 所示。

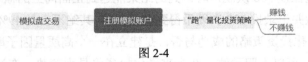

图 2-4

步骤 7：最考验人心的是实盘交易。如果模拟盘的回测效果不错，并且量化投资策略在当前市场上观察了几周甚至几个月都表现良好，那么就可以开立实盘账户进行交易。因为是实验实盘阶段，所以需要先小仓位测试，而不能急于满仓期望立即盈利，因为行情琢磨不定且不可预测，需要投资者边投资边看实际效果，而且需要不断地优化相关策略。

步骤 8：优化策略就是在交易过程中排除实际交易问题，如回撤的大小、风险可控度的把握等，然后通过修正参数和调整策略来让模型更好地适应当前的情况，从而实现稳定盈利。

2.2 量化投资策略的可行性研究

量化投资的传奇人物——詹姆斯·西蒙斯（James Simons）创造了华尔街投资神话。他管理的大奖章基金平均年收益率甚至比巴菲特的收益率还要高，其超越巴菲特收益率的秘密武器就是使用了量化投资策略。西蒙斯管理的大奖章基金从 1989 年—2007 年的平均年收益率高达 35%，2008 年年度收入更是高达 25 亿美元，位居《阿尔法》杂志"第八届全球对冲基金经理收入年度排行榜"首位，是当之无愧的量化基金掌门人。

在使用和大奖章基金几乎完全相同的量化投资策略的前提下，尽管更加谨慎并且降低了投资的频率。但两只基金过去几年的净值还是让人大跌眼镜，很多慕名而来做量化投资的投资者在赔钱后无奈退出，2005 年回报业绩惊人的大奖章基金，由于已经达到了流动性的上限 50 亿美元，退还了外界投资者的所有投资，只管理西蒙斯本人和其员工的投资，这也是量化投资的一个致命弱点，即资金容量是有限的。由于一旦资金大到可以影响市场而不再是默默入场零向量的时候，并且完全可以撬动市场影响市场的多空力量时，量化投资基金策略就失去了创造超额收益的能力。所以资金规模是一把双刃剑，太小没有利润，太大会影响市场。量化投资模型也是一样的，任何量化公式都不可能是万能的。我们需要在不断变化的市场下，不断优化自己的量化交易策略，从而实现稳定盈利。

量化投资策略在做的一直都是寻找"大概率"事件。而概率的产生也和历史数据有关。这就类似当我们希望在投 100 次硬币时得到的结果能达到正面向上的概率是 49%～51%。而你会发现当真实试验并记录投 100 次硬币得到的结果时，其绝不会是 49%～51%，只有 20%～40%。也就是说。量化投资策略的成功与否，是建立在一个高质量因子库的基础上的。

回到 A 股市场，可以大胆预测，在未来量化投资将是大趋势。在过去，市场仅有几百只股票，大家挑选研究股票进行选股操作还能快速完成，但是当股票数量接近 3600 只时，市场的板块越来越多，仅仅依靠个人能力来研究相关数据、挖掘股票获取超额收益的难度越来越大，这也正是量化投资能够得到快速发展的主要原因。

目前，我国为了保护散户投资者，所以还没有实现 T+0 的交易制度，量化投资策略的道路还有很长的路要走，必须要采用结合中国特色的量化投资策略去量化和管理我们的资金，决不能把国外的量化投资策略模型直接照搬过来，一定要结合中国国情把人气指数，低波动，各种政治、经济因子都包含进去，这样得到的量化投资模型才有真实意义。

在 2018 年，对私募基金来说是投资界的寒冬，超过 4000 只私募基金破净亏损被清盘，大量私募基金惨遭清盘肯定是利空消息，但笔者认为，这正是发展量化投资基金的大好时光，量化投资基金已经成为市场力量的重要组成部分。

通过对市场不同时期的收益率进行统计分析，我们发现：当股票市场进入牛市走出一段上升行情时，采取主观投资策略的私募基金的业绩大部分都是非常出色的，能够得到市场认可，无论是产品数量还是资金规模都能迅速增长，但是当股票市场行情出现了大幅回调，市场迅速大跌，由牛市跳入熊市的时候，采取主观投资策略的私募基金的收益率都出现了较大幅度的回撤和亏损，整体行业又会迅速"冷遇"。

采用量化投资策略的私募基金，在股票市场出现暴跌、走势低迷的环境下，能够有效分散风险及对冲，在大多数基金产品大幅回调、亏损的时候，依然能够走出稳定盈利的资金曲线。

量化投资基金依靠多因子策略，如量价等技术面因子、基本面因子等，通过多因子体系、多周期、多品种等稳定策略来跑赢大盘。量化基金通过历史数据挖掘有效因子来寻找潜力证券，通过不断回测改良的模型来配置最优的投资组合，然后运用量化指标衡量基金的过往业绩及可能存在的风险，最终为投资者带来稳定收益。

我国目前有适合量化投资的土壤，主要原因如下。

（1）我国 A 股市场目前已经处于底部震荡时期，量化投资战胜市场的机会非常大。由于我国 A 股市场的发展历史较短，市场效率相比国外发达市场要低很多，因此获取超额收益的机会自然会大。

（2）量化投资的市场份额与海外市场动辄数百、上千亿美元的量化基金相比，有着广阔的发展空间和盈利机会。

（3）目前我国 A 股市场已经有将近 3600 只股票，容量很大，科创板将登陆上海股权交易中心，这为量化投资策略的实施提供了足够的投资宽度和行业宽度。

（4）A 股市场的数据质量不断提高。通联数据逐年不断提升，再加上识别上市公司数据可靠性的技术手段不断提升，使得以数据为基础的量化投资的投资能力不断提升。

目前我国 A 股市场在面临大幅波动和风险明显放大的情况下，私募基金使用相对价值策略和指数增强策略产品。希望通过相对价值策略回撤小，指数增强策略风险低的特点，取得较好收益。但事与愿违，目前来看没有哪个策略是长期稳定增长优于量化投资策略的。所以只要金融市场长期有效存在，无论是上升趋势、横盘震荡还是下降趋势，量化投资策略都能发挥优势，长久生存发展。如果将来量化投资基金在规模上取得突破，那么量化投资策略是最具潜力的。

2.3 量化平台常用语言——Python

在量化平台中，既有用户比较熟悉的 Python 语言，也有现在用途不太广泛的 Matlab 语言，当然，无论哪种语言，只有用户能很好地应用才行。出于对系统维护升级的考虑，建议选择 Python 语言进行开发。

2.3.1 Python 简介

Python 语言的创始人吉多·范罗苏姆（Guido van Rossum）是一名荷兰计算机程序员。1989 年范罗苏姆在阿姆斯特丹，为了打发圣诞节的无趣，决心开发一个新的脚本解释程序，来作为 ABC 语言的继承。Python 语言的名字被译为大蟒蛇是因为范罗苏姆很喜欢看一个英国电视节目"Monty Python"（飞行马戏团），从 20 世纪 90 年代初 Python 语言诞生至今，它已被逐渐广泛应用于系统管理任务的处理和 Web 编程中。

Python 是由 ABC、Modula-3、C、C++、Algol-68、SmallTalk、UNIX Shell 及其他的脚本语言发展而来的。

Python 是一个高层次的结合了解释性、编译性、互动性的面向对象的脚本语言，可以应用于 Web 开发、Internet 开发、科学计算和统计、教育、桌面界面开发、软件开发、后端开发等领域。而且在开发过程中没有编译环节。类似于 PHP 和 Perl 语言。可以在一个 Python 提示符（>>>）后直接执行代码。相比其他编程语言经常使用英文关键字和一些特殊的标点符号而言，它更具有特色语法结构，是一种交互式语言。它支持面向对象的风格或将代码封装在对象的编程技术。

Python 已经成为非常受欢迎的程序设计语言。从 2004 年以后，Python 的使用率呈线性增长。在 2019 年 3 月 TIOBE 的编程语言排行榜中，Java 继续保持第一名，而 Python 超越 C++排在第三名，如图 2-5 所示。

Mar 2019	Mar 2018	Change	Programming Language	Ratings
1	1		Java	14.880%
2	2		C	13.305%
3	4	↑	Python	8.262%
4	3	↓	C++	8.126%
5	6	↑	Visual Basic .NET	6.429%
6	5	↓	C#	3.267%
7	8	↑	JavaScript	2.426%
8	7	↓	PHP	2.420%
9	10	↑	SQL	1.926%
10	14	↑	Objective-C	1.681%

图 2-5

2.3.2 量化基础语法及数据结构

Python 的基础语法包括如下几种。

1. Python 标识符

在 Python 里，标识符由字母、数字、下画线组成，所有标识符可以包括字母、数字及下画线（_），但不能以数字开头。Python 中的标识符区分大小写。

以下画线开头的标识符是有特殊意义的。

- 以单下画线开头（_foo），代表不能直接访问的类属性，需通过类提供的接口进行访问，不能用 from xxx import * 来导入。
- 以双下画线开头（__foo），代表类的私有成员。
- 以双下画线开头和结尾（__foo__），代表 Python 里特殊方法专用的标识，如 __init__() 代表类的构造函数。

Python 有 5 种标准的数据类型：Numbers（数字）、String（字符串）、List（列表）、Tuple（元组）和 Dictionary（字典）。

Python 支持 4 种不同的数字类型：int（符号整型）、long（长整型，也可以代表八进制数和十六进制数）、float（浮点型）和 complex（复数）。

Python 的字符串列表有两种取值顺序：从左到右索引默认是从 0 开始的，最大范围是字符串长度减 1、从右到左索引默认是从-1 开始的，最大范围是字符串开头。

List（列表）是 Python 中使用最频繁的数据类型。

列表可以完成大多数集合类的数据结构实现。它支持字符、数字、字符串，甚至可以包含列表（即嵌套）。列表用"[]"标识，是 Python 最通用的复合数据类型。列表中值的切割也可以用到变量 [头下标:尾下标]，从而可以截取相应的列表，从左到右索引默认从 0 开始，从右到左索引默认从-1 开始，下标可以为空，表示取到头或尾。

加号（+）是列表连接运算符，星号（*）表示重复操作，如表 2-1 所示。

表 2-1

序号	函数	描述
1	cmp(list1, list2)	用于比较两个列表的元素
2	len(list)	列表元素个数
3	max(list)	返回列表元素最大值
4	min(list)	返回列表元素最小值
5	list(seq)	将元组转换为列表

Python 包含的方法及其描述如表 2-2 所示。

表 2-2

序号	方法	描述
1	list.append(obj)	在列表末尾添加新的对象
2	list.count(obj)	统计某个元素在列表中出现的次数
3	list.extend(seq)	在列表末尾一次性追加另一个序列中的多个值（用新列表扩展原来的列表）
4	list.index(obj)	从列表中找出某个值第一个匹配项的索引位置
5	list.insert(index, obj)	将对象插入列表
6	list.pop(obj=list[-1])	移除列表中的一个元素（默认是最后一个元素），并且返回该元素的值
7	list.remove(obj)	移除列表中某个值的第一个匹配项
8	list.reverse()	将列表中的元素反转位置
9	list.sort([func])	对原列表进行排序

元组是另一个数据类型，类似于列表。元组用"()"标识。内部元素用逗号隔开。但是元组不能进行二次赋值，相当于只读列表。

Python 的元组与列表类似，不同之处在于：元组的元素不能修改，元组使用小括号，列表使用方括号。元组内置函数及其描述如表 2-3 所示。

表 2-3

序 号	函 数	描 述
1	cmp(tuple1, tuple2)	比较两个元组元素
2	len(tuple)	计算元组元素的个数
3	max(tuple)	返回元组中元素的最大值
4	min(tuple)	返回元组中元素的最小值
5	tuple(seq)	将列表转换为元组

字典是另一种可变容器模型，且可存储任意类型的对象。字典用"{}"标识。字典是除列表外，Python 中最灵活的内置数据结构类型。

列表是有序的对象集合，字典是无序的对象集合。两者之间的区别在于：字典当中的元素是通过键存取的，而不是通过偏移存取的。

字典由索引（key）和它对应的值 value 组成。字典的每个键值（key/value）对用冒号（:）分隔，整个字典包括在大括号（{}）中。

Python 字典包含的内置函数及其描述如表 2-4 所示。

表 2-4

序 号	函 数	描 述
1	cmp(dict1, dict2)	比较两个字典元素
2	len(dict)	计算字典元素个数，即键的总数
3	str(dict)	输出字典可打印的字符串
4	type(variable)	返回输入的变量类型，如果变量是字典就返回字典类型

Python 字典包含的内置方法及其描述如表 2-5 所示。

表 2-5

序 号	方 法	描 述
1	dict.clear()	删除字典内所有元素
2	dict.copy()	返回一个字典的浅复制
3	dict.fromkeys(seq[, val])	创建一个新字典，将序列 seq 中的元素作为字典的键，val 为字典所有键对应的初始值
4	dict.get(key, default=None)	返回指定键的值，如果值不在字典中则返回 default 值
5	dict.has_key(key)	如果键在字典 dict 里则返回 True，否则返回 False
6	dict.items()	以列表的形式返回可遍历的键、值和元组数组

续表

序号	方法	描述
7	dict.keys()	以列表的形式返回一个字典所有的键
8	dict.setdefault(key,default=None)	和 get()类似，但如果键不存在于字典中，将会添加键并将值设为 default
9	dict.update(dict2)	把字典 dict2 的键/值对更新到 dict 里
10	dict.values()	以列表的形式返回字典中的所有值
11	pop(key[,default])	删除字典并给定键所对应的值，返回值为被删除的值。必须给出 key 值，否则，返回 default 值
12	popitem()	随机返回并删除字典中的一对键和值

2. Python 数据类型转换

有时候，我们需要对数据内置的类型进行转换，进行数据类型的转换，只需要将数据类型作为函数名即可。

表 2-6 中列举的内置函数可以执行数据类型之间的转换。这些函数将返回一个新的对象，表示转换的值。

表 2-6

函数	描述
int(x [,base])	将 x 转换为一个整数
long(x [,base])	将 x 转换为一个长整数
float(x)	将 x 转换为一个浮点数
complex(real [,imag])	创建一个复数
str(x)	将对象 x 转换为字符串
repr(x)	将对象 x 转换为表达式字符串
eval(str)	用来计算在字符串中的有效 Python 表达式，并返回一个对象
tuple(s)	将序列 s 转换为一个元组
list(s)	将序列 s 转换为一个列表
set(s)	将序列 s 转换为可变集合
dict(d)	创建一个字典，d 必须是一个序列元组
frozenset(s)	转换为不可变集合
chr(x)	将一个整数转换为一个字符
unichr(x)	将一个整数转换为 Unicode 字符
ord(x)	将一个字符转换为它的整数值
hex(x)	将一个整数转换为一个十六进制字符串
oct(x)	将一个整数转换为一个八进制字符串

3. Python 运算符

Python 中的运算符包括算术运算符、比较（关系）运算符、赋值运算符、逻辑运算符、位运算符、成员运算符、身份运算符、运算符优先级。

- Python 算术运算符如表 2-7 所示（假设变量 a 为 10，变量 b 为 20）。

表 2-7

算术运算符	描 述	实 例
+	加，两个对象相加	a + b 输出结果 30
-	减，得到负数或一个数减去另一个数	a - b 输出结果 -10
*	乘，两个数相乘或返回一个被重复若干次的字符串	a * b 输出结果 200
/	除，如 x 除以 y	b / a 输出结果 2
%	取模，返回除法的余数	b % a 输出结果 0
**	幂，如 x^y，返回 x 的 y 次幂	a**b 输出结果 100000000000000000000
//	取整除，返回商的整数部分	9//2 输出结果 4，9.0//2.0 输出结果 4.0

- Python 比较运算符如表 2-8 所示（假设变量 a 为 10，变量 b 为 20）。

表 2-8

比较运算符	描 述	实 例
==	等于，比较两个对象是否相等	(a == b) 返回 False
!=	不等于，比较两个对象是否不相等	(a != b) 返回 True
<>	不等于，比较两个对象是否不相等	(a <> b) 返回 True 这个运算符与 != 类似
>	大于，返回 x 是否大于 y	(a > b) 返回 False
<	小于，返回 x 是否小于 y。所有比较运算符返回 1 表示真，返回 0 表示假。这分别与特殊的变量 True 和 False 等价 注意，这些变量名是大写的	(a < b) 返回 True
>=	大于或等于，返回 x 是否大于或等于 y	(a >= b) 返回 False
<=	小于或等于，返回 x 是否小于或等于 y	(a <= b) 返回 True

- Python 赋值运算符如表 2-9 所示。

表 2-9

赋值运算符	描 述	实 例
=	简单的赋值运算符	c＝a＋b 将 a＋b 的运算结果赋值给 c
+=	加法赋值运算符	c＋=a 等价于 c＝c＋a
-=	减法赋值运算符	c－=a 等价于 c＝c－a
*=	乘法赋值运算符	c*=a 等价于 c＝c*a
/=	除法赋值运算符	c/=a 等价于 c＝c/a
%=	取模赋值运算符	c%=a 等价于 c＝c%a
**=	幂赋值运算符	c**=a 等价于 c＝c**a
//=	取整除赋值运算符	c//=a 等价于 c＝c//a

- Python 位运算符如表 2-10 所示。

表 2-10 中变量 a 为 60，b 为 13，二进制格式如下：

```
a = 0011 1100
b = 0000 1101
-----------------
a&b = 0000 1100
a|b = 0011 1101
a^b = 0011 0001
~a  = 1100 0011
```

表 2-10

位运算符	描 述	实 例
&	按位与运算符，参与运算的两个值，如果两个相应位都为 1，则该位的结果为 1，否则为 0	a & b 输出结果 12，二进制解释： 0000 1100
|	按位或运算符，只要对应的两个二进位有一个为 1 时，结果位就为 1	a|b 输出结果 61，二进制解释： 0011 1101
^	按位异或运算符，当两个对应的二进位相异时，结果为 1	a^b 输出结果 49，二进制解释： 0011 0001
~	按位取反运算符，对数据的每个二进制位取反，即把 1 变为 0，把 0 变为 1	~a 输出结果 -61，二进制解释： 1100 0011
<<	左移动运算符，运算数的各二进位全部左移若干位，由"<<"右边的数指定移动的位数，高位丢弃，低位补 0	a << 2 输出结果 240，二进制解释： 1111 0000
>>	右移动运算符，把">>"左边的运算数的各二进位全部右移若干位，">>"右边的数指定移动的位数	a >> 2 输出结果 15，二进制解释： 0000 1111

- Python 成员运算符如表 2-11 所示。

除了以上的一些运算符，Python 还支持成员运算符，测试实例中包括了一系列的成员，包括字符串、列表或元组。

表 2-11

成员运算符	描述	实例
in	如果在指定的序列中找到值则返回 True，否则返回 False	x 在 y 序列中，如果 x 在 y 序列中则返回 True
not in	如果在指定的序列中没有找到值则返回 True，否则返回 False	x 不在 y 序列中，如果 x 不在 y 序列中则返回 True

4．Python 循环语句

- Python 提供了 for 循环和 while 循环（在 Python 中没有 do…while 循环），如表 2-12 所示。

表 2-12

循环类型	描述
while 循环	在给定的判断条件为 True 时执行循环体，否则退出循环体
for 循环	重复执行语句
嵌套循环	可以在 while 循环体中嵌套 for 循环

- 循环控制语句可以更改语句执行的顺序。Python 支持的循环控制语句如表 2-13 所示。

表 2-13

控制语句	描述
break 语句	在语句块执行过程中终止循环，并且跳出整个循环
continue 语句	在语句块执行过程中终止当前循环，跳出该次循环，执行下一次循环
pass 语句	pass 是空语句，是为了保持程序结构的完整性的

5．Python 函数

- Python 数学函数及其描述如表 2-14 所示。

表 2-14

数学函数	描述
abs(x)	返回数字的绝对值,如 abs(-100) 将返回 100
ceil(x)	返回数字的上入整数,如 math.ceil(7.3)将返回 8
cmp(x, y)	如果 x＜y 则返回 -1,如果 x == y 则返回 0,如果 x＞y 则返回 1
exp(x)	返回 e 的 x 次幂（e^x）,如 math.exp(1) 将返回 2.718281828459045
fabs(x)	返回数字的绝对值,如 math.fabs(-100) 将返回 100
floor(x)	返回数字的下舍整数,如 math.floor(3.9)将返回 3
log(x)	如 math.log(math.e)将返回 1.0, math.log(1000,10)将返回 3.0
log10(x)	返回以 10 为基数的 x 的对数,如 math.log10(1000)将返回 3.0
max(x1, x2,...)	返回给定参数的最大值,参数可以为序列
min(x1, x2,...)	返回给定参数的最小值,参数可以为序列
modf(x)	返回 x 的整数部分与小数部分,两部分的数值符号与 x 相同,整数部分以浮点型表示
pow(x, y)	x**y 运算后的值
round(x [,n])	返回浮点数 x 的四舍五入值,如给出 n 值,则代表舍入到小数点后的位数
sqrt(x)	返回数字 x 的平方根,数字可以为负数,返回类型为实数

- 随机数可以用于数学、游戏、安全等领域中,还经常被嵌入到算法中,用以提高算法效率,并提高程序的安全性。Python 随机函数及其描述如表 2-15 所示。随机函数用于产生随机数。

表 2-15

随机函数	描述
choice(seq)	从序列的元素中随机挑选一个元素,比如 random.choice(range(100)),表示从 0 到 99 中随机挑选一个整数
randrange ([start,] stop [,step])	从指定范围内,在指定基数递增的集合中获取一个随机数,基数默认值为 1
random()	随机生成下一个实数,它在[0,1)范围内
seed([x])	改变随机数生成器的种子 seed。如果不了解其原理,则不必特别去设定 seed,Python 会自动帮你选择 seed
shuffle(lst)	将序列的所有元素随机排序
uniform(x,y)	随机生成下一个实数,它在[x,y]范围内

- Python 三角函数及其描述如表 2-16 所示。

表 2-16

三角函数	描述
acos(x)	返回 x 的反余弦弧度值
asin(x)	返回 x 的反正弦弧度值
atan(x)	返回 x 的反正切弧度值
atan2(y, x)	返回给定的 x 及 y 坐标值的反正切值
cos(x)	返回 x 弧度的余弦值
hypot(x, y)	返回欧几里得范数 sqrt(x*x + y*y)
sin(x)	返回 x 弧度的正弦值
tan(x)	返回 x 弧度的正切值
degrees(x)	将弧度转换为角度，如 degrees(math.pi/2)，将返回 90.0
radians(x)	将角度转换为弧度

- 匿名函数 lambda。

Python 使用 lambda 来创建匿名函数。lambda 只是一个表达式，函数体比 def 简单很多。lambda 的主体是一个表达式，而不是一个代码块。仅仅能在 lambda 表达式中封装有限的逻辑进去。

lambda 函数拥有自己的命名空间，并且不能访问自有参数列表之外或全局命名空间里的参数。虽然 lambda 函数看起来只能写一行，却不等同于 C 语言或 C++语言的内联函数，内联函数的目的是调用小函数时不占用栈内存从而增加运行效率。

示例代码如下：

```
sum = lambda arg1, arg2: arg1 + arg2;
print "相加后的值为 : ", sum( 10, 20 )   //输出 30
```

6. Python 数学常量

- Python 数学常量如表 2-17 所示。

表 2-17

常量	描述
pi	数学常量 pi（圆周率，一般以 π 来表示）
e	数学常量 e，e 即自然常数

7. Python 字符串

- 当需要在字符中使用特殊字符时，Python 使用反斜杠（\）来表示，称为转义字符，如表 2-18 所示。

表 2-18

转 义 字 符	描 述
\（在行尾时）	续行符
\\	反斜杠符号
\'	单引号
\"	双引号
\a	响铃
\b	退格（Backspace）
\e	转义
\000	空
\n	换行
\v	纵向制表符
\t	横向制表符
\r	回车
\f	换页
\oyy	八进制数，yy 代表字符，如\o12 代表换行
\xyy	十六进制数，yy 代表字符，如\x0a 代表换行
\other	其他的字符以普通格式输出

- Python 字符串运算符如表 2-19 所示。

其中，实例变量 a 值为字符串 "Hello"，变量 b 值为 "Python"。

表 2-19

字符串运算符	描 述	实 例
+	字符串连接	>>>a + b 'HelloPython'
*	重复输出字符串	>>>a * 2 'HelloHello'
[]	通过索引获取字符串中的字符	>>>a[1] 'e'
[:]	截取字符串中的一部分	>>>a[1:4] 'ell'
in	成员运算符，如果字符串中包含给定的字符则返回 True	>>>"H" in a True
not in	成员运算符，如果字符串中不包含给定的字符则返回 True	>>>"M" not in a True
r/R	原始字符串，所有的字符串都是直接按照字面的意思来使用的，没有转义为特殊或不能打印的字符。原始字符串除在字符串的第一个引号前加上字母 r（不区分大小写）以外，与普通字符串有着几乎完全相同的语法	>>>print r'\n' \n >>> print R'\n'\n
%	格式字符串	—

- Python 字符串格式化。

Python 支持格式化字符串的输出。尽管这样可能会用到非常复杂的表达式，但最基本的用法是将一个值插入一个有字符串格式符 %s 的字符串中。

在 Python 中，字符串格式化使用的语法与 C 语言中 sprintf()函数一样。

示例代码如下：

```
#!/usr/bin/Python
print "My name is %s and weight is %d kg!" % ('BROWN',33)
```

以上示例输出结果如下：

```
My name is BROWN and weight is 33 kg!
```

Python 字符串格式化符号及其描述如表 2-20 所示。

表 2-20

符 号	描 述
%c	格式化字符及其 ASCII 码
%s	格式化字符串
%d	格式化整数
%u	格式化无符号整型
%o	格式化无符号八进制数
%x	格式化无符号十六进制数
%X	格式化无符号十六进制数（大写）
%f	格式化浮点数字，可指定小数点后的精度
%e	用科学计数法格式化浮点数
%E	用科学计数法格式化浮点数，作用同%e
%g	%f 和%e 的简写
%G	%f 和 %E 的简写
%p	用十六进制数格式化变量的地址

8. Python import 语句

- from...import 语句。

Python 的 from 语句可以从模块中导入一个指定的部分到当前命名空间中。语句如下：

```
from modname import name1[, name2[, ... nameN]]
```

例如，要导入模块 fib 的 fibonacci 函数，可以使用如下语句：
```
from fib import fibonacci
```
这个声明不会把整个 fib 模块导入当前的命名空间中，它只会将 fib 里的 fibonacci 单个引入到执行这个声明的模块的全局符号表中。

- from...import*语句。

把一个模块的所有内容全都导入当前的命名空间也是可行的，只需使用如下语句：
```
from modname import*
```
这提供了一个简单的方法来导入一个模块中的所有项目。然而这种声明不可以被过多地使用。

例如，我们想一次性引入 math 模块中所有的东西，语句如下：
```
from math import*
```

9．Python 文件操作

1）打开和关闭文件

Python 提供了必要的函数和方法对文件进行基本的操作。可以使用 file 对象对大部分的文件进行操作。

- open()函数。

用户必须先用 Python 内置的 open()函数打开一个文件，创建一个与 file 对象相关的方法才可以调用该函数进行读/写操作。

语句如下：
```
file object = open(file_name [, access_mode][, buffering])
```

各个参数的说明如下。

➢ file_name：包含了一个要访问的文件名称的字符串值。

➢ access_mode：决定了打开文件的模式，包括只读、写入、追加等。所有可取值如表 2-21 所示。这个参数是非强制的，默认文件访问模式为只读（r）。

➢ buffering：如果 buffering 的值被设为 0，就不会有寄存。如果 buffering 的值被设为 1，访问文件时会寄存行。如果 buffering 的值被设为大于 1 的整数，表明这就是寄存区的缓冲大小。如果 buffering 的值被设为负值，寄存区的缓冲大小则为系统默认。

表 2-21

模式	描述
r	以只读方式打开文件。文件的指针将会放在文件的开头。这是默认模式
rb	以二进制格式打开一个文件用于只读。文件指针将会放在文件的开头。这是默认模式
r+	打开一个文件用于读/写。文件指针将会放在文件的开头
rb+	以二进制格式打开一个文件用于读/写。文件指针将会放在文件的开头
w	打开一个文件只用于写入。如果该文件已存在,则将其覆盖。如果该文件不存在,则创建新文件
wb	以二进制格式打开一个文件只用于写入。如果该文件已存在,则将其覆盖。如果该文件不存在,则创建新文件
w+	打开一个文件用于读/写。如果该文件已存在,则将其覆盖。如果该文件不存在,则创建新文件
wb+	以二进制格式打开一个文件用于读/写。如果该文件已存在,则将其覆盖。如果该文件不存在,则创建新文件
a	打开一个文件用于追加。如果该文件已存在,则文件指针将会放在文件的结尾。也就是说,新的内容将会被写入已有内容之后。如果该文件不存在,则创建新文件进行写入
ab	以二进制格式打开一个文件用于追加。如果该文件已存在,则文件指针将会放在文件的结尾。也就是说,新的内容将会被写入已有内容之后。如果该文件不存在,则创建新文件进行写入
a+	打开一个文件用于读/写。如果该文件已存在,则文件指针将会放在文件的结尾,文件打开时会是追加模式。如果该文件不存在,则创建新文件用于读/写
ab+	以二进制格式打开一个文件用于追加。如果该文件已存在,则文件指针将会放在文件的结尾。如果该文件不存在,则创建新文件用于读/写

file 对象的属性:当一个文件被打开后,将会有一个 file 对象,并且可以得到有关该文件的各种信息。与 file 对象相关的所有属性列表如表 2-22 所示。

表 2-22

属性	描述
file.closed	返回 True,如果文件已被关闭,则返回 False
file.mode	返回被打开文件的访问模式
file.name	返回文件的名称
file.softspace	如果用 print 输出后,必须跟一个空格符,返回 False,否则返回 True

- close()方法:file 对象的 close()方法可以刷新缓冲区里任何还没有写入的信息,并关闭该文件,这之后便不能再进行写入。

当一个文件对象的引用被重新指定给另一个文件时,Python 会关闭之前的文件。用 close()方法关闭文件是一个很好的习惯。

语句如下：
```
fileObject.close();
```

- write()方法：将任何字符串写入一个打开的文件中。需要重点注意的是，Python 字符串可以是二进制数据，而不仅仅是文字。

write()方法不会在字符串的结尾添加换行符（'\n'）。

语句如下：
```
fileObject.write(string);
```

- read()方法：从一个打开的文件中读取一个字符串。需要重点注意的是，Python 字符串可以是二进制数据，而不仅仅是文字。

语句如下：
```
fileObject.read([count]);
```

- tell()方法：tell()方法指定文件内的当前位置；换句话说，下一次的读/写会发生在文件开头的字节之后。
- seek(offset[,from])方法：改变当前文件的位置。offset 变量表示要移动的字节数。from 变量指定开始移动字节的参考位置。

如果 from 被设为 0，这意味着将文件的开头作为移动字节的参考位置；如果 from 被设为 1，则使用当前的位置作为参考位置；如果 from 被设为 2，那么将该文件的末尾作为参考位置。

2）重命名和删除文件

Python 的 OS 模块提供了执行文件处理操作的方法，比如重命名和删除文件。要使用这个模块，必须先导入它，然后才可以调用相关的功能。

- remove()方法：可以使用 remove()方法删除文件，需要将要删除的文件名作为参数。

Python 里的所有文件都包含在各个不同的目录下，即使这样 Python 也能轻松处理。OS 模块提供了许多创建、删除和更改目录的方法。

- mkdir()方法：可以使用 OS 模块的 mkdir()方法在当前目录下创建新的目录。用户需要提供一个包含了要创建的目录名称的参数。

语句如下：
```
os.mkdir("newdir")
```

- chdir()方法：可以使用 chdir()方法来更改当前的目录。chdir()方法需要的一个参数是：想设成当前目录的目录名称。

语句如下：

```
os.chdir("newdir")
```

- rmdir()方法：可以使用 rmdir()方法删除目录，目录名称以参数传递。

在删除某个目录之前，这个目录中的所有内容应该先被清除。

语句如下：

```
os.rmdir('dirname')
```

file 对象方法和 OS 对象方法可以对 Windows 和 UNIX 操作系统上的文件及目录进行广泛且实用的处理及操控。

- file 对象方法：file 对象提供了操作文件的一系列方法。
- OS 对象方法：OS 对象提供了处理文件及目录的一系列方法。

10．Python file 方法

file 对象使用 open()函数来创建，file 对象常用的函数及其描述如表 2-23 所示。

表 2-23

序号	函数	描述
1	file.close()	关闭文件。关闭后文件将不能进行读/写操作
2	file.flush()	刷新文件内部缓冲区，把内部缓冲的数据立刻写入文件，而不是被动等待输出缓冲区再写入
3	file.fileno()	返回一个整型的文件描述符（file descriptor FD 整型），可以用在如 OS 模块的 read()方法等一些底层操作上
4	file.isatty()	如果文件连接到一个终端设备，则返回 True，否则返回 False
5	file.next()	返回当前文件下一行数据
6	file.read([size])	从文件读取指定的字节数，如果未给定或为负则读取所有
7	file.readline([size])	读取整行，包括"\n"字符
8	file.readlines([sizeint])	读取所有行并返回列表，若给定的 sizeint>0，返回总和大约为 sizeint 字节的行，实际读取值可能比 sizeint 要大，因为需要填充缓冲区
9	file.seek(offset[,whence])	设置文件当前位置
10	file.tell()	返回文件当前位置
11	file.truncate([size])	截取文件，截取的字节通过 size 指定，默认为当前文件位置
12	file.write(str)	将字符串写入文件，没有返回值
13	file.writelines(sequence)	向文件写入一个序列字符串列表，如果需要换行，则要自己加入每行的换行符

使用Python语言需要注意以下问题。
- 大小写敏感：即字母是区分大小写的。所以如果把前面例子代码中的若干个字母从小写变成大写，系统将会报错。
- 要用英文字符：冒号、逗号、分号、括号、引号等各种符号必须用英文，使用中文字符将会报错。
- 注释：为了让人们更好地理解代码的含义，通常都会在代码中写入注释。注释是给人看的，计算机会忽略（需要注意的是，空行也会被忽略），所以用中文记录思路也是可以的。笔者强烈建议养成写注释的好习惯。注释的写法为"#"，表示会把所在行的其后所有内容设定为注释。

举例如下。

解决Python中不能输入汉字的问题，我们在Python的IDE中有时候会输入中文，Python对中文不太友好。在一般情况下，在代码前加入"# coding: utf-8"就可以了。示例代码如下：

```
# coding: utf-8
reload(sys)
sys.setdefaultencoding("utf-8")
```

11．Python数据类型

1）列表（List）

在Python中没有数组的概念，与数组最接近的概念就是列表和元组。列表是用来存储一连串元素的容器，用"[]"来表示。例如，可以用序列表示数据库中一个人的信息，第一个元素是姓名，第二个元素是年龄，根据上述内容定义一个列表（列表元素通过逗号分隔，写在方括号中），示例代码如下：

```
# 定义一个列表，列表是一个可变序列
edward = ['Edward Gumby',42]
# 打印列表
edward
```

以上示例输出结果如下：

```
['Edward Gumby',42]
```

2）元组（Tuple）

在Python中与数组类似的还有元组，元组中的元素可以进行索引计算。列表和元组的区别在于：列表中元素的值可以修改，而元组中元素的值不可以修改，只可以读取；另外，

列表的符号是"[]",而元组的符号是"()"。示例代码如下:

```
# 定义一个元组,元组是一个不可变序列
tom = ('Tom Teddy',37)
# 打印元组
tom
```

以上示例输出结果如下:

```
('Tom Teddy',37)
```

3)字典(Dictionary)

在 Python 中,字典也叫作关联数组,可以理解为列表的升级版,用大括号括起来,格式为{key1: value1,key2: value2,…,keyn: valuen},即字典的每个键值(key/value)对用冒号分隔,每个对之间用逗号分隔,整个字典包括在大括号中。示例代码如下:

```
# 定义一个字典,字典是一个由键值对构成的序列
age = {'张三':27,'李四':29}
# 打印字典
print(age)
```

以上示例输出结果如下:

```
{'张三':27,'李四':29}
```

4)字符串或串(String)

字符串或串是由数字、字母、下画线组成的一串字符。一般记为 s=" $a_1a_2...a_n$ "($n \geq 0$)。它在编程语言中表示文本的数据类型。在程序设计中,字符串为符号或数值的一个连续序列,如符号串(一串字符)或二进制数字串(一串二进制数字)。示例代码如下:

```
# Python 数据类型:字符串、整数、浮点数
a = '中国'
b = 25
c = 3.14
```

5)软件包(numPy)

软件包是 Python 的一个扩展程序库,支持大量的维度数组与矩阵运算,此外它也针对数组运算提供了大量的数学函数库。示例代码如下:

```
# 软件包 numpy 例子
# 导入库
```

```python
import numpy as np
# 创建一个 3*5 的多维数组（数据类型）
a = np.arange(15).reshape(3, 5)
a
```

输出结果如下：

```
array([[ 0,  1,  2,  3,  4],
       [ 5,  6,  7,  8,  9],
       [10, 11, 12, 13, 14]])
```

再举一个例子，代码如下：

```
# 软件包 pandas 例子
# 导入库
import numpy as np
import pandas as pd
df = pd.DataFrame(['张三','李四','王五'],columns = {'姓名'},index = {1,2,3})
df
```

输出结果如图 2-6 所示。

图 2-6

2.3.3 量化中函数的定义及使用方法

Python 中的函数是组织好的，可重复使用的，用来实现单一或相关联功能的代码段。它能提高应用的模块性能和代码的重复利用率。支持递归、默认参数值、可变参数，但不支持函数重载。Python 提供了许多内建函数，如 print()。但也可以自己创建函数，称为用户自定义函数。

定义一个想要实现某种功能的函数，要遵循以下规则。

函数代码块以 def 关键词开头，后接函数标识符名称和小括号。任何传入参数和自变量必须放在小括号中间。小括号之间可以定义参数。函数的第一行语句可以选择性地使用文档字符串——用于存放函数说明。函数内容以冒号起始，并且缩进。例如，return [表达式] 结束函数，选择性地返回一个值给调用方。不带表达式的 return 返回 None。

1. 函数语法

Python 定义函数使用 def 关键字，一般格式如下：

```
def 函数名 (参数列表):
    函数体
```

在默认情况下，参数值和参数名称是按函数声明中定义的顺序进行匹配的。

例如，使用函数来输出"Hello BROWN!"，示例代码如下：

```
def hell():
    print("Hello BROWN!")
hell()
x = itertools.compress(range(5), (True, False, True, True, False))
print(list(x))
Hello BROWN!
```

举一个更复杂的例子，在函数中带上参数变量，示例代码如下：

```
# 计算面积函数
def area(width, height):
    return width * height

def print_welcome(name):
    print("Welcome",name)

print_welcome("Runoob")
w = 7
h = 8
print("width = ","height ", h, "area ",area(w,h))
```

以上示例输出结果如下：

```
('Welcome', 'Runoob')
('width = ', 'height ', 8, 'area ', 56)
```

2. 函数调用

定义一个函数：赋予函数一个名称，指定函数里包含的参数和代码块结构。

这个函数的基本结构完成以后,可以通过另一个函数调用执行,也可以直接使用 Python 命令提示符执行。

调用 printme() 函数的示例代码如下：

```
# 定义函数
def printme (str):
    # 打印任何传入的字符串
    print (str)
    return
# 调用函数
printme("调用王东泽函数！")
printme("再次调用王东泽函数")
```

以上示例输出结果如下：

```
调用王东泽函数！
再次调用王东泽函数
```

sort()函数用于对原列表进行排序，如果指定参数，则使用比较函数指定的函数。

sort()语句如下：

```
list.sort(key = None, reverse = False)
```

参数说明如下。

- key：主要是用来进行比较的元素，只有一个参数，具体函数的参数取自可迭代对象，指定可迭代对象中的一个元素来进行排序。
- reverse：排序规则，reverse = True 表示降序， reverse = False 表示升序（默认）。

sort()函数没有返回值，但是会对列表的对象进行排序。

以下示例展示了 sort() 函数的使用方法：

```
aList = ['量化网','优矿','谷歌','百度']
aList.sort()
print ( "List : ",aList)
```

以上示例输出结果如下：

```
aList = ['量化网','优矿','谷歌','百度']
```

以下示例按降序输出列表：

```
# 列表
vowels = ['d','r','w','c','q']
# 降序
vowels.sort(reverse=True)
# 输出结果
print('降序输出:',vowels)
```

以上示例输出结果如下：

```
降序输出: ['w','r','q','d','c']
```

以下示例演示了通过指定列表中的元素排序来输出列表：

```python
# 获取列表第二个元素
def takeSecond(elem):
    return elem[1]
# 列表
random = [(7,6), (3,5), (4,7), (2,1)]
# 指定第二个元素排序
random.sort(key = takeSecond)
# 输出类别
print ('排序列表: ', random)
```

以上示例输出结果如下：

```
排序列表: [(2, 1), (3, 5), (7, 6), (4, 7)]
```

2.3.4 面向对象编程 OOP 的定义及使用方法

Python 从设计之初就是一门面向对象的语言，所以很容易在 Python 中创建一个类和对象。

对象：以类为单位来管理所有代码。对象包括两个数据成员（类变量和实例变量）和方法。并且加入了类机制，可以包含任意数量和类型的数据。

Python 中的类是对象的"抽象部分"，提供了面向对象编程的所有基本功能：类的继承机制允许有多个基类，派生类可覆盖基类方法，方法中可调用基类的同名方法。

语法格式如下：

```
class ClassName:
    <statement-1>
    .
    .
    .
    <statement-N>
```

将类实例化可以使用其属性，即创建一个类之后，可以通过类名访问其属性。

类对象支持属性引用和实例化两种操作方法。其属性引用使用的语法为：obj.name。类对象创建后，所有的命名都是有效属性名。类定义代码如下：

```python
class MyClass:
    """一个简单的类实例"""
    i = 3.14159265
    def f(self):
        return 'hello BROWN'

# 实例化类
x = MyClass()

# 访问类的属性和方法
print("MyClass 类的属性 i 为: ", x.i)
print("MyClass 类的方法 f 输出为: ", x.f())
```

以上代码创建了一个新的类实例并将该对象赋给局部变量 x，x 是一个空的对象。

执行以上代码后，输出的结果如下：

```
MyClass 类的属性 i 为: 3.14159265
MyClass 类的方法 f 输出为: hello BROWN
```

类有一个名为 __init__()的特殊构造方法，该方法在类实例化时可自动调用，例如：

```python
def __init__(self):
    self.data = []
```

类定义了 __init__()方法，类的实例化操作会自动调用 __init__()方法。例如，实例化类 MyClass，对应的 __init__()方法就会被调用，例如：

```python
x = MyClass()
```

__init__() 方法也可以设置参数，参数可以通过 __init__()传递到类。例如：

```python
class Complex:
    def __init__(self, realpart, imagpart):
        self.r = realpart
        self.i = imagpart
x = Complex(7.8, -2.6)
print(x.r, x.i)
```

执行以上代码后，输出的结果如下：

```
(7.8, -2.6)
```

self 代表类的实例而不是类。类的方法必须有一个额外的第一个参数名称，按照惯例它的名称是 self。这是与普通函数的唯一区别。例如：

```python
class Test:
    def prt(self):
```

```
        print(self)
        print(self.__class__)

t = Test()
t.prt()
```

执行以上代码后,输出的结果如下:

```
<__main__.Test object at 0x000001C9FBB43F60>
<class'__main__.Test'>
```

在类的内部,如果使用 def 关键字来定义一个方法就必须包含参数 self,且为第一个参数,self 代表的是类的实例。这一点与一般函数的定义不同。

```
# 类定义
class people:
    # 定义基本属性
    name = ''
    age = 0
    # 定义私有属性,私有属性在类外部无法直接进行访问
    __weight = 0
    # 定义构造方法
    def __init__(self,n,a,w):
        self.name = n
        self.age = a
        self.__weight = w
    def speak(self):
        print("%s 说: 王东泽 %d 岁。" %(self.name,self.age))
# 实例化类
p = people('runoob',31,30)
p.speak()
```

执行以上代码后,输出的结果如下:

runoob 说: 王东泽 31 岁。

- 单继承:Python 支持类的继承,否则类就失去了意义。单继承的类定义如下:

```
class DerivedClassName(BaseClassName1):
    <statement-1>
    .
    .
    .
    <statement-N>
```

注意小括号中基类的顺序,如果基类中有相同的方法名,而子类使用时未指定,Python

将从左到右搜索,即方法在子类中未找到时,可以从左到右查找基类中是否包含方法。

BaseClassName（示例中的基类名）必须与派生类定义在一个作用域内。基类定义在另一个模块中时表达式非常有用,代码如下:

```
class DerivedClassName(modname.BaseClassName):
```

示例代码如下:

```
# 类定义
class people:
    # 定义基本属性
    name = ''
    age = 0
    # 定义私有属性,私有属性在类外部无法直接进行访问
    __weight = 0
    # 定义构造方法
    def __init__(self,n,a,w):
        self.name = n
        self.age = a
        self.__weight = w
    def speak(self):
        print("%s 说: 我 %d 岁。" %(self.name,self.age))

# 单继承
class student(people):
    grade = ''
    def __init__(self,n,a,w,g):
        # 调用父类的构造方法
        people.__init__(self,n,a,w)
        self.grade = g
    # 覆写父类的方法
    def speak(self):
        print("%s 说: 王东泽 %d 岁了, 王东泽在读 %d 年级博士后"%(self.name,self.age,self.grade))


s = student('ken',31,60,2)
s.speak()
```

执行以上代码后,输出的结果如下:

```
ken 说: 王东泽 31 岁了, 王东泽在读 2 年级博士后
```

- 多继承：Python 同样支持多继承形式。多继承的类定义如下：

```
class DerivedClassName(Base1, Base2, Base3):
    <statement-1>
    .
    .
    .
    <statement-N>
```

需要注意小括号中父类的顺序，若父类中有相同的方法名，而在子类使用时未指定，Python 将从左到右搜索，即方法在子类中未找到时，从左到右查找父类中是否包含方法。从单继承到多继承的示例代码如下：

```
# 类定义
class people:
    # 定义基本属性
    name = ''
    age = 0
    # 定义私有属性,私有属性在类外部无法直接进行访问
    __weight = 0
    # 定义构造方法
    def __init__(self,n,a,w):
        self.name = n
        self.age = a
        self.__weight = w
    def speak(self):
        print("%s 说：我 %d 岁。" %(self.name,self.age))
# 单继承
class student(people):
    grade = ''
    def __init__(self,n,a,w,g):
        # 调用父类的构造方法
        people.__init__(self,n,a,w)
        self.grade = g
    # 覆写父类的方法
    def speak(self):
        print("%s 说：我 %d 岁了，我在读 %d 年级"%(self.name,self.age,self.grade))
# 定义另一个类
class speaker():
    topic = ''
    name = ''
    def __init__(self,n,t):
```

```
        self.name = n
        self.topic = t
    def speak(self):
        print("我叫 %s,我是一名作家,我的写作主题是 %s"%(self.name,self.topic))
# 多继承
class sample(speaker,student):
    a =''
    def __init__(self,n,a,w,g,t):
        student.__init__(self,n,a,w,g)
        speaker.__init__(self,n,t)
test = sample("王东泽",25,80,4,"Python")
test.speak()      # 与方法名相同,默认调用的是在括号中排名靠前的父类的方法
```

执行以上程序后,输出的结果如下:

```
我叫 王东泽,我是一名作家,我的写作主题是 Python
```

2.3.5　itertools 的使用方法

itertools 迭代器(生成器)是 Python 中一种很常用也很好用的数据结构,与列表相比,迭代器最大的优势就是延迟计算、按需使用,从而提高开发者的体验度和运行效率。所以在 Python3 中 map、filter 等操作返回的不再是列表而是迭代器。经常用到的迭代器是 range,但是通过 iter()函数把列表对象转化为迭代器对象会多此一举,所以使用 itertools 更合适一些。

itertools 中的函数大多会返回各种迭代器对象,其中很多函数的作用需要我们写很多代码才能发挥,在运行效率上很低,因为其是系统库。下面列举 itertools 的使用方法。

itertools.accumulate 表示累加。例如:

```
import itertools
x = itertools.accumulate(range(10))
print(list(x))
```

执行以上程序后,输出的结果如下:

```
[0, 1, 3, 6, 10, 15, 21, 28, 36, 45]
```

itertools.chain 表示连接多个列表或迭代器。例如:

```
x = itertools.chain(range(3), range(4), [3,2,1])
print(list(x))
```

执行以上程序后,输出的结果如下:

```
[0, 1, 2, 0, 1, 2, 3, 3, 2, 1]
```

itertools.combinations_with_replacement 表示允许重复元素的组合。例如:

```
x = itertools.combinations_with_replacement('ABC', 2)
print(list(x))
```

执行以上程序后,输出的结果如下:

```
[('A', 'A'), ('A', 'B'), ('A', 'C'), ('B', 'B'), ('B', 'C'), ('C', 'C')]
```

itertools.compress 表示按照真值表筛选元素。例如:

```
x = itertools.compress(range(5), (True, False, True, True, False))
print(list(x))
```

执行以上程序后,输出的结果如下:

```
[0, 2, 3]
```

itertools.count 是一个计数器,可以指定起始位置和步长。例如:

```
x = itertools.count(start=20, step=-1)
print(list(itertools.islice(x, 0, 10, 1)))
```

执行以上程序后,输出的结果如下:

```
[20, 19, 18, 17, 16, 15, 14, 13, 12, 11]
```

itertools.dropwhile 表示按照真值函数,丢弃列表和迭代器前面的元素。例如:

```
x = itertools.dropwhile(lambda e: e < 5, range(10))
print(list(x))
```

执行以上程序后,输出的结果如下:

```
[5, 6, 7, 8, 9]
```

itertools.filterfalse 表示保留对应真值为 False 的元素。例如:

```
x = itertools.filterfalse(lambda e: e < 5, (1, 5, 3, 6, 9, 4))
print(list(x))
```

执行以上程序后,输出的结果如下:

```
[5, 6, 9]
```

itertools.groupby 表示按照分组函数的值对元素进行分组。例如:

```
x = itertools.groupby(range(10), lambda x: x < 5 or x > 8)
for condition, numbers in x:
    print(condition, list(numbers))
```

执行以上程序后,输出的结果如下:

```
(True, [0, 1, 2, 3, 4])
(False, [5, 6, 7, 8])
(True, [9])
```

itertools.islice 表示对迭代器进行切片操作。例如：

```
x = itertools.islice(range(10), 0, 9, 2)
print(list(x))
```

执行以上程序后，输出的结果如下：

```
[0, 2, 4, 6, 8]
```

itertools.permutations 返回可迭代对象的所有数学全排列方式。例如：

```
x = itertools.permutations(range(4), 3)
print(list(x))
```

执行以上程序后，输出的结果如下：

```
[(0, 1, 2), (0, 1, 3), (0, 2, 1), (0, 2, 3), (0, 3, 1), (0, 3, 2), (1, 0, 2), (1, 0, 3), (1, 2, 0), (1, 2, 3), (1, 3, 0), (1, 3, 2), (2, 0, 1), (2, 0, 3), (2, 1, 0), (2, 1, 3), (2, 3, 0), (2, 3, 1), (3, 0, 1), (3, 0, 2), (3, 1, 0), (3, 1, 2), (3, 2, 0), (3, 2, 1)]
```

itertools.repeat 表示简单地生成一个拥有指定数目元素的迭代器。例如：

```
x = itertools.repeat(0, 5)
print(list(x))
```

执行以上程序后，输出的结果如下：

```
[0, 0, 0, 0, 0]
```

itertools.starmap 与 map 类似。例如：

```
x = itertools.starmap(str.islower, 'aBCDefGhI')
print(list(x))
```

执行以上程序后，输出的结果如下：

```
[True, False, False, False, True, True, False, True, False]
```

itertools.takewhile 与 dropwhile 相反，保留元素直到真值函数值为假。例如：

```
x = itertools.takewhile(lambda e: e < 5, range(10))
print(list(x))
```

执行以上程序后，输出的结果如下：

```
[0, 1, 2, 3, 4]
```

itertools.zip_longest 与 zip 类似，但是需要以较长的列表和迭代器的长度为准。例如：

```
x = itertools.zip_longest(range(3), range(5))
y = zip(range(3), range(5))
print(list(x))
```

执行以上程序后,输出的结果如下:

```
[(0, 0), (1, 1), (2, 2), (None, 3), (None, 4)]
[(0, 0), (1, 1), (2, 2)]
```

2.4 量化投资工具——Matplotlib

Matplotlib 是 Python 2D-绘图领域使用非常广泛的套件。它能让使用者轻松地将数据图形化,并且提供多样化的输出格式。下面来介绍 Matplotlib 的常见用法。

读者要想使用 Python 绘制 K 线图最好在 Anaconda 网站下载安装包。安装步骤如下。

(1)单击"Windows"然后单击"64-Bit Graphical Installer(614.3MB)",如图 2-7 所示。

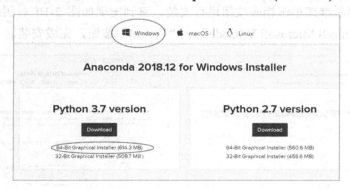

图 2-7

(2)点击相应链接进行下载,并选择保存的文件夹,下载完成后,即可在文件夹中找到下载的安装包,如图 2-8 所示。

图 2-8

（3）双击安装包文件，在弹出的安装对话框中单击"Next"按钮，然后单击"I Agree"按钮，如图 2-9 所示。

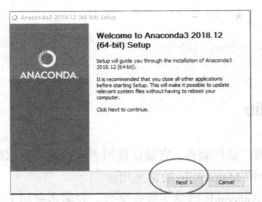 

图 2-9

（4）根据提示继续单击相应按钮进行安装。直到出现如图 2-10 右图所示的对话框，然后依次单击"Install Microsoft VSCode"→"Cancel"按钮，完成安装。

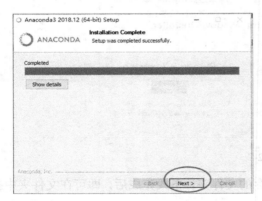 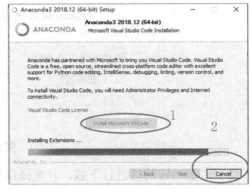

图 2-10

Matplotlib 仅需要几行代码，便可以生成绘图、直方图、功率谱、条形图、错误图、散点图等。

2.4.1 Matplotlib 基础知识

Matplotlib 的基础知识如下。

（1）Matplotlib 中基本图表的元素包括 x 轴和 y 轴、水平和垂直的轴线。

x 轴和 y 轴使用刻度对坐标轴进行分隔，包括最小刻度和最大刻度；x 轴和 y 轴刻度标签表示特定坐标轴的值、绘图区域等。

（2）hold 属性默认为 True，允许在一幅图中绘制多条曲线。

（3）使用 grid 方法为图添加网格线，方法为设置 grid 参数（参数与 plot()函数相同），lw 代表 linewidth（线的粗细），Alpha 表示线的明暗程度。

（4）axis 方法如果没有任何参数，则返回当前坐标轴的上下限。

（5）除了 plt.axis 方法，还可以通过 xlim、ylim 方法设置坐标轴范围。

（6）legend 方法如下。

- 初级绘制。

这一节中，我们将从简到繁：先尝试用默认配置在同一张图上绘制正弦函数和余弦函数图像，然后逐步美化它。

首先取得正弦函数和余弦函数的值，示例代码如下：

```
from pylab import *

X = np.linspace(-np.pi, np.pi, 256,endpoint=True)
C,S = np.cos(X), np.sin(X)
```

X 是一个 numpy 数组，包含了-π 到+π 之间的 256 个值。C 和 S 分别是这 256 个值对应的余弦函数和正弦函数值组成的 numpy 数组。

- 使用默认配置。

Matplotlib 的默认配置允许用户进行自定义。可以调整大多数的默认配置：图片大小和分辨率（dpi）、线条宽度、颜色、风格、坐标轴、网格的属性、文字和字体属性等。不过，Matplotlib 的默认配置在大多数情况下已经做得足够好了，可能只有在特殊的情况下才会想要更改这些默认配置。示例代码如下：

```
import numpy as np
import matplotlib.pyplot as plt
X = np.linspace(-np.pi, np.pi, 256,endpoint=True)
C,S = np.cos(X), np.sin(X)
plot(X,C)
plot(X,S)
show()
```

执行以上程序后，输出的结果如图 2-11 所示（由于本书是黑白印刷，涉及的颜色无法在书中呈现，请读者结合软件界面进行辨识）。

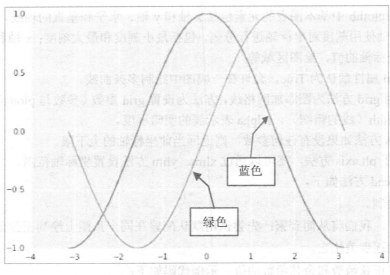

图 2-11

在下面的代码中,我们展现了 Matplotlib 的默认配置并辅以注释说明,这部分配置包含了有关绘图样式的所有配置。代码中的配置与默认配置完全相同,可以在交互模式中修改其中的值来观察效果:

```
# 导入 Matplotlib 的所有内容
from pylab import *
# 创建一个 9*7 点阵图,并设置分辨率为 80 像素
figure(figsize=(9,7), dpi=80)
# 创建一个新的 1*1 的子图,接下来的图样绘制在其中的第 1 块
subplot(1,1,1)
X = np.linspace(-np.pi, np.pi, 256,endpoint=True)
C,S = np.cos(X), np.sin(X)
# 绘制余弦曲线,使用蓝色的、连续的、宽度为 1 像素的线条
plot(X, C, color="blue", linewidth=1.0, linestyle="-")
# 绘制正弦曲线,使用绿色的、连续的、宽度为 1 像素的线条
plot(X, S, color="green", linewidth=1.0, linestyle="-")
# 设置横轴的上下限
xlim(-3.0,3.0)
# 设置横轴记号
xticks(np.linspace(-3,3,9,endpoint=True))
# 设置纵轴的上下限
ylim(-1.0,1.0)
# 设置纵轴记号
```

```
yticks(np.linspace(-2,2,5,endpoint=True))
# 以分辨率 72 像素来保存图片
# savefig("exercice_2.png",dpi=72)
# 在屏幕上显示
show()
```

执行以上程序后，输出的结果如图 2-12 所示（由于本书是黑白印刷，涉及的颜色无法在书中呈现，请读者结合软件界面进行辨识）。

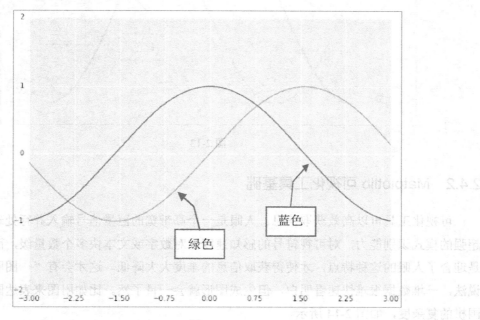

图 2-12

现在来改变线条的颜色和粗细。我们首先以蓝色和红色分别表示余弦函数和正弦函数，然后将线条变粗一点，接下来，我们以水平方向拉伸整个图。示例代码如下：

```
figure(figsize=(10,6), dpi=70)
plot(X, C, color="blue", linewidth=2.5, linestyle="-")
plot(X, S, color="red",  linewidth=2.5, linestyle="-")
```

执行以上程序后，输出的结果如图 2-13 所示（由于本书是黑白印刷，涉及的颜色无法在书中呈现，请读者结合软件界面进行辨识）。

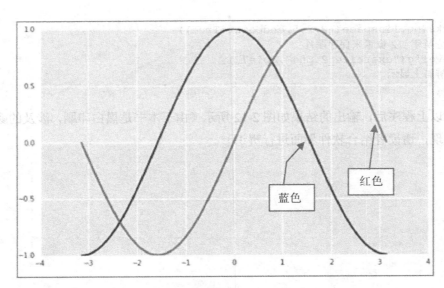

图 2-13

2.4.2 Matplotlib 可视化工具基础

可视化工具可以高效获取信息。人眼是一个高带宽的巨量信号输入并行处理器,具有超强的模式识别能力,对可视符号的感知速度比对数字或文本快多个数量级,而可视化就是迎合了人眼的这种特点,才使得获取信息的难度大大降低。这才会有"一图胜千言"的说法,一堆数据很难快速看明白,但生成图形就会一目了然。比如用图来表达国际象棋与围棋的复杂度,如图 2-14 所示。

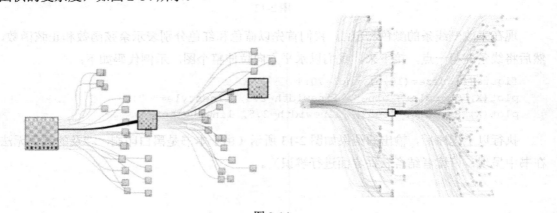

图 2-14

可视化工具可以辅助人们在人脑之外保存待处理信息,从而补充人脑有限的记忆内存,提高信息认知的效率。虽然人们能够有意识地集中注意力,但不能长时间保持视觉搜索的高效状态。而图形化符号可以高效地传递信息,将用户的注意力引导到重要的目标上。

可视化的作用体现在多个方面,如揭示想法和关系、形成论点或意见、观察事物演化的趋势、总结或积聚数据、存档和整理、寻求真相和真理、传播知识和探索性数据分析等。

在计算机学科的分类中,利用人眼的感知能力对数据进行交互的可视表达,以增强认知的技术,称为可视化。它将不可见或难以直接显示的数据转化为可感知的图形、符号、颜色、纹理等,来增强数据识别效率,传递有效信息。

如果要同时绘制多个图表,可以给 figure() 传递一个整数参数来指定 Figure 对象的序号,如果序号所指定的 Figure 对象已经存在,只需要让它成为当前的 Figure 对象即可。示例代码如下:

```
import numpy as np
# 创建图表 1 和图表 2
plt.figure(1)
plt.figure(2)
# 在图表 2 中创建子图 1 和子图 2
ax1 = plt.subplot(211)
ax2 = plt.subplot(212)
x = np.linspace(0, 3, 100)
for i in xrange(5):
    # 选择图表 1
    plt.figure(1)
    plt.plot(x, np.exp(i*x/3))
    plt.sca(ax1)
    # 选择图表 2 的子图 1
    plt.plot(x, np.sin(i*x))
    plt.sca(ax2)
    # 选择图表 2 的子图 2
    plt.plot(x, np.cos(i*x))
```

执行以上程序后,输出的结果如图 2-15 所示。

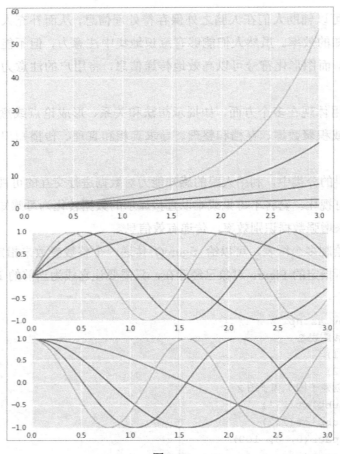

图 2-15

2.4.3 Matplotlib 子画布及 loc 的使用方法

定义画布的方法如下：

```
import matplotlib.pyplot as plt
Populating the interactive namespace from numpy and matplotlib
```

Matplotlib 的图像都位于 Figure 画布中，可以使用 plt.figure 创建一个新画布。

如果要在一个图表中绘制多个子图，可使用 subplot，示例代码如下：

```
# 创建一个新的 Figure
fig = plt.figure()
```

```
# 不能通过空 Figure 绘图,必须用 add_subplot 创建一个或多个 subplot
ax1 = fig.add_subplot(2, 2, 1)
ax2 = fig.add_subplot(2, 2, 2)
ax3 = fig.add_subplot(2, 2, 3)
from numpy.random import randn
# 没有指定具体 subplot 的绘图命令时,会在最后一个用过的 subplot 上进行绘制
plt.plot(randn(50).cumsum(),'k--')
_ = ax1.hist(randn(100), bins=25, color='k', alpha=0.4)
# 这里加分号可以屏蔽不必要的输出
ax2.scatter(np.arange(50), np.arange(50) + 3*randn(50)) ;
```

执行以上代码后,输出的结果如图 2-16 所示。

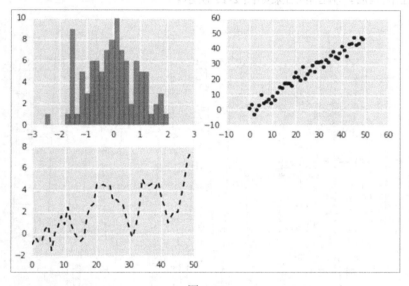

图 2-16

使用上述命令可以绘制一些图例,并可用丰富的数学符号进行标注,还可在一个画布里容纳多个子图形,这些都是很常用的功能。

在一张图中显示多个子图,示例代码如下:

```
# sub = 子
x = np.arange(-10, 10, 0.1)
plt.figure(figsize=(12, 9))
# 1 行 3 列的第 1 个子图
axes = plt.subplot(1, 3, 1)
axes.plot(x, np.sin(x))
# 设置网格颜色、样式、宽度
```

```
axes.grid(color='r',linestyle='--',linewidth=2)
# 1行3列的第2个子图
axes2 = plt.subplot(1, 3, 2)
axes2.plot(x, np.cos(x))
# 设置网格颜色、样式、宽度
axes2.grid(color='g',linestyle='-.',linewidth=2)
# 1行3列的第3个子图
axes3 = plt.subplot(1, 3, 3)
axes3.plot(x, np.sin(x))
# 设置网格颜色、样式、宽度
axes3.grid(color='b',linestyle=':',linewidth=2)
```

执行以上代码后,输出的结果如图2-17所示。

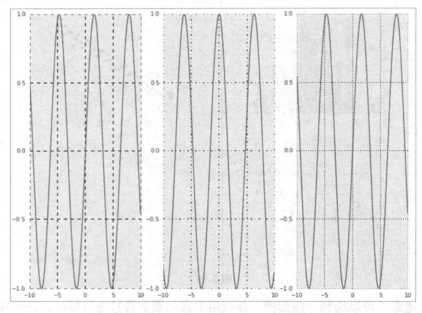

图2-17

下面来绘制一个子画布,示例代码如下:

```
import matplotlib.pyplot as plt
import numpy as np
def f(t):
    return np.exp(-t) * np.cos(2 * np.pi * t)
# t = np.arange(0, 5, 0.2)
t1 = np.arange(0, 5, 0.1)
t2 = np.arange(0, 5, 0.02)
```

```
# plt.plot(t, t, 'r--', t, t ** 2, 'bs', t, t ** 3, 'g^')
plt.figure(12)
plt.subplot(221)
plt.plot(t1, f(t1), 'bo', t2, f(t2), 'r--')
plt.subplot(222)
plt.plot(t2, np.cos(2 * np.pi * t2), 'r--')
plt.subplot(212)
plt.plot([1, 2, 3, 4, 5], [1, 5, 8, 13, 18])
plt.show()
```

执行以上代码后，输出的结果如图 2-18 所示。

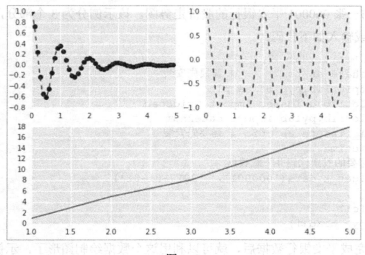

图 2-18

2.5 Matplotlib 绘制 K 线图的方法

2.5.1 安装财经数据接口包（TuShare）和绘图包（mpl_finance）

TuShare 是一个开源的 Python 财经数据接口包，主要实现对股票等金融数据从数据采集、清洗加工到数据存储的过程，能够为金融分析人员提供快速、整洁和多样的便于分析的数据，极大地减轻他们获取数据来源方面的工作量，使他们更加专注于策略和模型的研究与实现上。由于 Python pandas 包在金融量化分析中有突出的优势，而且 TuShare 返回的绝大部分数据格式都是 pandas DataFrame 类型，所以非常便于用 pandas、numPy、Matplotlib

进行数据分析和可视化。安装方法如下:

```
pip install tushare
```

mpl_finance 是 Python 中用来画蜡烛图、线图的分析工具,目前已经从 Matplotlib 中独立出来。安装方法如下:

```
pip install mpl_finance
```

2.5.2 绘制 K 线图示例

我们来绘制一张 000001 平安银行的股价走势图。该示例分为 3 个部分,步骤如下。

(1)粘贴或输入如下代码:

```
# 2D 绘图包 Matplotlib
import tushare as ts          # 需要先安装
import matplotlib.pyplot as plt
from matplotlib.gridspec import GridSpec
from matplotlib.pylab import date2num
import mpl_finance as mpf     # 需要先安装
import datetime
# 下面输入想要的股票代码并下载数据
wdyx = ts.get_k_data('000001', '2017-01-01')

# wdyx.info()
# print(wdyx.head())
```

(2)下载完成平安银行数据后,就可以利用这个数据绘制图形了,示例代码如下:

```
def date_to_num(dates):
    num_time = []# 2D 绘图包 Matplotlib
import tushare as ts          # 需要先安装
import matplotlib.pyplot as plt
from matplotlib.gridspec import GridSpec
from matplotlib.pylab import date2num
import mpl_finance as mpf     # 需要先安装
import datetime
# 下面输入想要的股票代码并下载数据
wdyx = ts.get_k_data('000001', '2017-01-01')

# wdyx.info()
# print(wdyx.head())

def date_to_num(dates):
    num_time = []
```

```python
    for date in dates:
        date_time = datetime.datetime.strptime(date, '%Y-%m-%d')
        num_date = date2num(date_time)
        num_time.append(num_date)
    return num_time
```

（3）输入股票代码后，可以将其转换为二维数组，示例代码如下：

```python
# 将 Dataframe 转换为二维数组
mat_wdyx = wdyx.values
num_time = date_to_num(mat_wdyx[:, 0])
mat_wdyx[:, 0] = num_time
# 接下来就可以绘制 K 线图了
# 画布大小
Fig,(ax0, ax1) = plt.subplots(2, sharex=True, figsize=(15, 8))
# 调整两个子画布大小（两种方法）
# ax0 = plt.subplot2grid((3, 1), (0, 0), rowspan=2)
# ax1 = plt.subplot2grid((3, 1), (2, 0))
gs = GridSpec(3, 1)
# 调整上下间隔（两种方法）
# gs.update(hspace=0.05)

plt.subplots_adjust(hspace=0.05)
ax0 = plt.subplot(gs[0:2])
ax1 = plt.subplot(gs[2])
# 在第一个子画布上画 K 线，在第二个子画布上画量的柱线
mpf.candlestick_ochl(ax0, mat_wdyx, width=1, colorup='r', colordown='g', alpha=1.0)
ax0.set_title('000001')
ax0.set_ylabel('Price')
ax0.grid(True)
plt.bar(mat_wdyx[:, 0]-0.4, mat_wdyx[:, 5], width=0.8)
ax1.xaxis_date()
ax1.set_ylabel('Volume')
plt.show()
    for date in dates:
        date_time = datetime.datetime.strptime(date, '%Y-%m-%d')
        num_date = date2num(date_time)
        num_time.append(num_date)
    return num_time

# 将 Dataframe 转换为二维数组
mat_wdyx = wdyx.values
num_time = date_to_num(mat_wdyx[:, 0])
mat_wdyx[:, 0] = num_time
# 接下来就可以绘制 K 线图了
```

```
# 画布大小
fig, (ax0, ax1) = plt.subplots(2, sharex=True, figsize=(15, 8))
# 调整两个子画布大小（两种方法）
# ax0 = plt.subplot2grid((3, 1), (0, 0), rowspan=2)
# ax1 = plt.subplot2grid((3, 1), (2, 0))
gs = GridSpec(3, 1)
# 调整上下间隔（两种方法）
# gs.update(hspace=0.05)

plt.subplots_adjust(hspace=0.05)
ax0 = plt.subplot(gs[0:2])
ax1 = plt.subplot(gs[2])

# 在第一个子画布上画 K 线，在第二个子画布上画量的柱线
mpf.candlestick_ochl(ax0, mat_wdyx, width=1, colorup='r', colordown='g', alpha=1.0)
ax0.set_title('000001')
ax0.set_ylabel('Price')
ax0.grid(True)
plt.bar(mat_wdyx[:, 0]-0.4, mat_wdyx[:, 5], width=0.8)
ax1.xaxis_date()
ax1.set_ylabel('Volume')
plt.show()
```

按 Ctrl+Enter 快捷键运行以上程序，输出的结果如图 2-19 所示。

图 2-19

第 3 章

量化投资策略回测

在使用量化投资策略进行程序化交易之后,结果如何?或者在上线量化投资策略之前,要先测试该策略是否符合我们设定的目标,应该如何测试呢?

本章就来讲解如何进行量化投资策略回测。在回测时,一般选择过去某一个时间段来运行该程序,看看得出的结果是否符合设定的目标,如果达标则可正式上线,如果不符合目标,则继续修正程序。

3.1 选择回测平台的技巧

近年来 Python 在我国量化领域非常流行,同时也涌现出了很多做量化平台的公司,他们所提供的量化平台基本都包含回测功能。不过从一个量化分析的过程来讲,只有回测功能是不够的,还需要有底层数据、量化因子、因子生产平台、绩效评价功能、策略优化器等。对于自建平台的机构或个人爱好者,只需要接入外部数据即可;而对于需要使用专业而全面的量化分析工具的人们,就要对各类平台认真考虑,从而选择适合自己的量化平台。

在此列举一些量化平台,也是笔者这几年在量化分析中了解到的一些平台名称,如优矿(通联数据)、聚宽、米筐、问财、果仁和国信 TradeStation。

另外对于自建平台的数据使用,在此也列举了一些数据库厂商,仅供参考,如表 3-1 所示。

表 3-1

数据库厂商	部分数据类型
通联数据	股票、基金、期货、Level1、Level2、另类数据、量化因子库、风险模型、宏观及行业、舆情数据库、公告事件数据库、财务预测模型、通联一致预期数据等
朝阳永续	私募基金数据、分析师预期数据等
万得	比较全面的二级市场数据、一级市场数据、国内外宏观行业数据等

3.1.1 根据个人特点选择回测平台

投资者除了选择回测平台，还需要知道量化投资策略只有建立在有一定数量的金融数据基础上才能很好地运行。由于每位交易者的侧重点不同，所以其需求也各不相同。

常见的原始数据需求，如日期、开/收盘价、最高/最低价、交易量、交易金额、财务报表、业绩预告、业绩快报、IPO、配股、分红、拆股和股改等信息属于传统的结构化投资数据。

一些个人需要的非原始数据，如社交媒体数据、新闻媒体数据、渠道公告数据、电商数据等属于非传统的结构化数据。

无论哪种结构化数据，只有经过不断挖掘、优化、组合、创新并不断回测，才有可能在实盘量化投资交易中盈利。

通联数据所提供的优矿量化平台，作为国内最早推出的量化分析工具，已经得到了各种金融机构的认可，如券商、公募基金及个人爱好者等。优矿支持调用全量底层数据、400+量化因子、风险模型等。本章主要介绍数据的提取及回测方法。

3.1.2 回测平台的使用方法与技巧

用户需要在回测平台进行注册才能使用，步骤如下。

首先，登录优矿官网免费注册一个账号，如图 3-1 所示。

图 3-1

其次，输入手机号、验证码、密码后，单击"注册优矿"按钮，如图 3-2 所示。

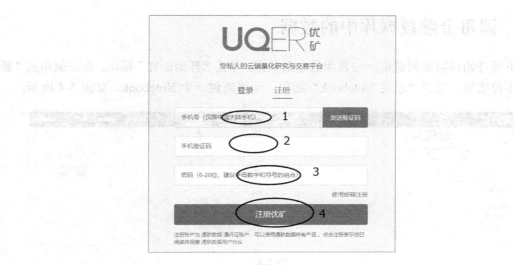

图 3-2

注册成功后,即可进入主界面,单击"研究数据"模块,我们可以看到很多常用的金融数据,而且这些金融数据绝大部分是可以免费查看的。这些经济数据对学习量化投资策略能起到非常重要的作用,如图 3-3 所示。

图 3-3

3.2 调用金融数据库中的数据

下面开始讲解如何调用一些常用的金融数据。单击"开始研究"模块，在左侧单击"新建"下拉按钮，选择"新建 Notebook"选项，即可新建一个 Notebook，如图 3-4 所示。

图 3-4

单击对应的 Notebook，即可进入 Python 代码的编辑界面（见图 3-5）。当打开优矿的 Notebook 时，我们会发现，它和 IPython Notebook 或 Jupyter Notebook 的翻译环境基本都是相同的，那是因为优矿中的 Notebook 是基于 IPython Notebook 开发的，所以操作基本一致，从而可以方便用户进行操作。

图 3-5

单击 NoteBook 左上角的"代码"下拉按钮，将模式设置为代码模式，即可开始调用数据，如图 3-6 所示。

图 3-6

3.2.1 历史数据库的调取

打开回测平台的主界面并单击"研究数据"模块，寻找我们需要的数据。例如，查看沪深股票日行情数据：单击"沪深股票"→"行情"→"日行情"，然后单击"沪深股票日行情"右侧的"展开详情"，如图 3-7 所示。

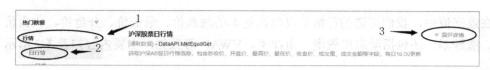

图 3-7

我们既可以通过单击左侧的下拉按钮来寻找数据，也可以直接在上方的搜索框中输入关键字进行搜索，如图 3-8 所示。

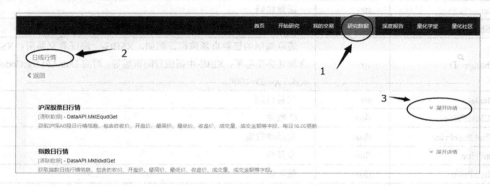

图 3-8

在“展开详情”中展示了参数的名称、类型及描述信息，如图 3-9 所示。例如，我们想要调取某只股票的某个时间段的行情，只要规范写入代码就可以了。

沪深股票日行情

[通联数据] - DataAPI.MktEqudGet　　收起详情

DataAPI.MktEqudGet(secID=u"",ticker=u"",tradeDate=u"20150513",beginDate=u"",endDate=u"",isOpen="",field=u"",pandas="1")　　复制代码

获取沪深AB股日行情信息，包含昨收价、开盘价、最高价、最低价、收盘价、成交量、成交金额等字段，每日16:00更新

参数

名称	类型	描述
secID	list	通联编制的证券编码，格式是"交易代码.证券市场代码"，如000001.XSHE。可传入证券交易代码使用DataAPI.SecIDGet接口获取到。，可以是列表,secID、ticker、tradeDate至少选择一个
ticker	list	股票交易代码，如'000001'（可多值输入），可以是列表,secID、ticker、tradeDate至少选择一个
tradeDate	str	输入一个日期，不输入其他请求参数，可获取到一天全部沪深股票日行情数据，输入格式"YYYYMMDD",secID、ticker、tradeDate至少选择一个
beginDate	str	起始日期，输入格式"YYYYMMDD",可空
endDate	str	截止日期，输入格式"YYYYMMDD",可空
isOpen	int	股票今日是否开盘标记位：0-今日未开盘，1-今日有开盘,可空
field	list	所需字段,可以是列表,可空
pandas	str	1表示返回 pandas data frame，0表示返回csv,可空

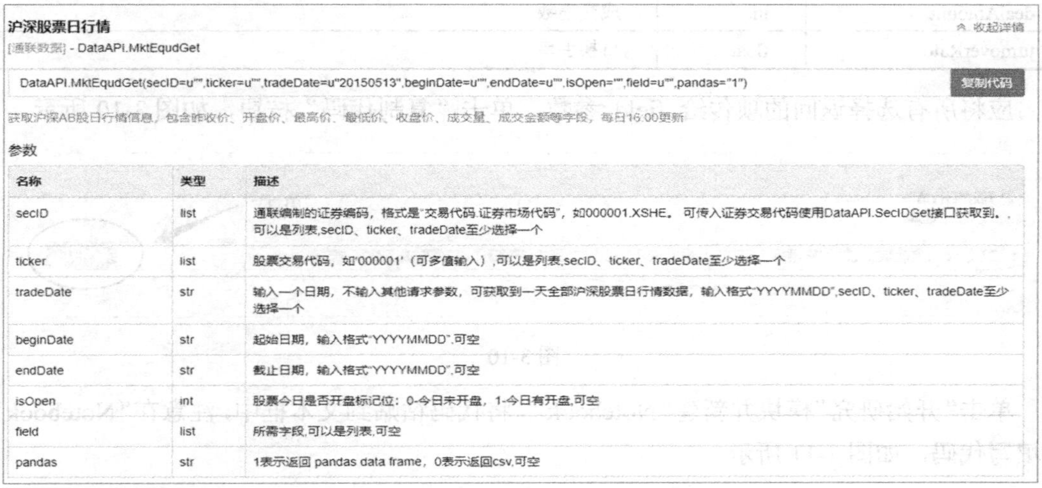

图 3-9

在返回值中，我们可选的行情不仅包括基本的最高价、最低价、开盘价、收盘价、成交量、涨跌幅，还包括动态市盈率、市净率、VWAP 等数据，主要内容如表 3-2 所示。

表 3-2

名称	类型	描述
secID	str	通联编制的证券编码，格式是"交易代码.证券市场代码"，如 000001.XSHE。使用 DataAPI.SecIDGet 接口获取证券交易代码
ticker	str	证券代码
secShortName	str	证券简称
exchangeCD	str	通联编制的证券市场编码。例如，XSHG-上海证券交易所；XSHE-深圳证券交易所；XIBE-中国银行间市场等。对应 DataAPI.SysCodeGet. codeTypeID=10002
tradeDate	str	交易日期
preClosePrice	float	昨收盘
actPreClosePrice	float	实际昨收盘
openPrice	float	今开盘
highestPrice	float	最高价
lowestPrice	float	最低价
closePrice	float	今收盘
turnoverVol	float	成交量
turnoverValue	float	成交金额
dealAmount	int	成交笔数
turnoverRate	float	日换手率

应将所有选择返回的项传给 field 参数。单击"复制代码"按钮，如图 3-10 所示。

图 3-10

单击"开始研究"模块并新建"Notebook"，将代码粘贴到文本框中，注意在"Notebook"内填写代码，如图 3-11 所示。

图 3-11

例如，调取 601006 大秦铁路与 000727 华东科技在 2019 年 3 月 1 日的收盘价与总市值，返回的是一个 DataFrame。在输入股票代码时需要注意，由于是通联内部自由编码的，所以要在原股票代码的基础上加上后缀，例如，对深市股票 000727 华东科技加上后缀为 000727.XSHE，对沪市股票 601006 大秦铁路加上后缀为 601006.XSHG，如图 3-12 所示。

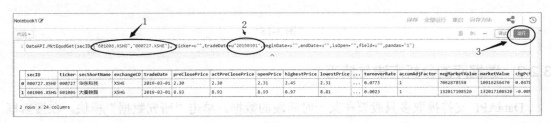

图 3-12

当然还可以直接输入原始股票代码传入 ticker 参数，如图 3-13 所示。

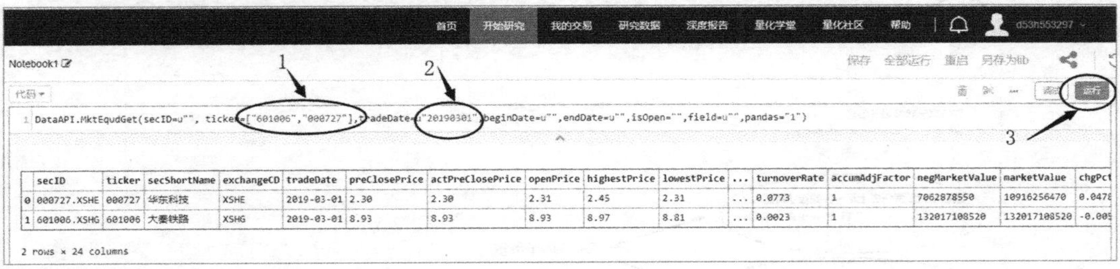

图 3-13

可以通过 beginDate 与 endDate 参数获取 DataAPI 中某一个时间段的数据，如图 3-14 所示。

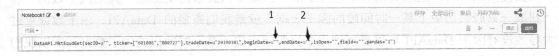

图 3-14

例如，调取 000727 华东科技与 601006 大秦铁路从 2019 年 2 月 26 日至 2019 年 3 月 1 日的收盘价与总市值数据。在输入日期时需要注意书写格式，如图 3-15 所示。

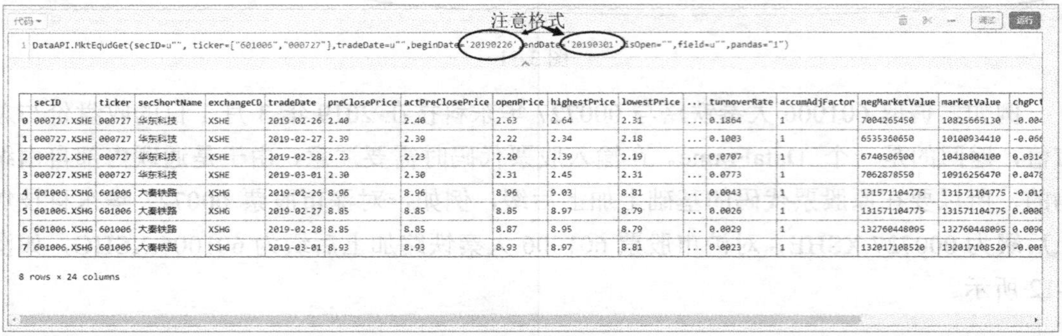

图 3-15

3.2.2 数据库的分析方法与技巧

DataAPI 支持提取多只股票在某一时间段的数据，单击"研究数据"模块，在搜索框中输入"因子"进行搜索，如图 3-16 所示。

图 3-16

在搜索因子后，通联数据显示栏显示的"获取多只股票历史上某一天的因子数据"和"获取一只股票历史上某一时间段的因子数据"就是我们需要的 DataAPI。由于数据量过大导致没有因子 DataAPI 可以直接调用多只股票历史上某一时间段的因子数据，所以我们在使用优矿的因子 DataAPI 时，首先应该考虑我们的需求更适合使用哪个 DataAPI。

例如,"获取一只股票历史上某一时间段的因子数据"应该使用如图 3-17 所示的 DataAPI。

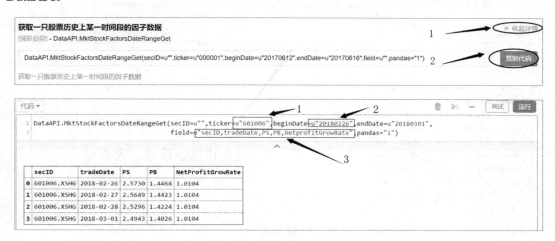

图 3-17

例如,"获取多只股票历史上某一天的因子数据"应该使用如图 3-18 所示的 DataAPI。

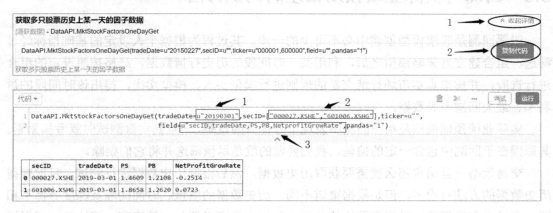

图 3-18

例如,"获取多只股票历史上某一段时间段的因子数据"则可以编写循环语句来多次调用,而且应该使用如图 3-19 所示的 DataAPI。

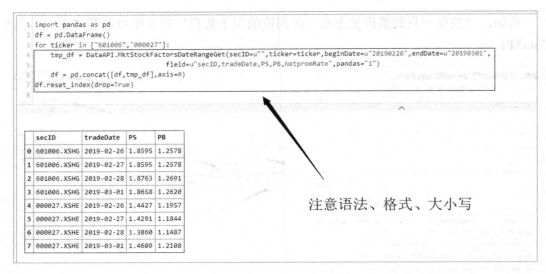

图 3-19

3.3 回测与实际业绩预期偏差的调试方法

　　股票回测是股票模型创建中必不可少的一步，其过程为根据个人设定的基础指标经过筛选、组合建立好策略模型之后，利用某一时间段的历史行情数据，严格按照设定的组合进行选股，并模拟真实市场行情交易的规则进行模型买入、模型卖出，得出该时间段的盈利率、最大回撤率等数据。

　　实际业绩预期偏差是指在回测中表现十分优秀的策略，一旦到实盘测试时就亏损累累。其原因在于回测中包含一定的偏差，我们要做的就是尽量筛选并将它们剔除。

　　交易策略一旦确定那么就需要获取历史数据，然后根据历史数据进行测试。目前获得历史数据的方法有很多，但是根据渠道不同，历史数据的质量、时间间隔及深度等都不相同。交易者在选择数据时需要关注的是历史数据中幸存者偏差、精确度、清洁度、可用性及交易成本等方面。

　　在历史数据中有些错误是不容易被辨别出来的，所以需要利用数据供应商提供的数据来进行对比和检查。我们需要利用一个软件平台来进行回测。

　　例如，以优矿来实现，如图 3-20 所示。

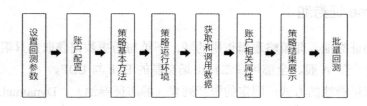

图 3-20

3.4 设置回测参数

3.4.1 start 和 end 回测起止时间

策略回测的起止时间是策略的全局变量。start 表示回测起始日期，end 表示回测终止日期。

quartz 会自动截取 start 之后的第一个交易日和 end 之前的最后一个交易日进行回测。

日线数据只能回测到 2007 年 1 月 1 日，分钟线数据只能回测到 2009 年 1 月 1 日，在此之前的数据只能自行获取。需要注意的是，在设置 start 和 end 时需要考虑 max_history_window 引入的提前量，例如当 max_history_window = 30 时，start 最早仅可为 2007-02-15。

时间类型包括 str 或 datetime，注意 str 只支持"YYYY-MM-DD"和"YYYYMMDD"两种格式。

不同资产类型支持的回测区间范围如表 3-3 所示。

表 3-3

资　　产	日　间　策　略	日　内　策　略
股票	2006 年 1 月 1 日至今	2010 年 1 月 1 日至今
基金（场内）	基金上市日至今，最早 2006 年 1 月 1 日	2010 年 1 月 1 日至今
基金（场外）	基金成立日至今，最早 2006 年 1 月 1 日	不支持
期货	2006 年 1 月 1 日至今	2010 年 1 月 1 日至今
指数	2006 年 1 月 1 日至今	2010 年 1 月 1 日至今

示例代码如下：

```
start = '2019-03-01'    # 在 2019 年 3 月 1 日开始回测
end = '2019-03-08'      # 在 2019 年 3 月 8 日结束回测
```

3.4.2 universe 证券池

策略回测的证券池,即策略逻辑作用的域,下单与历史数据获取都只限于 universe 中的证券。它支持全部 A 股、全部可在二级市场交易的 ETF 与 LOF。

有两种获取证券池的方式:固定的资产列表(静态证券池)、DynamicUniverse(动态证券池)。

示例代码如下:

```
universe = ['000001.XSHE', '600000.XSHG']         # 静态证券池
universe = DynamicUniverse('HS300')               # 动态证券池
```

1. 固定的资产列表

静态证券池可以指定固定的个别资产或资产列表,示例代码如下:

```
universe = ['000001.XSHE', 'IFM0']   # 指定平安银行和股指期货为策略证券池
```

2. DynamicUniverse

获取动态证券池的示例代码如下:

```
DynamicUniverse(<板块代码、行业或指数实例>)
```

在使用板块成分股、行业成分股或指数成分股作为策略的交易对象时,策略框架会根据实际情况,调整当天股票池的内容。

参数:<板块代码、行业、指数实例>,即预设的板块代码、行业和指数实例名称。

参数类型:str 或预设的行业与指数实例。

参数用法如下。

- 预设板块成分股:支持 7 个预设的指数板块,包括'SH50'上证 50、'SH180'上证 180、'HS300'沪深 300、'ZZ500'中证 500、'CYB'创业板、'ZXB'中小板、'A'全 A 股,也支持通过 DataAPI.IdxGet()函数获取指数的 secID 值。沪深 300 指数板块示例代码如下:

```
DynamicUniverse('HS300')                  # 表示沪深 300 的字符串
```

- 预设行业和指数实例。在 Notebook 中输入开头字符后会有自动代码提示功能,可以帮助查找具体的行业(以 IndSW.开头)和指数(以 IdxCN.开头)名称。当前使用成分股作为股票池的完整行业列表和指数列表,详细信息请读者阅读动态股票池支持的行业列表和动态股票池支持的指数列表。

行业实例代码如下:

```
# 行业实例，IndSW 表示申万行业，YinHangL2 表示银行二级行业分类
DynamicUniverse(IndSW.YinHangL2)
```

指数实例代码如下：

```
# 指数实例，IdxShangZhengZongZhi 表示上证综指
DynamicUniverse(IdxCN.IdxShangZhengZongZhi)
```

- 也可以混合使用，示例代码如下：

```
# 混合使用
DynamicUniverse('HS300', IndSW.YinHangL2, IdxCN.IdxShangZhengZongZhi)
```

返回动态证券池类型的示例代码如下：

```
universe = DynamicUniverse('HS300')    # 使用沪深 300 成分股动态证券池
```

支持动态证券池和普通列表取并集，示例代码如下：

```
# 包含沪深 300 成分股动态证券池和平安银行
universe = DynamicUniverse('HS300') + ['000001.XSHE']
```

3. apply_filter

将筛选条件作用于每个交易日的动态证券池上，从而进一步缩小策略标的范围，当前支持使用优矿因子库中的所有因子对证券池进行筛选，代码如下。

```
DynamicUniverse(<板块代码或行业、指数实例>).apply_filter(<因子筛选条件表达式>)
```

参数：<因子筛选条件表达式>。表达式写法：Factor.<factor_name>.<筛选方法>。

用法：factor_name 是因子名，可以通过优矿因子库查看所有支持筛选的因子。

优矿因子库目前提供了 5 种筛选方法，如表 3-4 所示。

表 3-4

条件约束	筛选方法	举 例	描 述
value_range	按值筛选	Factor.PE.value_range(70,100)	PE 值为 70~100 的股票
pct_range	按百分比筛选	Factor.PE.pct_range(0.95,1)	PE 值为 95%~100% 的股票，按升序排列
num_range	按序号筛选	Factor.PE.num_range(1,100)	PE 值为 1~100 的股票，按升序排列
nlarge	取最大	Factor.PE.nlarge(10)	PE 值最大的 10 只股票
nsmall	取最小	Factor.PE.nsmall(10)	PE 值最小的 10 只股票

表达式既支持单个筛选条件，也支持多个筛选条件，最多可支持 5 个筛选条件。

在表达式中可以使用两种二元运算：交（&）表示同时满足两个筛选条件，并（|）表

示满足任意一个筛选条件。运算方向为从左到右。

当筛选条件多于两个时，可以通过括号嵌套的方式来确定运算顺序。例如，筛选出 PE 值最大的 100 只或 PB 值排名为 95%～100%的股票，并且 RSI 值大小为 70～100 的股票池，可使用如下表达方式：

```
(Factor.PE.nlarge(100) | Factor.PB.pct_range(0.95, 1)) & Factor.RSI.value
_range(70, 100)
```

返回动态证券池类型的示例代码如下：

```
# 获得沪深 300 成分股中 PE 值最小的 100 只股票列表
universe = DynamicUniverse('HS300').apply_filter(Factor.PE.nsmall(100))
```

3.4.3　benchmark 参考基准

策略参考基准，即量化投资策略回测结果的比较标准，通过比较可以大致看出策略的好坏。策略的一些风险指标如 Alpha、beta 等也要通过 benchmark 计算得出。

策略参考基准支持如下 3 种赋值方式。

- 将预设板块作为基准：支持 5 个常用指数板块，包括'SHCI'上证综指、'SH50'上证 50、'SH180'上证 180、'HS300'沪深 300、'ZZ500'中证 500。示例代码如下：

```
benchmark = 'HS300'              # 策略参考基准为沪深 300
```

- 将指数作为基准：当前支持的完整的指数列表。示例代码如下：

```
benchmark = '399006.ZICN'        # 策略参考基准为创业板指
```

- 将个股作为基准：当前支持所有 A 股股票。示例代码如下：

```
benchmark = '000001.XSHE'        # 策略参考基准为平安银行
```

3.4.4　freq 和 refresh_rate 策略运行频率

策略回测，本质上是指使用历史行情和其他依赖数据对策略的逻辑进行历史回放。freq 和 refresh_rate 共同决定了回测使用的数据和调仓频率。

优矿支持日线策略和分钟线策略两种模式。

日线策略：每天会执行一次 handle_data。执行时间为开盘前，此时仅可获得当天的盘前信息，以及截止到前一天的行情、因子等数据，不会获得当天的盘中行情等数据。

分钟线策略：首先在开盘前会执行一次 handle_data，然后在盘中的调仓对应时间的分钟结束后执行一次 handle_data（不包含收盘时间）。

freq 表示使用的数据为日线行情数据或分钟线行情数据。refresh_rate 表示调仓间隔的时间，即每次触发 handle_data 的间隔时间。它们的类型如下。

- freq：str。
- refresh_rate：int 或(a, b)结构。

freq 和 refresh_rate 的用法如下。

1. 日线策略

freq，取值为 d，其中 d 表示策略中使用的数据为日线级别的数据，只能进行日线级别的调仓。

refresh_rate 有以下 3 种取值方式。

- 使用整数 1，表示每个交易日进行调仓的策略，示例代码如下：

```
start = '2019-01-01'                            # 在 2019 年 1 月 1 日开始回测
end = '2019-02-01'                              # 在 2019 年 2 月 1 日结束回测
universe = DynamicUniverse('HS300')             # 证券池，支持股票、基金、期货
benchmark = 'HS300'                             # 策略参考基准
freq = 'd'
refresh_rate = 1
accounts = {
    'stock_account': AccountConfig(account_type='security', capital_base=10000000)
}
def initialize(context):                        # 初始化策略运行环境
    pass
def handle_data(context):                       # 核心策略逻辑
    stock_account = context.get_account('stock_account')
    print context.current_date
```

每个交易日都有调仓，下面展示了部分调仓日期：

```
2019-01-03 00:00:00
2019-01-09 00:00:00
2019-01-16 00:00:00
2019-01-23 00:00:00
```

- 使用 Weekly(1)，表示每周第一个交易日进行调仓，示例代码如下：

```
start = '2019-01-01'                            # 在 2019 年 1 月 1 日开始回测
end = '2019-02-01'                              # 在 2019 年 2 月 1 日结束回测
universe = DynamicUniverse('HS300')             # 证券池，支持股票、基金、期货
```

```
benchmark = 'HS300'                          # 策略参考基准
freq = 'd'
refresh_rate = Weekly(1)
accounts = {
    'stock_account': AccountConfig(account_type='security', capital_base=10000000)
}
def initialize(context):                     # 初始化策略运行环境
    pass
def handle_data(context):                    # 核心策略逻辑
    stock_account = context.get_account('stock_account')
    print context.current_date
```

下面展示了每周第一个交易日的调仓日期:

```
2019-01-03 00:00:00
2019-01-09 00:00:00
2019-01-16 00:00:00
2019-01-23 00:00:00
```

- 使用 Monthly(1, -1),表示每个月第一个和最后一个交易日进行调仓,示例代码如下:

```
start = '2019-01-01'                         # 在 2019 年 1 月 1 日开始回测
end = '2019-03-01'                           # 在 2019 年 3 月 1 日结束回测
universe = DynamicUniverse('HS300')          # 证券池,支持股票、基金、期货
benchmark = 'HS300'                          # 策略参考基准
freq = 'd'
refresh_rate = Monthly(1, -1)
accounts = {
    'stock_account': AccountConfig(account_type='security', capital_base=10000000)
}
def initialize(context):                     # 初始化策略运行环境
    pass
def handle_data(context):                    # 核心策略逻辑
    stock_account = context.get_account('stock_account')
    print context.current_date
```

下面展示了每个月第一个和最后一个交易日调仓的日期:

```
2019-01-02 00:00:00
2019-01-31 00:00:00
2019-02-01 00:00:00
2019-02-28 00:00:00
2019-03-01 00:00:00
```

2. 分钟线策略

freq,取值为 m,其中 m 表示策略中使用的数据为分钟线数据,可以进行分钟线级别的调仓。

refresh_rate 有以下 4 种取值方式。

- 使用(1, 2),表示每个交易日每间隔 2 分钟进行调仓的策略,示例代码如下:

```
start = '2019-01-04'                          # 在 2019 年 1 月 4 日开始回测
end = '2019-01-04'                            # 在 2019 年 1 月 4 日结束回测
universe = DynamicUniverse('HS300')           # 证券池,支持股票、基金、期货
benchmark = 'HS300'                           # 策略参考基准
freq = 'm'
refresh_rate = (1, 2)
accounts = {
   'stock_account': AccountConfig(account_type='security', capital_base=10000000)
}
def initialize(context):                      # 初始化策略运行环境
    pass
def handle_data(context):                     # 核心策略逻辑
    stock_account = context.get_account('stock_account')
    print context.now
```

每个交易日的每 2 分钟都有调仓,下面展示了部分调仓时间:

```
2019-01-04 09:30:00
2019-01-04 09:32:00
2019-01-04 09:34:00
...
2019-01-04 14:56:00
2019-01-04 14:58:00
```

- 使用(2, ['10:30', '14:30']),表示每 2 个交易日指定特定时间,使用分钟线数据进行调仓的策略,示例代码如下:

```
start = '2019-01-04'                          # 在 2019 年 1 月 4 日开始回测
end = '2019-01-10'                            # 在 2019 年 1 月 10 日结束回测
universe = DynamicUniverse('HS300')           # 证券池,支持股票、基金、期货
benchmark = 'HS300'                           # 策略参考基准
freq = 'm'
refresh_rate = (2, ['10:30', '14:30'])
accounts = {
   'stock_account': AccountConfig(account_type='security', capital_base=10000000)
```

```
}
def initialize(context):                    # 初始化策略运行环境
    pass
def handle_data(context):                   # 核心策略逻辑
    stock_account = context.get_account('stock_account')
    print context.now
```

下面展示了全部调仓时间，每 2 个交易日，在 10:30 和 14:30 进行调仓：

```
2019-01-04 10:30:00
2019-01-04 14:30:00
2019-01-06 10:30:00
2019-01-06 14:30:00
2019-01-10 10:30:00
2019-01-10 14:30:00
```

- 使用(Weekly(1, -1), ['10:30', '14:30'])，表示每周第一个和最后一个交易日，指定特定时间，使用分钟线数据进行调仓的策略，示例代码如下：

```
start = '2019-01-01'                        # 在 2019 年 1 月 1 日开始回测
end = '2019-01-10'                          # 在 2019 年 1 月 10 日结束回测
universe = DynamicUniverse('HS300')         # 证券池，支持股票、基金、期货
benchmark = 'HS300'                         # 策略参考基准
freq = 'm'
refresh_rate = (Weekly(1, -1), ['10:30', '14:30'])
accounts = {
    'stock_account': AccountConfig(account_type='security', capital_base=10000000)
}
def initialize(context):                    # 初始化策略运行环境
    pass
def handle_data(context):                   # 核心策略逻辑
    stock_account = context.get_account('stock_account')
    print context.now
```

下面展示了全部调仓时间，指定每周第一个和最后一个交易日，在 10:30 和 14:30 进行调仓：

```
2019-01-06 10:30:00
2019-01-06 14:30:00
2019-01-09 10:30:00
2019-01-09 14:30:00
```

- 使用(Monthly(1), 120)，表示每月第一个交易日，每隔 120 分钟，使用分钟线数据进行调仓的策略，示例代码如下：

```
    start = '2019-01-01'                    # 在 2019 年 1 月 1 日开始回测
    end = '2019-03-01'                      # 在 2019 年 3 月 1 日结束回测
    universe = DynamicUniverse('HS300')     # 证券池,支持股票、基金、期货
    benchmark = 'HS300'                     # 策略参考基准
    freq = 'm'
    refresh_rate = (Monthly(1), 120)
    accounts = {
        'stock_account': AccountConfig(account_type='security', capital_base=
10000000)
    }
    def initialize(context):                # 初始化策略运行环境
        pass
    def handle_data(context):               # 核心策略逻辑
        stock_account = context.get_account('stock_account')
        print context.now
```

下面展示了全部调仓时间,表示每月第一个交易日,每隔 120 分钟,使用分钟线数据进行调仓:

```
2019-01-03 09:30:00
2019-01-03 11:30:00
2019-02-03 09:30:00
2019-02-03 11:30:00
2019-03-01 09:30:00
2019-03-01 11:30:00
```

3.5 账户设置

3.5.1 accounts 账户配置

回测框架的交易账户配置函数,支持多个交易品种、多个交易账户同时进行回测,示例代码如下:

```
accounts = {
 'security_account': AccountConfig(account_type='security', capital_base=
10000000, position_base = {}, cost_base = {}, commission = Commission(buycost=
0.001, sellcost=0.002, unit='perValue'), slippage = Slippage(value=0.0, unit=
'perValue'))
    }  # 股票(包含场内基金)账户配置
accounts = {
 'futures_account': AccountConfig(account_type='futures', capital_base=
```

```
10000000, commission = Commission(buycost=0.001, sellcost=0.002, unit=
'perValue'), slippage = Slippage(value=0.0, unit='perValue'), margin_rate = 0.1)
    } # 期货账户配置
accounts = {
    'otcfund_account': AccountConfig(account_type='otc_fund', capital_base=
10000000, commission = Commission(buycost=0.001, sellcost=0.002, unit=
'perValue'),slippage = Slippage(value=0.0, unit='perValue'), dividend_method =
'cash_dividend')
    } # 场外基金（不包含货币基金）账户配置
```

accounts 账户配置的用法有如下 3 种。

- 单个账户配置，示例代码如下：

```
start = '2018-01-01'                      # 回测起始时间
end = '2019-01-01'                        # 回测结束时间
universe = DynamicUniverse('HS300')       # 证券池，支持股票、基金、期货
benchmark = 'HS300'                       # 策略参考基准
# 策略类型，'d'表示日间策略使用日线回测，'m'表示日内策略使用分钟线回测
freq = 'd'
refresh_rate = 1                          # 执行 handle_data 的时间间隔
accounts = {
    'security_account': AccountConfig(account_type='security', capital_base=
10000000, position_base = {'600000.XSHG':1000}, cost_base = {'600000.XSHG':
10.05}, commission = Commission(buycost=0.001, sellcost=0.002, unit='perValue'),
slippage = Slippage(value=0.0, unit='perValue'))
    }
def initialize(context):                  # 初始化策略运行环境
    pass
def handle_data(context):                 # 核心策略逻辑
    stock_account = context.get_account('security_account')
```

- 多个账户配置，commission、slippage 表示可以对多账户进行全局配置，示例代码如下：

```
start = '2018-01-01'                      # 回测起始时间
end = '2019-01-01'                        # 回测结束时间
universe = DynamicUniverse('HS300') + ['IFM0']  # 证券池，支持股票、基金、期货
benchmark = 'HS300'                       # 策略参考基准
# 策略类型，'d'表示日间策略使用日线回测，'m'表示日内策略使用分钟线回测
freq = 'd'
refresh_rate = 1                          # 执行 handle_data 的时间间隔
# 对两个账户进行全局的交易费用和滑点设置
commission = Commission(buycost=0.001, sellcost=0.002, unit='perValue')
slippage = Slippage(value=0.0, unit='perValue')
```

```
    accounts = {
        'security_account1': AccountConfig(account_type='security', capital_
base=10000000, position_base = {'600000.XSHG':1000}, cost_base = {'600000.
XSHG':10.05}, commission = commission, slippage = slippage),
        'security_account2': AccountConfig(account_type='security', capital_
base=20000000, position_base = {'600000.XSHG':2000}, cost_base = {'600000.
XSHG':10.05}, commission = commission, slippage = slippage)
    }
    def initialize(context):                    # 初始化策略运行环境
        pass
    def handle_data(context):                   # 核心策略逻辑
        account1 = context.get_account('security_account1')
        account2 = context.get_account('security_account2')
```

- 股票、期货混合账户配置，示例代码如下：

```
    start = '2018-01-01'                        # 回测起始时间
    end = '2019-01-01'                          # 回测结束时间
    universe = DynamicUniverse('HS300') + ['IFM0']   # 证券池，支持股票、基金、期货
    benchmark = 'HS300'                         # 策略参考基准
    # 策略类型，'d'表示日间策略使用日线回测，'m'表示日内策略使用分钟线回测
    freq = 'd'
    refresh_rate = 1                            # 执行handle_data的时间间隔
    accounts = {
        'security_account': AccountConfig(account_type='security', capital_
base=10000000, position_base = {'600000.XSHG':1000}, cost_base = {'600000.
XSHG':10.05}, commission = Commission(buycost=0.001, sellcost=0.002,
unit='perValue'), slippage = Slippage(value=0.0, unit='perValue')),
        'futures_account': AccountConfig(account_type='futures', capital_base=
10000000, commission = Commission(buycost=0.001, sellcost=0.002, unit='perValue'),
slippage = Slippage(value=0.0, unit='perValue'), margin_rate = 0.1)
    }
    def initialize(context):                    # 初始化策略运行环境
        pass
    def handle_data(context):                   # 核心策略逻辑
        account1 = context.get_account('security_account')
        account2 = context.get_account('futures_account')
```

3.5.2 AccountConfig 账户配置

对单个交易账户进行配置。策略在初始化时会根据账户配置，需要创建对应的交易账户。AccountConfig 账户配置参数如下。

- 必选参数：account_type、capital_base。
- 可选参数：position_base、cost_base、commission、slippage。
- 期货专用参数：margin_rate。
- 场外基金专用参数：dividend_method。

1. account_type

account_type 表示设置交易账户的类型。

参数类型：str。包括 4 个值，即'security'表示股票和场内基金、'futures'表示期货、'otc_fund'表示场外基金（不含货币基金），'index'表示指数。

示例代码如下：

```
account_type = 'security'
```

2. capital_base

capital_base 表示设置交易账户的初始资金。
参数类型：float 或 int。
示例代码如下：

```
capital_base = 100000
```

3. position_base

position_base 表示设置交易账户的初始持仓（仅适用于配置股票账户）。
参数类型：dict。包括两个值，即 key 为股票代码、value 为数量。
示例代码如下：

```
# 初始持仓：1000 股平安银行，2000 股浦发银行
position_base = {'000001.XSHE':1000, '600000.XSHG':2000}
```

4. cost_base

cost_base 表示设置交易账户的初始成本（仅适用于配置股票账户）。
参数类型：dict。包括两个值，即 key 为股票代码、value 为成本。
示例代码如下：

```
# 初始持仓成本：平安银行为 12.30 元，浦发银行为 11.50 元
cost_base = {'000001.XSHE':12.30, '600000.XSHG':11.50}
```

5. commission

commission 表示交易手续费。

参数说明如下。

- buycost 表示买入成本。

参数类型：float。

- sellcost 表示卖出成本。

参数类型：float。

- unit 表示手续费单位。

参数类型：str。

unit 参数包括如下两个值。

➢ perValue：按成交金额的百分比收取手续费。

➢ perShare：按成交的股数收取手续费（仅用于配置期货账户）。

示例代码如下：

```
# 按成交金额的百分比收取买入 0.3‰，卖出 2‰的费用
commission = Commission(buycost = 0.0003, sellcost = 0.002, unit = 'perValue')
```

6. slippage

slippage 用于设置交易滑点标准，并处理市场冲击问题。

参数说明如下。

- value：策略进行交易时的滑点值。

参数类型：float。

- unit：计算滑点的方式，分为固定滑点和百分比滑点两种计算方式。

参数类型：str。

unit 参数包括如下两个值。

➢ perValue：百分比滑点。按股价百分比进行滑点调整，滑点设置后买入价格调整为"股价×（1+滑点值）"，卖出价格调整为"股价×（1-滑点值）"。

➢ perShare：固定滑点。按每股股价进行滑点调整，最小单位是 0.01，表示 0.01 元；滑点设置后买入价格调整为"股价+滑点值"，卖出价格调整为"股价-滑点值"。

示例代码如下：

```
# 将滑点设置成百分比滑点 0.001
slippage = Slippage(value=0.001, unit='perValue')
```

7. margin_rate

margin_rate 用于设置保证金率,仅用于期货策略。

参数类型:float 或 dict。支持如下两种设置方法。

全局设置方法:为所有品种设置同一个保证金率(通常在只回测一个品种的时候,这种方法比较常见)。

根据品种设置:为某个或某些品种设置特定的保证金率。

示例代码如下:

```
margin_rate = 0.1
margin_rate = {'IF': 0.16, 'RB': 0.1}
```

8. dividend_method

dividend_method 用于设置基金分红方式,仅用于场外基金策略。

参数类型:str。包括两个值,即'cash_dividend'表示现金分红,'reinvestment'表示红利再投。

示例代码如下:

```
dividend_method='cash_dividend'
```

3.6 策略基本方法

1. initialize 策略初始化函数

策略初始化函数示例代码如下:

```
def initialize(context)
```

策略初始化函数用于配置策略运行环境 context 对象的属性或自定义各种变量。在策略运行周期中只执行一次。可以通过给 context 添加新的属性,从而自定义各种变量。

context 在策略运行(回测或模拟交易)启动时被创建,持续整个策略的生命周期。策略在运行时可以读取 context 的已有系统属性或自定义属性。

2. handle_data 策略运行逻辑

策略运行逻辑的示例代码如下:

```
def handle_data(context)
```

3. post_trading_day 盘后处理函数

在每天运行策略结束时，可以使用 post_trading_day 函数进行盘后操作，比如进行当日交易总结、预计算因子值等操作。

post_trading_day()函数的参数为 context，示例代码如下：

```
start = '2019-01-01'                                # 回测起始时间
end = '2019-01-05'                                  # 回测结束时间
universe = ['600000.XSHG']                          # 证券池，支持股票、基金、期货
benchmark = 'HS300'                                 # 策略参考基准
# 策略类型，'d'表示日间策略使用日线回测, 'm'表示日内策略使用分钟线回测
freq = 'd'
refresh_rate = 1                                    # 执行 handle_data 的时间间隔
accounts = {
    'stock_account': AccountConfig(account_type='security', capital_base=10000000, position_base = {'600000.XSHG':1000}, cost_base = {'600000.XSHG': 10.05})
}
def initialize(context):                            # 初始化策略运行环境
    pass
def handle_data(context):                           # 核心策略逻辑
    stock_account = context.get_account('stock_account')
    current_universe = context.get_universe('stock', exclude_halt=True)
    for stk in current_universe:
        stock_account.order_to(stk, 100)
def post_trading_day(context):
    print context.now
```

3.7 策略运行环境

context 表示策略运行环境，包含运行时间、行情数据等内容，还可以用于存储策略中生成的临时数据。策略框架会在启动时创建 context 的对象实例，并以参数形式传递给 initialize(context)和 handle_data(context)，用于策略调度。

在回测时，context 包含运行时间、回测参数、回测运行时数据等。在模拟交易时，包含运行时间、模拟交易参数、实时运行数据等。

3.7.1　now

now 表示获取策略运行时的当前时刻,示例代码如下:

```
context.now
```

返回类型:datetime。

用法:只能在 handle_data 方法中使用,并且不允许修改。

例如,获取分钟线策略运行时的当前时刻,代码如下:

```
start = '2019-01-04'                    # 在 2019 年 1 月 4 日开始回测
end = '2019-01-04'                      # 在 2019 年 1 月 4 日结束回测
freq = 'm'
refresh_rate = (1, 2)
accounts = {
    'stock_account': AccountConfig(account_type='security', capital_base=10000000)
}
def initialize(context):                # 初始化策略运行环境
    pass
def handle_data(context):               # 核心策略逻辑
    stock_account = context.get_account('stock_account')
    print context.now
```

每个交易日的每 2 分钟都有调仓,下面展示了部分调仓时间:

```
2019-01-04 09:30:00
2019-01-04 09:32:00
2019-01-04 09:34:00
...
2019-01-04 14:56:00
2019-01-04 14:58:00
```

3.7.2　current_date

current_date 表示获取策略运行的当前日期,示例代码如下:

```
context.current_date
```

context.current_date 和 context.now 的区别为:当进行日线频率回测时,两者结果完全一致,当进行分钟线频率回测时,context.now 包含小时、分钟等一个交易日内的时间信息,而 context.current_date 不包含。

返回类型:datetime。

用法：只能在 handle_data 方法中使用，并且不允许修改。

例如，获取策略运行时的当前日期，代码如下：

```
start = '2019-01-01'                    # 在 2019 年 1 月 1 日开始回测
end = '2019-02-01'                      # 在 2019 年 2 月 1 日结束回测
freq = 'd'
refresh_rate = 1
accounts = {
    'stock_account': AccountConfig(account_type='security', capital_base=10000000)
}
def initialize(context):                # 初始化策略运行环境
    pass
def handle_data(context):               # 核心策略逻辑
    stock_account = context.get_account('stock_account')
    print context.current_date
```

下面展示了部分调仓日期：

```
2019-01-03 00:00:00
2019-01-04 00:00:00
2019-01-05 00:00:00
...
2019-01-25 00:00:00
2019-01-26 00:00:00
```

3.7.3　previous_date

previous_date 表示获取当前回测日期的前一交易日数据，示例代码如下：

```
context.previous_date
```

返回类型：datetime。

用法：只能在 handle_data 方法中使用，并且不允许修改。同 current_date 一致。

3.7.4　current_minute

current_minute 表示获取当前运行时的分钟值，如果在分钟线策略中使用，建议用 context.now 替换。示例代码如下：

```
context.current_minute
```

返回类型：str，如 10:00。

用法：只能在 handle_data 方法中使用，并且不允许修改。

输出结果的格式如下：

```
09:30
```

3.7.5 current_price

current_price 表示获取当前的参考价格，即最后成交价。在开盘前运行，获得的是前一天的收盘价；在盘中运行，获得的是最后一次的成交价。示例代码如下：

```
context.current_price(symbol)
```

参数为 symbol，即想要获取的价格的证券，参数需要在之前定义的 universe 中存在。

参数类型：str。

返回类型：float，表示最后一刻的价格。

例如，获取平安银行前一天的收盘价，代码如下：

```
start = '2019-01-01'                    # 回测起始时间
end = '2019-01-04'                      # 回测结束时间
universe = ['000001.XSHE']              # 证券池，支持股票、基金、期货
benchmark = 'HS300'                     # 策略参考基准
# 策略类型，'d'表示日间策略使用日线回测，'m'表示日内策略使用分钟线回测
freq = 'd'
refresh_rate = 1                        # 执行 handle_data 的时间间隔
accounts = {
    'stock_account': AccountConfig(account_type='security', capital_base=10000000)
}
def initialize(context):                # 初始化策略运行环境
    pass
def handle_data(context):               # 核心策略逻辑
    stock_account = context.get_account('stock_account')
    print context.current_price('000001.XSHE')
```

输出结果如下：

```
9.38
9.19
9.28
```

3.7.6 get_account

get_account 表示获取交易账户。例如，获取账户名称为 account_name 的交易账户，代码如下：

```
context.get_account(account_name)
```

参数：account_name，表示策略初始化时设置的账户名称。

参数类型：str。

返回交易账户对象。

示例代码如下：

```
start = '2019-01-01'                  # 回测起始时间
end = '2019-01-04'                    # 回测结束时间
universe = ['000001.XSHE']            # 证券池，支持股票、基金、期货
benchmark = 'HS300'                   # 策略参考基准
# 策略类型，'d'表示日间策略使用日线回测，'m'表示日内策略使用分钟线回测
freq = 'd'
refresh_rate = 1                      # 执行 handle_data 的时间间隔
accounts = {
    'account_name': AccountConfig(account_type='security', capital_base=10000000)
}
def initialize(context):              # 初始化策略运行环境
    pass
def handle_data(context):             # 核心策略逻辑
    stock_account = context.get_account('account_name')
```

3.7.7 get_universe

get_universe 表示获取当前交易日的证券池，是策略初始化参数中 universe 的子集。在这种配置情况下，context.get_universe()仅体现资产的上市状态，只要资产在策略运行当天处于上市状态，就可通过 context.get_universe()获取当前交易日的证券池。支持多种资产类型。示例代码如下：

```
context.get_universe(asset_type, exclude_halt=False)
```

参数说明如下。

- asset_type，表示资产类型。

参数类型：str。

参数值包括'stock'表示股票列表、'index'表示指数成分股列表、'exchange_fund'表示场内基金列表、'otc_fund'表示场外基金列表、'futures'表示期货合约列表、'base_futures'表示普通期货合约列表、'continuous_futures'表示连续期货合约列表。

- exclude_halt，表示去除资产池中的停牌股票，仅适用于股票，默认值为 False。

参数类型：布尔型。

返回类型：list，符合筛选条件的当天上市状态的证券池，返回的列表中可能有部分资产处于停盘等不可交易状态。

例如，获取上证 50 股票剔除停牌股票后的股票池，代码如下：

```
start = '2019-01-01'                    # 回测起始时间
end = '2019-01-03'                      # 回测结束时间
universe = DynamicUniverse('SH50')      # 证券池，支持股票、基金、期货
benchmark = 'HS300'                     # 策略参考基准
# 策略类型，'d'表示日间策略使用日线回测，'m'表示日内策略使用分钟线回测
freq = 'd'
refresh_rate = 1                        # 执行 handle_data 的时间间隔
accounts = {
    'stock_account': AccountConfig(account_type='security', capital_base=10000000)
}
def initialize(context):                # 初始化策略运行环境
    pass
def handle_data(context):               # 核心策略逻辑
    current_universe = context.get_universe('stock', exclude_halt=True)
    print current_universe
```

部分输出结果如下：

```
['600000.XSHG', '600016.XSHG', '600019.XSHG', '600028.XSHG', '600029.XSHG', '600036.XSHG'...'603993.XSHG']
```

又如，分别获取沪铜 1810、沪深 300 期货当月对应的期货合约列表、普通期货合约列表、连续期货合约列表的代码如下：

```
start = '2018-01-01'                    # 回测起始时间
end = '2019-01-01'                      # 回测结束时间
universe = ['CU1810', 'IFL0']           # 证券池，支持股票、基金、期货
benchmark = 'HS300'                     # 策略参考基准
# 策略类型，'d'表示日间策略使用日线回测，'m'表示日内策略使用分钟线回测
freq = 'd'
refresh_rate = 1                        # 执行 handle_data 的时间间隔
accounts = {
```

```
        'futures_account': AccountConfig(account_type='futures', capital_base=
10000000)
    }
    def initialize(context):        # 初始化策略运行环境
        pass
    def handle_data(context):       # 核心策略逻辑
        print context.get_universe('futures')
        print context.get_universe('base_futures')
        print context.get_universe('continuous_futures')
```

部分输出结果如下：

```
['CU1810', 'IFL0']
['CU1810']
['IFL0']
...
```

3.7.8 transfer_cash

transfer_cash 用于实现账户间的资金划转，示例代码如下：

```
context.transfer_cash(origin, target, amount)
```

参数说明如下。

- origin：资金流出的账户名称。

参数类型：str。

- target：资金流入的账户名称。

参数类型：str。

- amount：划转的资金量。

参数类型：float。

示例代码如下：

```
start = '2019-01-01'                        # 回测起始时间
end = '2019-01-10'                          # 回测结束时间
universe = ['000001.XSHE', 'IFM0']          # 证券池，支持股票、基金、期货
benchmark = 'HS300'                         # 策略参考基准
# 策略类型，'d'表示日间策略使用日线回测，'m'表示日内策略使用分钟线回测
freq = 'd'
refresh_rate = 1                            # 执行handle_data的时间间隔
accounts = {
    'stock_account': AccountConfig('security', capital_base=1e6),
```

```
        'futures_account': AccountConfig('futures', capital_base=1e6)
    }
    def initialize(context):                      # 初始化策略运行环境
        pass
    def handle_data(context):
        stock_account = context.get_account('stock_account')
        futures_account = context.get_account('futures_account')
        if context.current_date.strftime('%Y-%m-%d') == '2017-01-05':
            context.transfer_cash(origin=stock_account, target=futures_account, amount=1e5)
            assert stock_account.cash, futures_account.cash == (900000, 1100000)
            assert stock_account.portfolio_value + futures_account.portfolio_value == 2000000
        if context.current_date.strftime('%Y-%m-%d') == '2017-01-06':
            context.transfer_cash(origin=futures_account, target=stock_account, amount=2e5)
            assert stock_account.cash, futures_account.cash == (1100000, 900000)
            assert stock_account.portfolio_value + futures_account.portfolio_value == 2000000
```

3.8 获取和调用数据

3.8.1 history

history 用于获取指定证券的历史行情、因子等时间序列数据，示例代码如下：

```
context.history(symbol, attribute=['closPrice'], time_range=1, freq='1d', style='sat', rtype='frame')
```

参数说明如下。

- symbol：需要获取的数据的证券列表，支持单个证券或证券列表，必须是初始化参数 universe 涵盖的证券范围。

参数类型：str 或 list。

- attribute：需要获取的属性，支持单个属性或属性列表。

参数类型：str 或 list。

资产类型可选参数说明如表 3-5（日线数据）和表 3-6（分钟线数据）所示。

表 3-5

资产类型	可选参数
股票（含场内基金）	openPrice，前复权开盘价；highPrice，前复权最高价；lowPrice，前复权最低价；closePrice，前复权收盘价；preClosePrice，前复权前收盘价；turnoverVol，前复权成交量；turnoverValue，前复权成交额；adjFactor，累计前复权因子
期货	openPrice，前复权开盘价；highPrice，前复权最高价；lowPrice，前复权最低价；closePrice，前复权收盘价；settlementPrice，结算价格；openInterest，持仓量；preSettlementPrice，前结算价格；turnoverVol，前复权成交量；tradeDate，交易日期
场外基金	nav，单位净值；accumNav，累计净值；adjustNav，复权净值
指数	openPrice，前复权开盘价；highPrice，前复权最高价；lowPrice，前复权最低价；closePrice，前复权收盘价；preClosePrice，前复权前收盘价；turnoverVol，前复权成交量；turnoverValue，前复权成交额

表 3-6

资产类型	可选参数
股票（含场内基金）	openPrice，前复权开盘价；highPrice，前复权最高价；lowPrice，前复权最低价；closePrice，前复权收盘价；turnoverVol，前复权成交量；turnoverValue，前复权成交额
期货	openPrice，前复权开盘价；highPrice，前复权最高价；lowPrice，前复权最低价；closePrice，前复权收盘价；settlementPrice，结算价格；turnoverVol，前复权成交量；tradeDate，交易日期；tradeTime，交易时间
指数	openPrice，前复权开盘价；highPrice，前复权最高价；lowPrice，前复权最低价；closePrice，前复权收盘价；turnoverVol，前复权成交量；turnoverValue，前复权成交额

- time_range：需要回溯的历史 K 线条数，和 freq 属性相对应。日线数据默认最大值为 30，分钟线数据默认最大值为 240，可以使用 max_history_window 设置最大限度取值范围。

参数类型：int。

- freq：K 线图周期。

参数类型：str。

参数用法如下。

> 日线 K 线图：1d。

> 分钟线 K 线图：1m、5m、15m、30m、60m。

- style：数据返回的格式。参数值包括 ast、sat、tas 3 种。a 表示 attribute，s 表示 symbol，t 表示 time，它们分别对应 3 个维度呈现的顺序。例如，ast 表示返回的字典中的键是 attribute，其值是列为 symbol、行为 time 的 DataFrame，以此类推。

参数类型：str。

不同资产对象支持的参数如表 3-7（日线数据）和表 3-8（分钟线数据）所示。

表 3-7

参　数	股票（含场内基金）	期　货	场外基金	指　数
sat	支持	支持	支持	支持
ast	支持	支持	支持	支持
tas	支持	支持	支持	支持

表 3-8

参　数	股票（含场内基金）	期　货	指　数
sat	支持	支持	支持
ast	支持	—	支持
tas	—	—	—

可以同时获取多个品种资产对应的所有支持数据，当包含期货品种时，数据返回类型必须为 style = 'sat'。

- rtype：返回值的数据类型。

参数类型：str。包括两个值，即 'frame'、'array'。

返回类型：dict。key 为资产符号，value 的格式由 rtype 来决定。

以日线数据可以获取单个品种资产对应的所有支持的数据为例，资产类型可以是股票（含场内基金）、期货、场外基金、指数。获取日线数据时需要将回测初始化参数中的 freq 的值设置为 d，refresh_rate 的值设置为整数，代码如下：

```
# 取平安银行向前 10 个交易日的日线数据
start = '2019-01-01'                    # 回测起始时间
end = '2019-02-01'                      # 回测结束时间
universe = ['000001.XSHE']              # 证券池，支持股票、基金、期货
benchmark = 'HS300'                     # 策略参考基准
# 策略类型，'d' 表示日间策略使用日线回测，'m' 表示日内策略使用分钟线回测
freq = 'd'
refresh_rate = 1                        # 执行 handle_data 的时间间隔
accounts = {
```

```
        'stock_account': AccountConfig(account_type='security', capital_base=
10000000)
    }
    def initialize(context):               # 初始化策略运行环境
        pass
    def handle_data(context):              # 核心策略逻辑
        stock_account = context.get_account('stock_account')
        data = context.history(['000001.XSHE'], ['openPrice', 'highPrice',
'lowPrice', 'closePrice', 'preClosePrice', 'turnoverVol', 'turnoverValue',
'adjFactor'], 10, freq='1d', rtype='frame', style='sat')
        print data
```

部分输出结果如下：

```
{'000001.XSHE':   closePrice  turnoverValue  turnoverVol  lowPrice  highPrice  \
2018-12-17       10.29   5.846795e+08   57127487.0     10.10      10.33
2018-12-18       10.12   5.471576e+08   53774430.0     10.10      10.32
2018-12-19        9.94   6.000902e+08   59800701.0      9.90      10.18
2018-12-20        9.71   9.642029e+08   99028479.0      9.63       9.97
2018-12-21        9.45   9.444603e+08  100061676.0      9.33       9.70
2018-12-24        9.42   4.771869e+08   50911767.0      9.31       9.45
2018-12-25        9.34   5.452356e+08   58661545.0      9.21       9.43
2018-12-26        9.30   3.932151e+08   42114060.0      9.27       9.42
2018-12-27        9.28   5.863438e+08   62459327.0      9.28       9.49
2018-12-28        9.38   5.415710e+08   57660400.0      9.31       9.46
            openPrice  adjFactor  preClosePrice
2018-12-17      10.16        1.0         10.17
2018-12-18      10.20        1.0         10.29
2018-12-19      10.14        1.0         10.12
2018-12-20       9.92        1.0          9.94
2018-12-21       9.68        1.0          9.71
2018-12-24       9.40        1.0          9.45
2018-12-25       9.29        1.0          9.42
2018-12-26       9.35        1.0          9.34
2018-12-27       9.45        1.0          9.30
2018-12-28       9.31        1.0          9.28 }
...
```

以日线数据同时获取多个品种资产的数据，并且只能选择多种资产共用的参数为例，代码如下：

```
# 取平安银行和期货主力合约向前 10 个交易日的日线数据
start = '2019-01-01'                   # 回测起始时间
end = '2019-02-01'                     # 回测结束时间
```

```
universe = ['000001.XSHE', 'IFM0']        # 证券池，支持股票、基金、期货
benchmark = 'HS300'                        # 策略参考基准
# 策略类型，'d'表示日间策略使用日线回测，'m'表示日内策略使用分钟线回测
freq = 'd'
refresh_rate = 1                           # 执行 handle_data 的时间间隔
accounts = {
    'stock_account': AccountConfig(account_type='security', capital_base=10000000)
}
def initialize(context):                   # 初始化策略运行环境
    pass
def handle_data(context):                  # 核心策略逻辑
    stock_account = context.get_account('stock_account')
    data = context.history(['000001.XSHE', 'IFM0'], ['openPrice',
'highPrice', 'lowPrice', 'closePrice', 'preClosePrice', 'turnoverVol',
'turnoverValue', 'adjFactor'], 10, freq='1d', rtype='frame', style='sat')
    print data
```

以分钟线数据获取单个品种资产对应的所有支持的数据为例，可以是股票（含场内基金）、期货、指数。获取分钟线数据时需要将回测初始化参数中的 freq 的值设置为 m，refresh_rate 的值设置为(a, b)结构，如需帮助可以查看 freq 和 refresh_rate，代码如下：

```
# 取平安银行向前 10 条 1 分钟 K 线的分钟线数据
start = '2019-01-01'                       # 回测起始时间
end = '2019-01-05'                         # 回测结束时间
universe = ['000001.XSHE']                 # 证券池，支持股票、基金、期货
benchmark = 'HS300'                        # 策略参考基准
# 策略类型，'d'表示日间策略使用日线回测，'m'表示日内策略使用分钟线回测
freq = 'm'
refresh_rate = (1, 30)                     # 执行 handle_data 的时间间隔
max_history_window = (10, 300)
# 分钟线默认最大向前获取 240 条 K 线，如果要获取更多，请设置 max_history_window=(日线条数，分钟线条数)
accounts = {
    'stock_account': AccountConfig(account_type='security', capital_base=10000000)
}
def initialize(context):                   # 初始化策略运行环境
    pass
def handle_data(context):                  # 核心策略逻辑
    stock_account = context.get_account('stock_account')
    data = context.history(['000001.XSHE'], ['openPrice', 'highPrice',
```

```
'lowPrice', 'closePrice', 'turnoverVol', 'turnoverValue'], 10, freq='1m',
rtype='frame', style='sat')
    print data
```

部分输出结果如下：

```
{'000001.XSHE':    closePrice  highPrice  lowPrice  openPrice  turnoverValue \
tradeTime
2019-01-04 14:21       9.68       9.69      9.66       9.66     3890507.74
2019-01-04 14:22       9.67       9.69      9.67       9.69     2936305.80
2019-01-04 14:23       9.69       9.70      9.68       9.68     4796156.30
2019-01-04 14:24       9.68       9.69      9.67       9.69     2680228.00
2019-01-04 14:25       9.68       9.70      9.68       9.68     2173928.00
2019-01-04 14:26       9.69       9.70      9.69       9.69     4548130.00
2019-01-04 14:27       9.70       9.70      9.68       9.69     2600399.00
2019-01-04 14:28       9.71       9.71      9.69       9.69     3516762.00
2019-01-04 14:29       9.73       9.73      9.70       9.70     4719750.60
2019-01-04 14:30       9.72       9.73      9.72       9.72     5949170.00

                   turnoverVol
tradeTime
2019-01-04 14:21     402082.0
2019-01-04 14:22     303220.0
2019-01-04 14:23     495200.0
2019-01-04 14:24     276700.0
2019-01-04 14:25     224400.0
2019-01-04 14:26     469000.0
2019-01-04 14:27     268300.0
2019-01-04 14:28     362460.0
2019-01-04 14:29     485660.0
2019-01-04 14:30     611900.0  }
```

取平安银行和期货主力合约向前10条15分钟K线的分钟线数据，示例代码如下：

```
# 取平安银行和期货主力合约向前10条15分钟K线的分钟线数据
start = '2019-01-01'                           # 回测起始时间
end = '2019-01-05'                             # 回测结束时间
universe = ['000001.XSHE', 'IFM0']             # 证券池，支持股票、基金、期货
benchmark = 'HS300'                            # 策略参考基准
# 策略类型，'d'表示日间策略使用日线回测，'m'表示日内策略使用分钟线回测
freq = 'm'
refresh_rate = (1, 15)                         # 执行handle_data的时间间隔
accounts = {
    'stock_account': AccountConfig(account_type='security',
capital_base=10000000)
}
def initialize(context):                       # 初始化策略运行环境
```

```
        pass
    def handle_data(context):                    # 核心策略逻辑
        stock_account = context.get_account('stock_account')
        data = context.history(['000001.XSHE', 'IFM0'], ['openPrice',
'highPrice', 'lowPrice', 'closePrice', 'turnoverVol', 'turnoverValue'], 10,
freq='15m', rtype='frame', style='sat')
        print data
```

1. max_history_window

在使用 context.history 获取数据时，默认对日线支持 30 个交易日数据，分钟线支持 240 条 K 线数据，当回溯长度超出范围时需要手动指定。因为回溯时间变长会影响回测速度，所以尽量不要取过长的回溯长度。

max_history_window 的用法如下：

```
max_history_window = 40              # 设置日线数据回溯长度为向前 40 个交易日
# 设置分钟线数据回溯长度为向前 300 条 K 线、20 个交易日的 K 线长度
max_history_window = (20, 300)
```

2. 获取因子数据

可以直接使用 context.history 获取因子数据。

用法：如下示例注册了 PE、PB 两个因子来获取因子数据：

```
    start = '2019-01-01'                    # 回测起始时间
    end = '2019-03-01'                      # 回测结束时间
    universe = ['000001.XSHE']              # 证券池，支持股票、基金、期货
    benchmark = 'HS300'                     # 策略参考基准
    # 策略类型，'d'表示日间策略使用日线回测，'m'表示日内策略使用分钟线回测
    freq = 'd'
    refresh_rate = 1                        # 执行 handle_data 的时间间隔
    accounts = {
        'stock_account': AccountConfig(account_type='security', capital_base=10000000)
    }
    def initialize(context):                # 初始化策略运行环境
        pass
    def handle_data(context):               # 核心策略逻辑
        stock_account = context.get_account('stock_account')
        data = context.history(['000001.XSHE'], ['PE', 'PB'], 5, freq='1d',
rtype='frame', style='sat')
        print data
```

返回的部分结果如下：

```
{'000001.XSHE': PB PE
2019-02-21 0.9061 7.9641
2019-02-22 0.9204 8.0903
2019-02-25 1.0010 8.7983
2019-02-26 0.9731 8.5530
2019-02-27 0.9890 8.6932}
{'000001.XSHE': PB PE
2019-02-22 0.9204 8.0903
2019-02-25 1.0010 8.7983
2019-02-26 0.9731 8.5530
2019-02-27 0.9890 8.6932
2019-02-28 0.9858 8.6651}
```

3.8.2 get_symbol_history

get_symbol_history 用于获取指定证券的历史行情、因子等时间序列数据，示例代码如下：

```
context.get_symbol_history(symbol, time_range=1, attribute=['closePrice'], freq='1d', style='sat', rtype='frame')
```

参数说明如下。

- symbol：需要获取的数据的证券列表，支持单个证券或证券列表，必须是初始化参数 universe 涵盖的证券范围。

参数类型：str。

- time_range：需要回溯的历史 K 线条数，和 freq 属性相对应。日线数据默认最大值为 30，分钟线数据默认最大值为 240，可以使用 max_history_window 设置最大限度取值范围。

参数类型：int。

- attribute：需要获取的属性，支持单个属性或属性列表。

参数类型：str 或 list。

资产类型可选参数说明如表 3-9（日线数据）和表 3-10（分钟线数据）所示。

表 3-9

资产类型	可选参数
股票（含场内基金）	openPrice，前复权开盘价；highPrice，前复权最高价；lowPrice，前复权最低价；closePrice，前复权收盘价；preClosePrice，前复权前收盘价；turnoverVol，前复权成交量；turnoverValue，前复权成交额；adjFactor，累计前复权因子
期货	openPrice，前复权开盘价；highPrice，前复权最高价；lowPrice，前复权最低价；closePrice，前复权收盘价；settlementPrice，结算价格；openInterest，持仓量；preSettlementPrice，前结算价格；turnoverVol，前复权成交量；tradeDate，交易日期
场外基金	nav，单位净值；accumNav，累计净值；adjustNav，复权净值
指数	openPrice，前复权开盘价；highPrice，前复权最高价；lowPrice，前复权最低价；closePrice，前复权收盘价；preClosePrice，前复权前收盘价；turnoverVol，前复权成交量；turnoverValue，前复权成交额

表 3-10

资产类型	可选参数
股票（含场内基金）	openPrice，前复权开盘价；highPrice，前复权最高价；lowPrice，前复权最低价；closePrice，前复权收盘价；turnoverVol，前复权成交量；turnoverValue，前复权成交额
期货	openPrice，前复权开盘价；highPrice，前复权最高价；lowPrice，前复权最低价；closePrice，前复权收盘价；settlementPrice，结算价格；turnoverVol，前复权成交量；tradeDate，交易日期；tradeTime，交易时间
指数	openPrice，前复权开盘价；highPrice，前复权最高价；lowPrice，前复权最低价；closePrice，前复权收盘价；turnoverVol，前复权成交量；turnoverValue，前复权成交额

- freq：K 线图周期。

  参数类型：str。

  参数用法如下。

  ➢ 日线 K 线图：1d。

  ➢ 分钟线 K 线图：1m、5m、15m、30m、60m。

- style：数据返回的格式。参数值包括 ast、sat、tas 3 种。a 表示 attribute，s 表示 symbol，t 表示 time，它们分别对应 3 个维度呈现的顺序。例如，ast 表示返回的字典中的键是 attribute，其值是列为 symbol、行为 time 的 DataFrame，以此类推。

  参数类型：str。

  不同资产对象支持的参数如表 3-11（日线数据）和表 3-12（分钟线数据）所示。

表 3-11

参　数	股票（含场内基金）	期　货	场外基金	指　数
sat	支持	支持	支持	支持
ast	支持	支持	支持	支持
tas	支持	支持	支持	支持

表 3-12

参　数	股票（含场内基金）	期　货	指　数
sat	支持	支持	支持
ast	支持	—	支持
tas	—	—	—

可以同时获取多个品种资产对应的所有支持数据，当包含期货品种时，数据返回类型必须为 style = 'sat'。

- rtype：返回值的数据类型。

参数类型：str。包括两个值，即'frame'、'array'。

返回类型：dict。key 为资产符号，value 的格式由 rtype 决定。

3.8.3　get_attribute_history

get_attribute_history 用于获取指定证券的历史行情、因子等时间序列数据，示例代码如下：

```
context.get_attribute_history(attribute, time_range=1, symbol=None, freq='1d', style='sat', rtype='frame')
```

参数说明如下。

- attribute：需要获取的属性，支持单个属性或属性列表。

参数类型：str。

可选参数说明如表 3-13（日线数据）和表 3-14（分钟线数据）所示。

表 3-13

资产类型	可选参数
股票（含场内基金）	openPrice，前复权开盘价；highPrice，前复权最高价；lowPrice，前复权最低价；closePrice，前复权收盘价；preClosePrice，前复权前收盘价；turnoverVol，前复权成交量；turnoverValue，前复权成交额；adjFactor，累计前复权因子
期货	openPrice，前复权开盘价；highPrice，前复权最高价；lowPrice，前复权最低价；closePrice，前复权收盘价；settlementPrice，结算价格；openInterest，持仓量；preSettlementPrice，前结算价格；turnoverVol，前复权成交量；tradeDate，交易日期

续表

资产类型	可选参数
场外基金	nav，单位净值；accumNav，累计净值；adjustNav，复权净值
指数	openPrice，前复权开盘价；highPrice，前复权最高价；lowPrice，前复权最低价；closePrice，前复权收盘价；preClosePrice，前复权前收盘价；turnoverVol，前复权成交量；turnoverValue，前复权成交额

表 3-14

资产类型	可选参数
股票（含场内基金）	openPrice，前复权开盘价；highPrice，前复权最高价；lowPrice，前复权最低价；closePrice，前复权收盘价；turnoverVol，前复权成交量；turnoverValue，前复权成交额
期货	openPrice，前复权开盘价；highPrice，前复权最高价；lowPrice，前复权最低价；closePrice，前复权收盘价；settlementPrice，结算价格；turnoverVol，前复权成交量；tradeDate，交易日期；tradeTime，交易时间
指数	openPrice，前复权开盘价；highPrice，前复权最高价；lowPrice，前复权最低价；closePrice，前复权收盘价；turnoverVol，前复权成交量；turnoverValue，前复权成交额

- time_range：需要回溯的历史 K 线条数，和 freq 属性相对应。日线数据默认最大值为 30，分钟线数据默认最大值为 240，可以使用 max_history_window 设置最大限度取值范围。

参数类型：int。

- symbol：需要获取的数据的证券列表，支持单个证券或证券列表，必须是初始化参数 universe 涵盖的证券范围。

参数类型：str 或 list。

- freq：K 线图周期。

参数类型：str。

参数用法如下。

> 日线 K 线图：1d。

> 分钟线 K 线图：1m、5m、15m、30m、60m。

- style：数据返回的格式。参数值包括 ast、sat、tas 3 种。a 表示 attribute，s 表示 symbol，t 表示 time，它们分别对应 3 个维度呈现的顺序。例如，ast 表示返回的字典中的键是 attribute，其值是列为 symbol、行为 time 的 DataFrame，以此类推。

参数类型：str。

参数用法如表 3-15（日线数据）和表 3-16（分钟线数据）所示。

表 3-15

参　　数	股票（含场内基金）	期　　货	场外基金	指　　数
sat	支持	支持	支持	支持
ast	支持	支持	支持	支持
tas	支持	支持	支持	支持

表 3-16

参　　数	股票（含场内基金）	期　　货	指　　数
sat	支持	支持	支持
ast	支持	—	支持
tas	—	—	—

可以同时获取多个品种资产对应的所有支持数据，当包含期货品种时，数据返回类型必须为 style = 'sat'。

- rtype：返回值的数据类型。

参数类型：str。包括两个值，即 'frame'、'array'。

返回类型：dict。key 为资产符号，value 的格式由 rtype 决定。

3.8.4 DataAPI

DataAPI 是获取优矿提供的数据的主要方式，包含股票、基金、期货、指数、债券、基本面、宏观等多种数据。可以在 Notebook 中调用 DataAPI 对象的某个方法来获取特定的数据。

3.9 账户相关属性

3.9.1 下单函数

1. order

order 表示可以对股票、期货、指数策略进行下单操作。根据指定的参数，进行策略订单委托下单指定股数。订单类型支持市价单或限价单，限价单需设置 order_type 为'limit'，并设置下单价格。示例代码如下：

```
stock_account.order(symbol, amount)                    # 股票账户下单指定股数
futures_account.order(symbol, amount, 'open')          # 期货账户委托开仓指定份数
otc_fund_account.order(symbol, amount)                 # 场外账户申购指定份数基金
index_account.order(symbol, amount, 'open')            # 指数账户委托开仓指定份数
```

参数说明如下。

- symbol：需要交易的证券代码。

参数类型：str。

- amount：需要交易的证券数量，正数表示买入，负数表示卖出。

参数类型：int。

- price：定义下限价单时指定的下单价格，仅用于分钟线策略。

参数类型：float。

- order_type：下单类型。包括两个值，即'market'表示市价单，'limit'表示限价单。其中限价单仅用于分钟线策略，日线策略下单时可以省略 order_type 参数。

参数类型：str。

- offset_flag：期货开平仓方向，仅用于期货策略。包括两个值，即'open'表示开仓, 'close'表示平仓。

参数类型：str。

返回策略订单的 ID，这个 ID 全局唯一，且包含了时间顺序。

例如，采用日线策略下单，每个交易日买入上证 50 成分股各 100 股，代码如下：

```
start = '2019-01-01'                    # 回测起始时间
end = '2019-03-01'                      # 回测结束时间
universe = DynamicUniverse('SH50')      # 证券池，支持股票、基金、期货
benchmark = 'HS300'                     # 策略参考基准
# 策略类型，'d'表示策略使用日线回测，'m'表示日内策略使用分钟线回测
freq = 'd'
refresh_rate = 1                        # 执行 handle_data 的时间间隔
accounts = {
    'stock_account': AccountConfig(account_type='security', capital_base=10000000)
}
def initialize(context):                # 初始化策略运行环境
    pass
```

```
def handle_data(context):                    # 核心策略逻辑
    stock_account = context.get_account('stock_account')
    current_universe = context.get_universe('stock', exclude_halt=True)
    for stk in current_universe:
        stock_account.order(stk, 100)
```

期货日线策略下单的示例代码如下：

```
start = '2018-01-01'                         # 回测起始时间
end = '2019-01-01'                           # 回测结束时间
universe = ['CUM0', 'IFM0']                  # 证券池，支持股票、基金、期货
benchmark = 'HS300'                          # 策略参考基准
# 策略类型，'d'表示日间策略使用日线回测，'m'表示日内策略使用分钟线回测
freq = 'd'
refresh_rate = 1                             # 执行 handle_data 的时间间隔
accounts = {
    'futures_account': AccountConfig(account_type='futures', capital_base=10000000)
}
def initialize(context):                     # 初始化策略运行环境
    pass
def handle_data(context):                    # 核心策略逻辑
    futures_account = context.get_account('futures_account')
    current_futures = context.get_universe('futures')
    for symbol in current_futures:
        futures_contract = context.get_symbol(symbol)
        futures_account.order(futures_contract, 1, 'open')
```

期货分钟线策略下单的示例代码如下：

```
import numpy as np
import pandas as pd
import talib as ta
universe = ['RBM0']                          # 策略期货合约
start = '2018-01-01'                         # 回测起始时间
end = '2019-02-01'                           # 回测结束时间
refresh_rate = 5                             # 调仓周期
# 策略类型，'d'表示日间策略使用日线回测，'m'表示日内策略使用分钟线回测
freq = 'm'
max_history_window = (150, 200)
lfast = 5                                    # 入场短均线窗口
lslow = 20                                   # 入场长均线窗口
sfast = 3                                    # 出场短均线窗口
sslow = 10                                   # 出场长均线窗口
accounts = {'futures_account': AccountConfig(account_type='futures',
```

```
capital_base=1000000)}
    # 初始化虚拟期货账户，一般用于设置计数器、回测辅助变量等
    def initialize(context):
        context.current_bar = 0
        context.symbol = 'RB1605'
    # 回测调仓逻辑，每个调仓周期运行一次，可在此函数内实现信号生产，生成调仓指令
    def handle_data(context):
        futures_account = context.get_account('futures_account')
        symbol = context.get_symbol(universe[0])
        long_position = futures_account.get_positions().get(symbol, dict()).get('long_amount', 0)
        if context.mapping_changed(universe[0]):
            symbol_before, symbol_after = context.get_rolling_tuple(universe[0])
            if futures_account.get_position(symbol_before):
                futures_account.switch_position(symbol_before, symbol_after)
        else:
            data = context.history(symbol=symbol, attribute=['closePrice', 'openPrice', 'lowPrice', 'highPrice'], time_range=20, freq='60m')
            high_price = np.array(data[symbol]['highPrice'], dtype=float)
            low_price = np.array(data[symbol]['lowPrice'], dtype=float)
            open_price = np.array(data[symbol]['openPrice'], dtype=float)
            close_price = np.array(data[symbol]['closePrice'], dtype=float)
            malfast = ta.MA(close_price, lfast)
            malslow = ta.MA(close_price, lslow)
            masfast = ta.MA(close_price, sfast)
            masslow = ta.MA(close_price, sslow)
            if long_position == 0:
                if malfast[-1] > malslow[-1] and masfast[-1] > masslow[-1] and high_price[-1] > high_price[-2]:
                    ids = futures_account.order(symbol, 10, 'open')
            if long_position != 0:
                if masfast[-1] < masslow[-1]:
                    futures_account.order(symbol, -long_position, 'close')
            context.current_bar += 1
```

2. order_to

order_to 仅用于股票策略，根据指定的参数进行策略订单委托下单，将股票仓位调整到指定股数。每次调用 handle_data，最多只允许调用一次 order_to 函数，否则可能会造成下单量计算错误。示例代码如下：

```
stock_account.order_to(symbol, amount)    # 股票策略下单到指定股数
```

参数说明如下。
- symbol：需要交易的证券代码。

参数类型：str。
- amount：调仓后需要达到的目标股数，需要是 100 的正整数倍或 0。

参数类型：int。
- price：定义下限价单时指定的下单价格，仅用于分钟线策略。

参数类型：float。
- order_type：下单类型。包括两个值，即'market'表示市价单，'limit'表示限价单。其中限价单仅用于分钟线策略，日线策略下单时可以省略 order_type 参数。

参数类型：str。

返回订单的 ID，这个 ID 全局唯一，且包含了时间顺序。

例如，初始持仓 1000 股浦发银行，目标持仓 100 股浦发银行的代码如下：

```
start = '2019-01-01'                    # 回测起始时间
end = '2019-01-05'                      # 回测结束时间
universe = ['600000.XSHG']              # 证券池，支持股票、基金、期货
benchmark = 'HS300'                     # 策略参考基准
# 策略类型，'d'表示日间策略使用日线回测，'m'表示日内策略使用分钟线回测
freq = 'd'
refresh_rate = 1                        # 执行 handle_data 的时间间隔
accounts = {
    'stock_account': AccountConfig(account_type='security', capital_base=10000000, position_base = {'600000.XSHG':1000}, cost_base = {'600000.XSHG':10.05})
}
def initialize(context):                # 初始化策略运行环境
    pass
def handle_data(context):               # 核心策略逻辑
    stock_account = context.get_account('stock_account')
    current_universe = context.get_universe('stock', exclude_halt=True)
    for stk in current_universe:
        stock_account.order_to(stk, 100)
    print stock_account.get_orders()
```

查看下单明细：

```
[Order(order_id: 2019-01-02-0000001, order_time: 2019-01-02 09:30, symbol: 600000.XSHG, direction: -1, order_amount: 900, state: ORDER_SUBMITTED, filled_time: , filled_amount: 0, transact_price: 0.0000, slippage: 0.0000, commission: 0.0000)]
```

3. order_pct

order_pct 仅用于股票策略，根据当前账户总资产，进行策略订单委托下单到指定百分比的股票仓位。示例代码如下：

```
stock_account.order_pct(symbol, pct)    # 股票策略下单指定百分比
```

例如，1 000 000 元总资产（含股票和现金），下单 20%，表示下单 1 000 000 元总资产的 20%。

参数说明如下。

- symbol：需要交易的证券代码，必须包含后缀，其中上证证券的后缀为.XSHG，深证证券的后缀为.XSHE。

参数类型：str。

- pct：每次下单的交易额占总资产的百分比，取值范围为-1~1，负值代表卖出，正值代表买入。

参数类型：float。

返回订单的 ID，这个 ID 全局唯一，且包含了时间顺序。

示例代码如下：

```
start = '2019-01-01'                    # 回测起始时间
end = '2019-06-01'                      # 回测结束时间
universe = DynamicUniverse('SH50')      # 证券池，支持股票、基金、期货
benchmark = 'HS300'                     # 策略参考基准
# 策略类型，'d'表示日间策略使用日线回测，'m'表示日内策略使用分钟线回测
freq = 'd'
refresh_rate = 1                        # 执行 handle_data 的时间间隔
accounts = {
    'stock_account': AccountConfig(account_type='security', capital_base=10000000)
}
def initialize(context):                # 初始化策略运行环境
    pass
def handle_data(context):               # 核心策略逻辑
    stock_account = context.get_account('stock_account')
    current_universe = context.get_universe('stock', exclude_halt=True)
    for stk in current_universe:
        stock_account.order_pct(stk, 0.1)
```

4. order_pct_to

order_pct_to 仅用于股票策略，根据当前账户总资产，进行策略订单委托下单到指定目标百分比的股票仓位，示例代码如下：

```
stock_account.order_pct_to(symbol, pct)    # 股票策略下单到指定百分比
```

例如，1 000 000 元总资产（含股票和现金），下单到20%，系统会根据持仓自动进行计算并下单。

参数说明如下。

- symbol：需要交易的证券代码，必须包含后缀，其中上证证券的后缀为.XSHG，深证证券的后缀为.XSHE。

参数类型：str。

- pct：交易下单后证券持仓占账户总资产的目标百分比，范围为 0～1。

参数类型：float。

返回订单的 ID，这个 ID 全局唯一，且包含了时间顺序。

示例代码如下：

```
start = '2019-01-01'                        # 回测起始时间
end = '2019-06-01'                          # 回测结束时间
universe = DynamicUniverse('SH50')          # 证券池，支持股票、基金、期货
benchmark = 'HS300'                         # 策略参考基准
# 策略类型，'d'表示日间策略使用日线回测，'m'表示日内策略使用分钟线回测
freq = 'd'
refresh_rate = 1                            # 执行 handle_data 的时间间隔
accounts = {
    'stock_account': AccountConfig(account_type='security', capital_base=10000000)
}
def initialize(context):                    # 初始化策略运行环境
    pass
def handle_data(context):                   # 核心策略逻辑
    stock_account = context.get_account('stock_account')
    current_universe = context.get_universe('stock', exclude_halt=True)
    for stk in current_universe:
        stock_account.order_pct_to(stk, 0.1)
```

5. close_all_positions

close_all_positions 表示卖出当前所有持仓，期货平仓时包含多头持仓和空头持仓，示例代码如下：

```
close_all_positions(symbol)
```

参数说明如下。

- symbol：需要全部卖出的证券代码，必须包含后缀，其中上证证券的后缀为.XSHG，深证证券的后缀为.XSHE，如果该参数为空，表示清仓。

参数类型：str 或 list。

返回 order_id，这个 ID 全局唯一，且包含了时间顺序。

示例代码如下：

```
# 平掉所有持仓
account.close_all_positions()
# 平掉指定标的持仓
account.close_all_positions('IF1601')
```

6. cancel_order

cancel_order 表示根据订单 ID，撤销未成交或部分成交的订单，示例代码如下：

```
cancel_order(order_id)
```

参数：order_id，订单的唯一指定 ID。

返回布尔值，表示是否成功发出撤单指令。

示例代码如下：

```
start = '2019-01-01'                    # 回测起始时间
end = '2019-01-07'                      # 回测结束时间
benchmark = 'HS300'                     # 策略参考基准
universe = ['000001.XSHE']              # 证券池，支持股票和基金
capital_base = 10000000                 # 起始资金
# 策略类型，'d'表示日间策略使用日线回测，'m'表示日内策略使用分钟线回测
freq = 'm'
# 调仓频率，表示执行 handle_data 的时间间隔，若 freq = 'd'则表示时间间隔的单位为交易日，若 freq = 'm'则表示时间间隔为分钟
refresh_rate = (2, 1)
def initialize(account):
    stock_account.record_orders = []
def handle_data(account):
    if stock_account.universe:
        if '13:14' == stock_account.current_minute:
            del stock_account.record_orders[:]
            for stk in stock_account.universe:
                price = stock_account.referencePrice[stk] * 0.99
                order_id = order(stk, 500, price=price, otype='limit')
                stock_account.record_orders.append(order_id)
```

```
        elif '13:15' == stock_account.current_minute:
            for order_id in stock_account.record_orders:
                _order = get_order(order_id)
                assert _order.state == OrderState.OPEN
#               assert _order.state=="ToFill"
                success = cancel_order(order_id)
        elif '13:16' == stock_account.current_minute:
#           print stock_account.blotter[0].state
            assert stock_account.blotter[0].state == OrderState.CANCELED
            assert stock_account.cash == 10000000
```

3.9.2 获取账户信息

1. get_order

get_order 表示根据订单 ID 获取已委托的订单对象,示例代码如下:

```
account.get_order(order_id)
```

参数为 order_id:订单的唯一指定 ID。在调用下单函数时生成,可以由 FuturesOrder.order_id 属性获得。

参数类型:str。

返回 order_id 对应的对象。

不同资产对象支持的参数如表 3-17 所示。

表 3-17

参数	类型	描述	股票(场内基金)	期货	指数	场外基金
order_id	int	订单的唯一指定 ID	支持	支持	支持	支持
symbol	str	资产代码	支持	支持	支持	支持
order_type	str	订单类型。market 为市价单,limit 为限价单	支持	支持	支持	支持
price	float	限价单委托价格	支持	支持	支持	支持
order_amount	int	委托数量	支持	支持	支持	支持
filled_amount	int	已成交数量	支持	支持	支持	支持
order_time	datetime	委托时间	支持	支持	支持	支持
filled_time	datetime	最后一笔成交时间(可能分笔成交)	支持	支持	支持	支持

续表

参数	类型	描述	股票（场内基金）	期货	指数	场外基金
transact_price	float	平均成交价（可能分笔成交）	支持	支持	支持	支持
commission	float	订单总佣金	支持	支持	支持	支持
state	[ORDER_STATE]	订单状态	支持	支持	支持	支持
state_message	str	订单状态描述，如拒单原因	支持	支持	支持	支持
direction	int	买卖方向。1 为买入，-1 为卖出	支持	支持	支持	—
slippage	float	订单总滑点开销	支持	支持	支持	—
offset_flag	str	开平方向。Open 为开仓，close 为平仓	—	支持	—	—
order_capital	float	申购时委托金额	—	—	—	支持

订单状态及其描述如表 3-18 所示。

表 3-18

状态	名称	描述
OrderState.ORDER_SUBMITTED	待挂单	下单指令发向交易所，还没有得到反馈
OrderState.OPEN	待成交	新挂单。订单被交易所接收，没有任何成交记录时的状态
OrderState.PARTIAL_FILLED	部分成交	部分成交
OrDerState.FILLED	全部成交	全部成交
OrderState.REJECTED	废单	订单被交易所拒绝
OrderState.CANCEL_SUBMITTED	待撤单	撤单指令发向交易所，还没有得到反馈
OrderState.CANCELED	被撤销	订单被成功撤销
OrderState.ERROR	系统错误	系统错误，如模拟交易异常、通信线路异常

示例代码如下：

```
start = '2019-01-01'                          # 回测起始时间
end = '2019-01-05'                            # 回测结束时间
universe = DynamicUniverse('SH50')            # 证券池，支持股票、基金、期货
benchmark = 'HS300'                           # 策略参考基准
# 策略类型，'d' 表示日间策略使用日线回测，'m' 表示日内策略使用分钟线回测
freq = 'd'
refresh_rate = 1                              # 执行 handle_data 的时间间隔
```

```
accounts = {
    'stock_account': AccountConfig(account_type='security', capital_base=10000000)
}
def initialize(context):              # 初始化策略运行环境
    pass
def handle_data(context):             # 核心策略逻辑
    stock_account = context.get_account('stock_account')
    current_universe = context.get_universe('stock', exclude_halt=True)
    for stk in current_universe:
        order_id = stock_account.order(stk, 100)
        print stock_account.get_order(order_id)
```

部分输出结果如下：

```
Order(order_id: 2019-01-02-0000050, order_time: 2019-01-02 09:30, symbol:
Order(order_id: 2019-01-02-0000051, order_time: 2019-01-02 09:30, symbol:
Order(order_id: 2019-01-02-0000052, order_time: 2019-01-02 09:30, symbol:
Order(order_id: 2019-01-02-0000053, order_time: 2019-01-02 09:30, symbol:
Order(order_id: 2019-01-02-0000054, order_time: 2019-01-02 09:30, symbol:
Order(order_id: 2019-01-02-0000055, order_time: 2019-01-02 09:30, symbol:
```

2. get_orders

get_orders 用于获取满足条件的一系列订单实例，示例代码如下：

```
account.get_orders(state, symbol)
```

参数说明如下。

- state：所需订单的状态。

参数类型：str。

- symbol：所需订单的证券限制，即定义之后只会返回 symbol 范围内的证券的订单，可以为字符串或列表，如'000001.XSHE'或['000001.XSHE', '600000.XSHG']；还可以设置为空，代表所有证券。

参数类型：str 或 list。

返回满足条件的订单列表。

示例代码如下：

```
start = '2019-01-01'                    # 回测起始时间
end = '2019-01-05'                      # 回测结束时间
universe = DynamicUniverse('SH50')      # 证券池，支持股票、基金、期货
benchmark = 'HS300'                     # 策略参考基准
```

```
# 策略类型，'d'表示日间策略使用日线回测，'m'表示日内策略使用分钟线回测
freq = 'd'
refresh_rate = 1              # 执行 handle_data 的时间间隔
accounts = {
    'stock_account': AccountConfig(account_type='security', capital_base=10000000)
}
def initialize(context):      # 初始化策略运行环境
    pass
def handle_data(context):     # 核心策略逻辑
    stock_account = context.get_account('stock_account')
    current_universe = context.get_universe('stock', exclude_halt=True)
    for stk in current_universe:
        order_id = stock_account.order(stk, 100)
        print stock_account.get_orders()
```

3. get_position

get_position 用于获取指定资产的持仓情况，示例代码如下：

```
account.get_position(symbol)
```

参数：symbol，表示资产 ID。

参数类型：str。

返回指定资产的持仓信息。

不同资产对象支持的参数如表 3-19 所示。

表 3-19

参　数	类　型	描　述	股票 （场内基金）	期　货	指　数	场外 基金
profit	float	持仓浮动盈亏（随市场价格实时变动）	支持	支持	支持	支持
cost	float	平均开仓成本	支持	支持	支持	支持
value	float	持仓市值（随市场价格实时变动）	支持	—	支持	支持
amount	int	持仓数量	支持	—	—	支持
available_amount	int	可卖出持仓数量	支持	—	—	支持
long_amount	int	多头持仓数量	—	支持	支持	—
short_amount	int	空头持仓数量	—	支持	支持	—
long_margin	float	多头保证金	—	支持	—	—

参 数	类 型	描 述	股票 （场内基金）	期 货	指 数	场外 基金
short_margin	float	空头保证金	—	支持	—	—
long_cost	float	多头平均开仓成本	—	支持	—	—
short_cost	float	空头平均开仓成本	—	支持	—	—
today_profit	float	当日浮动盈亏（使用逐日盯市方式计算）	—	支持	—	—

示例代码如下：

```
start = '2018-01-01'                                # 回测起始时间
end = '2019-01-01'                                  # 回测结束时间
universe = ['000001.XSHE', '601318.XSHG']           # 证券池，支持股票、基金、期货
benchmark = 'HS300'                                 # 策略参考基准
# 策略类型，'d'表示日间策略使用日线回测，'m'表示日内策略使用分钟线回测
freq = 'd'
refresh_rate = 1                                    # 执行 handle_data 的时间间隔
accounts = {
    'stock_account': AccountConfig(account_type='security', capital_base=10000000)
}
def initialize(context):                            # 初始化策略运行环境
    pass
def handle_data(context):                           # 核心策略逻辑
    stock_account = context.get_account('stock_account')
    current_universe = context.get_universe('stock', exclude_halt=False)
    for stk in universe:
        stock_account.order(stk, 100)
    print stock_account.get_position('601318.XSHG')
```

输出的部分结果如下：

```
Position(symbol: 601318.XSHG, amount: 100, available_amount: 100 ...)
Position(symbol: 601318.XSHG, amount: 200, available_amount: 200 ...)
Position(symbol: 601318.XSHG, amount: 300, available_amount: 300 ...)
Position(symbol: 601318.XSHG, amount: 400, available_amount: 400 ...)
Position(symbol: 601318.XSHG, amount: 500, available_amount: 500 ...)
Position(symbol: 601318.XSHG, amount: 600, available_amount: 600 ...)
```

4. get_positions

get_positions 用于获取所有账户持仓，示例代码如下：

```
account.get_positions(exclude_halt=False)
```

参数为 exclude_halt：是否移除持仓中停牌的资产。

返回类型：dict。key 为证券代码，value 为持仓对象。

示例代码如下：

```
start = '2018-01-01'                            # 回测起始时间
end = '2019-01-01'                              # 回测结束时间
universe = ['000001.XSHE', '601318.XSHG']       # 证券池，支持股票、基金、期货
benchmark = 'HS300'                             # 策略参考基准
# 策略类型，'d'表示日间策略使用日线回测，'m'表示日内策略使用分钟线回测
freq = 'd'
refresh_rate = 1                                # 执行 handle_data 的时间间隔
accounts = {
    'stock_account': AccountConfig(account_type='security', capital_base=10000000)
}
def initialize(context):                        # 初始化策略运行环境
    pass
def handle_data(context):                       # 核心策略逻辑
    stock_account = context.get_account('stock_account')
    current_universe = context.get_universe('stock', exclude_halt=False)
    for stk in universe:
        stock_account.order(stk, 100)
    print stock_account.get_positions()
```

输出的部分结果如下：

```
{'000001.XSHE': Position(symbol: 000001.XSHE, amount: 100 ...}
{'000001.XSHE': Position(symbol: 000001.XSHE, amount: 200 ...}
{'000001.XSHE': Position(symbol: 000001.XSHE, amount: 300 ...}
{'000001.XSHE': Position(symbol: 000001.XSHE, amount: 400 ...}
{'000001.XSHE': Position(symbol: 000001.XSHE, amount: 500 ...}
{'000001.XSHE': Position(symbol: 000001.XSHE, amount: 600 ...}
```

3.10 策略结果展示

1. bt

bt 的含义：回测报告，格式为 pandas.DataFrame。其包括日期、现金头寸、证券头寸、投资组合价值、参考指数收益率、交易指令明细表等 6 列，以及用户在 observe 中定义的其他列。

时间从开始日期及需要获取的最长历史窗口后开始计算。

用法：策略运行完成后，可以在 code 单元中输入 bt，运行后查看结果。

2. bt_by_account

bt_by_account 的含义：回测报告，格式为 dict。其包括日期、现金头寸、证券头寸、投资组合价值、参考指数收益率、交易指令明细表等 6 列，以及用户在 observe 中定义的其他列。

时间从开始日期及需要获取的最长历史窗口后开始计算。

用法：策略运行完成后，可以在 code 单元中输入 bt_by_account，运行后查看结果。

3. perf

perf 是指根据回测记录计算各项风险收益指标，类型为 dict，key 为指标名称，value 为指标的值，有些类型为 float 或 list。参数及其描述如表 3-20 所示。

表 3-20

参数	类型	描述
returns	list	策略日收益率
cumulative_returns	list	策略累计收益率
cumulative_values	list	策略累计价值
benchmark_returns	list	参考基准日收益率
benchmark_cumulative_returns	list	参考基准累计收益率
benchmark_cumulative_values	list	参考基准累计价值（初始值为1）
benchmark_annualized_return	float	参考基准年化收益率
annualized_return	float	策略年化收益率
treasury_return	float	同期无风险收益率
excess_return	float	策略相对无风险收益率的超额收益
alpha	float	策略 CAPM 阿尔法
beta	float	策略 CAPM 贝塔
sharpe	float	策略年化夏普率
volatility	float	策略年化波动率
max_drawdown	float	策略最大回撤
information_coefficient	float	信息系数
information_ratio	float	信息比率
turnover_rate	float	换手率

用法：策略运行完成后，可以在 code 单元中输入 perf，运行后查看结果。

3.11 批量回测

我们经常会对策略进行批量回测。优矿提供了 quick_backtest 函数，可以批量运行策略回测。当前仅支持日间级别策略的批量回测。

常见用法：对策略的参数值进行参数优化。

参数优化的本质是对策略进行多次运行，得到在不同参数下策略的不同表现情况。示例代码如下：

```
start = '2018-10-01'
end = '2018-12-01'
universe = DynamicUniverse('SH50')
benchmark = 'SH50'
freq = 'd'
refresh_rate = 1
max_history_window = 100
accounts = {
    'stock_account': AccountConfig(account_type='security',
                    capital_base=10000000,
                    commission=Commission(0.1, 0.1),
                    slippage = Slippage(value=0.001, unit='perValue'),
                    position_base = {'000001.XSHE':1000, '600000. XSHG':2000},
                    cost_base =  {'000001.XSHE':11.01, '600000.XSHG':5.00}
                    )
}
# 把回测参数封装到 SimulationParameters 中，供 quick_backtest 使用
sim_params = quartz.SimulationParameters(start, end, benchmark, universe,
                                freq=freq,
                                refresh_rate=refresh_rate,
                                accounts=accounts,
                                max_history_window=max_history_window)
# ----------------回测参数部分结束-----------------
# 获取回测行情数据
data = quartz.get_backtest_data(sim_params)
# 运行结果
results = {}
# 调整参数进行快速回测
for param in range(1, 2):
    # -----策略定义开始，这和常用的策略编写模式完全一样-----
    def initialize(context):
```

```
            context.my_paramter = param
        def handle_data(context):
            # 调用 context.my_parameter 进行计算或其他操作
            account = context.get_account('stock_account')
    # 生成策略对象
        def post_trading_day(context):
            pass
        strategy = quartz.TradingStrategy(initialize, handle_data,
post_trading_day)
    # --------------------策略定义结束--------------------
    # 开始回测
        bt, perf = quartz.quick_backtest(sim_params, strategy, data=data)
    # 保存运行结果
        results[param] = {'max_drawdown': perf['max_drawdown'],
                          'sharpe': perf['sharpe'],
                          'alpha': perf['alpha']
                         }
# 转换为 DataFrame 并画图
# import pandas
# results = pandas.DataFrame(results)
# results.plot()
```

1. SimulationParameters

SimulationParameters 用于回测初始化配置,在代码模式进行策略回测时使用,示例代码如下:

```
SimulationParameters(start, end, benchmark='HS300', universe=[], freq='d',
max_history_window=30, accounts={})
```

SimulationParameters 的参数及其描述如表 3-21 所示。

表 3-21

参 数	描 述
start, end	回测区间
benchmark	策略回测基准
universe	回测证券池
freq	回测频率
max_history_window	历史数据回溯长度
accounts	配置交易账户

2. TradingStrategy

TradingStrategy 类是所有策略的基类，表示交易策略，用于封装 initialize、handle_data 和 post_trading_day 函数，仅在代码模式下进行回测时使用，在策略界面模式下不生效。initialize、handle_data 和 post_trading_day 函数及其描述如表 3-22 所示。

表 3-22

函 数	描 述	参 数 类 型
initialize	策略初始化函数	函数
handle_data	策略算法函数	函数
post_trading_day	盘后处理函数	函数

第 4 章

量化投资择时策略与选股策略的推进方法

量化投资策略主要包括量化选股和量化择时两种类型。

量化选股策略是指利用分析、研究、统计等方法构建股票组合,期望该股票组合能够获得超越基准收益率的投资行为。在基于行业层面进行周期性和防御性的轮动配置是机构认可的最佳盈利模式。

量化择时策略是指利用量化分析方法,找到影响大盘走势的关键信息,并对未来走势进行预测。其是通过对各种宏观和微观指标的量化分析,从而找到最佳市场相对高低点进行投资的操作。

4.1 多因子选股策略

量化选股策略主要分为基本面选股和市场行为选股两种,多因子模型是在基本面选股中常见的一种选股模型。

4.1.1 多因子模型基本方法

例如,选出一些因子作为我们选择股票的标准和规范,满足这些因子的股票则买入,不满足则卖出。多因子模型比较稳定,它以历史数据为出发点,通过计算机量化的方式进行选股。在不同市场环境下,总有一些因子会发挥作用。多因子选股模型通常有两种判断方法：一是打分法，二是回归法。

- 打分法是指根据各个因子的大小对股票进行打分，按照一定的权重对个股加权得到一个总分，再根据总分筛选出分数较高的股票。
- 回归法是指利用股票历史数据的收益率对多因子进行回归，从而得到一个回归方程，然后将最新的因子值代入回归方程得到一个对未来股票收益的预测，并以此为依据对未来收益选股进行预测。

建立多因子选股模型主要分为选取候选因子、检验选股因子的有效性、剔除有效但冗余的因子、构建综合评分模型、评价和改进综合评分模型等5个步骤。

4.1.2 单因子分析流程

量化投资策略的核心在于找到能够稳健跑赢基准指数的多头组合，而寻找组合的核心在于找到驱使股票获得超额收益的因子。

寻找超额收益因子的示例代码如下：

```
# 假设构建的多头组合每天跑赢基准0.1%
data = DataAPI.MktIdxdGet(ticker='000300', beginDate='20190101',
field='tradeDate,CHGPct',pandas='1').set_index('tradeDate').
rename(columns={'CHGPct':'benchmark'})
data['portfolio'] = data['benchmark'] + 0.001
data.cumsum().plot(figsize=(12,5))
```

执行上述代码后，得到的结果如图4-1所示。

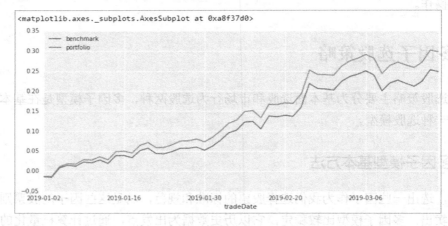

图4-1

1. 选取候选因子

选择候选因子有以下几个要点。
- 符合经济、金融投资逻辑。
- 数据来源：基本面、行情、分析师预期、大数据分析。

2. 构建因子

构建因子使用的公式为

$$PE = 每股价格/每股收益$$

将上式中的每股价格和每股收益同时乘以总股本数就可以得到：PE = 总市值/净利润。这具有一定的合理性：总市值是日度变化数据，净利润则是季度数据，为了对比的一致性及结合企业经营的实际情况，一般采用 TTM（Trailing Twelve Months，最近 12 个月）值。

TTM 算法说明如下。

（1）对一般公司而言，每年会发布 4 次财务报表（一季报、半年报、三季报、年报）。

（2）假设现在公布了该年的半年报，报表显示半年的净利润为 A，那么首先要将半年报数据折算成年报数据，是否直接用 $2 \times A$ 作为全年的净利润呢？

（3）TTM 采用过去 12 个月的完整数据来计算年度财报数据。

（4）假设我们知道去年的年报和半年报，净利润分别为 B 和 C，那么最新的净利润（TTM）= $A + B - C$。

投资理念：由于我们假定公司具有低估值才会获得超额收益，所以将因子调整为 EP=净利润/总市值，这样因子值越大就代表越高的持仓权重。

示例代码如下：

```
# 优矿提供了 400 多个因子数据，将与 TTM 类似的标准化算法工程化，可利用 DataAPI 直接获取
pe = DataAPI.MktStockFactorsOneDayGet (secID=set_universe('HS300'),tradeDate =
u"20190301",field=u"secID,tradeDate,PE",pandas="1").set_index('secID')
pe.head()
# pe.plot(figsize=(14,5))
```

执行上述代码后，输出的结果如图 4-2 所示。

	tradeDate	PE
secID		
000001.XSHE	2019-03-01	8.9456
000002.XSHE	2019-03-01	10.1811
000063.XSHE	2019-03-01	−18.8970
000069.XSHE	2019-03-01	6.3699
000100.XSHE	2019-03-01	13.7251

图 4-2

3．因子分析

构建好 EP 因子之后并不能直接使用，因为很多因子还具有一些特殊值，如最大最小值等，还需要将其转化为实际可用的信号。常见的因子处理方法，即进行去极值（Winsorize）、中性化（Neutralize）、标准化（Standardize）处理，说明如下。

（1）去极值：调整明显不合理的极值。

（2）中性化：调整不同行业之间的差异，按季节进行调整。

（3）标准化：去量纲、多因子可加性。

使用上述方法对因子进行处理，得到的信号分布将会更平滑、更合理。

- 去极值示例。

正态分布去极值方法要遵循 3σ 原则。在程序中输入如下代码即可对分位数进行去极值处理：

```python
import numpy as np
# 去极值
after_winsorize = winsorize(pe['PE'].to_dict())
pe['winsorized PE'] = np.nan
pe.loc[after_winsorize.keys(),'winsorized PE'] = after_winsorize.values()
pe.plot(figsize=(14,5)).legend(fontsize=14)
```

执行上述代码后，输出的结果如图 4-3 所示。

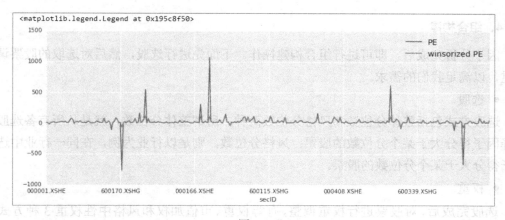

图 4-3

- 标准化示例。

去极值处理完成后,然后进行风格标准化处理。所谓的风格标准化,即使用行业内的普通标准化进行处理,代码如下:

```
# 标准化
after_standardize = standardize(pe['winsorized PE'].to_dict())
pe['standardized PE'] = np.nan
pe.loc[after_standardize.keys(),'standardized PE'] = after_standardize.values()
pe['standardized PE'].plot(figsize=(14,5))
```

执行上述代码后,输出的结果如图 4-4 所示。

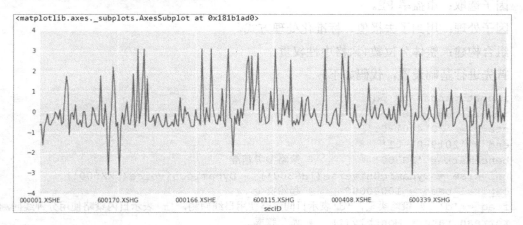

图 4-4

4. 组合构建

因子分析完成后，即可进行组合构建操作。下面先进行选股，然后对选取的股票调整权重，以满足我们的需求。

- 选股。

选股方式包括整体分位数和风格分位数两种。所谓整体分位数，就是从所有备选股中选择因子得分大于某个分位数的股票；风格分位数，则是以行业为例，在同一行业中选择因子得分大于某个分位数的股票。

- 权重。

选股完成后，对股票进行权重调整，有等权重、市值加权和风格中性权重3种方式。等权重是通常使用的方式；市值加权则是根据股票市值进行加权处理，毕竟在中证指数编制时的权重考虑因素就是市值；风格中性权重，即权重由市值和股票所属行业在指数中的权重所决定。

5. 回测分析

在进行回测分析时，需确认回测的时间段、因子的选取方法和因子处理的选择等方面。下面举例说明。

回测区间：2014年1月1日至2019年1月1日，基准为沪深300、中证800成分股，策略每20天换仓一次。

因子选取：市盈率PE。

因子处理：用到了去极值、标准化处理方式。

组合构建：整体分位数+风格中性权重。

首先进行基础设置，代码如下：

```
import pandas as pd
import numpy as np
start = '2014-01-01'
end = '2019-01-01'
benchmark = 'HS300'              # 策略参考基准
universe = DynamicUniverse('HS300') + DynamicUniverse('ZZ500')
capital_base = 10000000          # 起始资金
freq = 'd'   # 策略类型, 'd'表示日间策略使用日线回测, 'm'表示日内策略使用分钟线回测
refresh_rate = Monthly(1)        # 调仓频率
accounts = {
```

```
    'fantasy_account': AccountConfig(account_type='security', capital_base=
10000000)
    }
    def initialize(context):     # 初始化虚拟账户状态
    pass
    def handle_data(context):    # 每个交易日的买入与卖出指令
    universe = context.get_universe()
    yesterday = context.previous_date.strftime('%Y-%m-%d')   # 向前移动一个工作日
    data = context.history(universe, ['PE'], time_range=1, style='tas')
    data = data[yesterday]
    factor = data['PE'].dropna()
```

然后进行因子分析,代码如下:

```
    factor = pd.Series(winsorize(factor, win_type='QuantileDraw', pvalue=0.05))
# 去极值
    factor = 1.0 / factor
    factor = factor.replace([np.inf, -np.inf], 0.0)
    signal = standardize(dict(factor))   # 标准化
```

接下来进行组合构建,代码如下:

```
# 组合构建
wts = simple_long_only(signal, yesterday)
```

最后进行回测分析,看选股是否合理,代码如下:

```
# 交易部分
account = context.get_account('fantasy_account')
current_position = account.get_positions(exclude_halt=True)
target_position = wts.keys()
# 卖出当前持有,但目标持仓没有的部分
for stock in set(current_position).difference(target_position):
account.order_to(stock, 0)
# 根据目标持仓权重,逐一委托下单
for stock in target_position:
account.order_pct_to(stock, wts[stock])
```

执行上述代码后,输出的结果如图 4-5 所示。

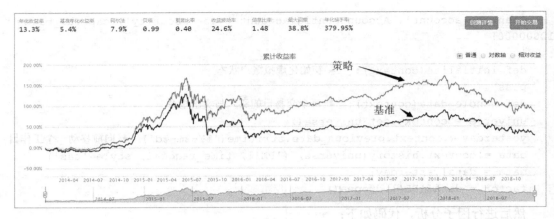

图 4-5

6. 附加值分析

首先需要找到回测效果满意的单因子，然后根据已有模型选择合适的单因子进行多因子合成，查看回测整体效果是否提高。将市盈率、流通市值的对数、等权合成后测试整体效果，代码如下：

```
start = '2014-01-01'
end = '2019-01-01'
benchmark = 'HS300'           # 策略参考基准
universe = DynamicUniverse('HS300') + DynamicUniverse('ZZ500')
capital_base = 10000000       # 起始资金
freq = 'd'  # 策略类型，'d'表示日间策略使用日线回测，'m'表示日内策略使用分钟线回测
refresh_rate = Monthly(1)     # 调仓频率
accounts = {
'fantasy_account': AccountConfig(account_type='security', capital_base=10000000)
}
def initialize(context):      # 初始化虚拟账户状态
context.signal_generator = SignalGenerator(Signal('PE'),
    Signal('LCAP'))
def handle_data(context):     # 每个交易日的买入与卖出指令
universe = context.get_universe()
yesterday = context.previous_date.strftime('%Y-%m-%d')   # 向前移动一个工作日
data = context.history(universe, ['PE', 'LCAP'], time_range=1, style='tas')
data = data[yesterday]
factor = data['PE']
factor = pd.Series(winsorize(factor, win_type='QuantileDraw', pvalue=0.05))          # 去极值
```

```
    factor = 1.0 / factor
    # factor = factor.replace([np.inf, -np.inf], 0.0)
    signal_pe = standardize(dict(factor))         # 标准化
    factor = data['LCAP']
    factor     =     pd.Series(winsorize(factor,    win_type='QuantileDraw',
pvalue=0.05))                                      # 去极值
    factor = 1.0 / factor
    # factor = factor.replace([np.inf, -np.inf], 0.0)
    signal_lcap = standardize(dict(factor))        # 标准化
    # 信号合成
    signal = (0.5*pd.Series (signal_pe)) .add (0.5*pd.Series (signal_lcap) ,
fill_value =0.0)
    # 组合构建
    wts = simple_long_only(dict(signal), yesterday)
    # 交易部分
    account = context.get_account('fantasy_account')
    current_position = account.get_positions(exclude_halt=True)
    target_position = wts.keys()
    # 卖出当前持有，但目标持仓没有的部分
    for stock in set(current_position).difference(target_position):
    account.order_to(stock, 0)
    # 根据目标持仓权重，逐一委托下单
    for stock in target_position:
    account.order_pct_to(stock, wts[stock])
```

执行上述代码后，输出的结果如图4-6所示。

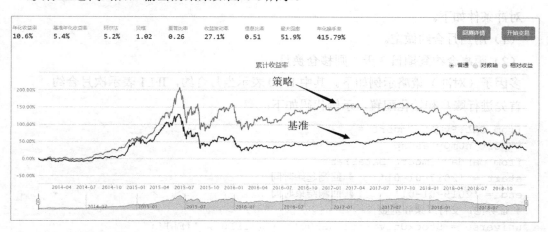

图4-6

4.1.3 多因子（对冲）策略逻辑

多因子对冲策略具有如下特点。
- 影响价格因子且筛选广度大。
- 各因子配分比选择可依策略需求进行调整，操作弹性大。
- 搜集大量分析数据以提高策略可靠性。

1．策略配置

回测区间：2017 年 1 月 1 日至 2019 年 1 月 1 日。

股票池：沪深 300 成分股。

基准：沪深 300。

每周最后一个交易日换仓。

2．因子数据处理

因子选取：净利润增长率、权益收益率、RSI。

因子处理：用到了去极值、标准化、中性化处理。

组合构建：等权配置。

3．空头使用期货 IF 进行对冲

对冲条件如下。

（1）用当月合约做空。

（2）距离合约到期日 3 天，则移仓换月。

多因子（对冲）策略示例如下。其中 IFL0 表示当月合约，IFL1 表示次月合约。

首先进行账户初始化配置，示例代码如下：

```
from CAL.PyCAL import *
import numpy as np
from pandas import DataFrame
start = '2017-01-01'      # 回测起始时间
end = '2019-01-01'        # 回测结束时间
# 证券池，支持股票和基金
universe = StockUniverse('HS300') + ['IFL0', 'IFL1']
benchmark = 'HS300'        # 策略参考基准
freq = 'd'    # 策略类型，'d'表示日间策略使用日线回测，'m'表示日内策略使用分钟线回测
refresh_rate = 1
```

```
# 读取每个月末交易日信息
trade_dates = DataAPI.TradeCalGet(exchangeCD=u"XSHG", beginDate=start,
endDate=end,field=['calendarDate', 'isOpen','isMonthEnd'], pandas="1")
trade_dates = (trade_dates[(trade_dates.isOpen==1) & (trade_dates.
isMonthEnd==1)]['calendarDate']).tolist()
# 账户初始化配置
stock_commission = Commission(buycost=0.0005, sellcost=0.0005, unit=
'perValue')
futures_commission = Commission(buycost=0.00005, sellcost=0.00005, unit=
'perValue')
slippage = Slippage(value=0, unit='perValue')
accounts = {
'stock_account': AccountConfig(account_type='security', capital_base=
10000000, commission=stock_commission, slippage=slippage),
'futures_account': AccountConfig(account_type='futures', capital_base=
10000000, commission=futures_commission, slippage=slippage)
}
```

然后进行因子分析，示例代码如下：

```
# 策略算法
def initialize(context):
context.need_to_switch_position = False
context.contract_holding = ''
def handle_data(context):
universe = context.get_universe(exclude_halt=True)
current_date = context.current_date.strftime('%Y-%m-%d')
if current_date in trade_dates:
yesterday = context.previous_date.strftime('%Y-%m-%d')
data = context.history(universe, ['NetProfitGrowRate', 'ROE', 'RSI'],
time_range=1, style='tas')
data = data[yesterday]
signal_composite = DataFrame()
# 净利润增长率
NetProfitGrowRate = data['NetProfitGrowRate'].dropna()
signal_NetProfitGrowRate = standardize(neutralize(winsorize
(NetProfitGrowRate), yesterday))
signal_composite['NetProfitGrowRate'] = signal_NetProfitGrowRate
# 权益收益率
ROE = data['ROE'].dropna()
signal_ROE = standardize(neutralize(winsorize(ROE), yesterday))
signal_composite['ROE'] = signal_ROE
# RSI
```

```python
RSI = data['RSI'].dropna()
signal_RSI = standardize(winsorize(RSI))
signal_composite['RSI'] = signal_RSI
# 信号合成，各因子权重
weight = np.array([0.3, 0.4, 0.3])
signal_composite['total_score'] = np.dot(signal_composite, weight)
# 组合构建
total_score = signal_composite['total_score'].to_dict()
wts = simple_long_only(total_score, yesterday)
post_portfolio_value = handle_stock_orders(context, wts)
handle_futures_orders(context, post_portfolio_value)
# 移仓换月
switch_positions(context)
```

移仓换月完成后，接下来进行订单委托，示例代码如下：

```python
# 订单委托
def handle_stock_orders(context, target_weights):
account = context.get_account('stock_account')
current_position = account.get_positions(exclude_halt=True)
target_position = target_weights.keys()
# 卖出当前持有，但目标持仓没有的部分
for stock in set(current_position).difference(target_position):
account.order_to(stock, 0)
post_portfolio_value = 0
for stock in target_position:
weight =  target_weights.get(stock)
order_id = account.order_pct_to(stock, weight)
order = account.get_order(order_id)
# 将买入的订单进行汇总，估算多头总市值
if order and order.direction == 1:
post_portfolio_value += context.current_price(stock) * order.order_amount
return post_portfolio_value
def handle_futures_orders(context, stock_positions_value):
stock_account = context.get_account('stock_account')
future_account = context.get_account("futures_account")
stock_position = stock_account.get_positions()
contract_holding = context.contract_holding
# 有多头股票仓位，使用期货进行空头对冲
if stock_positions_value:
futures_position = future_account.get_position(contract_holding)
# 没有空头持仓，建仓进行对冲
if not futures_position:
```

```
    contract_current_month = context.get_symbol('IFL0')
    multiplier = get_asset(contract_current_month).multiplier
    futures_price = context.current_price(contract_current_month)
    total_hedging_amount = int(stock_positions_value / futures_price / multiplier)
    log.info(u'%s 没有持仓,准备建仓。空头开仓%s 手' % (contract_current_month, total_hedging_amount))
    future_account.order(contract_current_month, -1 * total_hedging_amount, "open")
    context.contract_holding = contract_current_month
    # 已经有空头持仓,判断是否需要调仓
    else:
    contract_holding = context.contract_holding
    contract_current_month = context.get_symbol('IFL0')
    futures_price = context.current_price(contract_current_month)
    multiplier = get_asset(contract_holding).multiplier
    # 计算当前对冲需要的期货手数
    total_hedging_amount = int(stock_positions_value / futures_price / multiplier)
    hedging_amount_diff = total_hedging_amount - futures_position.short_amount
    # 调仓阈值,可以适当放大,防止反复调仓
    threshold = 2
    if hedging_amount_diff >= threshold:
    log.info(u'空头调仓。[合约名:%s,当前空头手数:%s,目标空头手数:%s]' % (contract_holding, int(futures_position.short_amount, total_hedging_amount))
    # 多开空仓
    future_account.order(contract_holding, -1 * int(hedging_amount_diff), "open")
    elif hedging_amount_diff <= -threshold:
    log.info(u'空头调仓。[合约名:%s,当前空头手数:%s,目标空头手数:%s]' % (contract_holding, int(futures_position.short_amount, total_hedging_amount))
    # 平掉部分空仓
    future_account.order(contract_holding, int(abs(hedging_amount_diff)), "close")
    def switch_positions(context):
    stock_account = context.get_account('stock_account')
    future_account = context.get_account("futures_account")
    # 将主力连续合约映射为实际合约
    contract_current_month = context.get_symbol('IFL0')
    # 判断是否需要移仓换月
    contract_holding = context.contract_holding
```

```
    if not contract_holding:
        contract_holding = contract_current_month
    if contract_holding:
        last_trade_date = get_asset(contract_holding).last_trade_date
        # 当月合约距离交割日只有 3 天
        days_to_expire = (last_trade_date- context.current_date).days
        if days_to_expire < 3:
            log.info(u'距离%s 到期, 还有%s 天' % (contract_holding, days_to_expire))
            contract_next_month = context.get_symbol('IFL1')
            futures_position = future_account.get_position(contract_holding)
            if futures_position:
                current_holding = futures_position.short_amount
                log.info(u'移仓换月。[平仓旧合约:%s,开仓新合约:%s,手数:%s]' %
(contract_holding, contract_next_month, int(current_holding)))
                if current_holding == 0:
                    return
                future_account.order(contract_holding, current_holding, "close")
                future_account.order(contract_next_month, -1 * current_holding, "open")
                context.contract_holding = contract_next_month
```

执行上述代码后，输出的结果如图 4-7 所示。

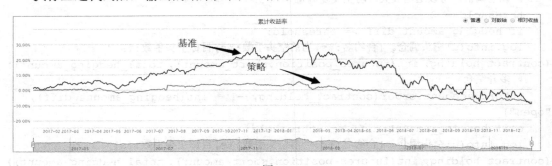

图 4-7

部分输出结果如下：

```
2018-10-17 00:00:00 [INFO] 距离 IF1810 到期,还有 2 天 2018-10-17 00:00:00 [INFO]
移仓换月。[平仓旧合约:IF1810,开仓新合约:IF1811,手数:4]
2018-11-14 00:00:00 [INFO] 距离 IF1811 到期,还有 2 天 2018-11-14 00:00:00 [INFO]
移仓换月。[平仓旧合约:IF1811,开仓新合约:IF1812,手数:4]
2018-12-19 00:00:00 [INFO] 距离 IF1812 到期,还有 2 天 2018-12-19 00:00:00 [INFO]
移仓换月。[平仓旧合约:IF1812,开仓新合约:IF1901,手数:4]
```

4.1.4 多因子（裸多）策略逻辑

多因子（裸多）策略与多因子（对冲）策略是完全不同的，裸多是以多因子为选股逻辑买进持有的，一般运用于多头市场，即只做多头。

1. 策略配置

回测区间：2016 年 1 月 1 日至 2017 年 5 月 1 日。
股票池：沪深 300 成分股。
基准：沪深 300。
每周最后一个交易日换仓。

2. 因子数据处理

因子选取：净利润增长率、权益收益率、RSI。
因子处理：用到了去极值、标准化、中性化处理。
组合构建：等权配置。

3. 多因子（裸多）策略示例

首先进行账户初始化配置，示例代码如下：

```
from CAL.PyCAL import *
import numpy as np
from pandas import DataFrame
start = '2017-01-01'                    # 回测起始时间
end = '2019-01-01'                      # 回测结束时间
universe = StockUniverse('HS300')       # 证券池，支持股票和基金
benchmark = 'HS300'                     # 策略参考基准
freq = 'd' # 策略类型，'d'表示日间策略使用日线回测，'m'表示日内策略使用分钟线回测
refresh_rate = Weekly(-1)
# 账户初始化配置
stock_commission = Commission(buycost=0.0005, sellcost=0.0005, unit='perValue')
slippage = Slippage(value=0, unit='perValue')
accounts = {
'stock_account': AccountConfig(account_type='security', capital_base=10000000, commission=stock_commission, slippage=slippage)
}
```

然后进行因子分析,示例代码如下:

```python
# 策略算法
def initialize(context):
    context.signal_generator = SignalGenerator(Signal('NetProfitGrowRate'), Signal('ROE'), Signal('RSI'))
    pass
def handle_data(context):
    universe = context.get_universe(exclude_halt=True)
    yesterday = context.previous_date.strftime('%Y-%m-%d')
    data = context.history(universe, ['NetProfitGrowRate', 'ROE', 'RSI'], time_range=1, style='tas')
    data = data[yesterday]
    signal_composite = DataFrame()
    # 净利润增长率
    NetProfitGrowRate = data['NetProfitGrowRate'].dropna()
    signal_NetProfitGrowRate = standardize(neutralize(winsorize(NetProfitGrowRate), yesterday))
    signal_composite['NetProfitGrowRate'] = signal_NetProfitGrowRate
    # 权益收益率
    ROE = data['ROE'].dropna()
    signal_ROE = standardize(neutralize(winsorize(ROE), yesterday))
    signal_composite['ROE'] = signal_ROE
    # RSI
    RSI = data['RSI'].dropna()
    signal_RSI = standardize(winsorize(RSI))
    signal_composite['RSI'] = signal_RSI
    # 信号合成,各因子权重
    weight = np.array([0.3, 0.4, 0.3])
    signal_composite['total_score'] = np.dot(signal_composite, weight)
    # 组合构建
    total_score = signal_composite['total_score'].to_dict()
    wts = simple_long_only(total_score, yesterday)
    handle_stock_orders(context, wts)
```

组合构建完成后,接下来进行订单委托,示例代码如下:

```python
# 订单委托
def handle_stock_orders(context, target_weights):
    account = context.get_account('stock_account')
    current_position = account.get_positions(exclude_halt=True)
```

```
target_position = target_weights.keys()
# 卖出当前持有，但目标持仓没有的部分
for stock in set(current_position).difference(target_position):
    account.order_to(stock, 0)
for stock in target_position:
    weight = target_weights.get(stock)
    account.order_pct_to(stock, weight)
```

执行上述代码，输出结果如图 4-8 所示。

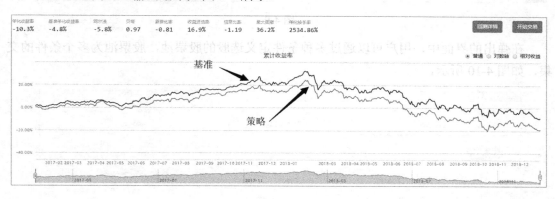

图 4-8

4.2 多因子选股技巧

我们以优矿为例简单介绍如何使用多个指标筛选股票，快速构建股票策略。指标选股策略不需要用户具备编写代码的能力，即可方便快捷地构建自己的策略。

4.2.1 定义股票池

定义股票池的方法如下。

首先，单击"开始研究"模块；然后，单击"因子选股"；接下来，单击"新建因子选股策略"按钮，如图 4-9 所示。

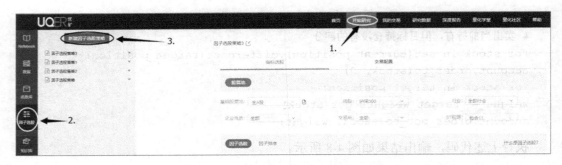

图 4-9

在弹出的界面中,用户可以通过多种条件定义选股的股票池,股票池为多个条件的交集,如图 4-10 所示。

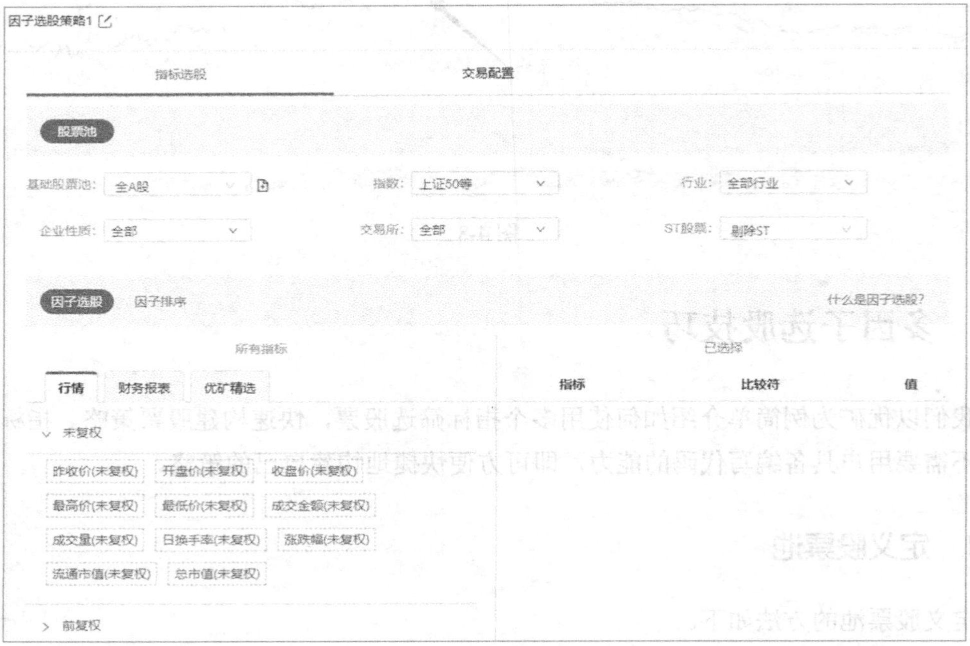

图 4-10

用户可以直接使用系统提供的股票池,也可以自定义基础股票池。自定义股票池的方法如下。

首先,选择"昨收价(前复权)"选项;然后右侧会出现"昨收价(前复权)"选项;接下来,选择"全 A 股"右侧的选项,如图 4-11 所示。

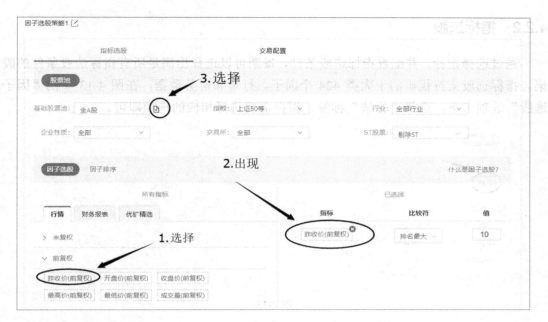

图 4-11

弹出"自定义股票池管理"界面。单击"点击下载股票池模板"按钮,即可完成股票池的下载,如图 4-12 所示。

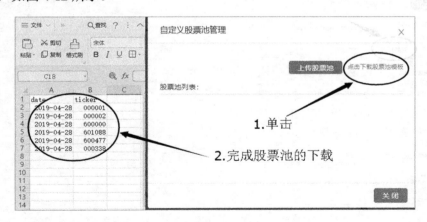

图 4-12

4.2.2 指标选股

通过选择指标，并配置指标选股条件，每期可以选择出满足所有指标选股条件的股票。指标选股支持优矿的十大类 424 个因子、行情和财务数据，在图 4-13 中的"因子选股"选项卡下，选择"行情"标签，根据需要选择相应的选项即可。

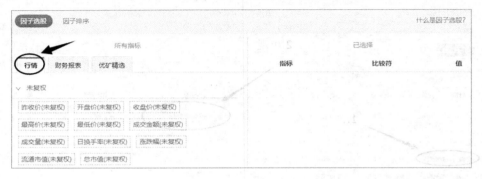

图 4-13

用户也可以选择"财务报表"或"优矿精选"标签来选择相应的选项，如图 4-14 和图 4-15 所示。

图 4-14

图 4-15

4.2.3 指标排序

指标排序是多指标策略中最经典也最有效的选股方式。用户可以基于选择的指标，对满足指标选股条件的股票池中的每只股票进行排名。

如果有多个指标，则对每个指标单独进行排名打分，然后按照指标间权重，进行综合排名，最后根据策略中设置的最大持仓股票个数，选择排名最靠前的股票进行持有。步骤为选择"优矿精选"标签中"价值"下拉列表中的"市净率"选项，如图 4-16 所示。

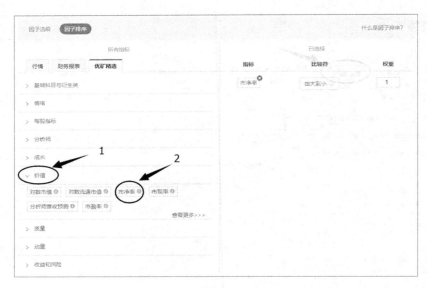

图 4-16

4.2.4 查看选股

用户可以通过构建多指标选股逻辑，从而查看历史上符合某选股逻辑的股票池。

在策略定义中配置完成股票池、指标择股、最大持有股票数后，将返回根据这些配置进行筛选的某个交易日的股票池。用户还可以将选出的股票池导出，用于在本地做进一步的选股研究。根据以上步骤进行选择，可以得到相应的选股结果，如图 4-17 所示。

序号	股票名称	股票代码
1	凯瑞德	002072.XSHE
2	药石科技	300725.XSHE
3	中公教育	002607.XSHE
4	高赛事	002755.XSHE
5	智飞生物	300122.XSHE

图 4-17

4.2.5 交易配置

用户可以在"交易配置"中设置每次调仓的股票数和权重分配方式,也可以设置每次策略调仓的频率,如图 4-18 所示。

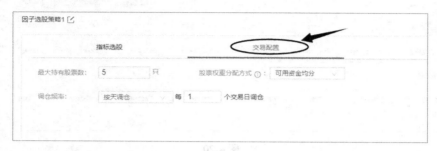

图 4-18

4.2.6 策略回测

在配置完上述选股条件后,还可以配置策略的回测条件,运行后显示回测累计收益率、每个交易日的持仓记录、每期的调仓记录,如图 4-19 和图 4-20 所示。

图 4-19

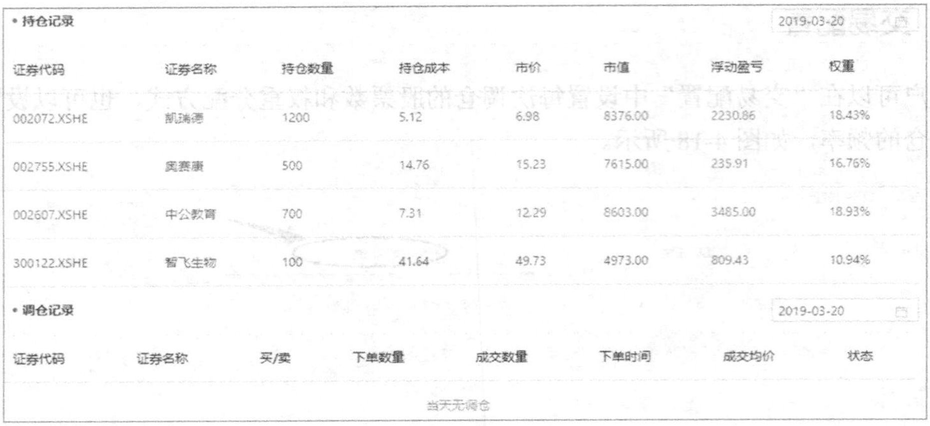

持仓记录							2019-03-20
证券代码	证券名称	持仓数量	持仓成本	市价	市值	浮动盈亏	权重
002072.XSHE	凯瑞德	1200	5.12	6.98	8376.00	2230.86	18.43%
002755.XSHE	奥赛康	500	14.76	15.23	7615.00	235.91	16.76%
002607.XSHE	中公教育	700	7.31	12.29	8603.00	3485.00	18.93%
300122.XSHE	智飞生物	100	41.64	49.73	4973.00	809.43	10.94%

调仓记录							2019-03-20
证券代码	证券名称	买/卖	下单数量	成交数量	下单时间	成交均价	状态
				当天无调仓			

图 4-20

4.3 择时——均线趋势策略

均线趋势策略利用移动平均线（Moving Average，MA）、自回归（Autoregressive Model，AR）等技术模型来判断大势的走势情况，即上涨、下跌、震荡。上涨则买入持有；下跌则卖出清仓；震荡则进行高抛低吸。这样获得的收益率要远高于简单买入持有策略，所以择时交易是获得收益率较高的一种交易方式。

移动平均线是利用统计分析的方法，将一定时期内的证券价格（指数）加以平均，并把不同时间的平均值连接起来，形成一根平滑的线条，用以观察证券价格变动趋势的一种技术指标。它是当今应用较普遍的技术指标之一，用来帮助交易者确认现有趋势、判断将出现的趋势等。

移动平均线参照指标主要包括 5 日、10 日、30 日、60 日、120 日和 240 日移动平均线。其中，5 日、10 日为短期日线级别均线指标；30 日、60 日为中期季线级别均线指标；120 日、240 日为长期年线级别均线指标，称为年均线指标，如图 4-21 所示。

第 4 章 量化投资择时策略与选股策略的推进方法

图 4-21

简单移动平均线（Simple Moving Average，SMA）是指对特定期间的收盘价进行简单平均，计算出结果显示线。移动平均线是由著名的美国投资专家格兰维尔（Joseph E.Granville）于 20 世纪中期提出的，其创造的八大法则可谓是其中的精华。

4.3.1 格兰维尔八大法则

格兰维尔根据自己的观察，对移动平均线进行了总结，从而得出 8 个相关结果，又称格兰维尔八大法则，如图 4-22 所示。

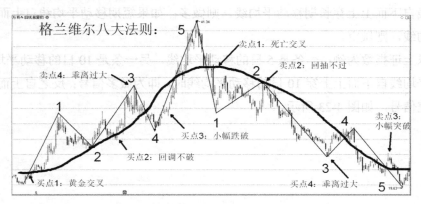

图 4-22

149

（1）移动平均线从下降逐渐走平且略向上方抬头，而股价从移动平均线下方向上方突破，为买进信号。

（2）股价位于移动平均线之上运行，回档时未跌破移动平均线而又再度上升时为买进时机。

（3）股价位于移动平均线之上运行，回档时跌破移动平均线，但短期移动平均线继续呈上升趋势，此时为买进时机。

（4）股价位于移动平均线下方运行，突然暴跌，距离移动平均线太远，极有可能向移动平均线靠近（物极必反，下跌反弹），此时为买进时机。

（5）股价位于移动平均线之上运行，连续数日大涨，离移动平均线越来越远，说明近期内购买股票者获利丰厚，随时都会产生获利回吐的卖压，应暂时卖出持股。

（6）移动平均线从上升逐渐走平，而股价从移动平均线上方向下跌破移动平均线时说明卖压渐重，应卖出所持股票。

（7）股价位于移动平均线下方运行，反弹时未突破移动平均线，且移动平均线跌势减缓，趋于水平后又出现下跌趋势，此时为卖出时机。

（8）股价反弹后在移动平均线上方徘徊，而移动平均线却继续下跌，此时宜卖出所持股票。

4.3.2 双均线交易系统

所谓双均线交易系统，即使用一条短期移动平均线与一条长期移动平均线，如果短期移动平均线自下而上上穿长期移动平均线，则做多；如果短期移动平均线自上而下下穿长期移动平均线，则做空。

我们以上证指数为例：一条是5日的移动平均线，另一条是10日的移动平均线。当5日的移动平均线自下而上上穿10日的移动平均线时，即为做多信号；反之自上而下下穿的时候为做空信号，如图4-23所示。

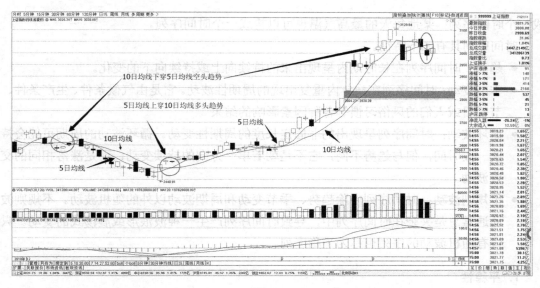

图 4-23

4.4 择时——移动平均线模型

移动平均线模型沿用最简单的统计学方式，将过去某特定时间段的价格取其平均值。移动平均线的计算公式为

$$SMA=(C_1+C_2+C_3+C_4+C_5+\cdots+C_n)/n$$

其中，C_n 表示第 n 日收盘价，n 表示移动平均数周期。

以 5 日移动平均线为例，移动平均线的公式为

$$SMA=(C_1+C_2+C_3+C_4+C_5)/5$$

4.4.1 MA 模型的性质

在了解 MA 模型的性质之前，读者先要清楚什么是时间序列。所谓时间序列，是指对某一个或一组变量 $x(t)$ 进行观察测量，将在一系列时刻($t_1,t_2,\cdots,t_n$)所得到的离散数字组成的序列集合。

例如，某股票 A 从 2018 年 1 月 1 日至 2019 年 6 月 1 日各个交易日的收盘价，可以构

成一个时间序列；某地每天的最高气温也可以构成一个时间序列。

时间序列具有如下特征。

- 趋势：时间序列在长时期内呈现出来的持续向上或持续向下的变化。
- 季节变动：时间序列在一年内重复出现的周期性波动。它是由气候条件、生产条件、节假日或人们的风俗习惯等各种因素影响的结果。
- 循环波动：时间序列呈现出的非固定长度的周期性变动。循环波动的周期可能会持续一段时间，但与趋势不同，它不是朝着单一方向的持续变动，而是涨落相同的交替波动。
- 不规则波动：时间序列中除趋势、季节变动和周期波动以外的随机波动。不规则波动通常总是夹杂在时间序列中，导致时间序列产生一种波浪形或震荡式的变动。只含有随机波动的序列也称为平稳序列。

1. 平稳性

MA 模型总是弱平稳的，因为它们是白噪声序列（残差序列）的有限线性组合。若时间序列 r_t 满足：$E(r_t)=\mu$，μ 是常数；$Cov(r_t, r_{t-1})= r1$，$r1$ 只依赖于 1。

则时间序列 r_t 是弱平稳的。即该序列的均值，r_t 与 r_{t-1} 的协方差不随时间而改变，1 为任意整数。

在金融数据中，我们通常所说的平稳序列是指弱平稳序列。

2. 自相关函数

对 q 阶的 MA 模型，其自相关函数 ACF 总是 q 步截尾的。截尾是指快速收敛在某阶后均为 0 的性质。

因此 MA(q) 序列只与其前 q 个延迟值线性相关，从而它是一个"有限记忆"的模型。可以用来确定模型的阶次。

3. 可逆性

当满足可逆条件的时候，MA(q) 模型可以改写为 AR§ 模型。这里不进行推导，只给出 1 阶和 2 阶 MA 的可逆性条件。

1 阶 MA 的可逆性条件为

$$|\theta_1|<1$$

2 阶 MA 的可逆性条件为

$$|\theta_2|<1, \theta_1+\theta_2<1$$

4.4.2 MA 的阶次判定

我们通常利用上面介绍的第二条性质，即 MA(q)模型的 ACF 函数 q 步截尾来判定模型阶次。示例如下。

使用上证指数的日涨跌数据（2018 年 1 月至 2019 年 3 月）来进行分析，先取数据，代码如下：

```
from scipy import stats
import statsmodels.api as sm    # 统计相关的库
import numpy as np
import pandas as pd
import matplotlib.pyplot as plt
IndexData = DataAPI.MktIdxdGet (indexID = u"", ticker = u "000001",beginDate = u"20180101",
    endDate = u"20190301",field = u"tradeDate,closeIndex,CHGPct",pandas = "1")
IndexData = IndexData.set_index(IndexData['tradeDate'])
data = np.array(IndexData['CHGPct'])    # 上证指数日涨跌
IndexData['CHGPct'].plot(figsize=(15,5))
```

执行上述代码，结果如图 4-24 所示。

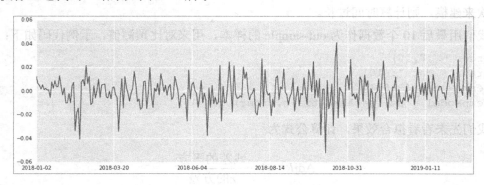

图 4-24

从图 4-24 中可以看出序列是弱平稳的。下面我们画出序列的 ACF 函数，代码如下：

```
fig = plt.figure(figsize=(20,5))
ax1=fig.add_subplot(111)
```

```
fig = sm.graphics.tsa.plot_acf(data,ax=ax1)
```

执行上述代码，结果如图 4-25 所示。

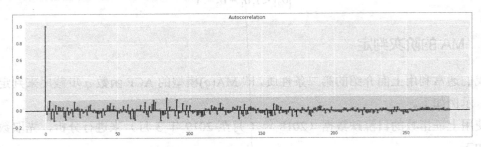

图 4-25

从图 4-25 中可以看出 ACF 函数在 85 处截尾，之后的 ACF 函数均在置信区间内，所以我们判定该序列 MA 模型阶次为 85 阶。

4.4.3　建模和预测

由于 sm.tsa 中没有单独的 MA 模型，所以利用 ARMA 模型，只要将其中 AR 的阶 p 设为 0 即可。

函数 sm.tsa.ARMA() 中输入参数的 order(p,q)，代表了 AR 和 MA 的阶次。因为模型阶次增高，计算量将急剧增长，因此这里只建立了 10 阶的模型作为示例，如果按上一节的判断阶次来建模，则计算时间过长。

我们用最后 10 个数据作为 out-sample 的样本，用来对比预测值，示例代码如下：

```
order = (0,10)
train = data[:-10]
test = data[-10:]
tempModel = sm.tsa.ARMA(train,order).fit()
```

我们先来看看拟合效果，计算公式为

$$\mathrm{Adj}R^2 = 1 - \frac{残差的平方}{r_t 的方差}$$

其中，$\mathrm{Adj}R^2$ 为调整判定系数。

然后输入如下代码：

```
delta = tempModel.fittedvalues - train
```

```
score = 1 - delta.var()/train.var()
print score
```

计算结果为：0.0748501585618。

可以看出，score 远小于 1，拟合效果不好。

接下来我们用建立的模型来预测最后 10 个数据，代码如下：

```
predicts = tempModel.predict(371, 380, dynamic=True)
print len(predicts)
comp = pd.DataFrame()
comp['original'] = test
comp['predict'] = predicts
comp.plot()
```

执行上述代码，结果如图 4-26 所示。

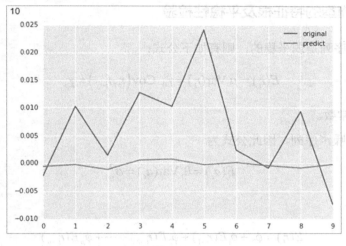

图 4-26

从图 4-26 中可以看出，建立的模型效果很差，预测值明显小了 1 到 2 个数量级。就算只看涨跌方向，正确率也不足 50%。所以该模型不适用于原数据。

4.5 择时——自回归策略

自回归模型是一个线性模型的择时策略，被广泛运用在经济学、信息学、自然现象的预测上。它利用同一变量之前各期的表现情况，来预测该变量本期的表现情况，并假设它们为线性关系，只能用来预测自己。

我们根据上证指数部分数据段间隔为 1 时自相关系数是显著的这一点，说明在 $t-1$ 时刻的数据 r_{t-1}，在预测 t 时刻的 r_t 时可能是有用的，根据这点我们可以建立下面的模型：

$$r_t = \phi_0 + \phi_1 r_{t-1} + a_t$$

其中，a_t 是白噪声序列，这个模型与简单线性回归模型有相同的形式，这个模型也叫作一阶自回归（AR）模型，简称 AR(1)模型。从 AR(1)很容易推广到 AR(p)模型：

$$r_t = \phi_0 + \phi_1 r_{t-1} + \cdots + \phi_p r_{t-p} + a_t$$

4.5.1 AR(p)模型的特征根及平稳性检验

我们先假定序列是弱平稳的，则有如下公式：

$$E(r_t) = \mu \quad \text{Var}(r_t) = \gamma_0 \quad \text{Cov}(r_t, r_{t-j}) = \gamma_j$$

其中，μ、γ_0 是常数。

因为 a_t 是白噪声序列，因此公式为

$$E(a_t) = 0, \text{Var}(a_t) = \sigma_a^2$$

所以有

$$E(r_t) = \phi_0 + \phi_1 E(r_{t-1}) + \phi_2 E(r_{t-2}) + \cdots + \phi_p E(r_{t-p})$$

根据平稳性的性质，又有 $E(r_t) = E(r_{t-1}) = \cdots = u$，从而有

$$\mu = \phi_0 + \phi_1 \mu + \cdots + \phi_p \mu E(r_t) = \mu = \frac{\phi_0}{1 - \phi_1 - \phi_2 - \cdots - \phi_p}$$

假定分母不为 0，我们将下面的方程称为特征方程：

$$1 - \phi_1 x - \phi_2 x^2 - \cdots - \phi_p x^p = 0$$

该方程所有解的倒数称为该模型的特征根，如果所有的特征根的模都小于 1，则该 AR(p)

序列是平稳的。之所以会有对特征根的限制，是为了保证 Var(r_t)的存在。

下面我们就利用上述方法来检验上证指数日收益率序列的平稳性，代码如下：

```
data2 = IndexData['CHGPct']                          # 上证指数日涨跌
m = 10 # 我们检验 10 个自相关系数
acf,q,p = sm.tsa.acf(data2,nlags=m,qstat=True)  # 计算自相关系数及 p-value
out = np.c_[range(1,11), acf[1:], q, p]
output=pd.DataFrame(out, columns=['lag', "AC", "Q", "p-value"])
output = output.set_index('lag')
Output
temp = np.array(data2)                               # 载入收益率序列
model = sm.tsa.AR(temp)
results_AR = model.fit()
plt.figure(figsize=(10,4))
plt.plot(temp,'b',label='CHGPct')
plt.plot(results_AR.fittedvalues, 'r',label='AR model')
plt.legend()
```

执行上述代码，结果如图 4-27 所示。

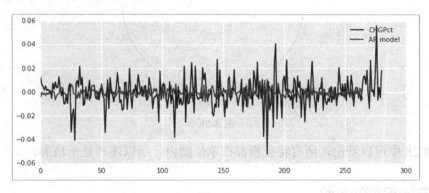

图 4-27

我们可以输入如下代码来查看模型有多少阶：

```
print len(results_AR.roots)
```

然后执行该程序，结果如下：

```
16
```

可以看出，自动生成的 AR 模型是 16 阶的。我们画出模型的特征根来检验平稳性，代码如下：

```
pi,sin,cos = np.pi,np.sin,np.cos
r1 = 1
```

```
theta = np.linspace(0,2*pi,360)
x1 = r1*cos(theta)
y1 = r1*sin(theta)
plt.figure(figsize=(6,6))
plt.plot(x1,y1,'k')                                          # 画单位圆
# 注意，这里 results_AR.roots 计算的是特征方程的解，特征根应该取倒数
roots = 1/results_AR.roots
for i in range(len(roots)):
    plt.plot(roots[i].real,roots[i].imag,'.r',markersize=8)  # 画特征根
plt.show()
```

执行上述代码，结果如图 4-28 所示。

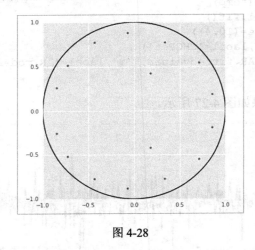

图 4-28

从图 4-28 中可以看出，所有特征根都在单位圆内，所以序列是平稳的。

4.5.2　AR(p)模型的定阶

一般有如下两种方法来判断 p 的值。
- 第一种：利用偏相关函数（Partial Auto Correlation Function，PACF）。
- 第二种：利用信息准则函数。

1. 利用偏相关函数判断 p 的值

对于偏相关函数的介绍，重点介绍一个性质：AR(p)序列的样本偏相关函数是 p 步截尾的。

我们还是以前面上证指数日收益率序列为例，代码如下：

```
fig = plt.figure(figsize=(20,5))
ax1=fig.add_subplot(111)
fig = sm.graphics.tsa.plot_pacf(temp,ax=ax1)
```

执行上述代码，结果如图 4-29 所示。

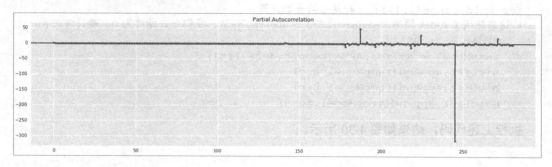

图 4-29

从图 4-29 中可以看出，按照截尾来看，模型阶次 p 在 300+，但是之前调用的自动生成 AR 模型，阶次为 16，这个结果和我们之前预计的有些不一致，可能是计算执行过程中出现了一些误差。当然，我们很少会用这么高的阶次。

2．利用信息准则函数判断 p 的值

现在有 AIC（Akaike Information Criterion，赤池信息量）、BIC（Bayesian Information Criterion，贝叶斯信息量）、HQC（Hannan-quinn Criterion，汉南-奎因信息准则）3 种可供选择的模型，我们通常采用 AIC 准则。我们知道，增加自由参数的数目将提高拟合的优良性，AIC 鼓励数据拟合的优良性但是尽量避免出现过度拟合（Overfitting）的情况，所以优先考虑的模型应是 AIC 值最小的那一个。AIC 信息准则的方法是寻找可以最好地解释数据但包含最少自由参数的模型。不仅仅包括 AIC 准则，目前选择模型常用的准则如下。

- AIC =2 k -2 ln(L)。

k 是参数的数量，L 是似然函数。

- BIC =-2 ln(L) + ln(n)k。

L 是似然函数，n 是观察数，K 是参数的数量。

- HQC=-2 ln(L) + ln(ln(n))k。

L 是似然函数，n 是观察数，K 是参数的数量。

下面我们来测试一下在 3 种准则下确定的 p，仍然以上证指数日收益率序列为例。为减少计算量，我们只计算间隔前10阶来观察效果。示例代码如下：

```
aicList = []
bicList = []
hqicList = []
for i in range(1,11):     # 从1阶开始计算
# 这里使用了ARMA模型，order 代表了模型的(p,q)值，我们令q始终为0，就只考虑AR
    order = (i,0)
    tempModel = sm.tsa.ARMA(temp,order).fit()
    aicList.append(tempModel.aic)
    bicList.append(tempModel.bic)
    hqicList.append(tempModel.hqic)
```

执行上述代码，结果如图4-30所示。

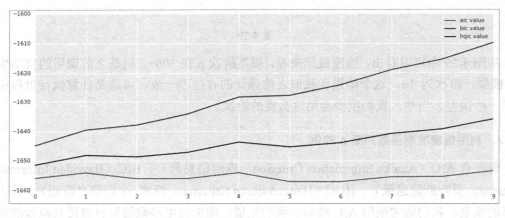

图 4-30

从图4-30中可以看出，3种准则在第一点均取到最小值，也就是说，p的最佳取值应该在1，我们只计算了前10阶，结果未必正确。读者只需了解其中的方法即可。

3．模型的检验

如果模型是充分的，其残差序列应该是白噪声，根据混成检验，可以用来检验残差与白噪声的接近程度。

我们先求出残差序列，代码如下：

```
delta = results_AR.fittedvalues - temp[17:]   # 残差
plt.figure(figsize=(10,6))
# plt.plot(temp[17:],label='original value')
# plt.plot(results_AR.fittedvalues,label='fitted value')
```

```
plt.plot(delta,'r',label=' residual error')
plt.legend(loc=0)
```

执行上述代码,结果如图 4-31 所示。

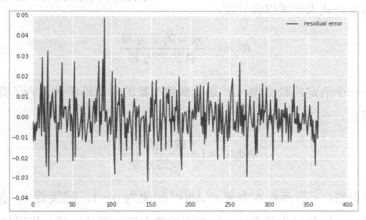

图 4-31

然后我们检验残差序列是不是接近白噪声序列,代码如下:

```
acf,q,p = sm.tsa.acf(delta,nlags=10,qstat=True)   # 计算自相关系数 及p-value
out = np.c_[range(1,11), acf[1:], q, p]
output=pd.DataFrame(out, columns=['lag', "AC", "Q", "p-value"])
output = output.set_index('lag')
output
```

执行上述代码,结果如图 4-32 所示。

lag	AC	Q	p-value
1.0	-0.001 228	0.000 554	0.981 226
2.0	-0.007 834	0.023 140	0.988 497
3.0	-0.002 311	0.025 110	0.998 950
4.0	-0.007 182	0.044 199	0.999 759
5.0	-0.000 231	0.044 219	0.999 978
6.0	-0.001 315	0.044 862	0.999 998
7.0	-0.005 744	0.057 176	1.000 000
8.0	-0.005 663	0.069 178	1.000 000
9.0	-0.011 057	0.115 060	1.000 000
10.0	0.004 697	0.123 362	1.000 000

图 4-32

从图 4-32 中观察 p-value 可知,该序列可以认为没有相关性,近似可以认为残差序列接近白噪声。

4. 拟合优度及预测

1）拟合优度

我们使用如下公式来衡量拟合优度：

$$R^2 = 1 - \frac{\text{残差的平方和}}{\text{总的平方和}}$$

但是，对于一个给定的数据集，R^2 是用参数个数的非下降函数，为了克服该缺点，推荐使用调整后的 R^2：

$$\text{Adj}R^2 = 1 - \frac{\text{残差的平方}}{r_t \text{的方差}}$$

其中，Adj 表示调整，r_t 表示样本方差。$\text{Adj}R^2$ 的值为 0～1，越接近 1，拟合效果越好。

下面我们对上证指数日收益率的 AR 模型的拟合优度进行计算，代码如下：

```
score = 1 - delta.var()/temp[17:].var()
print score
```

执行上述代码，结果如下：

```
0.0813401061217
```

从以上结果可以看出，模型的拟合程度并不好，当然，这并不重要，也许是这个序列并不适合用 AR 模型来拟合。

2）预测

我们首先把原来的样本分为训练集和测试集，再来看预测效果，还是以之前的数据为例，代码如下：

```
train = temp[:-10]
test = temp[-10:]
output = sm.tsa.AR(train).fit()
output.predict()
```

得到的结果如下：

```
array([3.42359856e-03, -2.01362138e-03, -2.12567826e-03,
2.45643459e-03, 9.23513813e-04, -4.65842866e-03,
-8.85589040e-04, -6.37659175e-04, 4.08903673e-04,
1.11180612e-03, 2.90918318e-04, -2.98025635e-03,
-8.22238297e-05, -1.50120613e-03, -1.58695535e-03... -2.58328175e-03])
```

第二段代码如下:

```
predicts = output.predict(355, 364, dynamic=True)
print len(predicts)
comp = pd.DataFrame()
comp['original'] = temp[-10:]
comp['predict'] = predicts
comp
```

执行上述代码,结果如图 4-33 所示。

	original	predict
0	-0.002 23	0.000 908
1	0.010 22	-0.001 473
2	0.001 45	-0.002 109
3	0.012 78	-0.002 158
4	0.010 24	-0.000 216
5	0.024 14	0.000 116
6	0.002 41	0.001 476
7	-0.000 89	-0.000 119
8	0.009 32	-0.000 520
9	-0.007 39	-0.000 162

图 4-33

自回归模型的优点是所需资料不多,且可用自身变数数列来进行预测。缺点是必须具有自相关系数。自相关系数是关键,如果自相关系数 R 小于 0.5,则不宜采用,因为预测结果和实际结果会相差较大。所以只能适用于预测与自身前期相关的经济现象,即受自身历史因素影响较大的经济现象,对于与自身不相关的经济现象则不宜采用自回归模型。

4.6 择时——均线混合策略

自回归模型是在 1927 年由尤尔(Udny Yule)提出的,移动平均模型也随之出现。1970 年,当 ARMA 模型被博克思(Box)和詹金斯(Jenkins)写进教科书时,这个模型才逐渐流行起来,并被人们广泛应用。与此同时博克思(Box)和詹金斯(Jenkins)又提出了 ARIMA (Autoregressive Integrated Moving Auerage,自回归移动平均模型)模型,该模型的处理对象为非平稳的事件序列,ARIMA 模型的提出标志着事件序列分析理论构建进入成熟阶段。

均线混合策略(ARMA 模型)是指在某些应用中,只有高阶的 AR 或 MA 模型才能充分地描述数据的动态结构,由于过于烦琐,为了解决此问题而把 AR 和 MA 模型结合在一起，使所使用的参数个数保持很小。识别 ARMA 模型最有效的方法是可以使用自相关函数（ACF）和偏自相关函数（PACF）的截尾性质来判断该模型的类型。由于并不能确定 p 和 q 的阶数，所以必须与常用的定阶准则联合起来应用。

模型的公式为

$$r_t = \phi_0 + \sum_{i=1}^{p} \phi_i r_{t-i} + a_t + \sum_{i=1}^{q} \theta_i a_{t-i}$$

其中，r_t 表示收益率的期望，a_t 为白噪声序列，p 和 q 都是非负整数。AR 模型和 MA 模型都是 ARMA(p,q) 的特殊形式。利用向后推移算子（即上一时刻）B，上述模型可写为

$$1 - \phi_1 B - \cdots - \phi_p B^p) r_t = \phi_0 + 1 - \theta_1 B - \cdots - \theta_p B^q) a_t$$

这时候我们求 r_t 的期望，得

$$E_t(r_t) = \frac{\phi_0}{1 - \phi_1 - \cdots - \phi_p}$$

$E(r_t)$ 和 AR 模型一模一样。因此有相同的特征方程：

$$1 - \phi_1 x - \phi_2 x^2 - \cdots - \phi_p x^p = 0$$

该方程所有解的倒数称为该模型的特征根，如果所有特征根的模都小于 1，则该 ARMA 模型是平稳的。

有一点很关键："ARMA 模型的应用对象应该为平稳序列。"下面的操作都建立在假设原序列平稳的条件下。

4.6.1 识别 ARMA 模型阶次

1. PACF、ACF 判断模型阶次

我们通过观察 PACF 和 ACF 截尾，来分别判断 p、q 的值（限定滞后阶数为 50），示例代码如下：

```
from scipy import stats
import statsmodels.api as sm        # 统计相关的库
import numpy as np
```

```
import pandas as pd
import matplotlib.pyplot as plt
IndexData = DataAPI.MktIdxdGet (indexID = u"",ticker = u"000001",beginDate = u"20180101",
    endDate=u"20190101",field=u"tradeDate,closeIndex,CHGPct",pandas="1")
IndexData = IndexData.set_index(IndexData['tradeDate'])
data = np.array(IndexData['CHGPct'])        # 上证指数日涨跌
fig = plt.figure(figsize=(20,10))
ax1=fig.add_subplot(211)
fig = sm.graphics.tsa.plot_acf(data,lags=30,ax=ax1)
ax2 = fig.add_subplot(212)
fig = sm.graphics.tsa.plot_pacf(data,lags=30,ax=ax2)
```

执行上述代码，结果如图 4-34 所示。

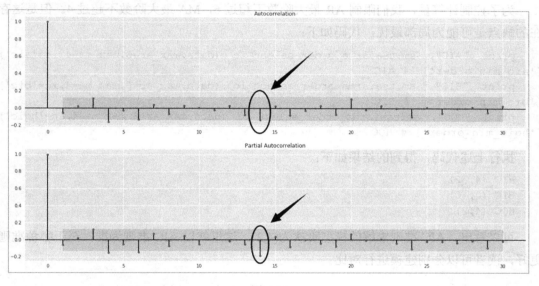

图 4-34

从图 4-34 中可以看出，模型的阶次应该为(14,14)。然而，这么高的阶次将使建模产生巨大的计算量。

为什么不再限制滞后阶数小一些？如果将 lags 的值设置为 25、20 或更小，那么阶数为 (0,0)，显然不是我们想要的结果。

由于计算量太大，在这里就不使用(14,14)建模了，建议采用另一种方法确定阶数。

2. 信息准则判断模型阶次

关于信息准则，上一节已经进行了一些简单介绍。

目前选择模型常用如下准则（其中 L 为似然函数，k 为参数数量，n 为观察数）。

$AIC = 2k - 2\ln(L)$

$BIC = -2\ln(L) + \ln(n)k$

$HQC = -2\ln(L) + \ln(\ln(n))k$

我们常用的是 AIC 准则，AIC 准则鼓励数据拟合的优良性但是尽量避免出现过度拟合的情况。所以优先考虑的模型应是 AIC 值最小的那一个模型。

下面，我们分别应用以上 3 种准则来判断模型阶次，数据仍然是上证指数日涨跌幅序列。

为了控制计算量，我们限制 AR 最大阶数不超过 6，MA 最大阶数不超过 4。但是这存在的缺点是可能为局部最优，代码如下：

```
    print "AIC", sm.tsa.arma_order_select_ic (data,max_ar=6,max_ma=4,ic='aic')
['aic_min_order']  # AIC
    print "BIC", sm.tsa.arma_order_select_ic (data,max_ar=6,max_ma=4,ic='bic')
['bic_min_order']  # BIC
    print "HQC", sm.tsa.arma_order_select_ic (data,max_ar=6,max_ma=4,ic='hqic')
['hqic_min_order'] # HQC
```

执行上述代码，得到的结果如下：

```
AIC (4, 2)
BIC (0, 0)
HQC (4,2)
```

可以看出，AIC 准则求解的模型阶次为(4,2)。这里就以 AIC 准则为准，至于哪种准则更好，读者可以分别建模进行对比。

3. 模型的建立及预测

我们使用 AIC 模型阶次(3,2)来建立 ARMA 模型，源数据为上证指数日涨跌幅数据，使用最后 10 个数据进行预测，代码如下：

```
order = (3,2)
train = data[:-10]
test = data[-10:]
tempModel = sm.tsa.ARMA(train,order).fit()
```

同样地，先来看看拟合效果，代码如下：

```
delta = tempModel.fittedvalues - train
score = 1 - delta.var()/train.var()
print score
```

执行上述代码后，结果如下：

```
0.0549801114551
```

对比之前建立的 AR 模型和 MA 模型，可以发现拟合精度上有所提升，但是否是理想级别接着来看预测效果：

```
predicts = tempModel.predict(371, 380, dynamic=True)
print len(predicts)
comp = pd.DataFrame()
comp['original'] = test
comp['predict'] = predicts
comp.plot()
```

执行上述代码，结果如图 4-35 所示。

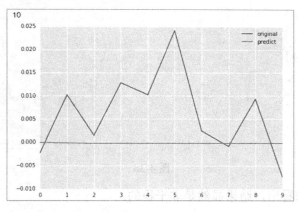

图 4-35

从图 4-35 中可以看出，虽然准确率还是很低，但是相比之前的 MA 模型，只看涨跌的话，胜率为 55.6%，效果还是提升了很多。

4.6.2 ARIMA 模型

到目前为止，我们研究的序列都集中在平稳序列。即 ARMA 模型研究的对象为平稳序列。如果序列是非平稳的，则可以考虑使用 ARIMA 模型。

ARIMA 模型比 ARMA 模型仅多了一个"I"，代表其比 ARMA 模型多一层含义：差分。

一个非平稳序列经过 d 次差分后，可以转化为平稳时间序列。d 具体的取值，我们需要对差分 1 次后的序列进行平稳性检验，如果是非平稳的，则继续差分，直到 d 次后检验为平稳序列为止。

1. 单位根检验

ADF 是一种常用的单位根检验方法，它的原假设为序列具有单位根，即非平稳，而对于一个平稳的时间序列数据，就需要在给定的置信水平上显著，拒绝原假设。

我们先看上证综指的日指数序列，示例代码如下：

```
data2 = IndexData['closeIndex']    # 上证指数
data2.plot(figsize=(15,5))
```

执行上述代码，结果如图 4-36 所示。

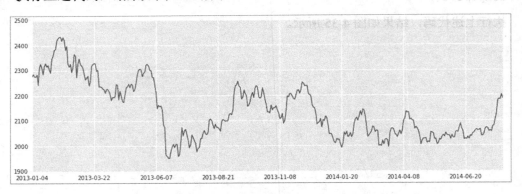

图 4-36

从图 4-36 中可以看出，结果显然是非平稳的。

接下来我们进行 ADF 单位根检验，代码如下：

```
temp = np.array(data2)
t = sm.tsa.stattools.adfuller(temp)              # ADF 单位根检验
output=pd.DataFrame(index=['Test Statistic Value', "p-value", "Lags Used", "Number of Observations Used","Critical Value(1%)","Critical Value(5%)", "Critical Value(10%)"],columns=['value'])
output['value']['Test Statistic Value'] = t[0]
output['value']['p-value'] = t[1]
output['value']['Lags Used'] = t[2]
output['value']['Number of Observations Used'] = t[3]
output['value']['Critical Value(1%)'] = t[4]['1%']
output['value']['Critical Value(5%)'] = t[4]['5%']
```

```
output['value']['Critical Value(10%)'] = t[4]['10%']
output
```

执行上述代码,结果如图 4-37 所示。

	value
Test Statistic Value	-2.304 72
p-value	0.170 449
Lags Used	1
Number of Observations Used	379
Critical Value(1%)	-3.447 72
Critical Value(5%)	-2.8692
Critical Value(10%)	-2.570 85

图 4-37

从图 4-37 中可以看出,p-value 为 0.170 449,大于显著性水平。原假设:序列具有单位根,即非平稳,不能被拒绝。因此上证指数日指数序列是非平稳的。

下面我们将序列进行 1 次差分后再次检验,代码如下:

```
data2Diff = data2.diff()    # 差分
data2Diff.plot(figsize=(15,5))
```

执行上述代码,结果如图 4-38 所示。

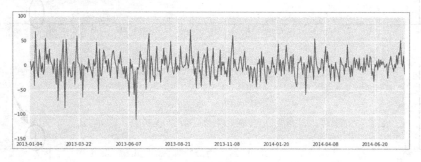

图 4-38

从图 4-38 中展示的结果可以看出,序列是近似平稳的。

我们继续通过 ADF 进行检验,代码如下:

```
temp = np.array(data2Diff)[1:]          # 差分后第一个值为NaN,舍去
t = sm.tsa.stattools.adfuller(temp)     # ADF 检验
print "p-value:   ",t[1]
```

执行上述代码,结果如下:

```
p-value: 2.31245750144e-30
```

可以看出，p-value 非常接近于 0，拒绝原假设，因此，该序列是平稳的。可见，经过 1 次差分后的序列是平稳的，对于原序列，d 的取值为 1 即可。

2. ARIMA(p,d,q)模型阶次确定

上面我们确定了差分次数 d，接下来我们就可以用差分后的序列建立 ARMA 模型了。我们还是尝试用 PACF 和 ACF 来判断 p、q 的值，代码如下：

```
temp = np.array(data2Diff)[1:]          # 差分后第一个值为 NaN，舍去
fig = plt.figure(figsize=(20,10))
ax1=fig.add_subplot(211)
fig = sm.graphics.tsa.plot_acf(temp,lags=30,ax=ax1)
ax2 = fig.add_subplot(212)
fig = sm.graphics.tsa.plot_pacf(temp,lags=30,ax=ax2)
```

执行上述代码，结果如图 4-39 所示。

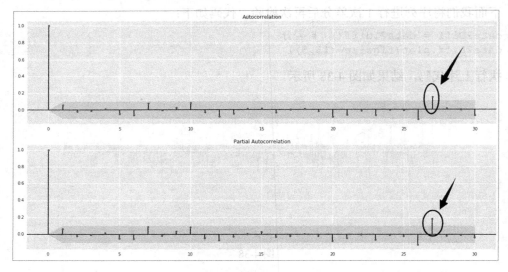

图 4-39

从图 4-39 中可以看出，模型的阶次为(27,27)，还是太高，这会导致建模产生巨大的计算量。

接下来我们再看看 AIC 准则，代码如下：

```
sm.tsa.arma_order_select_ic(temp,max_ar=6,max_ma=4,ic='aic')['aic_min_or
```

```
der']    # AIC
```

执行上述代码,结果如下:

```
(2, 2)
```

根据 AIC 准则,差分后的序列的 ARMA 模型阶次为(2,2)。因此,我们要建立的 ARIMA 模型阶次(p,d,q) = (2,1,2)。

3. ARIMA 模型建立及预测

根据上一节确定的模型阶次,我们对差分后的序列建立 ARMA(2,2)模型,代码如下:

```
order = (2,2)
data = np.array(data2Diff)[1:]         # 差分后,第一个值为 NaN
rawdata = np.array(data2)
train = data[:-10]
test = data[-10:]
model = sm.tsa.ARMA(train,order).fit()
```

我们先来看差分序列的 ARMA 拟合值,代码如下:

```
plt.figure(figsize=(15,5))
plt.plot(model.fittedvalues,label='fitted value')
plt.plot(train[1:],label='real value')
plt.legend(loc=0)
```

执行上述代码,结果如图 4-40 所示。

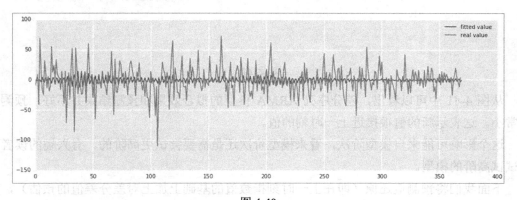

图 4-40

继续输入如下代码:

```
delta = model.fittedvalues - train
score = 1 - delta.var()/train[1:].var()
```

```
print score
```

执行上述代码,结果如下:

```
0.0397490005618
```

再来看对差分序列进行预测的情况,代码如下:

```
predicts = model.predict(10,381, dynamic=True)[-10:]
print len(predicts)
comp = pd.DataFrame()
comp['original'] = test
comp['predict'] = predicts
comp.plot(figsize=(8,5))
```

执行上述代码,结果如图 4-41 所示。

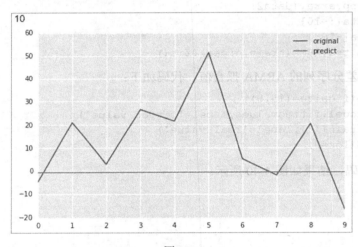

图 4-41

从图 4-41 中可以看出,差分序列 ARMA 模型的拟合效果和预测结果并不好,预测值非常小。这表示新的值很接近上一时刻的值。

这个影响可能来自模型阶次,看来模型阶次还是需要尝试更高阶的。有兴趣的读者可以试试高阶的模型。

下面我们将预测值还原(即在上一时刻指数值的基础上加上对差分差值的预估),代码如下:

```
rec = [rawdata[-11]]
pre = model.predict(371, 380, dynamic=True)  # 差分序列的预测
for i in range(10):
    rec.append(rec[i]+pre[i])
```

```
plt.figure(figsize=(10,5))
plt.plot(rec[-10:],'r',label='predict value')
plt.plot(rawdata[-10:],'blue',label='real value')
plt.legend(loc=0)
```

执行上述代码，结果如图 4-42 所示。

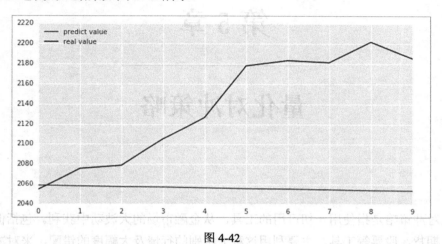

图 4-42

我们发现，对差分序列的预测很差，还原到原序列后，预测值在预测前一个值上存在小幅波动。仍然是模型不够好。结果不重要，读者只需要了解其中的操作方法即可。

第 5 章

量化对冲策略

宏观对冲策略是指使用一切可用的工具，从金融市场的大波动中获利。包括但不仅限于外汇、期货、股票等工具，主要利用这种大级别的行情及大幅度的错配，来对冲风险从而获取丰厚的利润。

微观（Micro hedge）对冲策略是指在较多投资组合中针对其中的某一类资产，建立相反方向的头寸来获取收益、规避风险。具体做法是：投资者在计划长期持有多只股票的前提下，预期大盘有短期下跌风险，就可以在期货市场上卖空相同价值的股指期货，如果大盘下跌导致股票亏损，则做空股指期货获取的收益就可以弥补所持有股票下跌的损失，达到对冲与分散风险的目的。

5.1 宏观对冲策略

由于我国对资本项目管制没有完全放开，汇率对冲还受到限制，所以还要先从基本面出发，自上而下重点关注股票、期货、期权、债券等标的，通过跨市场和跨品种的多空交易，来把握资产价格的失衡错配现象，去对冲风险获得绝对收益。需要综合考虑实体经济状况、财政政策、货币政策、通货膨胀预期、固定资产投资、产业链格局、无风险收益率、风险溢价等影响资产定价的因素，以及综合判断现阶段的各类资产估值，来预测未来的走势。

全球宏观对冲策略的含义是充分利用宏观经济基本原理识别各国经济增长趋势、资金流动、财政政策、货币政策等因素，进行自上而下的分析，利用股票、债券、货币、商品、衍生品等各类投资品价格的失衡错配现象做出投资决策，并在不同国家及大类资产之间进行轮动配置，以期获得高额稳定收益。

5.1.1 美林时钟

市场上著名的宏观资产配置模型是美国投行美林证券于 2004 年提出的 The Investment Clock 资产配置理论，也就是通常所说的"美林时钟"。其以 20 世纪 70 年代起超过 30 年的经济数据统计分析为基础，发现了大类资产及行业配置的"时钟"规律。

美林时钟认为，一个经济体的长期经济增长速度取决于可用的生产要素、劳动力和资本，以及生产率的提高。在短期内经济往往偏离其可持续增长的路径。政策制定者的职责就是使经济回到其应有的增长路径上。金融市场一直将这些短期偏差误认为是长期增长路径的改变。结果，当政策纠正开始奏效的时候，资产就会被错误定价到极致。投资者可以通过正确识别政策的转折点，并且及时转换投资资产而盈利。

1．美林时钟的意义

美林时钟可以帮助投资者找到重要的经济拐点，并利用这个拐点做出投资决策。

我们可以将经济周期分为衰退、复苏、过热、滞胀 4 个阶段。每个阶段都由经济增长趋势和通货膨胀情况两个维度确定。我们相信每个阶段都与特定表现优异的资产相关：各阶段分别对应债券、股票、大宗商品、现金等优质资产。

图 5-1 所示为经济理论周期通货膨胀与加息和减息的作用。

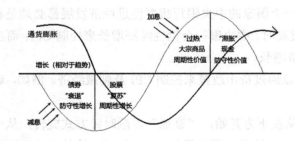

图 5-1

（1）在衰退阶段，债券防守性增长，经济增长缓慢。

在衰退阶段，产能过剩和大宗商品价格下跌使得通货膨胀率较低、利润较低、实际收益率也在不断下降，收益曲线向下移动并陡峭，中央银行为保持经济持续增长，将会降低短期利率，所以适宜买入债券。

（2）在复苏阶段，股票周期性增长，经济增长开始加速。

在复苏阶段，货币政策宽松使经济增长开始加速。通货膨胀率继续下降，周期性生产力的增长导致多余的产能得到有效利用，利润也开始上涨。此时最适宜投资股票。

（3）在经济过热阶段，大宗商品周期性价值高，通货膨胀率上升。

在经济过热阶段，生产率增长放缓、产能受限，通货膨胀率持续上升。中央银行通过加息使过热的经济回调到可持续增长路上。GDP 增长仍保持在较高水平，此时最适宜投资大宗商品。

（4）在滞胀阶段，现金防守性价值最高，通货膨胀率持续上升。

在经济滞胀阶段，GDP 增长率低于潜在经济增长率，通货膨胀率持续上升，生产力下降，工资和原材料价格上升，公司只有通过提高商品价格以确保盈利。而失业率唯一可以打破这种恶性循环。此时，现金是最好的投资资产。

2. 美林时钟的两个宏观指标：GDP 和 CPI

美林时钟利用经济增长率（GDP）和通货膨胀率（CPI）两个宏观指标的涨跌规律组合出了 4 种可能，经济在这 4 个象限中顺时针转动。

（1）当 GDP 和 CPI 是正相关时，即 GDP 上升，CPI 也会上升，反之亦然。

（2）当 CPI 的变化滞后于 GDP 时，从 GDP 的上升到 CPI 的上升是需要传导时间的，反之亦然。

（3）世界上任何一个国家的中央银行想要促进经济发展都必须是在控制通货膨胀的前提下进行的。当 CPI 过高时，中央银行会牺牲经济增长来控制 CPI；而当 CPI 相对平稳时，才会再想办法促进经济增长。

（4）中央银行可以通过货币政策来控制 CPI 及刺激经济。例如，通过降息或下调存款准备金等手段。

如图 5-2 所示，从左下方开始，"衰退"以顺时针方式旋转，从一个阶段到另一个阶段的转变是由 GDP 和 CPI 的箭头所表示的。GDP 和 CPI 的关联特征分别是：复苏阶段（GDP 上升+CPI 下降）；过热阶段（GDP 上升+CPI 上升）；滞胀阶段（GDP 下降+CPI 上升）；衰退阶段（GDP 下降+CPI 下降）。

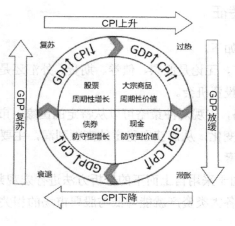

图 5-2

通过图 5-2 我们不难发现，4 个时间周期中任何一个时间周期都对应着不同的投资策略。

- 周期性：当经济增长复苏时，股票、大宗商品变现突出，如科技或钢铁等周期性行业表现突出；当经济增长放缓时，债券和现金表现突出。
- 投资期：当通货膨胀下降时，贴现率下降，债券防守型增长，投资者适宜投资长期性资产债券；当通货膨胀上升时，大宗商品和现金等实物资产表现突出，购买能力充足，股票基金走强。
- 调整利率：中央银行通过使用宽松货币政策来调整利率使得经济开始复苏。银行和消费类股票对利率敏感性较高，在经济周期的早期阶段表现最为突出。
- 投资品种：银行股和保险股对债券和股票价格敏感，在衰退或复苏阶段表现良好；矿业股对金属价格敏感，在经济过热期间表现突出；石油和天然气对石油价格敏感，在滞胀时期表现优异。

由于国内经济的特殊情况，经济结构性调整叠加问题可能导致美林时钟测量不准，例如 2009 年的大规模刺激政策直接从衰退阶段进入过热阶段，但作为成熟经济体的运行周期规律，美林时钟终究会回到它正确的轨道上。

因此，按照美林时钟的测算思路再结合我国经济发展阶段，投资者在投资理财过程中，债券应作为配置的重要选择。虽然 2019 年的牛市可以确立，但债券在牛市行情仍然存在可观空间。投资者可选择绩优信用等级高的企业债、公司债等品种，或认购债券型基金、券商债券等产品间接参与到债券市场多元化投资中。

5.1.2 宏观对冲策略特征

宏观对冲策略的特征如下。

（1）投资范围非常广，无论是股票、债券、期货、外汇还是大宗商品，都能做到在不同的投资市场捕捉相应的投资机会。

（2）属于全球性策略，宏观对冲策略可以从特定的国家、市场预期趋势中，快速发现市场偏差和周期性的结构变化，从而获取稳定的高额利润，主要是看清楚宏观经济趋势及结构性宏观失衡偏差等因素。

（3）有效控制风险，由于采用自上而下的分析方法进行宏观判断，并不属于高频交易，所以只要配置弱相关性的各大类资产就能降低与股票市场的相关性，从而达到分散风险及有效控制风险的目的。

（4）适合大型基金的运作，无论资金体量、管理规模有多大都不会受到任何限制。由于资金容量高，宏观对冲策略在海外被誉为是最值得信赖的私募基金策略。

5.2 微观对冲策略：股票投资中的 Alpha 策略和配对交易

Alpha 策略是典型的微观对冲策略，也是对冲基金常用的投资策略，其研究在投资策略中相对于指数的投资价值超出市场收益的部分，通过指数对冲系统性风险。

Alpha 策略的来源有两种：一种是如国债、企业债、可转换债券等固定收益类资产自身就能提供的 Alpha 策略，另一种是通过衍生品与股票、基金、商品等组合构成的 Alpha 策略。

Alpha 策略在股票市场、债券市场、商品市场等各类市场都有应用。目前伴随着科创板等衍生品种的推出，Alpha 策略利用风险对冲来获取超额收益将会有巨大的需求和空间。

5.2.1 配对交易策略

配对交易策略是指从市场上同一行业内寻找两个相似性较高且走势相近的股票作为配对股票，当两只股票之间出现背离形成偏离价差时，由于已知会在未来某一时刻得到纠正，所以就会在近期卖出股价较高的股票，同时买入近期股价较低的股票，从而抓住套利机会获取利润，当两只股票恢复均衡时就不再进行交易。

配对交易想要实现买入低估值股票、卖出高估值股票，以及评定股票真实价值的目的，就必须了解套利定价理论（Active Portfolio Management，APT）。

1. 套利定价理论

CAPM 模型给出了基于最小方差构建投资组合的方法论，然而它的最优 Sharp Ratio 组合构建是假设每位市场参与者都知道所有股票的预期收益率的，这也是最具争议的一点。那么依据 CAPM 模型，工作的第一步在于努力获取尽可能准确的预期超额收益率。本节基于套利定价理论给出一种获取预期超额收益率的方法。

套利定价理论是基于多因子模型生成预期收益率的理论框架，它认为每只股票的预期超额收益率都可以由因子暴露度的线性组合来表示。股票 i 的超额收益率 R_i 可以分为两类：被因子解释的因子收益率 σ_i 和不能被因子解释的特异收益率 u_i。从线性空间的角度，假设我们有足够多的因子可以解释所有的收益率来源，那么任意一只股票的收益率都可以表示成某些因子的线性组合。套利定价理论的公式为

$$R_i = \sigma_i + u_i = \sum_{k=1}^{k} a_{i,k} \times r_k + u_i$$

其中，R_i 为股票 i 的预期收益率，σ_i 为股票 i 的因子收益率，u_i 为股票 i 的特异收益率，$a_{i,k}$ 为股票 i 对第 k 个因子的暴露度，r_k 为第 k 个因子的预测收益率。

套利定价理论的实现方案如下。

- 因子提取与筛选。

套利定价理论只是给出了一个多因子模型生成预期收益率的框架，然而具体的模型依然建立在寻找因子的基础上，即寻找预期收益率所在的特征空间。笔者给出了几种提取因子的思路。

> 基于统计模型的方法：使用历史数据进行回归分析，如 LS 回归、ML 估计、主成分分析（Principal Components Analysis，PCA）等。
> 基于神经网络的方法：使用历史数据做神经网络模型训练。
> 基于机器学习的方法：通过 SVM 等方法寻找高维的特征空间，但要注意过度拟合等问题。

- 因子预测收益率 r_k 的估算。

> 基于统计模型的方法：对特定股票的收益率和因子的暴露值做回归，或者通过 PCA 得到特征向量。
> 特异收益率 u_i 的估算：假设前面所用因子可解释所有预期收益率的来源，那么在建模分析中，股票 i 的特异收益率只来源于无风险收益率（来自市场的收益率可

用 β 表示）。

2. 主成分分析

在多元统计分析中，主成分分析是一种分析、简化数据集的技术，它通过正交变换将一组可能存在相关性的变量转换为一组线性不相关的变量。它保留低阶主成分，忽略高阶主成分。通用方法主要是对协方差矩阵进行特征分解，以得出数据的主成分（即特征向量）和相应的权值（即特征值）。PCA 是简单的基于特征向量分析多元统计分布的方法，其结果可以理解为对原数据中的方差做出解释：哪一个方向上的数据值对方差的影响最大？换句话说，PCA 提供了一种降低数据维度的有效办法，如果分析者在原数据中除掉最小的特征值所对应的成分，那么所得的低维度数据必定是最优的。

3. 使用 PCA 分析上证 50 指数成分股

我们假设将上证 50 的每只成分股作为一个样本，对这 50 只样本做主成分分析，得到它们的主成分，并分析其主成分的特性。

首先进行时间区间的选取，代码如下：

```
.from sklearn.decomposition import PCA
from CAL.PyCAL import *
import matplotlib.pyplot as plt
import numpy as np
class handleRet(object):
    def __init__(self,portfolio,date,period = u''):
        # 投资组合的投入
        self.ptf = [index[:6] for index in portfolio]
        self.period = period
        # 投资组合的产出
        self.currDate = date
        self.e = np.ones((len(portfolio),1))
        self.exsRet = self.exsRet(self.period)
        self.retMat = self.retMat()
        self.retCov = self.retCov()
    def exsRet(self,period):
        if period == u'':
            if self.period == u'':
                period = 100
            else:
                period = self.period
        calendar = Calendar('China.SSE')
```

```
            endDate = calendar.advanceDate(self.currDate,'-'+str(1)+'B').
toDateTime()
            beginDate = calendar.advanceDate(self.currDate,'-'+str(period) +'B').
toDateTime()
            ticker = [index[:6] for index in self.ptf]
            pdData = {index:DataAPI.MktEqudGet(tradeDate=u"",secID=u"",ticker =
index,beginDate=beginDate,endDate=endDate,field='',pandas="1") for index in
ticker}
            exsRet = {}
            for index in ticker:
                # print pdData[pdData.ticker==index]['closePrice']
                exsRet[index] = (pdData[index]['closePrice'] - pdData[index]
['preClosePrice'])/pdData[index]['preClosePrice']
            return exsRet
     def retMat(self):
            ticker = sorted(self.exsRet.keys(),key = lambda x:int(x))
            # print ticker
            tmpList = []
            for index in ticker:
                tmpList.append(self.exsRet[index].tolist())
            return np.mat(tmpList)
            pass
     def retCov(self):
            try:
                return np.mat(np.cov(self.retMat))
            except Exception,e:
                pass
                # print 'The retCov of is unavailable, please change your period!'
```

然后进行因子分析，代码如下：

```
# 股票池、测试日期
universe = set_universe('SH50')
currDate = '20160101'
# 收益率矩阵获取
retData = handleRet(universe,currDate)
retmat = retData.retMat.T
# 对收益率矩阵做 10 阶 PCA 拟合
pca = PCA(n_components = 10)
pcaFitData = pca.fit_transform(retmat)
# 上证 50 指数收益率基准
calendar = Calendar('China.SSE')
benchmark = DataAPI.MktIdxdGet(ticker = "000016",
            field = "closeIndex",
```

```
            beginDate = '20150101',
            endDate = '20160101',pandas = '1')
    bmClose = benchmark['closeIndex'].tolist()
    bmRet = []
    for index in range(len(bmClose)-1):
        bmRet.append((bmClose[1:][index]-bmClose[:-1][index])/bmClose[:-1][index])
    bmRet = bmRet[-100:]
    # PCA 分析结果
    print '10 阶主成分方差解释比例: \n' + str(np.sum(pca.explained_variance_ratio_))
    print '\n'
    print '10 阶主成分方差权重分配: \n' + str(pca.explained_variance_ratio_)
    # for index in np.shape(pca.explained_variance_ratio_)[1]
    print '\n'
    print '10 阶主成分与指数基准的相关系数: '
    for index in range(len(pca.components_)):
        print '第%d主成分与上证50指数收益率的相关系数为: ' %(index) + str(np.corrcoef(pcaFitData[:,index],bmRet)[0,-1])
    print '\n'
    print '10 阶主成分特征向量图'
    for index in range(np.shape(pcaFitData)[1]):
        plt.plot(pcaFitData[:,index])
```

执行上述代码，输出结果如下：

10 阶主成分方差解释比例: 0.895163806128
10 阶主成分方差权重分配:
[0.63052114 0.0869971   0.05946823 0.03067603 0.01966772 0.0164162 0.01480573 0.01355223 0.01212767 0.01093176]
10 阶主成分与指数基准的相关系数：
第 0 主成分与上证 50 指数收益率的相关系数为: 0.962235691613
第 1 主成分与上证 50 指数收益率的相关系数为: 0.25659580392
第 2 主成分与上证 50 指数收益率的相关系数为: -0.0310335371766
第 3 主成分与上证 50 指数收益率的相关系数为: -0.0419767826566
第 4 主成分与上证 50 指数收益率的相关系数为: 0.0188421049573
第 5 主成分与上证 50 指数收益率的相关系数为: -0.00127470716475
第 6 主成分与上证 50 指数收益率的相关系数为: 0.0275343759409
第 7 主成分与上证 50 指数收益率的相关系数为: 0.00107523198115
第 8 主成分与上证 50 指数收益率的相关系数为: 0.0195736755037
第 9 主成分与上证 50 指数收益率的相关系数为: 0.0124169304819

执行上述代码，结果如图 5-3 所示。

第 5 章 量化对冲策略

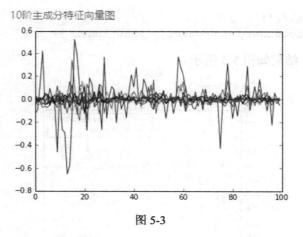

图 5-3

继续输入如下代码：

```
print '第一主成分与上证 50 指数'
plt.plot(pcaFitData[:,0]/5.0,'r')
plt.plot(bmRet,'g')
plt.legend(['primary component','SH50 index'])
```

执行上述代码，结果如图 5-4 所示。

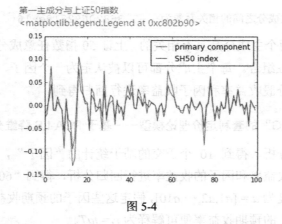

图 5-4

我们发现第一主成分的分析结果与上证 50 指数有很高的正相关性。如果我们认定市场基准就是上证 50，那么第一主成分就相当于市场基准，并且它可以作为一个解释某成分股收益率的因子，第二主成分与上证 50 指数相关示例代码如下：

```
print '第二主成分与上证 50 指数'
plt.plot(pcaFitData[:,1]/5.0,'r')
```

183

```
plt.plot(bmRet,'g')
plt.legend(['secondary component','SH50 index'])
```

执行上述代码,结果如图 5-5 所示。

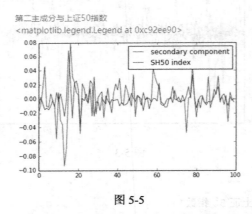

图 5-5

我们通过如下代码来表示第一主成分与第二主成分的相关系数并调出相应结果:

```
print '第一主成分与第二主成分之间的相关系数为: ' + str (np.corrcoef (pcaFitData
[:,0],pcaFitData[:,1])[0,-1])
```

输出结果如下:

第一主成分与第二主成分之间的相关系数为:-3.36820692319e-16

上述结果表明,两个主成分是互不相关的。上证 50 指数任意成分股的收益率都可以表示为上述主成分的线性组合。每个主成分都可以被认定为一个因子,成分股在因子之间的暴露度可以通过对成分股收益率和因子收益率进行回归得到。

4. "600000.XSHG" 的套利定价理论模型——基于 PCA-LS 降维分析

通过 PCA 降维分析,得到 10 个正交的基于统计的"因子",然后通过 LS 回归对"600000.XSHG"的收益率和因子的收益率进行回归分析,得到"600000.XSHG"在这 10 个统计因子上的暴露度为 $a = [a1,a2,\cdots,a10]$,假定这些因子的预期收益率为 $f = [f1,f2,\cdots,f10]$。那么"600000.XSHG"的预期收益率便可解释为 $r_t = faT$。

示例代码如下:

```
from sklearn import linear_model
clf = linear_model.LinearRegression()
clf.fit(pcaFitData,retmat[:,0])
corr = clf.coef_
```

```
fits = np.mat(pcaFitData)*corr.T
plt.plot(fits.tolist(),'r')
plt.plot(retmat[:,0].tolist(),'g')
plt.legend(['PCA regression result','600000.XSHG'])
```

执行上述代码,得到如图 5-6 所示的结果。

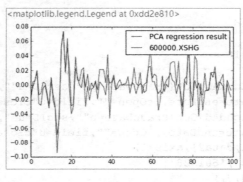

图 5-6

5. 套利定价理论和 PCA 挖掘

套利定价理论需要获取的信息包括相对证券合适的因子;因子的预期收益率;证券在因子上的暴露度。

PCA-LS 是一种降维分析的方法,它能够完美地与套利定价理论结合在一起,它的工作包括挖掘出正交因子;得到因子的历史预期收益率(因子特征向量);进行回归后得到证券在因子上的暴露度。

PCA 挖掘出的因子是纯统计意义上的,它能很好地对套利定价理论进行建模解释。然而由于这些因子本身未必具有明显的物理含义,所以预测它们的预期收益率效果就会不那么明显,只有在历史完全可以重现的情况下才能准确预测。

5.2.2 配对交易策略之协整策略

协整策略的原理是累计收益率相对于均衡关系的偏离,即利用股票的价格序列的协整关系建立模型,当收益率累计偏离度过高时建立头寸,在自行修复偏离度至正常值时平掉现有头寸。

基于时间序列的协整关系的配对交易就是两个相似公司的股票价格之间存在某种长期稳定关系,平时两者价格会围绕这一关系波动,但总有回归的趋势。于是,可以在价格偏离稳定关系时持有相对便宜的股票,卖空(卖出)相对价格高的股票,从而进行套利。

例如,提取 601169 北京银行、601328 交通银行的两只股票,来看它们 2018 年这一年的时间序列是否存在协整性。

示例代码如下:

```
import numpy as np
import pandas as pd
from pandas import *
beginDate="20180101"
endDate="20190101"
data1=DataAPI.MktEqudAdjGet(tradeDate=u"",secID=u"",ticker=u"601169",beginDate=beginDate,endDate=endDate,isOpen="",field=u"closePrice",pandas="1")
data2=DataAPI.MktEqudAdjGet(tradeDate=u"",secID=u"",ticker=u"601328",beginDate=beginDate,endDate=endDate,isOpen="",field=u"closePrice",pandas="1")
z=pd.concat([data1,data2],axis=1)
z.columns=['601169','601328']
z.plot(figsize=(14,7))
```

执行上述代码,得到结果如图 5-7 所示。

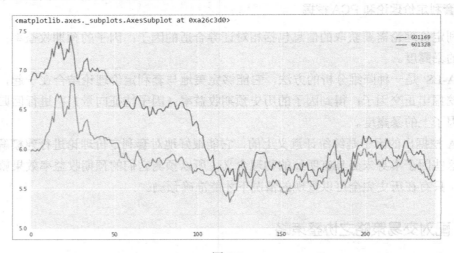

图 5-7

先定单整阶数,即检验平稳性,然后做差分,直到序列平稳。这里检验平稳性使用的是 ADF 单位根检验法,原假设为序列具有单位根,即非平稳,对于一个平稳的时序数据,就需要在给定的置信水平上显著,拒绝原假设。也就是说 p-value 很低时,序列平稳。

示例代码如下:

```
from statsmodels.tsa.stattools import adfuller
def testStationarity(data):
    adftest = adfuller(data)
    result = pd.Series(adftest[0:4], index=['Test Statistic','p-value',
'Lags Used','Number of Observations Used'])
    for key,value in adftest[4].items():
        result['Critical Value (%s)'%key] = value
    return result
x=np.array(data1)
y=np.array(data2)
x=x.T[0];y=y.T[0]
zz=pd.concat([testStationarity(x),testStationarity(y)],axis=1)
zz.columns=['601169','601328']
zz
```

执行上述代码，得到如图 5-8 所示的结果。

	601169	601328
Test Statistic	-1.028 191	-1.419 559
p-value	0.742 844	0.572 864
Lags Used	0.000 000	5.000 000
Number of Observations Used	242.000 000	237.000 000
Critical Value(5%)	-2.873 559	-2.873 814
Critical Value(1%)	-3.457 664	-3.458 247
Critical Value(10%)	-2.573 175	-2.573 311

图 5-8

从图 5-8 显示的结果可以看出两只股票的 p-value 都还高，不能拒绝原假设，即数据是非平稳的。下面来进行一阶差分，然后检验其平稳性，代码如下：

```
diffx=data1.diff(1)
diffx.dropna(inplace=True)
diffx=np.array(diffx).T[0]
diffy=data2.diff(1)
diffy.dropna(inplace=True)
diffy=np.array(diffy).T[0]
tz=pd.concat([testStationarity(diffx),testStationarity(diffy)],axis=1)
tz.columns=['601169','601328']
tz
```

执行上述代码，得到如图 5-9 所示的结果。

	601169	601328
Test Statistic	-7.836 298e+00	-9.387 077e+00
p-value	6.102 387e-12	6.714 294e-16
Lags Used	4.000 000e+00	4.000 000e+00
Number of Observations Used	2.370 000e+02	2.370 000e+02
Critical Value(5%)	-2.873 814e+00	-2.873 814e+00
Critical Value(1%)	-3.458 247e+00	-3.458 247e+00
Critical Value(10%)	-2.573 311e+00	-2.573 311e+00

图 5-9

进行一阶差分以后，两个序列已经平稳了，它们的单整阶数都是一，所以是单整同阶的。下面就可以做协整了，这里的原假设是两者不存在协整关系，代码如下：

```
from statsmodels.tsa.stattools import coint
a,pvalue,b = coint(x,y)
print pvalue
```

执行上述代码，得到的结果如下：

```
0.513832235199
```

p-value 低于临界值，所以拒绝原假设，两者存在协整关系。接下来就可以根据两者的协整关系做配对交易了。先画出两者的差价序列，代码如下：

```
mean=(data1-data2).mean()
std=(data1-data2).std()
s1=pd.Series(mean[0],index=range(len(data1)))
s2=pd.Series(mean[0]+std[0],index=range(len(data1)))
s3=pd.Series(mean[0]-std[0],index=range(len(data1)))
data3=pd.concat([data1-data2,s1,s2,s3],axis=1)
data3.columns=['spreadprice','mean','upper','down']
print mean[0]+std[0],mean[0]-std[0]
data3.plot(figsize=(14,7))
```

执行上述代码，得到的结果如下：

```
0.69165510093  0.113708975503
```

执行上述代码，得到如图 5-10 所示的结果。

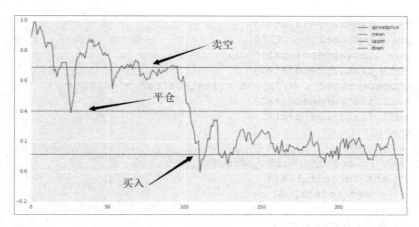

图 5-10

这样，如果可以卖空的话，一个最简单的配对交易如下：当 spreadprice 大于 0.6916 时，卖空差价，即卖空 601169 北京银行，买入 601328 交通银行；当 spreadprice 小于 0.1137 时，买入差价，即买入 601169 北京银行，卖空 601328 交通银行；当 spreadprice 靠近 0 时，平仓。

由于 A 股市场无法卖空个股，所以对于 A 股市场而言，只需将上述配对交易策略中的卖空改为卖出即可。下面我们来实现上述策略，看看这两只股票的配对交易在 2018 年的表现，示例代码如下：

```
import numpy as np
start = '2018-01-01'
end   = '2019-01-01'
capital_base = 1000000
refresh_rate = 1
benchmark = 'HS300'
freq = 'd'
universe = ['601169.XSHG', '601328.XSHG']
def initialize(account):
    pass
def handle_data(account):
    longest_history = 1
    prices = account.get_attribute_history('closePrice', longest_history)
    stk1, stk2 = universe
    price1= prices[stk1][-1]
    price2= prices[stk2][-1]
    buy_list = []
    sell_list = []
    if price1-price2 > 1.7452:
        buy_list.append(stk2)
```

```
            sell_list.append(stk1)
        if price1-price2 < 1.4573:
            buy_list.append(stk1)
            sell_list.append(stk2)
        if price1-price2 < 0.01 and price1-price2 > -0.01 :
            sell_list.append(stk1)
            sell_list.append(stk2)
    hold = []
    buy = []
    for stk in account.valid_secpos:
        if stk in sell_list:
            order_to(stk, 0)
        else:
            hold.append(stk)
    buy = hold
    for stk in buy_list:
        if stk not in hold:
            buy.append(stk)
    if len(buy) > 0:
        # 等仓位买入
        amout = account.referencePortfolioValue/len(buy)  # 每只股票买入数量
        for stk in buy:
            num = int(amout/account.referencePrice[stk] / 100.0) * 100
            order_to(stk, num)
    return
```

执行上述代码，得到如图 5-11 所示的结果。

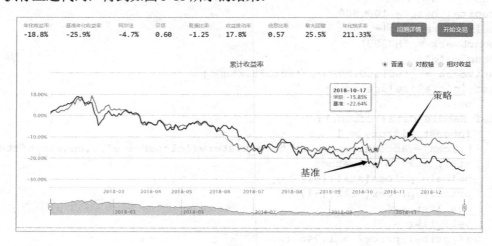

图 5-11

由于 2018 年 A 股市场整体行情不好，所以上述过程重在描述理论，仅供读者研究。

在实际应用中，我们如何来实现配对交易（市场中性）套利策略呢？下面从 3 个方面进行讲解。

（1）如何找到股价相关性高的股票对？

（2）怎么确定股票比价之间的长期稳定关系？

（3）怎么依据长期稳定关系建立策略？

首先进行基础设置，引入工具包，示例代码如下：

```
# 引入工具包
import matplotlib.pyplot as plt
import seaborn as sns
import pandas as pd
import numpy as np
sns.set_style('white')
from CAL.PyCAL import *
# from lib.lib import industryDict, legendFont, titleFont
legendFont = font.copy()
titleFont = font.copy()
legendFont.set_size(14)
titleFont.set_size(20)
```

1. 找到股价相关性高的股票对

（1）从经济学角度来看，两只股票在公司主营业务、规模大小等方面要有一定的相关性。

（2）两只股票的历史价格数据需要表现出统计上的联系，如相关系数较大或存在协整关系。

基于上述两点，笔者采用以下流程确定股价相关性高的股票对。

（1）选定一个行业（申万 1 级采掘-IndSW.CaiJueL1）、一段样本期间（2012 年 1 月 1 日至 2013 年 12 月 31 日），注意样本期间要在策略回测或考察期间之前。

（2）计算相应期间和行业内所有股票价格的相关性矩阵，选取相关系数最大的两只股票。

本次取出的两只股票是大同煤业和平煤股份，样本期间其价格相关系数为 0.995 125。示例代码如下：

```
df = DataAPI.MktEqudAdjGet (secID = set_universe (IndSW.CaiJueL1,
'20120101'), beginDate='20120101',endDate='20131231',field= 'tradeDate,
```

```
ticker,closePrice' ) .pivot (index = 'tradeDate', values = 'closePrice', columns
= 'ticker')
    # sns.corrplot(df)
    dfcorr = df.corr().replace(1, 0)
    pair = dfcorr[dfcorr == dfcorr.max().max()].count()
    pair = pair[pair == 1].index.tolist()
    nameDict=DataAPI.EquGet(ticker=pair,field=
'ticker,secShortName' ).set_index ('ticker').secShortName.to_dict()
    print '本次取出的两只股票是 %s 和 %s'%(nameDict[pair[0]],nameDict[pair[1]])',
样本期间其价格相关系数为%f.'%dfcorr.max().max()
```

执行上述代码，得到如下结果：

本次取出的两只股票是 大同煤业 和 平煤股份，样本期间其价格相关系数为0.995125.

2. 确定股票比价之间的长期稳定关系

有两种确定股票比价之间的长期稳定关系的方法值得考虑。

（1）基于价格比率的均值：这种方法的思想在于持有类似的风险资产应当获得类似的回报。如 A 股票价格为 P_1，B 股票价格为 P_2，如果两只股票相似，则在某段时间 T 内，两只股票应该有相同的收益率 r，这样，T 时间后两只股票的比价 $P_1(1+r)/P_1(1+r)$会等于最初比价 P_1/P_2。

（2）基于价格之间的协整关系：这种方法的原理是建立 $P_{1,t} = a + bP_{2,t} + \epsilon_t$ 的统计模型，如果所得残差序列ϵ不具有单位根，是平稳过程，则认为 P_1 与 P_2 有长期稳定关系，称为协整，这时，$P_{1,t} = a + bP_{2,t}$就被认为是两只股票之间价格的长期稳定关系。

接下来将这两种方法进行对比。

（1）方法 1：基于价格比率的均值的配对交易。

获取数据并计算后可以发现，两只股票价格变化趋势十分接近，而比价也总在均值 1.17 周围波动，并且伴有均值回归趋势。获取数据的代码如下：

```
    df['pairRatio'] = df[pair[0]] / df[pair[1]]
    df['pairRatioMean'] = df.pairRatio.describe()['mean']
    df['pairRatioHighSigma'] = df.pairRatio.describe () ['mean'] + df.
pairRatio.describe ()['std']
    df['pairRatioLowSigma'] = df.pairRatio.describe () ['mean'] - df.
pairRatio.describe ()['std']
    fig = plt.figure(figsize = (12, 12*0.618))
    ax = fig.add_subplot('111')
    ax0 = df[pair].plot(ax = ax)
    ax1 = df.pairRatio.plot(linestyle = '--', secondary_y= True, legend= True)
```

```
    ax2 = df.pairRatioMean.plot(linestyle = '--', color = 'grey', secondary_y=
True, legend= True)
    ax3 = df.pairRatioHighSigma.plot(linestyle = '-.', color = 'grey',
secondary_y= True, legend= True)
    ax4 = df.pairRatioLowSigma.plot(linestyle = '-.', color = 'grey',
secondary_y= True, legend= True)
    ax0.legend([nameDict[pair[0]].decode('utf-8'), nameDict[pair[1]].decode
('utf-8')],
             prop = legendFont, title = '', loc = 2)
    plt.legend([u'价格比率', u'比率均值', u'均值 + sigma', u'均值 - sigma'], loc =
1, prop = legendFont)
    print ' 两 只 股 票 的 比 价 均 值 是 %f , 标 准 差 为 %f'% (df.pairRatio.describe
()['mean'],df.pairRatio.describe () ['std']) ,u'\n'
```

执行上述代码后，会发现两只股票的比价均值为 1.170 013，标准差为 0.037 450，结果如图 5-12 所示。

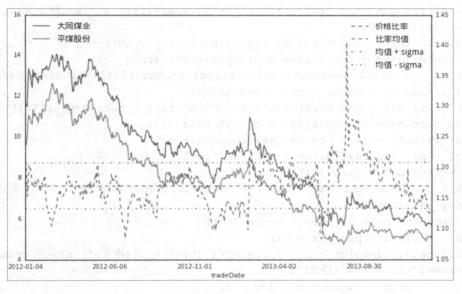

图 5-12

根据图 5-12 显示的结果，考虑一个理想操作：在比价波动超过 1 个标准差时，买入 1 只"便宜"股票，卖空同等金额比价异常高的股票。

预期结果：对冲行业风险与 A 股市场风险总体上应该是表现中性的策略，并且在每次操作周期中都能够获利，代码如下：

```
    res = df[pair] / df[pair][0:1].values[0]
    res['pos'] = (df.pairRatio > df.pairRatioMean).apply(int) - (df.pairRatio < df.pairRatioMean)
    res['outSigma'] = (df.pairRatio > df.pairRatioHighSigma).apply(int) - (df.pairRatio < df.pairRatioLowSigma)
    res['state'] = res.outSigma + res.pos
    def lastState(tradeDate):
        if tradeDate == res.index[:1].values[0]:
            return res.state[tradeDate]
        if not res['state'][:tradeDate][-2:-1].values[0] == res.state[tradeDate]:
            return res['state'][:tradeDate][-2:-1].values[0]
        if res['state'][:tradeDate][-2:-1].values[0] == res.state[tradeDate]:
            return lastState(res['state'][:tradeDate][-2:-1].index[0])
    res['lastState'] = res.index.to_series().apply(lastState)
    res['holdFirst'] = (res.outSigma == -1).apply(int) + ((res.pos == -1) * (res.lastState == -2))
    res['holdSecond'] = (res.outSigma == 1).apply(int) + (res.pos == 1) * (res.lastState == 2)
    res.holdFirst = res.holdFirst.apply(bool).apply(int)
    res.holdSecond = res.holdSecond.apply(bool).apply(int)
    dailyR = pd.DataFrame(list(res[pair].pct_change()[1:].values) + [[np.NaN, np.NaN]], columns = pair, index = res.index)
    res['dailyR'] = res.holdFirst*(dailyR[pair[0]] - dailyR[pair[1]]) + res.holdSecond*(dailyR[pair[1]] - dailyR[pair[0]])
    res['value'] = (1 + res.dailyR).cumprod() - 1
    fig2 = plt.figure(figsize = (12, 12*0.618))
    cx = fig2.add_subplot(111)
    cx1 = res.value.plot(ax = cx, legend= True, label = u'搬砖(对冲)头寸回报', secondary_y= True)
    cx1.legend(loc = 1, prop = legendFont)
    cx2 = res[pair].plot(ax = cx)
    cx2.legend([nameDict[pair[0]].decode('utf-8')+u'(净值)', nameDict[pair[1]].decode('utf-8')+u'(净值)'],
            prop = legendFont, loc = 2)
    cx.grid(axis = 'y', color = 'grey', alpha = 0.4)
```

执行上述代码后,得到的实际结果如图 5-13 所示。这种多空头寸表现还算不错,两年间实现了 40%的收益率,且如同预期,每次操作均有正回报,每次操作周期也不是特别长。

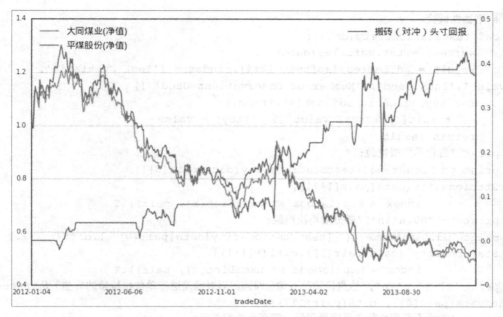

图 5-13

然而，这样的想法也只是看起来美好而已。A 股市场上融券困难，卖空个股可操作性不强，上述例子是样本内的，在真正实现策略的过程中，用哪一段时间的比价均值作为基准不好确定，在构建策略部分，笔者简单实现了一个 online learning 的均值基准配对交易策略：利用近 30 交易日的两只股票比价均值和标准差作为基准，在比价波动超过 1 个标准差时，买入 1 只"便宜"股票，空仓另一只（受到卖空限制）。感兴趣的读者可以参考。

（2）方法 2：基于价格之间的协整关系的配对交易。

我们仍然将 2012 年 1 月 1 日至 2013 年 12 月 31 日作为样本期间。首先判断两只股票的价格序列是否平稳：采用 ADF 检验，可知不能拒绝两只股票的价格序列存在单位根的原假设；进一步地，对股价进行差分，重新进行 ADF 检验，拒绝存在单位根的原假设，可知两只股票价格序列均为 1 阶单整，因此可以判断协整关系，拟合协整模型后，拒绝残差存在单位根原假设，因此认为两只股票价格之间存在协整关系，代码如下：

```
import statsmodels.tsa.stattools as tst
# 获取两只股票的净值数据（第一天价格标准化为1）
data = df[pair] / df[pair][0:1].values[0]
```

```
# 平稳性试验
def testStationarity(data):
    adftest = tst.adfuller(data)
    result = pd.Series (adftest [0:4], index = ['Test Statistic',
'p-value','Lags Used', 'Number of Observations Used' ])
    for key,value in adftest[4].items():
        result['Critical Value (%s)'%key] = value
    return result
print '进行单位根检验: '
print pd.DataFrame([testStationarity(data[pair[0]]),
testStationarity(data[pair[1]])],
          index = map(lambda x: nameDict[x], pair)).T
print '-'*80,u'\n','差分后再次检验: '
print pd.DataFrame ( [testStationarity(data[pair[0] ].diff() [1:] ),
testStationarity (data[pair[1]].diff()[1:])],
          index = map(lambda x: nameDict[x], pair)).T
print '-'*80,u'\n','协整检验的p值(即回归后对残差进行单位根检验的p值)是%f'%tst.
coint(data[pair[0]], data[pair[1]])[1]
print '拒绝不存在协整关系的原假设,即存在协整关系'
```

执行上述代码,得到如下结果:

进行单位根检验:

	大同煤业	平煤股份
Test Statistic	-0.517331	-0.512615
p-value	0.888590	0.889531
Lags Used	2.000000	2.000000
Number of Observations Used	478.000000	478.000000
Critical Value (5%)	-2.867606	-2.867606
Critical Value (1%)	-3.444105	-3.444105
Critical Value (10%)	-2.570001	-2.570001

差分后再次检验:

	大同煤业	平煤股份
Test Statistic	-1.674941e+01	-1.679304e+01
p-value	1.337791e-29	1.237575e-29
Lags Used	1.000000e+00	1.000000e+00
Number of Observations Used	4.780000e+02	4.780000e+02
Critical Value (5%)	-2.867606e+00	-2.867606e+00
Critical Value (1%)	-3.444105e+00	-3.444105e+00
Critical Value (10%)	-2.570001e+00	-2.570001e+00

协整检验的 p 值（即回归后对残差进行单位根检验的 p 值）是 0.000 645，拒绝不存在协整关系的原假设，即存在协整关系。

接下来利用样本期数据拟合协整模型得到：平煤股份 = −0.02 + 1.05 * 大同煤业。代码如下：

```
from sklearn.linear_model import LinearRegression
regr = LinearRegression()
# regr.fit_intercept = False
regr.fit(data[[pair[0]]], data[pair[1]])
print "R-square of the regression is %f"%regr.score(data[[pair[0]]], data[pair[1]])
print nameDict[pair[1]]+' = %2.2f + %2.2f * '% (regr.intercept_, regr.coef_[0] ) +nameDict[pair[0]]
```

执行上述代码，得到如下结果：

```
R-square of the regression is 0.990273
平煤股份 = -0.02 + 1.05 * 大同煤业
```

利用预留期间（2014 年 1 月 1 日至 2016 月 8 月 1 日）验证该协整模型长期稳定关系，判断均值回归现象是否明显。根据以上模型得出的平煤股份预测价格一直都高于平煤股份真实价格，且误差收敛较慢，也没有出现稳定的均值回归模式，如果直接采用"估计协整系数→进入模型"的方式可能难以获取超额收益，随着协整关系的变化，很可能价差不会按预想方式收敛，于是我们再考虑 online learning 的设计。

模型预测净值，示例代码如下：

```
predictData = DataAPI.MktEqudAdjGet(ticker = pair, beginDate = '20140101', field = 'tradeDate,ticker,closePrice').pivot(Index = 'tradeDate', columns = 'ticker', values = 'closePrice')
predictData = predictData / predictData.ix[0]
predictData['pred'] = regr.predict(predictData[[pair[0]]])
predictData[['pred', pair[1]]].plot(figsize = (12, 6))
plt.legend([u'模型预测净值', nameDict[pair[1]].decode('utf-8')+u'净值'], prop = legendFont)
plt.grid(axis = 'y')
```

执行上述代码后，得到如图 5-14 所示的结果。

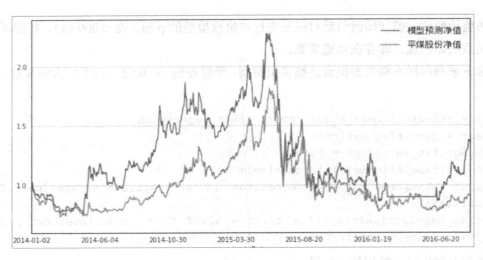

图 5-14

从 2014 年 1 月 2 日开始，采用每天当天之前最近 30 交易日数据估计两者之间的协整关系，所得结果如下。

- 预测股价与实际股价非常接近。
- 预测股价与实际股价的价差在 0 附近波动，并且有均值回归趋势。
- 在完全没有用到未来数据的前提下，也产生了很好的结果。

理想化的状态是，当天根据之前估计出的协整关系 $P_{1,t}=a+bP_{2,t}$ 建立头寸，如果 $P_{1,t}>a+bP_{2,t}$ 可以持有 b 只股票 B，并持有相应固定收益产品，则可使期间标准化回报为 a，并卖空股票 A，实现套利操作。

遗憾的是，在 A 股市场中这种操作并不可能，但笔者相信配套交易的思路在期货市场会有更大的发挥空间。

实际净值与预测差距，示例代码如下：

```
onlineData = DataAPI.MktEqudAdjGet(ticker = pair, beginDate = '20131001',
field = 'tradeDate,ticker,closePrice').pivot(
                index = 'tradeDate', columns = 'ticker', values =
'closePrice')
    onlineData = onlineData/onlineData.ix[0]
    def onlinePredict(x, window = 60):
        tmpreg = LinearRegression()
        onlineRegDf = onlineData.ix[:x][-(window):]
        tmpreg.fit(onlineRegDf[[pair[0]]], onlineRegDf[pair[1]])
        return                                    tmpreg.score(data[[pair[0]]],
```

```
data[pair[1]]),tmpreg.predict(onlineRegDf[-1:][[pair[0]]])[0]
    res = map(onlinePredict, onlineData.index[60:])
    resData = onlineData[60:]
    resData['onlineRSquare'] = map(lambda x: x[0], res)
    resData['onlinePred'] = map(lambda x: x[1], res)
    resData['spread'] = resData[pair[1]] - resData['onlinePred']
    ax = resData[['onlinePred', pair[1]]].plot(figsize = (12, 6))
    ax2 = resData.spread.plot(secondary_y = True, linestyle = '--')
    ax.legend([u'模型预测净值', nameDict[pair[1]].decode('utf-8')+u'净值'], prop = legendFont, loc = 2)
    ax2.legend([u'实际净值与预测差距'], loc = 1, prop = legendFont)
    ax2.grid(axis = 'y', ls = '-.')
```

执行上述代码，结果如图 5-15 所示。

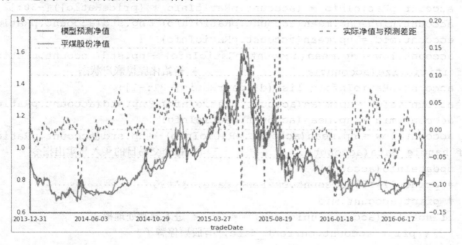

图 5-15

3. 策略构建

由于交易规则的限制，这里只简单实现了基于比价均值的一个交易策略，供读者参考。

利用近 30 交易日的两只股票比价均值和标准差作为基准，在比价波动超过 1 个标准差时，买入 1 只"便宜"股票，空仓另一只（受到卖空限制）。

回测代码如下：

```
start = '2014-01-01'                    # 回测起始时间
end = '2016-08-05'                      # 回测结束时间
# 策略参考基准
benchmark = DataAPI.EquGet(ticker = pair, field = 'secID').secID.tolist()[0]
```

```python
# benchmark = 'HS300'
universe = DataAPI.EquGet(ticker = pair, field = 'secID').secID.tolist()
# + ['000008.XSHE']
# 证券池，单对股票加上一只沪深300ETF，为了提高资金利用率
capital_base = 100000                          # 起始资金
# 策略类型，'d'表示日间策略使用日线回测，'m'表示日内策略使用分钟线回测
freq = 'd'
# 调仓频率，表示执行handle_data的时间间隔，若freq = 'd'则时间间隔的单位为交易日；
若freq = 'm'，则时间间隔为分钟
refresh_rate = 1
def updateInfo(account):
    priceRatio = account.reference_price[universe[0]] / account.reference_price[universe[1]]
    account.pRatioInfo = (account.pRatioInfo + [priceRatio])[-30:]
    account.high = np.mean(account.pRatioInfo) + np.std(account.pRatioInfo)
    account.mid = np.mean(account.pRatioInfo)
    account.low = np.mean(account.pRatioInfo) - np.std(account.pRatioInfo)
def initialize(account):                       # 初始化虚拟账户状态
    account.pRatioInfo = list(df.pairRatio[-31:-1])
    account.high = np.mean(account.pRatioInfo) + np.std(account.pRatioInfo)
    account.mid = np.mean(account.pRatioInfo)
    account.low = np.mean(account.pRatioInfo) - np.std(account.pRatioInfo)
def handle_data(account):                      # 每个交易日的买入与卖出指令
    updateInfo(account)
    # print '#'*30,account.current_date,'#'*30
    # print account.mid
    if not len(account.universe) == 2:  # 进入异常处理模式
        # print account.current_date,"有股票停牌了"
        # print account.universe
        return
    priceRatio = account.reference_price[universe[0]] / account.reference_price[universe[1]]
    # print priceRatio
    # print meanDiff
    if (universe[0] in account.security_position) or (universe[1] in account.security_position): # 进入平仓流程
        if (universe[0] in account.security_position) and (priceRatio > account.mid):
            order_to(universe[0], 0)
            # order_pct_to(universe[2], 1)
            # print account.current_date,"卖掉了",universe[0]
        if (universe[1] in account.security_position) and (priceRatio <
```

```
account.mid):
            order_to(universe[1], 0)
            # order_pct_to(universe[2], 1)
            # print account.current_date,"卖掉了",universe[1]
        elif (len(account.security_position) == 0) or (universe[2] in account.
security_position):
            if priceRatio < account.low:
                # order_to(universe[2], 0)
                order_pct_to(universe[0], 1)
                # print account.current_date,"开始持仓",universe[0]
            elif priceRatio > account.high:
                # order_to(universe[2], 0)
                order_pct_to(universe[1], 1)
                # print account.current_date,"开始持仓",universe[1]
    return
```

回测完成后，得到如图 5-16 所示的结果。

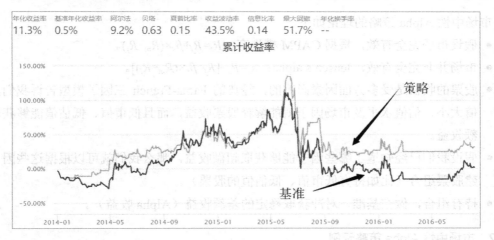

图 5-16

实现基于均值回归想法的配对交易策略。
- 在行业内部利用相关系数矩阵筛选相关性好的股票对。
- 采用比价均值法或协整模型法确定股票对价格之间的长期稳定关系。

值得关注的一点在于：如果使用固定模型，则之后稳定的关系可能会随着时间有所调整，而导致市场不向预期方向收敛，策略容易失败；而如果采用 online learning 的方式，则样本窗口时长及调仓频度都需要特别关注。

- 根据比价均值法和协整模型法关系建仓。

如果是比价均值法，则考虑股价比率超过均值±标准差时建仓，反向穿越均值时空仓。如果是协整模型法，则需要根据协整系数进行相应操作：理想化的状态是，当天根据之前估计出的协整关系 $P_{1,t}=a+bP_{2,t}$ 建立头寸，如果 $P_{1,t}>a+bP_{2,t}$ 可以持有 b 只股票 B，并持有相应固定收益产品，则可使期间标准化回报为 a，并卖空股票 A，实现套利操作。

5.2.3 市场中性 Alpha 策略简介

市场中性 Alpha 策略是一种收益与市场涨跌无关，致力于获取绝对收益的低风险量化投资策略。其主要通过同时持有股票多头和期货空头，来获取多头组合超越期货所对应基准指数的收益。

1. 市场中性 Alpha 策略的理论

市场中性 Alpha 策略的理论如下。

- 假设市场完全有效，根据 CAPM 模型有，$R_s=R_f+\beta_s\times(R_m-R_f)$。
- 市场并非完全有效，Jensen's alpha：$a_s=R_s-[R_f+\beta_s\times(R_m-R_f)]$。
- 股票的收益是受多方面因素影响的，经典的 Fama-French 三因子模型告诉我们，市值大小、估值水平及市场因子就能解释股票收益，而且低市值、低估值能够获取超额收益。
- 假设我们已经知道了哪些因子能够获取超额收益，那么我们就可以根据这些因子构建股票组合（比如持有低市值、低估值的股票）。
- 持有组合，做空基准，对冲获取稳定的差额收益（Alpha 收益）。

2. 市场中性 Alpha 策略示例

通过一个小案例，来对市场中性 Alpha 策略进行说明。

假设我们已知能够获取超额收益的因子，并且构建的多头组合每天跑赢基准 0.1%，代码如下：

```
# 假设构建的多头组合每天跑赢基准0.1%
data=DataAPI.MktIdxdGet(ticker='000300',beginDate='20130101',field='tradeDate,CHGPct',
pandas='1').set_index('tradeDate').rename(columns={'CHGPct':'benchmark'})
data['portfolio'] = data['benchmark'] + 0.001
```

```
data.cumsum().plot(figsize=(12,5))
```

执行上述代码后,结果如图 5-17 所示。

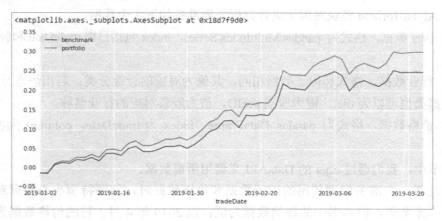

图 5-17

从图 5-17 中可以看出构建多头组合,利用超额收益的因子可以获取稳定的差额收益(Alpha 收益)。

当读者认真读到这里就会发现本章所讲的市场中性 Alpha 策略其实在第 4 章中就已经涉及,关于沪深 300 成分股的示例,读者可以查看第 4 章中的"选股策略",这里就不再复述。

5.2.4　AlphaHorizon 单因子分析模块

AlphaHorizon 是一个对 Alpha 因子进行分析的模块。该模块可以对特定的 Alpha 因子做一个比较完整的分析报告,包括因子分位数选股的回测、净值曲线;因子 IC 分析;因子分位数选股换手率分析;因子选股分类行业 IC 分析。

需要注意的是,AlphaHorizon 模块的分析仅仅着眼于 Alpha 因子对于收益率的预测方面,和真实的策略交易不同,包括涨跌停处理、一手 100 股限制等。

下面,我们以某个 Alpha 因子为例,来讲解 AlphaHorizon 模块。

导入 AlphaHorizon 模块,代码如下:

```
# 导入 AlphaHorizon 模块
from quartz_extensions import AlphaHorizon as ah
```

有关 AlphaHorizon 模块的分析过程,后续会进行讲解。

5.3 数据加载

利用 AlphaHorizon 模块对因子进行分析需要准备如下 3 个数据。

（1）因子数据，格式为 pandas MultiIndex Series，index 包括日期 tradeDate 和股票 secID 两级。

（2）行业数据，格式和因子数据相同，其值为对应的行业分类；若用静态行业分类，那么该数据类型可以为 dict，键为股票 secID，值为股票对应的行业名称。

（3）价格数据，格式为 pandas DataFrame，index 为 tradeDate，columns 为各只股票的 secID。

在本节中，我们通过 uqer 的 DataAPI 来调用所需数据。

特别注意，在准备回测使用的因子数据和价格数据时，需要特别小心处理对齐问题以防引入未来数据，以本书中的样例数据为例：以 2019 年 4 月 1 日的价格数据为当日开盘价，当日的因子数据必须是由 2019 年 4 月 1 日之前（不包括 2019-04-01）的数据计算得到的。

5.3.1 uqer 数据获取函数

因子数据的对齐已经在因子数据获取函数中进行处理。

下面首先进行基础设置，代码如下：

```
import time
from datetime import datetime,timedelta
import numpy as np
import pandas as pd
def getUqerStockFactors(begin, end, universe, factor):
    """
    使用优矿的因子 DataAPI 提取所需的因子，并整理成相应格式，返回的因子数据
    格式为 pandas MultiIndex Series，例如：
    secID       tradeDate
    002130.XSHE 2016-12-20   0.0640
                2016-12-21   0.0643
                2016-12-22   0.0631
                2016-12-23   0.0641
                2016-12-26   0.0667
    注意：后面提取因子的 DataAPI 可以自行切换为专业版 API，以获取更多因子支持
    Parameters
    ----------
```

```
    begin : str
        开始日期，'YYYY-mm-dd' 或 'YYYYmmdd'
    end : str
        截止日期，'YYYY-mm-dd' 或 'YYYYmmdd'
    universe: list
        股票池，格式为 uqer 股票代码 secID
    factor: str
        因子名称，uqer 的 DataAPI.MktStockFactorsOneDayGet(或
        专业版对应 API)可查询的因子
    Returns
    -------
    df : pd.Series - MultiIndex
        因子数据，index 为 tradeDate、secID
    """
```

提取上海证券交易所日历以提取因子数据，代码如下：

```
    # 提取上海证券交易所日历
    cal_dates = DataAPI.TradeCalGet(exchangeCD=u"XSHG", beginDate=begin, endDate=end)
    cal_dates = cal_dates[cal_dates['isOpen']==1].sort('calendarDate')
    # 工作日列表
    cal_dates = cal_dates['calendarDate'].values.tolist()

    print factor + ' will be calculated for ' + str(len(cal_dates)) + ' days:'
    count = 0
    secs_time = 0
    start_time = time.time()

    # 按天提取因子数据，并保存为一个 DataFrame
    df = pd.DataFrame()
    for dt in cal_dates:
        # 提取数据 DataAPI，必要时可以使用专业版 API
        dt_df = DataAPI.MktStockFactorsOneDayProGet(tradeDate=dt, secID='',
                                        field=['tradeDate', 'secID']+[factor])
        if df.empty:
            df = dt_df
        else:
            df = df.append(dt_df)
        # 打印进度部分，200 天打印一次
        if count > 0 and count % 200 == 0:
            finish_time = time.time()
```

```
            print count,
            print ' ' + str(np.round((finish_time-start_time) - secs_time, 0)) + ' seconds elapsed.'
            secs_time = (finish_time-start_time)
            count += 1
    # 提取所需的 universe 对应的因子数据
    df = df.set_index(['tradeDate','secID'])[factor].unstack()
    universe = list(set(universe) & set(df.columns))
    df = df[universe]
    df.index = pd.to_datetime(df.index, format='%Y-%m-%d')
    # 将上市不满 3 个月的股票的因子设置为 NaN
    equ_info      =      DataAPI.EquGet(equTypeCD=u"A",secID=u"",ticker=u"",listStatusCD=u"",field=u"",pandas="1")
    equ_info = equ_info[['secID', 'listDate', 'delistDate']].set_index('secID')
    equ_info['delistDate'] = [x if type(x)==str else end for x in equ_info['delistDate']]
    equ_info['listDate'] = pd.to_datetime(equ_info['listDate'], format='%Y-%m-%d')
    equ_info['delistDate'] = pd.to_datetime(equ_info['delistDate'], format='%Y-%m-%d')
    equ_info['listDate'] = [x + timedelta(90) for x in equ_info['listDate']]
    for sec in df.columns:
        sec_info = equ_info.ix[sec]
        df.loc[:sec_info['listDate'], sec] = np.NaN
        df.loc[sec_info['delistDate']:, sec] = np.NaN
    # 注意这里的 shift,如此转换后,对于特定交易日的因子数据,相对应的就是该交易日
    # 可见的数据：2016 年 12 月 27 日的因子数据,只能由 2016 年 12 月 26 日和其之前的相关数据计算得到
    df = df.shift(1).stack()
    return df
def getUqerPrices(begin, end, universe, price='openPrice'):
    """
    使用优矿的行情 DataAPI,提取所需的行情数据,并整理成相应格式,返回的数据
    格式为 pandas DataFrame,例如:
    secID       002233.XSHE   600687.XSHG   002596.XSHE ...
    tradeDate
    2016-01-04    14.355        23.357        42.951
    2016-01-05    12.062        19.744        35.400
    2016-01-06    12.209        21.361        36.139
    2016-01-07    12.601        21.341        34.660
    2016-01-08    11.915        19.964        32.363
    Parameters
    ----------
    begin : str
```

```
        开始日期,'YYYY-mm-dd' 或 'YYYYmmdd'
    end : str
        截止日期,'YYYY-mm-dd' 或 'YYYYmmdd'
    universe: list
        股票池,格式为 uqer 股票代码 secID
    factor: str
        行情对应名称,uqer 的行情 API 可以获取的行情名称
    Returns
    -------
    df : pd.DataFrame
        行情数据,index 为 tradeDate, columns 为 secID
    """
```

提取数据交易日分段读取,并进行拼接,代码如下:

```
    # 提取上海证券交易所日历,并将拟提取的数据交易日分段
    step = 200    # 每段长度
    trade_cal = DataAPI.TradeCalGet(exchangeCD=u"XSHG", beginDate=begin, endDate=end)
    trade_cal = trade_cal[trade_cal['isOpen']==1].sort('calendarDate')
    cal_tmp = trade_cal.ix[::step]
    # dates_tup 保存分段之后每段的起止日期,备用
    dates_tup = zip(cal_tmp.calendarDate, cal_tmp.prevTradeDate.shift(-1).dropna().tolist() + [end])
    print price + ' will be read in ' + str(len(dates_tup)) + ' pieces:'
    count = 0
    secs_time = 0
    start_time = time.time()
    # 分段读取数据,并进行拼接
    df = pd.DataFrame()
    for x,y in dates_tup:
        dt_df     =     DataAPI.MktEqudAdjGet(beginDate=x,    endDate=y, secID=universe,
                                  field=['tradeDate', 'secID']+[price])
        if df.empty:
            df = dt_df
        else:
            df = df.append(dt_df)
        # 打印进度部分
        if count >= 0:
            finish_time = time.time()
            print count,
            print ' ' + str(np.round((finish_time-start_time) - secs_time,
```

```python
0)) + ' seconds elapsed.'
            secs_time = (finish_time-start_time)
        count += 1
    # 提取所需的universe对应的价格数据
    df = df.set_index(['tradeDate','secID'])[price].unstack()
    universe = list(set(universe) & set(df.columns))
    df.index = pd.to_datetime(df.index, format='%Y-%m-%d')
    return df[universe]
def getUqerStockIndustry(begin, end, universe,
                    indu_version='010308', indu_level='industryName1'):
    """
    使用优矿的行业分类DataAPI，提取所需的行业分类，并整理成相应格式，返回的数据
    格式为pandas MultiIndex Series，例如：
    tradeDate    secID
    2016-12-30   603993.XSHG         采矿业
                 603996.XSHG         制造业
                 603997.XSHG         制造业
                 603998.XSHG         制造业
                 603999.XSHG         文化、体育和娱乐业
    注意：后面提取因子的DataAPI可以自行切换为专业版API，以获取更多因子支持
    Parameters
    ----------
    begin : str
        开始日期, 'YYYY-mm-dd' 或 'YYYYmmdd'
    end : str
        截止日期, 'YYYY-mm-dd' 或 'YYYYmmdd'
    universe: list
        股票池，格式为uqer股票代码secID
    indu_version: str
        行业分类版本名称，'010301'-证监会行业V2012、'010303'-申万行业、'010308'-中证行业
    indu_level: str
        行业分类级别，一、二、三级行业分类分别对应 'industryName1',
'industryName2', 'industryName3'
    Returns
    -------
    df : pd.Series - MultiIndex
        行业分类数据，index为tradeDate、secID
    """
```

对单只股票循环进行行业分类整理并提取所需因子数据，代码如下：

```python
    # 提取上海证券交易所日历
```

```
        cal_dates = DataAPI.TradeCalGet(exchangeCD=u"XSHG", beginDate=begin,
endDate=end)
        cal_dates = cal_dates[cal_dates['isOpen']==1].sort('calendarDate')
        # 工作日列表
        cal_dates = cal_dates['calendarDate'].values.tolist()
        begin, end = cal_dates[0], cal_dates[-1]
        # 行业分类列名
        cols = ['secID', 'secShortName', 'intoDate', 'outDate',
                'industryName1', 'industryName2', 'industryName3']
        # 提取历史行业数据,industryVersionCD 为行业分类标准
        # 010301-证监会行业 V2012、010303-申万行业、010308-中证行业
        data = DataAPI.EquIndustryGet(industryVersionCD=indu_version,
pandas="1")[cols]
        data['outDate'] = [x if type(x)==str else end for x in data['outDate']]
        data_grouped = data.groupby('secID')
        # 对单只股票循环进行行业分类整理
        df = pd.DataFrame(index=cal_dates, columns=universe)
        for sec in df.columns:
            try:
                sec_data = data_grouped.get_group(sec).sort_values('intoDate')
            except:
                continue
            for i in sec_data.index:
                i_data = sec_data.ix[i]
                df.loc[i_data['intoDate']:i_data['outDate'], sec] =
i_data[indu_level]
        df = df.apply(lambda x: [s.decode('utf8') if type(s)==str else s for s
in x])
        df.index = pd.to_datetime(df.index, format='%Y-%m-%d')
        # 提取所需的 universe 对应的因子数据
        df = df.stack()
        df.index.names = ('tradeDate','secID')
        return df
```

5.3.2 通过 uqer 获取数据

以非流动性因子为例,因子来自 uqer 的数据 API,代码如下:

```
begin = '20090101'                    # 开始日期
end = '20170101'                      # 结束日期
universe = set_universe('A')          # 股票池,此处设为全 A 股
```

```
# 选股因子名称，可以通过 DataAPI.MktStockFactorsOneDayGet 查看
factor = 'ILLIQUIDITY'
price = 'openPrice'                    # 回测所需价格数据，我们以开盘价进行回测
indu_version='010303'                  # 行业分类版本，此处为中证行业分类
indu_level='industryName1'             # 采取一级行业分类
print '====== industry =========='
start_time = time.time()
industry = getUqerStockIndustry(begin=begin, end=end, universe=universe,
                    indu_version=indu_version, indu_level=indu_level)
finish_time = time.time()
print str(finish_time-start_time) + ' seconds elapsed in total.'
print '====== sample_factor =========='
start_time = time.time()
sample_factor = getUqerStockFactors(begin=begin, end=end, universe=
universe, factor=factor)
finish_time = time.time()
print str(finish_time-start_time) + ' seconds elapsed in total.'
print '====== prices =========='
start_time = time.time()
prices = getUqerPrices(begin=begin, end=end, universe=universe, price=price)
finish_time = time.time()
print str(finish_time-start_time) + ' seconds elapsed in total.'
```

执行上述代码后，得到的结果如下：

```
====== industry ==========
24.5582079887 seconds elapsed in total.
====== sample_factor ==========
ILLIQUIDITY will be calculated for 1944 days:
200    10.0 seconds elapsed.
400    13.0 seconds elapsed.
600    18.0 seconds elapsed.
800    21.0 seconds elapsed.
1000   23.0 seconds elapsed.
1200   26.0 seconds elapsed.
1400   30.0 seconds elapsed.
1600   34.0 seconds elapsed.
1800   38.0 seconds elapsed.
250.708036184 seconds elapsed in total.
====== prices ==========
openPrice will be read in 10 pieces:
0    8.0 seconds elapsed.
1    7.0 seconds elapsed.
```

```
2    9.0 seconds elapsed.
3    9.0 seconds elapsed.
4    10.0 seconds elapsed.
5    9.0 seconds elapsed.
6    9.0 seconds elapsed.
7    10.0 seconds elapsed.
8    10.0 seconds elapsed.
9    8.0 seconds elapsed.
91.9959800243 seconds elapsed in total.
```

用开盘价进行回测,当股票停牌时,开盘价为 0,这会给我们带来不便,所以我们把此种情况下的开盘价设置为 NaN,代码如下:

```
prices[prices==0] = np.NaN
```

5.3.3 因子数据简单处理

因子数据可选的处理流程包括去极值和标准化。

首先进行基础设置,代码如下:

```
from scipy.stats import mstats
def winsorize_series(se):
    # 去极值
    data = mstats.winsorize(se, limits=[0.025, 0.025], inclusive=(False, False))
    return pd.Series(index=se.index, data=data)
def standardize_series(se):
    # 标准化
    se_std = se.std()
    se_mean = se.mean()
    return (se - se_mean)/se_std
```

完成去极值、标准化处理后,可以利用因子数据画直方图,代码如下:

```
# 去极值处理
sample_factor = sample_factor.groupby(level='tradeDate').apply(winsorize_series)
# 标准化处理
sample_factor = sample_factor.groupby(level='tradeDate').apply(standardize_series)
# 可以简单对因子数据画直方图
sample_factor.hist(figsize=(12,6), bins=100)
```

执行上述代码后,得到如图 5-18 所示的结果。

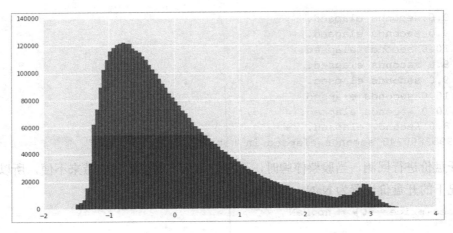

图 5-18

我们可以检查一下因子、行业、价格数据的格式,代码如下:

```
sample_factor.head()
```

执行上述代码后,得到的结果如下:

```
tradeDate    secID
2009-01-06   002233.XSHE    -0.780701
             600687.XSHG    -0.090178
             600387.XSHG    -0.122147
             000836.XSHE    -0.546123
             600100.XSHG    -1.082345
dtype: float64
```

然后输入如下代码:

```
industry.head()
```

执行上述代码后,得到的结果如下:

```
tradeDate    secID
2009-01-05   000001.XSHE    金融服务
             000002.XSHE    房地产
             000004.XSHE    医药生物
             000005.XSHE    房地产
             000006.XSHE    房地产
dtype: object
```

接下来输入如下代码:

```
prices.head()
```

执行上述代码后,得到的部分结果如图 5-19 所示。

secID tradeDate	002233.XSHE	600687.XSHG	002596.XSHE	600387.XSHE	000836.XSHE	600100.XSHG	002060.XSHE	002296.XSHE	300033.XSHE	600831.XSHG
2009-01-05	3.293	1.634	NaN	3.510	1.472	4.674	1.787	NaN	NaN	4.328
2009-01-06	3.563	1.668	NaN	3.591	1.573	4.766	1.853	NaN	NaN	4.559
2009-01-07	3.654	1.758	NaN	3.708	1.585	4.960	1.910	NaN	NaN	4.727
2009-01-08	3.658	1.775	NaN	NaN	1.591	5.001	1.864	NaN	NaN	4.611
2009-01-09	4.001	1.730	NaN	3.591	1.556	4.973	1.864	NaN	NaN	4.790

图 5-19

5.4 AlphaHorizon 因子分析——数据格式化

函数 get_clean_factor_and_forward_returns 将输入的因子、价格、行业数据整理成特定的格式,得到的返回数据如下。

(1) factor 为因子数据,即在原始因子数据上插入了另一个 index,即行业分类。

(2) forward_returns 为前瞻收益率数据,columns 为前瞻窗口(通过 periods 进行设置),前瞻收益率均折算为日收益率。

简单来说,前瞻窗口的含义是:我们使用 Alpha 因子数据,尝试预测未来一段时间窗口内的股票收益率,这个时间窗口就是此处的前瞻窗口;从某种意义上说,此处的前瞻窗口,可以理解为我们使用 AlphaHorizon 进行因子分析时的调仓周期,5 天即代表周度调仓。

首先进行基础设置,代码如下:

```
factor, forward_returns = ah.get_clean_factor_and_forward_returns(sample_factor,
                                                                   prices,
                                                                   groupby=industry,
                                                                   periods=[10,20])
```

前瞻收益率均折算为日收益率,代码如下:

```
factor.head()
```

执行上述代码后,得到的结果如下:

```
date        asset          group
2009-01-06  000001.XSHE    金融服务    -1.148503
            000002.XSHE    房地产      -1.148503
            000004.XSHE    医药生物     3.375146
            000005.XSHE    房地产      -0.717569
```

```
            000006.XSHE     房地产        -0.881451
Name: factor, dtype: float64
```

然后进行因子分析,代码如下:

```
forward_returns.tail()
```

执行上述代码后,得到的结果如图 5-20 所示。

date	asset	group	10	20
2016-12-02	603993.XSHG	有色金属	-0.004 997	-0.004 589
	603996.XSHG	家用电器	0.012 005	0.009 784
	603997.XSHG	汽车	-0.004 780	-0.002 065
	603998.XSHG	医药生物	0.004 970	0.000 927
	603999.XSHG	传媒	-0.012 751	-0.009 020

图 5-20

5.5 收益分析

对冲策略完成后,下面进行收益分析。

5.5.1 因子选股的分位数组合超额收益

按照输入的 Alpha 因子值从小到大,将股票分为不同的分位数组合。例如,此处将股票分为 10 个分位数组合,代码如下:

```
quantiles = 10     # 分位数数目
quantized_factor = ah.quantize_factor(factor, quantiles=quantiles)
quantized_factor.tail()
```

执行上述代码后,得到的结果如下:

```
date         asset            group
2016-12-02   603993.XSHG      有色金属      2
             603996.XSHG      家用电器      7
             603997.XSHG      汽车          7
             603998.XSHG      医药生物      7
             603999.XSHG      传媒          2
Name: quantile, dtype: int64
```

下面对每个交易日,分别计算不同分位数组合内股票的平均超额收益。

需要注意的是，计算超额收益，意味着我们需要选取一定的基准指数，此处，基准指数为全市场（全股票池）等权平均。

计算平均超额收益，代码如下：

```
mean_return_by_q_daily, std_err = ah.mean_return_by_quantile(quantized_factor,
                                    forward_returns,
                                    by_group=False, by_time='D')
mean_return_by_q_daily.head()
```

执行上述代码后，得到的结果如图 5-21 所示。

date	quantile	1D	2D
2009-01-06	1	0.000 480	0.000 021
	2	0.000 384	0.000 232
	3	0.000 372	0.000 635
	4	0.000 437	0.000 729
	5	0.000 848	0.000 916

图 5-21

在时间序列上平均提取上面计算得到的不同分位数组合内股票的平均超额收益，代码如下：

```
mean_return_by_q,std_err_by_q=ah.mean_return_by_quantile( quantized_factor,forward_returns,by_group = False )
mean_return_by_q
```

执行上述代码后，得到的结果如图 5-22 所示。

quantile	1D	2D
1	-0.000 970	-0.000 863
2	-0.000 816	-0.000 721
3	-0.000 583	-0.000 516
4	-0.000 385	-0.000 335
5	-0.000 200	-0.000 164
6	0.000 038	0.000 062
7	0.000 262	0.000 266
8	0.000 489	0.000 440
9	0.000 746	0.000 684
10	0.001 421	0.001 148

图 5-22

更直观地，可以通过画图来展示不同分位数组合的日平均超额收益情况；此外，由于在之前的前瞻收益率处理中已经将收益率处理为日收益率，所以此处的超额收益率为日度超额收益率。

此例中，示例 Alpha 因子的表现如下：

（1）对每个前瞻窗口（调仓周期），第十分位组合的超额收益均为正，第一分位组合的超额收益则为负。

（2）从一至十，各个分位数组合超额收益呈现递增趋势，可以将十分位组合作为多头组合，将一分位组合作为空头组合。

示例代码如下：

```
ah.plot_quantile_returns_bar(mean_return_by_q)
```

执行上述代码后，得到的结果如图 5-23 所示。

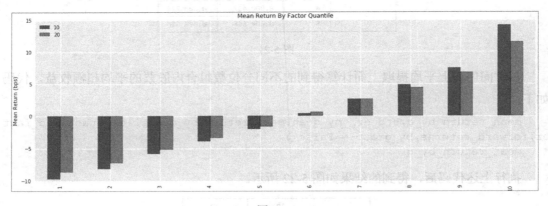

图 5-23

进一步地，对于每个分位数组合的日超额收益时间序列，我们可以进行 Violin 作图，直观展示日超额收益率的简单统计特征，代码如下：

```
ah.plot_quantile_returns_violin(mean_return_by_q_daily,
ylim_percentiles=(1, 99))
```

执行上述代码后，得到的结果如图 5-24 所示。

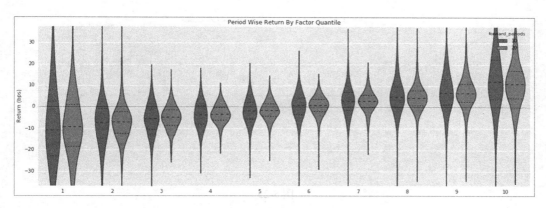

图 5-24

接下来,通过不同的方式来构建组合,并进行回测。

5.5.2 等权做多多头分位、做空空头分位收益率分析策略

通过做多多头分位、做空空头分位收益率分析策略来构建组合,并对不同的前瞻窗口(调仓周期)计算日收益率序列,代码如下:

```
# 10 分位数最好,1 分位数最差
# 此处的赋值需要按照上一节中的分位数分组平均超额收益图指定
# 在有些因子中,可能将因子值大的分位数分组为空头,有些则反之
long_quant = 10
short_quant = 1
quant_return_spread,std_err_spread=ah.compute_mean_returns_spread(mean_return_by_q_daily, long_quant, short_quant, std_err)
```

对组合日收益率进行作图,为方便起见,图中同时计算了组合日收益率的月度平均值,代码如下:

```
ah.plot_mean_quantile_returns_spread_time_series(quant_return_spread,std_err_spread);
```

执行上述代码后,得到的结果如图 5-25 和图 5-26(组合日收益率及月度平均值的结果图)所示。

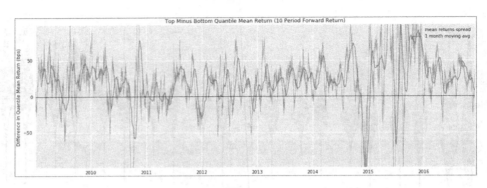

图 5-25

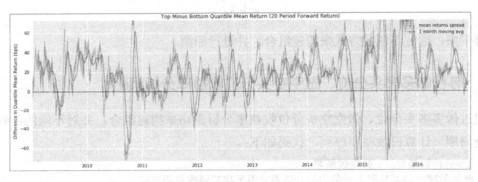

图 5-26

等权做多多头分位、做空空头分位的代码如下:

```
ah.plot_top_minus_bottom_cumulative_returns(quant_return_spread, yscale=
'symlog');
```

执行上述代码后,得到的结果如图 5-27 所示(图中给出了这一策略的累计净值曲线)。

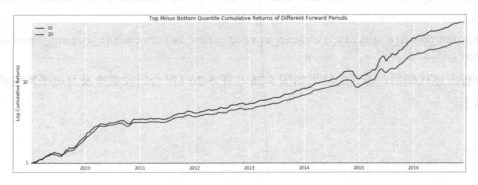

图 5-27

进一步地,图 5-28 中的数据显示了等权做多多头分位、做空空头分位收益率分析策略在不同的调仓周期下的一些风险指标,包括最大回撤、收益年化波动率、组合年化收益率、Sharpe 比率、年化 Alpha、Beta、Treynor 比率、信息比率,代码如下:

```
alpha_beta_top_minus_bottom=ah.factor_alpha_beta(factor,forward_returns,
factor_returns=quant_return_spread)
  alpha_beta_top_minus_bottom
```

执行上述代码后,得到的结果如图 5-28 所示。

	10	20
Max Drawdown	0.237 301	0.216 225
Volatility	0.186 539	0.187 240
Ann.Return	0.798 570	0.645 931
Sharpe Ratio	4.280 984	3.449 742
Ann.Alpha	0.723 128	0.575 018
Beta	0.226 903	0.244 211
Treynor Ratio	3.519 434	2.644 968
Information Ratio	3.876 556	3.071 015

图 5-28

使用 Alpha 因子数据,我们已经将股票分成不同的分位数组合,将每个组合内的股票等权持有。构建分位数组合累计净值曲线,展示其净值走势图(此处的净值,为超过全市场等权指数这一基准的部分),前瞻窗口默认为 1、5、10、20,对应于日度、周度、半月度、月度调仓。以周度调仓(前瞻窗口为 5)为例,代码如下:

```
ah.plot_cumulative_returns_by_quantile(mean_return_by_q_daily, yscale=
'symlog', period=10);
```

执行上述代码后,得到的结果如图 5-29 所示。

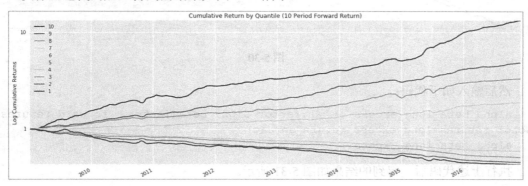

图 5-29

通过分位数组合累计净值图,可以清晰地看到不同分位数在不同时期的收益贡献情况:理想的Alpha因子,从最左端的单位净值开始,不同的分位数组合累计净值曲线逐渐散开。

5.5.3 等权做多多头分位累计净值计算

因为A股市场做空机制不够成熟,所以此处我们去掉空头收益,通过简单做多多头分位,等权构建组合,并对不同的前瞻窗口(调仓周期)计算日收益率序列,代码如下:

```
long_excess_return_spread, excess_std_err_spread = \
        ah.compute_long_quant_excess_returns_spread(mean_return_by_q_daily, long_quant, std_err)
```

下面是简单做多多头分位这一策略的累计净值(超额净值)曲线图的绘制方法和一些风险指标,按照不同调仓周期给出,代码如下:

```
ah.plot_long_excess_cumulative_returns(long_excess_return_spread, yscale='symlog')
```

执行上述代码后,得到的结果如图5-30所示。

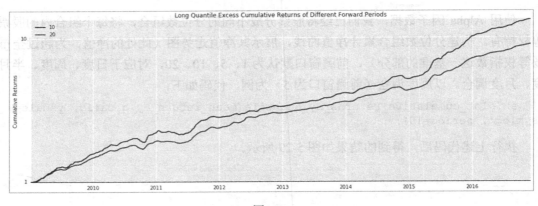

图5-30

然后输入如下代码:

```
alpha_beta_long_excess = ah.factor_alpha_beta(factor, forward_returns,
                                                factor_returns=long_excess_return_spread)
alpha_beta_long_excess
```

执行上述代码后,得到的结果如图5-31所示。

	10	20
Max Drawdown	0.058 918	0.056 561
Volatility	0.081 686	0.080 112
Ann.Return	0.418 128	0.327 081
Sharpe Ratio	5.118 735	4.082 783
Ann.Alpha	0.409 778	0.316 597
Beta	0.039 203	0.054 909
Treynor Ratio	10.665 823	5.956 735
Information Ratio	5.016 509	3.951 915

图 5-31

5.5.4 多头分位组合实际净值走势图

前面我们展示的是多头分位组合的超额收益，其超额收益是指组合收益和全市场等权（全股票池等权）指数之差。此处，同时展示多头分位组合的实际净值走势，在净值走势图中同时给出全市场等权指数走势图，代码如下：

```
return_by_q_daily, no_demeaned_std_err = ah.mean_return_by_quantile
(quantized_factor, forward_returns, by_group=False, by_time='D', demeaned=False)
    long_return_spread, long_std_err_spread = ah.compute_long_quant_returns_
spread (return_by_q_daily, long_quant, no_demeaned_std_err)
    # 计算得到全市场等权指数净值走势
    index_returns_spread=ah.compute_equal_weight_index_returns_spread(return
_by_q_daily)
    ah.plot_long_cumulative_returns(long_return_spread,=yscale='linear',benc
hmark=index_returns_spread )
```

执行上述代码后，得到的结果如图 5-32 所示。

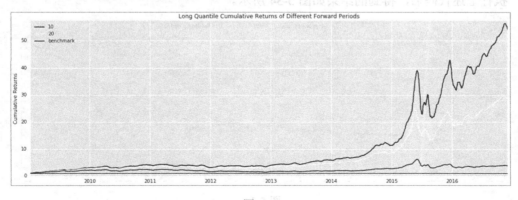

图 5-32

然后输入如下代码：

```
alpha_beta_long = ah.factor_alpha_beta(factor, forward_returns, factor_returns = long_return_spread)
alpha_beta_long
```

执行上述代码后，得到的结果如图 5-33 所示。

	10	20
Max Drawdown	0.385 083	0.357 696
Volatility	0.331 746	0.334 491
Ann.Return	0.739 887	0.623 711
Sharpe Ratio	2.230 283	1.864 655
Ann.Alpha	0.409 805	0.316 627
Beta	1.039 285	1.054 996
Treynor Ratio	0.711 920	0.591 197
Information Ratio	1.235 299	0.946 594

图 5-33

5.5.5 以因子值加权构建组合

与等权做多多头分位、做空空头分位这一策略组合不同，有时我们希望构建因子值加权组合，以更加谨慎地研究因子对于收益率的预测性。下面给出不同调仓周期情况下，该组合的净值走势曲线和风险指标，代码如下：

```
ls_factor_returns = ah.factor_returns(factor, forward_returns)
ah.plot_cumulative_returns_by_period(ls_factor_returns, yscale='linear')
```

执行上述代码后，得到的结果如图 5-34 所示。

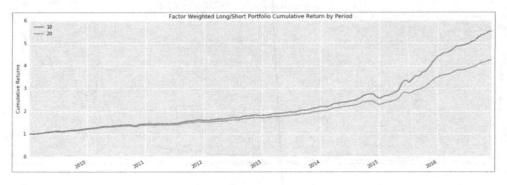

图 5-34

然后输入如下代码：

```
alpha_beta = ah.factor_alpha_beta(factor, forward_returns, factor_returns = ls_factor_returns)
alpha_beta
```

执行上述代码后，得到的结果如图 5-35 所示。

	10	20
Max Drawdown	0.066 611	0.060 750
Volatility	0.057 926	0.058 595
Ann.Return	0.251 214	0.208 967
Sharpe Ratio	4.336 823	3.566 259
Ann.Alpha	0.240 796	0.198 619
Beta	0.048 265	0.056 467
Treynor Ratio	5.204 937	3.700 678
Information Ratio	4.156 970	3.389 660

图 5-35

5.6 信息系数分析

信息系数衡量的是 Alpha 因子的预测能力，即因子数据对股票未来一段时间超额收益的横截面的预测能力。此处我们采用秩相关系数，即计算本期因子值与下期股票收益率之间的秩相关系数，信息系数绝对值越大，说明因子的预测效果越好。

5.6.1 因子信息系数时间序列

对于不同的调仓周期，我们分别计算了因子信息系数 IC 的时间序列，代码如下：

```
ic = ah.factor_information_coefficient(factor, forward_returns)
ic.head()
```

执行上述代码后，得到的结果如图 5-36 所示。

date	10	20
2009-01-06	-0.058 865	-0.059 250
2009-01-07	0.071 219	0.014 242
2009-01-08	-0.063 960	-0.062 103
2009-01-09	-0.038 993	0.018 684
2009-01-12	-0.113 600	-0.008 295

图 5-36

对于不同的调仓周期，通过计算得到的因子信息系数的时间序列进行作图，并给出信息系数的月滚动平均值。

（1）通过查验因子信息系数的时间序列，可以看到因子的预测能力随着时间而变化。

（2）理想的 Alpha 选股因子，其信息系数序列的均值的绝对值相对比较大，且走势相对稳定。

然后输入如下代码：

```
ah.plot_ic_ts(ic);
```

执行上述代码后，得到的结果如图 5-37 和图 5-38 所示。

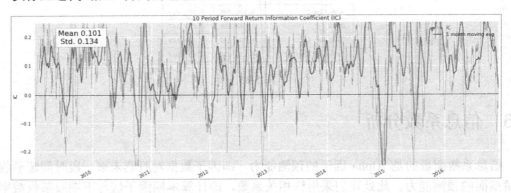

图 5-37

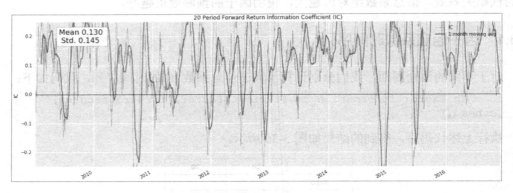

图 5-38

5.6.2 因子信息系数数据分布特征

对于不同的调仓周期，通过计算得到的因子每日信息系数数据来制作分布直方图和

Q-Q 图，可以直观地看到信息系数的分布特征，比如是否有厚尾特征等，代码如下：

```
ah.plot_ic_hist(ic);
# 在 Q-Q plot 中，目标分布默认为正态分布
ah.plot_ic_qq(ic);
```

执行上述代码后，得到的结果如图 5-39 所示。

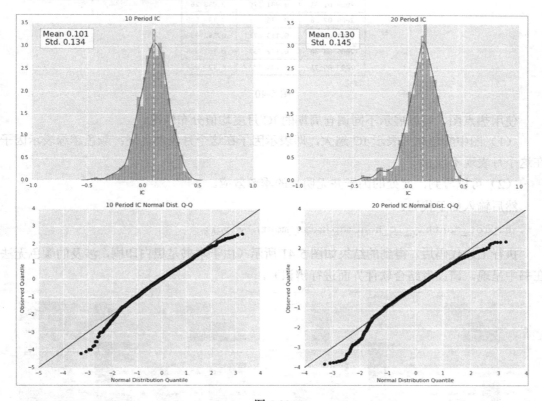

图 5-39

5.6.3 因子信息系数月度热点图

进一步地，可以将因子的信息系数 IC 按自然月进行平均，可以看出因子在历史上每个月的预测能力的强弱，观察是否有显著的季节特性等，比如有些小盘股因子会在每年十二月失效，代码如下：

```
# by_time='M' 表示按月求平均值
mean_monthly_ic = ah.mean_information_coefficient(factor, forward_returns,
```

```
by_time='M')
mean_monthly_ic.head()
```

执行上述代码后,得到的结果如图 5-40 所示。

date	10	20
2009-01-31	0.001 175	0.058 267
2009-02-28	0.136 798	0.195 599
2009-03-31	0.113 071	0.192 333
2009-04-30	0.132 757	0.162 856
2009-05-31	0.105 473	0.127 057

图 5-40

使用热点图,可以展示不同调仓周期的 IC 月度均值分布情况。

(1)图中颜色越红表示 IC 越大,即表示因子在这个月表现良好;颜色越绿表示因子在这个月表现不佳。

(2)可以看到,此处的因子并无明显的季节效应。

然后输入如下代码:

```
ah.plot_monthly_ic_heatmap(mean_monthly_ic);
```

执行上述代码后,得到的结果如图 5-41 所示(由于本书是黑白印刷,涉及的颜色无法在书中呈现,请读者结合软件界面进行辨识)。

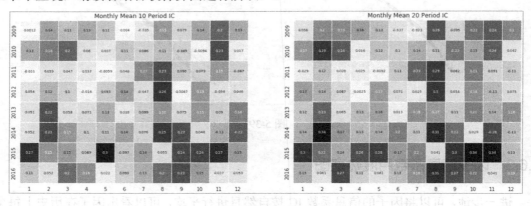

图 5-41

5.6.4 因子信息系数衰减分析

特定日期的 Alpha 因子值,对于延后一段时间的收益预测能力一般是慢慢减弱的,因此，我们必须特别注意因子 IC 的衰减情况，例如：某一日的因子值，对于接下来一周的股票收益预测的信息系数为 0.1，而对第二周的股票收益预测的信息系数仅为 0.09，那么该因子的预测能力衰减很快，如果使用该因子建仓就会有比较高的换手率。

下面，我们对不同的调仓周期，计算一系列衰减天数对应的因子 IC 历史均值，来展示因子的信息系数衰减情况，代码如下：

```
ungrouped_factor,ungrouped_forward_returns=ah.get_clean_factor_and_forward_returns (sample_factor, prices, periods = [10,20] )
# 对不同的衰减天数，计算 IC
ic_decays=ah.factor_information_coefficient_decay(ungrouped_factor,ungrouped_forward_returns, decays=[0,2,4,6,8,10,12,14,16,18,20])
ah.plot_ic_decays_bar(ic_decays);
```

执行上述代码后，得到的结果如图 5-42 所示。

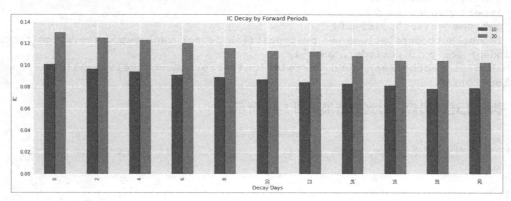

图 5-42

5.7 换手率、因子自相关性分析

和因子的 IC 衰减类似，计算因子换手率可以展示出因子的时间序列稳定性，侧面反映出使用该因子制定策略时的调仓成本等。下面，以周度调仓（前瞻窗口为 5）为例，展示因子的多头、空头分位数组合的换手率情况，代码如下：

```
ah.plot_top_bottom_quantile_turnover(quantized_factor, period=20);
```

执行上述代码后，得到的结果如图 5-43 所示。

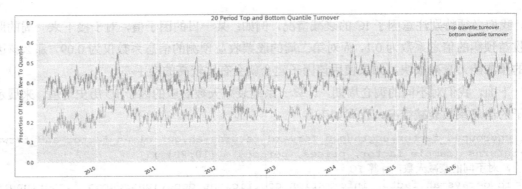

图 5-43

因子数据的自相关系数同样可以展示出因子的时间序列稳定性,示例代码如下:

```
# 计算自相关系数的周期
import pandas as pd
periods = (1, 5, 10, 20)
factor_autocorrelations = pd.concat([ah.factor_rank_autocorrelation(factor, period=p) for p in periods], axis=1)
ah.plot_factor_rank_auto_correlation(factor_autocorrelations[20], period=20);
```

执行上述代码后,得到的结果如图 5-44 所示。

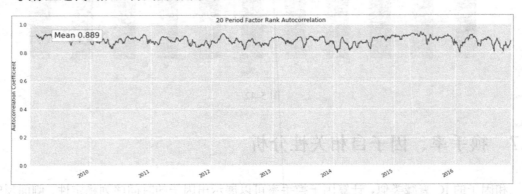

图 5-44

5.8 分类行业分析

不同行业的股票,可能会具有一些共性,我们研究的 Alpha 因子,有时可能对不同的行业具有不同的预测能力,这也是我们需要注意的部分。

上述的因子信息系数和超额收益分析，可以很容易地拓展到各分类行业的情况，首先我们计算因子在不同行业的信息系数IC（历史均值），代码如下：

```
ic_by_group = ah.mean_information_coefficient (factor, forward_returns,
by_group =True)
# 不同行业 IC，按照 10 天调仓周期，从大到小排序
ic_by_group = ic_by_group.sort_values(10, ascending=False)
ic_by_group.head()
```

执行上述代码后，得到的结果如图 5-45 所示。

group	10	20
建筑材料	0.143 206	0.176 866
电气设备	0.130 758	0.168 307
综合	0.129 312	0.163 969
汽车	0.120 195	0.152 887
纺织服装	0.119 760	0.154 695

图 5-45

按照不同行业的 IC（历史均值）进行作图，代码如下：

```
ah.plot_ic_by_group(ic_by_group);
```

执行上述代码后，得到的结果如图 5-46 所示。

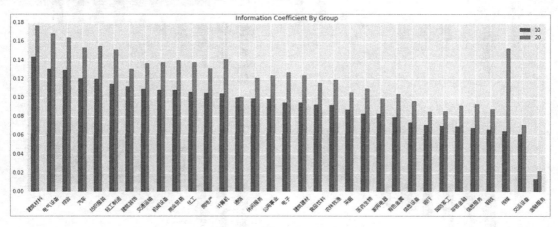

图 5-46

对于不同的行业，可以计算行业内按照因子值进行分位数组合选股得到的各分位数超

额收益（此处超额收益的基准同样为全市场等权指数），代码如下：

```
mean_return_quantile_group,mean_return_quantile_group_err=ah.mean_return
_by_quantile ( quantized_factor, forward_returns, by_group=True)
mean_return_quantile_group.head()
```

执行上述代码后，得到的结果如图 5-47 所示。

group	quantile	10	20
交运设备	1	-0.000 629	-0.000 551
	2	0.000 014	-0.000 024
	3	-0.000 225	-0.000 144
	4	-0.000 251	-0.000 169
	5	-0.000 149	-0.000 193

图 5-47

然后输入如下代码：

```
ah.plot_quantile_returns_bar(mean_return_quantile_group, by_group=True);
```

执行上述代码后，得到的部分结果如图 5-48 所示。

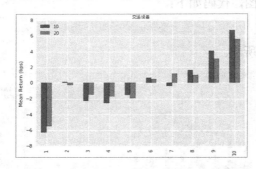
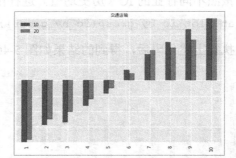
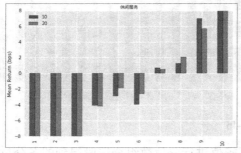
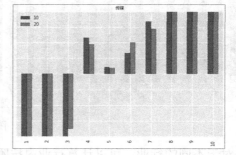

图 5-48

5.9 总结性分析数据

下面对 AlphaHorizon 单因子分析模块进行总结,包括如下内容。
(1)因子值加权多空组合的回测结果。
(2)因子信息系数 IC 的统计结果。
(3)不同分位数组合的换手率数据。
(4)因子的自相关系数数据。

示例代码如下:

```
returns_table,ic_summary_table,turnover_table,auto_corr=ah.summary_stats
_return_dfs ( ic, alpha_beta, quantized_factor, mean_return_by_q, factor_
autocorrelations,  quant_return_spread )
```

对于不同的调仓周期,对因子值加权多空组合,得到策略回测结果的统计,代码如下:

```
returns_table
```

执行上述代码后,得到的结果如图 5-49 所示。

	10	20
Max Drawdown	0.067	0.061
Volatility	0.058	0.059
Ann.Return	0.251	0.209
Sharpe Ratio	4.337	3.566
Ann.Alpha	0.241	0.199
Beta	0.048	0.056
Treynor Ratio	5.205	3.701
Information Ratio	4.157	3.390
Mean Return Top Quantile(bps)	14.210	11.485
Mean Return Bottom Quantile(bps)	-9.697	-8.630
Mean Spread(bps)	23.248	19.604

图 5-49

对不同的调仓周期,计算因子 IC 序列的统计结果,代码如下:

```
ic_summary_table
```

执行上述代码后,得到的结果如图 5-50 所示。

	10	20
IC Mean	0.101	0.130
IC Std.	0.134	0.145
t-stat(IC)	33.068	39.317
p-value(IC)	0.000	0.000
IC Skew	-0.449	-0.674
IC Kurtosis	0.694	1.023
Ann. IC_IR	11.974	14.236

图 5-50

对不同的调仓周期，计算因子分位数股票组合的换手率情况，代码如下：

```
turnover_table
```

执行上述代码后，得到的结果如图 5-51 所示。

	1	5	10	20
Quantile 1 Mean Turnover	0.047	0.106	0.149	0.235
Quantile 2 Mean Turnover	0.105	0.258	0.380	0.544
Quantile 3 Mean Turnover	0.150	0.371	0.521	0.676
Quantile 4 Mean Turnover	0.185	0.446	0.601	0.738
Quantile 5 Mean Turnover	0.208	0.489	0.641	0.764
Quantile 6 Mean Turnover	0.218	0.506	0.655	0.775
Quantile 7 Mean Turnover	0.214	0.498	0.647	0.771
Quantile 8 Mean Turnover	0.196	0.466	0.619	0.747
Quantile 9 Mean Turnover	0.158	0.389	0.539	0.684
Quantile 10 Mean Turnover	0.074	0.187	0.276	0.423

图 5-51

对于因子的自相关性，计算了当前因子和 n 天前因子的相关系数序列的平均值，代码如下：

```
auto_corr
```

执行上述代码后，得到的结果如图 5-52 所示。

	1	5	10	20
Mean Factor Rank Autocorrelation	0.997	0.98	0.952	0.889

图 5-52

5.10 AlphaHorizon 完整分析模板

通过简单输入因子、价格、行业数据，以及拟分析调仓周期，即可完整生成 AlphaHorizon 的因子分析报告。示例代码如下：

```
ah.create_factor_tear_sheet(sample_factor, prices, periods=(5,10),
groupby=industry);
```

执行上述代码后，得到的结果如图 5-53 所示。

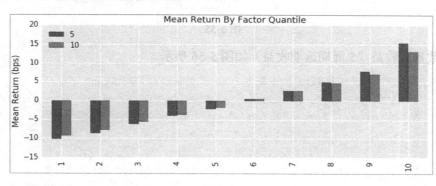

图 5-53

相关项目说明如下。
- 因子分位数平均收益率：此处的超额收益率，为日度超额收益率。
- 按因子分位数的周期回报：对于每个分位数组合的日超额收益时间序列，我们可以进行 Violin 作图，直观展示日超额收益率的简单统计特征，如图 5-54 所示。

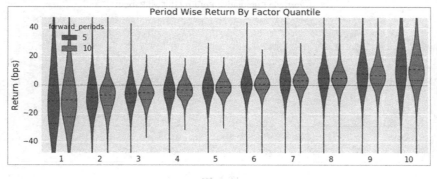

图 5-54

投资组合累计回报（5 个远期）如图 5-55 所示。

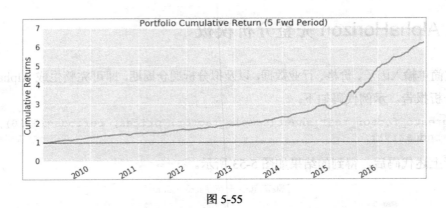

图 5-55

分位数累计收益（5 周期远期收益）如图 5-56 所示。

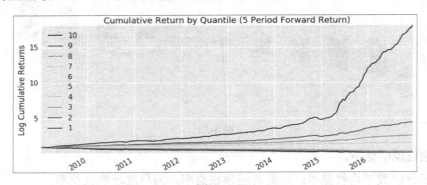

图 5-56

投资组合累计回报（10 个远期）如图 5-57 所示。

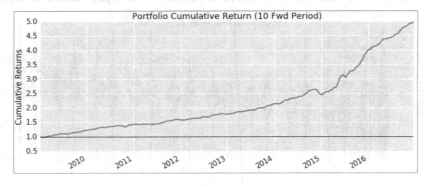

图 5-57

分位数累计收益（10 周期远期收益）如图 5-58 所示。

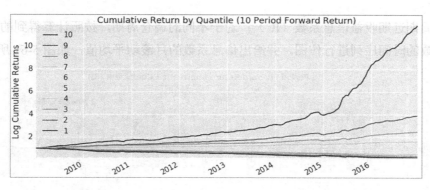

图 5-58

- 上下分位数平均值（5 周期远期收益）：按照组合日收益率进行作图，为了计算方便，图中同时计算了组合日收益率的月度平均值，如图 5-59 所示。

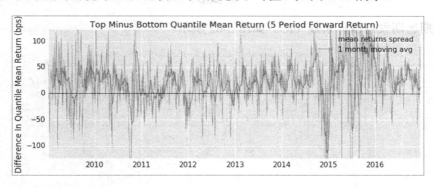

图 5-59

上下分位数平均值（10 周期远期收益）如图 5-60 所示。

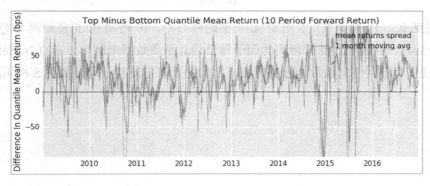

图 5-60

- 5周期远期收益信息系数（IC）：对于不同的调仓周期，按照计算得到的因子信息系数的时间序列进行作图，并给出信息系数的月滚动平均值，如图5-61所示。

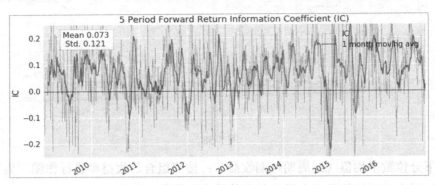

图5-61

10周期远期收益信息系数（IC）如图5-62所示。

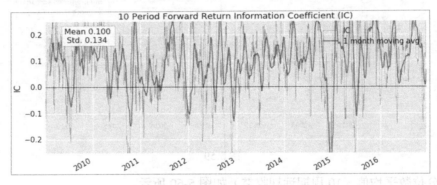

图5-62

- 5周期IC、10周期IC、5周期IC正常距离Q-Q、10周期IC正常距离Q-Q：对于不同的调仓周期，通过计算得到的因子每日信息系数数据来制作分布直方图和Q-Q图，可以直观看到信息系数的分布特征，比如是否有厚尾特征等，如图5-63所示。

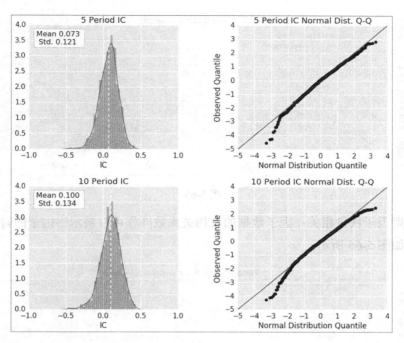

图 5-63

- 月平均 5 周期 IC、月平均 10 周期 IC：利用热点图，可以展示不同调仓周期的 IC 月度平均值分布情况，如图 5-64 所示。

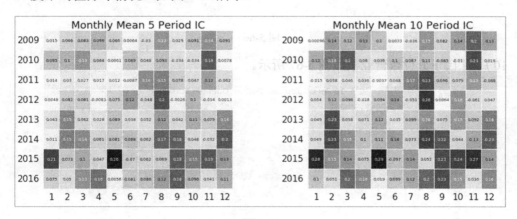

图 5-64

- 5 周期上/下分位数营业额：以周度调仓（前瞻窗口为 5）为例，展示因子的多头、空头分位数组合的换手率情况，如图 5-65 所示。

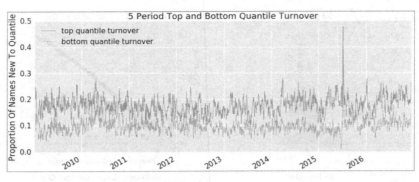

图 5-65

- 5 周期因子秩自相关：因子数据的自相关系数同样可以展示出因子的时间序列稳定性，如图 5-66 所示。

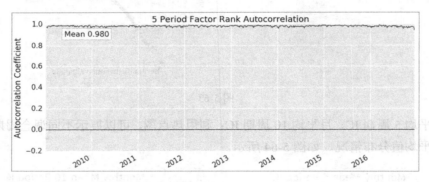

图 5-66

10 周期上/下分位数营业额如图 5-67 所示。

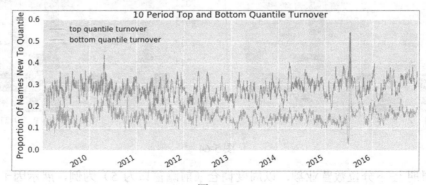

图 5-67

10周期因子秩自相关如图5-68所示。

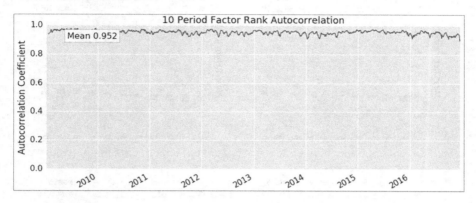

图5-68

- 5周期、10周期分组信息系数：按照分类行业的IC（历史均值）进行作图，如图5-69所示。

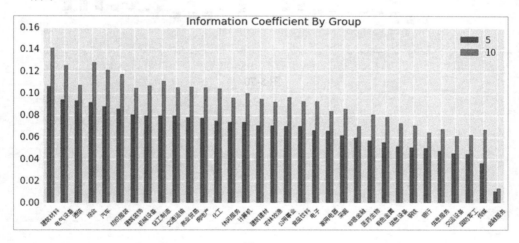

图5-69

- 5周期、10周期平均回报（bps）部分图：对于不同的行业，可以计算行业内按照因子值进行分位数组合选股得到的各分位数超额收益（此处超额收益的基准同样为全市场等权指数），如图5-70所示。

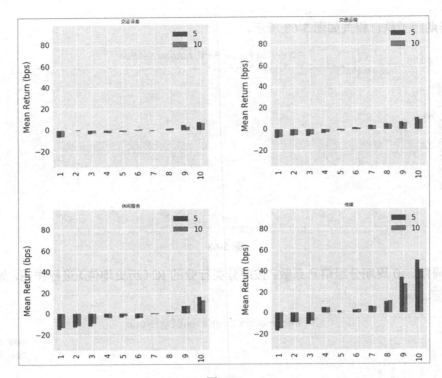

图 5-70

第 6 章

数据挖掘

数据挖掘（Data Mining）又称为资料探勘、数据采矿，是指在大量不完全的、有噪声的、模糊的、随机的实际数据中，通过认真分析来提取数据之间潜在有用的信息和知识的过程，所以习惯上又称为数据库中知识发现（Knowledge Discovery in Databases，KDD）。

6.1 数据挖掘分类模式

数据挖掘就是一个沙里淘金的过程，如图 6-1 所示。

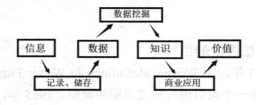

图 6-1

数据挖掘主要包括分类模型、关联模型、顺序模型、聚类模型等。
- 分类模型是指根据商业数据的不同属性，找出数据属性模型，并分派到不同的组中，可以用来分析已有数据，并预测功能。

- 关联模型是指用来描述在某一时刻一组数据项的密切度或关系。
- 顺序模型是指用于分析数据中的某类与时间相关的数据，并发现某一时间段内数据的相关处理模型。
- 聚类模型是指将物理或抽象对象的集合按照某种相近程度的度量方法将用户数据分成互不相同的组，每个分组中的数据相近，不同分组之间的数据相差较大。

6.2 数据挖掘之神经网络

数据挖掘的主要分类方法包括神经网络、决策树、KNN 法、SVM 法、VSM 法、Bayes 法，如图 6-2 所示。

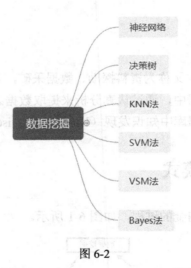

图 6-2

下面针对几种常用方法进行介绍。

神经网络起源于 1943 年，由 Warren McCulloch 和 Walter Pitts 首次创建。1958 年，Frank Rosenblatt 创建了第一个可以进行模式识别的模型。1965 年，Alexey Ivakhnenko 和 Lapa 创建了第一批可以测试并具有多个层的神经网络。

神经网络主要分为人工神经网络（Artificial Neural Networks，ANN）和生物神经网络两种。

人工神经网络是一个非线性动力学系统，类似于大脑神经突触、连接的结构进行信息处理的数学模型，其优势在于信息的分布式存储和并行协同处理。它是由众多的神经元可调的连接权值连接而成的，具有大规模并行处理、分布式信息存储、良好的自组织/自学习能力等特点，非常适合解决数据挖掘的问题，适用于分类、预测和模式识别的前馈式神经网络模型。

把人工神经网络定向连成环的一种节点叫作循环神经网络（Recurrent Neural Network，RNN）。

循环神经网络始于 20 世纪八九十年代，是一类以序列数据为输入，在序列的演进方向进行按链方式连接的递归神经网络。由于循环神经网络具有记忆性、参数共享等特点且图灵完备，因此它能以很高的效率对序列的非线性特征进行学习，并且已经成为国际上神经网络专家研究的重要对象之一，下面就以循环神经网络为例进行讲解。

6.2.1 循环神经网络数据的准备和处理

下面根据以下内容进行讲解。

（1）从 uqer 的 DataAPI 中获取 70 个因子的数值（挑选因子的原则为尽可能和机构研报中的因子相近），取得因子对应的下一期的股价涨跌数据，并将数据对齐。

（2）对因子进行去极值、中性化、标准化处理。

（3）划分样本内数据（训练集+验证集）、样本外数据（测试集）。

帮助获取数据的多维数据集的代码如下：

```
help(get_data_cube)
```

6.2.2 获取因子的原始数据值和股价涨跌数据

下面是获取因子的原始数据值和股价涨跌数据的方法。

（1）将生成的数据文件存储在 raw_data/factor_chpct.csv 中。

（2）数据文件的格式如图 6-3 所示。

股票代码	当前月月末日期	70个因子（当前月月末值）				下个月月末日期	下个月绝对收益	下个月相对沪深300收益
000001	20070131	0.6661	0.1666	2.6783	...	20070228	-0.004 221	-0.071 021

图 6-3

首先进行基础设置，代码如下：

```
# coding: utf-8
import pandas as pd
```

```python
import numpy as np
import os
import time
import multiprocessing
from multiprocessing.dummy import Pool as ThreadPool
# 因子文件存放目录，如果目录不存在，程序会自动新建一个
raw_data_dir = "./raw_data"
if not os.path.exists(raw_data_dir):
    os.mkdir(raw_data_dir)
# 定义70个因子
factors = [b'Beta60', b'OperatingRevenueGrowRate', b'NetProfitGrowRate',
b'NetCashFlowGrowRate', b'NetProfitGrowRate5Y',
           b'TVSTD20',
           b'TVSTD6', b'TVMA20', b'TVMA6', b'BLEV', b'MLEV',
b'CashToCurrentLiability', b'CurrentRatio', b'REC',
           b'DAREC', b'GREC',
           b'DASREV', b'SFY12P', b'LCAP', b'ASSI', b'LFLO', b'TA2EV',
b'PEG5Y', b'PE', b'PB', b'PS', b'SalesCostRatio',
           b'PCF', b'CETOP',
           b'TotalProfitGrowRate', b'CTOP', b'MACD', b'DEA', b'DIFF',
b'RSI', b'PSY', b'BIAS10', b'ROE', b'ROA',
           b'ROA5', b'ROE5',
           b'DEGM', b'GrossIncomeRatio', b'ROECut', b'NIAPCut',
b'CurrentAssetsTRate', b'FixedAssetsTRate', b'FCFF',
           b'FCFE', b'PLRC6',
           b'REVS5', b'REVS10', b'REVS20', b'REVS60', b'HSIGMA',
b'HsigmaCNE5', b'ChaikinOscillator',
           b'ChaikinVolatility', b'Aroon',
           b'DDI', b'MTM', b'MTMMA', b'VOL10', b'VOL20', b'VOL5', b'VOL60',
b'RealizedVolatility', b'DASTD', b'DDNSR',
           b'Hurst']
def get_factor_by_day(tdate):
    '''
    根据日期，获取当天的因子值
    tdate 格式为：%Y%m%d
    '''
    cnt = 0
    while True:
        try:
            x = DataAPI.MktStockFactorsOneDayProGet(tradeDate=tdate,secID=u"",ticker=u"",field=['ticker', 'tradeDate'] + factors,pandas="1")
            x['tradeDate'] = x['tradeDate'].apply(lambda x: x.
```

```
replace("-", ""))
            return x
        except Exception as e:
            cnt += 1
            if cnt >= 3:
                print('error get factor data: ', tdate)
                break
    start_time = time.time()
    # 拿到交易日历，得到月末日期
    trade_date = DataAPI.TradeCalGet(exchangeCD=u"XSHG", beginDate=
"20070101", endDate="20171231", field=u"", pandas="1")
    trade_date = trade_date[trade_date.isMonthEnd == 1]
    print("begin to get factor value for each stock...")
    # 取得每个月月末日期所有股票的因子值
    pool = ThreadPool(processes=16)
    date_list = [tdate.replace("-", "") for tdate in trade_date.calendarDate.
values if tdate < "20171101"]
    frame_list = pool.map(get_factor_by_day, date_list)
    pool.close()
    pool.join()
    print "factor value get finished!"
    factor_csv = pd.concat(frame_list, axis=0)
    factor_csv.reset_index(inplace=True, drop=True)
    stock_list = np.unique(factor_csv.ticker.values)
```

然后取得个股和指数的行情数据，代码如下：

```
    print("begin to get price ratio for stocks and index ...")
    # 个股绝对涨幅
    chgframe = DataAPI.MktEqumAdjGet (secID=u"", ticker = stock_list,
monthEndDate = u"", isOpen = u"", beginDate=u"20070131",endDate=u"20171130",
field=['ticker', 'endDate', 'tradeDays', 'chgPct', 'return'], pandas="1")
    chgframe['endDate'] = chgframe['endDate'].apply(lambda x: x.replace("-", ""))
    # 沪深 300 指数涨幅
    hs300_chg_frame        =        DataAPI.MktIdxmGet(beginDate=u"20070131",
endDate=u"20171130",   indexID=u"000300.ZICN",   ticker=u"",field=['ticker',
'endDate', 'chgPct'], pandas="1")
    hs300_chg_frame['endDate'] = hs300_chg_frame['endDate'].apply(lambda x:
x.replace("-", ""))
    hs300_chg_frame.head()
    # 得到个股的相对收益
    hs300_chg_frame.columns = ['HS300', 'endDate', 'HS300_chgPct']
    pframe = chgframe.merge(hs300_chg_frame, on=['endDate'], how='left')
```

```
pframe['active_return'] = pframe['chgPct'] - pframe['HS300_chgPct']
pframe = pframe[['ticker', 'endDate', 'return', 'active_return']]
pframe.rename(columns={"return": "abs_return"}, inplace=True)
```

接下来对数据进行对齐并存储，代码如下：

```
print("begin to align data ...")
# 得到月度关系
month_frame = trade_date[['calendarDate', 'isOpen']]
month_frame['prev_month_end'] = month_frame['calendarDate'].shift(1)
month_frame = month_frame[['prev_month_end', 'calendarDate']]
month_frame.columns = ['month_end', 'next_month_end']
month_frame.dropna(inplace=True)
month_frame['month_end'] = month_frame['month_end'].apply(lambda x: x.replace("-", ""))
month_frame['next_month_end'] = month_frame['next_month_end'].apply(lambda x: x.replace("-", ""))
# 对齐月度关系
factor_frame = factor_csv.merge(month_frame, left_on=['tradeDate'], right_on=['month_end'], how='left')
# 得到个股下个月的涨幅数据
factor_frame = factor_frame.merge(pframe, left_on=['ticker', 'next_month_end'], right_on=['ticker', 'endDate'])
del factor_frame['month_end']
del factor_frame['endDate']

factor_frame.to_csv(os.path.join(raw_data_dir, 'factor_chpct.csv'), chunksize =1000)
end_time = time.time()
print "Time cost: %s seconds" % (end_time - start_time)
```

执行该程序后，得到的结果如下：

```
begin to get factor value for each stock...
factor value get finished!
begin to get price ratio for stocks and index ...
begin to align data ...
Time cost: 115.467211008 seconds
```

6.2.3 对数据进行去极值、中性化、标准化处理

对数据进行去极值、中性化、标准化处理，以及对数据进行划分的方法如下。

1. 去极值

为了降低极端值对参数估计的影响，通常会对样本中的极端值进行一定的处理。常用的方式是去极值，对变量两端进行缩尾处理，公式如下：

上界值=因子均值+5×|平均值（因子值-因子均值）|

下界值=因子均值-5×|平均值（因子值-因子均值）|

需要注意的是，超过上下界的值用上下界值填充。

对数据空值进行填充：用同期申万一级行业的均值进行空值填充处理。

2. 中性化和标准化

调用优矿的 neutralize 函数即可进行中性化处理，中性化处理时不包括'BETA', 'RESVOL', 'MOMENTUM', 'EARNYILD', 'BTOP', 'GROWTH', 'LEVERAGE', 'LIQUIDTY'，以和研报一致，对中性化处理后的因子进行标准化，直接调用优矿的 standardize 函数即可。

处理后的文件存储在 raw_data/after_prehandle.csv 中，文件的数据格式如图 6-4 所示。

股票代码	当前月月末日期	70个因子（当前月月末值）				下个月月末日期	下个月绝对收益	下个月相对沪深300收益	industryName1
000001	20070131	0.6661	0.1666	2.6783	...	20070228	−0.004 221	−0.071 021	银行

图 6-4

首先进行基础设置，代码如下：

```
# coding:utf-8
import pandas as pd
import numpy as np
import os
import multiprocessing
import time
import gevent
from multiprocessing import Pool
```

然后进行通用变量设置，代码如下：

```
start_time = time.time()
# 数据存放目录
raw_data_dir = "./raw_data"
# 得到股票的申万一级行业分类，在后续进行均值填充时会用到
sw_map_frame = DataAPI.EquIndustryGet(industryVersionCD=u"010303",
industry=u"", secID=u"", ticker=u"", intoDate=u"",field=[u'ticker',
```

```python
'secShortName', 'industry', 'intoDate', 'outDate', 'industryName1',
'industryName2', 'industryName3', 'isNew'], pandas="1")
    sw_map_frame = sw_map_frame[sw_map_frame.isNew == 1]
    # 读入原始因子
    input_frame = pd.read_csv(os.path.join(raw_data_dir, u'factor_chpct.csv'),
                            dtype={"ticker": np.str, "tradeDate": np.str,
"next_month_end": np.str}, index_col=0)
    # 得到因子名
    extra_list = ['ticker', 'tradeDate', 'next_month_end', 'abs_return',
'active_return']
    factor_name = [x for x in input_frame.columns if x not in extra_list]
```

接下来定义数据处理的一些基本函数,代码如下:

```python
# 实现 winsorize 的具体代码
def paper_winsorize(v, upper, lower):
    '''
    v: 因子值
    upper: 上界值
    lower: 下界值
    输出: 去极值后的因子值
    '''
    if v > upper:
        v = upper
    elif v < lower:
        v = lower
    return v
# 对某一期的因子值进行去极值处理
def winsorize_by_date(cdate_input):
    '''
    cdate_input: 某一期因子值的 DataFrame,列为 ticker,tradeDate(当月月末日期),
70 个因子名,下个月月末日期,下个月的个股绝对收益,下个月的个股相对收益(相对 HS300)
    输出: 经过去极值处理后的因子 DataFrame,格式同 cdate_input
    '''
    media_v = cdate_input.median()
    for a_factor in factor_name:
        dm = media_v[a_factor]    # 某个因子的当期均值
        # 构造新的因子序列,即研报中的 abs(di-dm)
        new_factor_series = abs(cdate_input[a_factor] - dm)
        dm1 = new_factor_series.median()    # 新因子序列的均值
        upper = dm + 5 * dm1        # 极值的上界
        lower = dm - 5 * dm1        # 极值的下界
        cdate_input[a_factor] = cdate_input[a_factor].apply(lambda x:
paper_winsorize(x, upper, lower))    # 进行去极值处理
    return cdate_input
    # 用申万一级的均值进行空值填充处理
```

```python
    def nafill_by_sw1(cdate_input):
        '''
        cdate_input: 某一期的因子值的 DataFrame, 列为 ticker, tradeDate (当月月末日期),
70 个因子名, 下个月月末日期, 下个月的个股绝对收益, 下个月的个股相对收益 (相对 HS300)
        输出: 经过均值填充后的因子值 DataFrame, 格式同 cdate_input
        '''
        func_input = cdate_input.copy()
        func_input = func_input.merge(sw_map_frame[['ticker',
'industryName1']], on=['ticker'], how='left')
        func_input.loc[:, factor_name] = func_input.loc[:, factor_name].fillna
(func_input.groupby ('industryName1') [factor_name].transform("mean"))
        return func_input.fillna(0.0)
    # 对某一期的数据进行去极值、空值填充处理
    def winsorize_fillna_date(tdate):
        '''
        tdate: 日期字符串, 格式为%Y%m%d
        input_frame: 全局变量, DataFrame 格式, 列为 ticker, tradeDate (当月月末日期),
70 个因子名, 下个月月末日期, 下个月的个股绝对收益, 下个月的个股相对收益 (相对 HS300)
        输出: 经过去极值和均值填充后的因子 DataFrame, index 为 ticker, 列为 tradeDate
(当月月末日期), 70 个因子名, 下个月月末日期, 下个月的个股绝对收益, 下个月的个股相对收益 (相
对 HS300)
        '''
        cnt = 0
        while True:
            try:
                cdate_input = input_frame[input_frame.tradeDate == tdate]
                # 去极值
                cdate_input = winsorize_by_date(cdate_input)
                # 用同行业的均值进行缺失值填充
                cdate_input = nafill_by_sw1(cdate_input)
                cdate_input.set_index('ticker', inplace=True)
                return cdate_input
            except Exception as e:
                cnt += 1
                if cnt >= 3:
                    cdate_input = input_frame[input_frame.tradeDate == tdate]
                    # 用同行业的均值进行缺失值填充
                    cdate_input = nafill_by_sw1(cdate_input)
                    cdate_input.set_index('ticker', inplace=True)
                    return cdate_input
    # 对某一期的数据进行中性化、标准化处理
    def standardize_neutralize_factor(input_data):
        '''
        input_data: list, 包括 cdate_input 和 tdate
        cdate_input: 某一期因子值的 DataFrame, index 为 ticker, 列为 tradeDate (当月
月末日期), 70 个因子名, 下个月月末日期, 下个月的个股绝对收益, 下个月的个股相对收益 (相对 HS300)
```

```
        tdate: 日期字符串，格式为 %Y%m%d
        输出：某一期经过中性化和标准化处理后的因子 DataFrame, index 为 ticker, 列为
tradeDate（当月月末日期），70 个因子名，下个月月末日期，下个月的个股绝对收益，下个月的个股
相对收益（相对 HS300）
        '''
        cdate_input, tdate = input_data
        for a_factor in factor_name:
            cnt = 0
            while True:
                try:
                    cdate_input.loc[:, a_factor] = standardize (neutralize
    (cdate_input [a_factor] , target_date = tdate,
                        exclude_style_list=['BETA', 'RESVOL', 'MOMENTUM',
'EARNYILD', 'BTOP', 'GROWTH', 'LEVERAGE', 'LIQUIDTY']))
                    break
                except Exception as e:
                    cnt += 1
                    if cnt >= 3:
                        break
        return cdate_input
```

最后对每期的数据进行处理，代码如下：

```
    # 遍历每个月月末日期，对因子进行去极值、空值填充处理
    print('winsorize factor data...')
    pool = Pool(processes=8)
    date_list = [tdate for tdate in np.unique(input_frame.tradeDate.values) if
int(tdate) > 20061231]
    dframe_list = pool.map(winsorize_fillna_date, date_list)
    # 遍历每个月月末日期，利用协程对因子进行标准化、中性化处理
    print('standardize & neutralize factor...')
    jobs = [gevent.spawn(standardize_neutralize_factor, value) for value in
zip(dframe_list, date_list)]
    gevent.joinall(jobs)
    new_dframe_list = [e.value for e in jobs]
    print('standardize neutralize factor finished!')
    # 将不同月份的数据合并到一起
    all_frame = pd.concat(new_dframe_list, axis=0)
    all_frame.reset_index(inplace=True)
    # 存储数据
    all_frame.to_csv(u'./raw_data/after_prehandle.csv', encoding='gbk',
chunksize=1000)
    end_time = time.time()
    print("\nData handle finished! Time Cost:%s seconds" % (end_time -
start_time))
```

执行该程序后,得到的结果如下:

```
winsorize factor data...
standardize & neutralize factor... standardize neutralize factor finished!
Data handle finished! Time Cost:344.870239019
```

3. 训练集、验证集、测试集数据划分

对数据处理完成后,继续对训练集、验证集等进行数据划分。划分原则如下。

(1)数据划分方式同研报保持一致,采用滚动切分的方式。

(2)在训练集中会丢弃 label 为-1 的样本,以减少随机噪声的影响。

(3)数据划分和回测设置的示意如图 6-5 所示(由于因子数据从 2007 年开始,因此前面几年的训练数据稍短一些)。

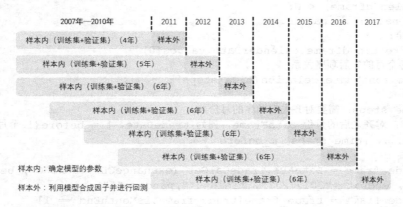

图 6-5

(4)将样本外的数据当成测试集(利用训练好的模型进行因子合成并回测),从图 6-5 可以看出,完成 2011 年—2017 年期间的一次回测,对于同一个模型(如 LSTM),需要有 7 套模型参数,每年会更新一次模型参数。

(5)划分后的数据以年进行区分,如 2017 年的样本内数据为 [output_dir]/train_2017.hdf,样本外数据为 [output_dir]/test_2017.hdf,存储的数据格式如图 6-6 所示。

	feature	label	ticker	tradeDate
0	[-2.39422677373, -0.0981115779679, …,-0.12002222]	1	000002	20160129
1	[连续5期的因子值,共5*70=350个]	下月涨跌标识	股票代码	日期
2	……			

图 6-6

首先进行基础设置，代码如下：

```python
import time
import os
import pandas as pd
import numpy as np
# 得到过去 N 个月的日期
def get_lastN_month(x, N, trade_frame):
    '''
    x: 月末日期字符串，格式为%Y%m%d
    N: 整数
    trade_frame: 交易日历 DataFrame
    输出：日期小于 x 的最大的 N 个月月末日期
    '''
    dframe = trade_frame[trade_frame.calendarDate < x].tail(N)
    if len(dframe) < N:
        return np.nan
    else:
        return dframe.calendarDate.values[0]
# 得到各个月的先后顺序关系
def get_monthdate_relation(time_steps):
    '''
    time_steps: 需要对齐先后顺序的月份数
    输出：对齐之后的月份 DataFrame，列为 tradeDate, 1_m_before(1 个月前的日期)，
2_m_before..., [time_steps]_m_before
    '''
    trade_frame = DataAPI.TradeCalGet (exchangeCD = u"XSHG", beginDate = "20070101", endDate="20171231", field=u"",pandas="1")
    trade_frame = trade_frame[trade_frame.isMonthEnd == 1]
    trade_frame['calendarDate'] = trade_frame['calendarDate'].apply(lambda x: x.replace("-", ""))
    trade_relation = trade_frame[['calendarDate', 'isOpen']]
    for i in range(1, time_steps):
        trade_relation['%s_m_before' % i] = trade_frame['calendarDate'] .apply (lambda x: get_lastN_month (x, i, trade_frame))
    trade_relation.rename(columns={"calendarDate": 'tradeDate'}, inplace=True)
    trade_relation.dropna(how='any', inplace=True)
    trade_relation = trade_relation.astype(np.int)
    return trade_relation
# 根据主动收益值（相对沪深 300）打上 0、1、-1 的标签
def get_label_by_return(filename):
    '''
    输入：原始因子文件（前面章节中的 after_prehandle.csv)路径
```

输出：增加"label"列后的 DataFrame，列为 ticker，tradeDate（当月月末日期），70个因子名，下个月月末日期，下个月的个股绝对收益，下个月的个股相对收益（相对 HS300），label

打标签规则：如果相对收益在当期从大到小排前 30%，则 label=1，如果排在后 70%，则 label=0，中间部分 label=-1

```
'''
    tp = pd.read_csv(filename, iterator=True, chunksize=1000, encoding='gb2312')
    df = pd.concat(tp, ignore_index=True)
    df = df.fillna(0.0)
    new_df = None
    for date, group in df.groupby('tradeDate'):
        quantile_30 = group['active_return'].quantile(0.3)
        quantile_70 = group['active_return'].quantile(0.7)
        def _get_label(x):
            if x >= quantile_70:
                return 1
            elif x <= quantile_30:
                return 0
            else:
                return -1
        group.loc[:, 'label'] = group.loc[:, 'active_return'].apply(lambda x : _get_label(x))
        if new_df is None:
            new_df = group
        else:
            new_df = pd.concat([new_df, group],ignore_index=True)
    return new_df
```

然后将数据转为 dict 格式，代码如下：

```
# 将数据转为 dict 格式，便于后续的处理
def get_datadict(filename, time_steps=5):
    '''
    将数据存储到 dict 格式中，便于后续的处理
    filename: 原始因子文件路径(after_prehandle.csv)
    time_steps: 需要对齐的前 N 期期数，即如果需要用前 6 个月的因子来合成下个月的因子，那么 time_steps=5 再加上当期就是 6 期
    '''
    trade_relation = get_monthdate_relation(time_steps)
    new_df = get_label_by_return(filename)
    factor_name = [x for x in new_df.columns if x not in ['ticker', 'tradeDate', 'abs_return', 'active_return', 'industryName1','label1', 'label2', 'label', 'isOpen', 'next_month_end'] and '_m_before' not in x and 'Unnamed' not in x]
```

```
        new_df = new_df.merge(trade_relation, on=['tradeDate'], how='left')
        new_df.dropna(inplace=True)
        # 合并5期数据
        useful_col = ['ticker', 'tradeDate']
        useful_col.extend(factor_name)
        for i in range(1, time_steps):
            inframe = new_df.copy()
            inframe = inframe[useful_col]
            replace_list = {"tradeDate":"match_Date"}
            for a_factor in factor_name:
                replace_list[a_factor] = "%splus%s"%(a_factor, i)
            inframe.rename(columns=replace_list, inplace=True)
            new_df = new_df.merge (inframe, left_on= ['ticker', '%s_m_before'%i],
right_on = ['ticker', 'match_Date'], how='left')
            del new_df['match_Date']
        # 排序
        initial_col = []
        for i in range(time_steps-1, 0, -1):
            add_col = [x+"plus%s"%i for x in factor_name]
            initial_col.extend(add_col)
        initial_col.extend(factor_name)
        final_col = initial_col[:]
        final_col.extend(['label', 'ticker', 'tradeDate'])
        new_df = new_df[final_col]
        new_df.fillna(0, inplace=True)
        # 转成list
        new_df['year'] = new_df['tradeDate'].apply(lambda x: int(x/10000))
        year_dict = {}
        for tyear in range(2007, 2018):
            year_df = new_df[new_df.year == tyear]
            factor_array = np.array(year_df[initial_col])
            label_array = np.array(year_df['label'])
            ticker_array = np.array(year_df['ticker'])
            tradeDate_array = np.array(year_df['tradeDate'])
            s_list = [list(x) for x in zip(factor_array, label_array,
ticker_array, tradeDate_array)]
            year_dict[tyear] = s_list
        return year_dict
    # 将after_prehandle数据进行转换，按年生成训练集（验证集）和测试集
    def convert_origin_data_for_rnn(filename='raw_data//after_prehandle.csv',
output_dir="train_predict_data"):
        '''
```

对前面章节中生成的 after_prehandle 数据进行样本内、样本外数据划分
filename：上一步得到的因子值文件
output_dir：输出文件存储目录
输出：样本内的数据存储在 [output_dir]/train_[年份].hdf 中，样本外的数据存储在 [output_dir]/test_[年份].hdf 中
'''

```
    data_dict = get_datadict(filename)
    if not os.path.exists(output_dir):
        os.mkdir(output_dir)
    for year in range(2011, 2018):
        print "convert data for year:%s..." %year
        train_eval_origin_data = []
        min_year = max(2007, year-6)
        for date, data in data_dict.items():
            if date >= min_year and date < year:
                train_eval_origin_data.extend(data)
        train_eval_origin_data = [item for item in train_eval_origin_data if item[1] != -1]
        train_df = pd.DataFrame(train_eval_origin_data, columns=['feature', 'label', 'ticker', 'tradeDate'])
        train_df.to_hdf(os.path.join(output_dir, 'train_%s.hdf'%year), 'data')
        test_origin_data = data_dict[year]
        test_df = pd.DataFrame(test_origin_data, columns=['feature', 'label', 'ticker', 'tradeDate'])
        test_df.to_hdf(os.path.join(output_dir, 'test_%s.hdf'%year), 'data')
```

接下来切分样本内（训练集+验证集）、样本外的数据，代码如下：

```
s1 = time.time()
convert_origin_data_for_rnn()
print time.time() - s1
```

执行该程序后，得到的结果如下：

```
convert data for year:2011...
convert data for year:2012...
convert data for year:2013...
convert data for year:2014...
convert data for year:2015...
convert data for year:2016...
convert data for year:2017...
88.0772690773
```

6.2.4 利用不同模型对因子进行合成

在利用不同模型对因子进行合成时，需要注意 TensorFlow 的特点，即在利用不同深度学习模型时，需要重启研究环境以释放资源。具体方法在后面会进行讲解。

此部分内容为利用不同模型对因子进行合成，具体包括以下两点。
- 利用传统的线性回归模型合成因子。
- 利用深度学习模型合成因子，包括 3 类模型：RNN、LSTM、GRU。

利用线性回归模型和深度学习模型对因子进行合成的示意如图 6-7 所示。

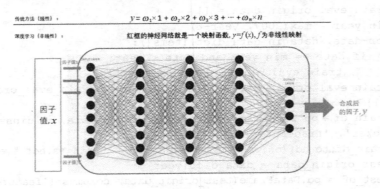

图 6-7

图 6-7 中，ω 表示权重，n 为个数。

1. 利用传统的线性回归模型合成因子

利用传统的线性回归模型合成因子的方法如下。

（1）将线性回归模型作为参照组。

（2）将前 5 期（包括当期）的因子值作为自变量，下一期的绝对超额收益作为因变量进行回归，在训练数据上进行回归得到模型参数。

（3）利用得到的模型在验证集数据上进行因子合成。

（4）每回测 1 年，更新 1 次模型。

（5）将合成后的因子存储到 factor_data/backtest_linear_regression.csv 中。

示例代码如下：

```
# coding:utf-8
import pandas as pd
import numpy as np
```

```python
from sklearn import datasets, linear_model
from sklearn.linear_model import LinearRegression
import os
import time
start_time = time.time()
# 输出目录配置
data_save_dir = "factor_data/"
if not os.path.exists(data_save_dir):
    os.makedirs(data_save_dir)
# 读入处理过后的因子文件
all_frame = pd.read_csv (u'raw_data//after_prehandle.csv', encoding = 'gbk', dtype = { "ticker":np.str,"tradeDate":np.str })
extra_list = ['ticker', 'tradeDate', 'next_month_end', 'abs_return', 'active_return', 'industryName1']
factor_name = [x for x in all_frame.columns if x not in extra_list]
def multi_regression_predict(all_dataframe,start_date, end_date):
    linreg = LinearRegression()
    if 1:
        df_data = all_dataframe.copy()
        df_data.fillna(0, inplace=True)
        ticker_hist_data = df_data[(df_data.tradeDate >= start_date) & (df_data.tradeDate <= end_date)]
        X_train = ticker_hist_data[factor_name]
        y_train = ticker_hist_data[[u'active_return']]
        X_train = np.array(X_train)
        y_train = np.array(y_train)
        linreg.fit(X_train, y_train)
    return linreg
# 交易日历
trade_date = DataAPI.TradeCalGet(exchangeCD=u"XSHG", beginDate="20070101", endDate="20171231", field=u"", pandas="1")
trade_date = trade_date[trade_date.isMonthEnd == 1]
trade_date['calendarDate'] = trade_date['calendarDate'].apply(lambda x: x.replace("-",""))
# 样本内训练+样本外预测
all_year_list = []
for year in range(2011, 2018):
    print "train and predict for year: %s" %year
    start_year = year - 4
    end_year = year - 1
    start_date = "%s0101" % start_year
    end_date = "%s1231" % end_year
    regressor = multi_regression_predict(all_frame, start_date, end_date)
```

```python
        tmp_trade_frame = trade_date[
            (trade_date.calendarDate >= "%s0101" % year) & (trade_date.
calendarDate <= "%s1231" % year)]
        factor_linear_list = []
        for tdate in tmp_trade_frame.calendarDate.values:
            input_data = all_frame[all_frame.tradeDate == tdate]
            if len(input_data) == 0:
                print("skip %s" % tdate)
                continue
            ticker_index = list(input_data.ticker.values)
            input_data.fillna(0, inplace=True)
            input_data = np.array(input_data[factor_name])
            factor_v = (regressor.predict(input_data))
            factor_v = list(factor_v.reshape(1, len(ticker_index))[0])
            tmp_frame = pd.DataFrame({"ticker": ticker_index, "factor_v":
factor_v})
            tmp_frame['datadate'] = tdate
            factor_linear_list.append(tmp_frame)
        year_frame = pd.concat(factor_linear_list, axis=0)
        all_year_list.append(year_frame)
    all_year_frame = pd.concat(all_year_list, axis=0)
    all_year_frame.reset_index(inplace=True)
    del all_year_frame['index']
    all_year_frame.to_csv(u'factor_data/backtest_linear_regression.csv')
    end_time = time.time()
    print "Linear Regression model finished, time cost:%s seconds" % (end_time
- start_time)
```

执行该程序后，得到的结果如下：

```
train and predict for year: 2011
train and predict for year: 2012
train and predict for year: 2013
train and predict for year: 2014
train and predict for year: 2015
train and predict for year: 2016
train and predict for year: 2017
skip 20171130
skip 20171229 Linear Regression model finished, time cost:21.2869358063 seconds
```

2. 利用深度学习模型合成因子

下面利用深度学习模型合成因子并进行运算，步骤如下。

（1）分别用 LSTM、GRU、RNN 3 个模型来进行训练和因子合成。

（2）将不同模型得到的合成因子存储到 factor_data/factor_[模型名称].csv 中。

（3）注意事项：由于 TensorFlow 的特点，每运行完一个深度学习模型后，需要重启研究环境以释放资源。

（4）由于之前的数据都进行了存储，所以直接运行下面的代码即可，不需要重新运行上面的代码。

重启研究环境的步骤如下。

- 网页版：先单击左上角的"Notebook"图标，然后单击左下角的"内存 x%"图标，最后单击"重启研究环境"按钮。
- 客户端：单击左下角的"内存 x%"，最后单击"重启研究环境"按钮。

重启研究环境后，代码如下：

```
# 重启研究环境后，从此处开始运行
# coding: utf-8
import sys
import time
import os
import tensorflow as tf
import numpy as np
import pandas as pd
from collections import namedtuple
FLAGS = tf.app.flags.FLAGS
# 对需要修改的参数进行设置：通过 exp_name 来选择模型，包括"RNN""GRU""LSTM"
tf.app.flags.DEFINE_string('exp_name', 'rnn', 'model name')
tf.app.flags.DEFINE_string('exp_name', 'gru', 'model name')
tf.app.flags.DEFINE_string('exp_name', 'lstm', 'model name')
```

数据读取的基本函数的代码如下：

```
# 取得某一年的训练、验证、预测数据集
def get_train_val_predict_data(year, split_pct=0.9, data_path="train_predict_data/"):
    '''
    调用该函数时，会将某一年的样本内数据根据一定比例随机切分成训练数据集和验证数据集
    year: 如 2017
    split_pct: 训练数据所占比例，1-split_pct 为验证数据所占比例
    输出：训练集、验证集和测试集 3 个 DataFrame
    '''
    train_val_df = pd.read_hdf("%strain_%s.hdf"%(data_path,year), 'data')
    train_val_df = train_val_df.sample(frac=1).reset_index(drop=True)
```

```
        train_data = train_val_df.iloc[0:int(len(train_val_df) * split_pct)]
        val_data = train_val_df.iloc[int(len(train_val_df) * split_pct):]
        predict_data = pd.read_hdf("%stest_%s.hdf"%(data_path,year), 'data')
        return train_data, val_data, predict_data
    # 按照深度学习网络输入/输出格式规整化数据
    def format_input_label_data(origin_data, time_step, feature_size,
batch_size=None):
        '''
        将数据集中的 feature 字段数据、label 字段数据取出来,并转换成 numpy 的 array 形式
        origin_data: 数据集 DataFrame
        time_step: 记忆的数据期数
        feature_size: 每期的因子数
        batch_size: 如果为 None 则取所有数据,如果不为 None,则取对应值的数据条数
        返回:深度学习模型的输入特征 array,模型的输出值 array
        '''
        if batch_size is not None:
            origin_data = origin_data.sample(n=batch_size)
        input_data = np.array([item.reshape(time_step, feature_size) for item
in origin_data['feature']])
        output_label = np.array([[item for item in origin_data['label']]]).T
        return input_data, output_label
    # 将因子文件保存
    def write_factor_to_csv(test_origin_data, factor_value, year, write_
dir="factor_data/"):
        '''
        test_origin_data: 测试集原始数据
        factor_value: Series,index 为股票代码,值为合成后的因子值
        '''
        test_origin_data['factor'] = factor_value
        df = test_origin_data.loc[:, ['ticker', 'tradeDate', 'label', 'factor']]
        df.to_csv('%s%s_factor.csv'%(write_dir,year), encoding='utf-8')
```

3. 定义 RNNModel 类

定义的 RNNModel 类包括基本的 RNN 单元结构、LSTM 结构、GRU 结构。在该类中定义网络结构,即在 TensorFlow 语法中的"画图"过程。

示例代码如下:

```
# coding: utf-8
import os, sys
import time
import numpy as np
import TensorFlow as tf
```

```python
class RNNModel():
    def __init__(self, tf_flags, model_type='lstm', feature_size=70, num_class=2):
        self.tf_flags = tf_flags
        self.model_type = model_type
        self.num_class = num_class
        self.feature_size = feature_size
    '''建立一个图,包括定义参数变量、网络结构、优化器'''
    def build_graph(self):
        tf.logging.info('Building graph...')
        t0 = time.time()
        '''定义参数变量,即 output = f(x,y,z,..)中的x,y,z'''
        self._add_placeholders()
        '''定义网络结构'''
        self._build_network()
        '''定义优化器类型'''
        self._add_train_op()
        '''将模型中的一些指标、参数都汇总到一起,便于输出查看'''
        self._summaries = tf.summary.merge_all()
        t1 = time.time()
        tf.logging.info('Time to build graph: %i seconds', t1 - t0)
    '''定义参数变量,即 output = f(x,y,z,..)中的x,y,z'''
    def _add_placeholders(self):
        self.input_data = tf.placeholder(tf.float32, [None, self.tf_flags.time_steps, self.feature_size], name='input')
        self.output_label = tf.placeholder(tf.int32, [None, 1], name="label")
        self.keep_prob = tf.placeholder(tf.float32, shape=(), name="keep_prob")
        self.batch_size = tf.placeholder(tf.int32, shape=(), name="batch_size")
    '''构建神经网络结构'''
    def _build_network(self):
        '''多层网络,层数由 layer_num 确定'''
        multi_rnn_cell = tf.nn.rnn_cell.MultiRNNCell([self._get_cell() for _ in range(self.tf_flags.layer_num)], state_is_tuple=True)
        initial_state = multi_rnn_cell.zero_state(self.batch_size, tf.float32)
        # 多层网络的输出状态
        rnn_outputs, final_state = tf.nn.dynamic_rnn(multi_rnn_cell, self.input_data, initial_state=initial_state, swap_memory=True)
        '''将上一步的网络输出通过全连接层转成维度为 self.num_class-1 的数据,并通过 softmax 转换成因子值'''
```

```python
            trunc_norm_init = tf.truncated_normal_initializer(stddev=self.
tf_flags.trunc_norm_init_std, seed=123)
            with tf.variable_scope('softmax'):
                softmax_w = tf.get_variable('W', shape=[self.tf_flags.hidden_
size, self.num_class-1], dtype=tf.float32, initializer=trunc_norm_init)
                softmax_b = tf.Variable(tf.constant(0.1, shape=[self.num_
class-1]), name="b")
            rnn_outputs = tf.unstack(tf.transpose(rnn_outputs, [1, 0, 2]))
            self.logits = tf.matmul(rnn_outputs[-1], softmax_w) + softmax_b
            self.logits_output = tf.nn.sigmoid(self.logits)
            '''计算accuracy和loss'''
            predicted_class = tf.greater(self.logits_output, 0.5)
            correct_prediction = tf.equal(predicted_class, tf.equal(self.
output_label, 1))
            self.accuracy = tf.reduce_mean(tf.cast(correct_prediction,
"float"))
            self.loss = tf.reduce_mean(tf.nn.sigmoid_cross_entropy_with_logits
(logits=self.logits, labels=tf.cast(self.output_label, tf.float32)))
            '''将网络中的参数变量存到summary中进行输出'''
            self.variable_values = tf.trainable_variables()
            self.variable_names = [v.name for v in tf.trainable_variables()]
            for variable_name, variable_value in zip(self.variable_names,
self.variable_values):
                tf.summary.histogram(variable_name, variable_value)
    '''单层的网络结构,包括RNN、LSTM、GRU'''
    def _get_cell(self):
    rand_unif_init=tf.random_uniform_initializer(-self.tf_flags.rand_unif_in
it_mag,self.tf_flags .rand_unif_init_mag, seed = 123 )
            if self.model_type == 'rnn':
                basic_cell = tf.nn.rnn_cell.BasicRNNCell
(self.tf_flags.hidden_size)
            elif self.model_type == 'gru':
                basic_cell = tf.nn.rnn_cell.GRUCell(self.tf_flags.hidden_size)
            else:
                basic_cell = tf.nn.rnn_cell.BasicLSTMCell (self.tf_flags.
hidden_size, state_is_tuple =True)
            rnn_cell = tf.nn.rnn_cell.DropoutWrapper(cell=basic_cell, input_
keep_prob=1.0, output_keep_prob=self.keep_prob, seed=123)
            return rnn_cell
    '''设置优化器'''
    def _add_train_op(self):
            self._train_op = tf.train.RMSPropOptimizer(self.tf_flags.lr).
minimize(self.loss)
```

```python
'''运行训练集'''
    def run_train_step(self, sess, input_data, output_label, batch_size):
        """Runs one training iteration. Returns a dictionary containing train
op, summaries, loss, and (optionally) coverage loss."""
        feed_dict = {}
        feed_dict[self.input_data] = input_data
        feed_dict[self.output_label] = output_label
        feed_dict[self.keep_prob] = self.tf_flags.keep_prob
        feed_dict[self.batch_size] = batch_size
        to_return = {
            'train_op': self._train_op,
            'summaries': self._summaries,
            'loss': self.loss,
            'accuracy': self.accuracy,
            'variable_value': self.variable_values,
        }
        return sess.run(to_return, feed_dict), self.variable_names
'''运行验证集'''
    def run_eval_step(self, sess, input_data, output_label, batch_size):
        """Runs one evaluation iteration. Returns a dictionary containing
summaries, loss, and (optionally) coverage loss."""
        feed_dict = {}
        feed_dict[self.input_data] = input_data
        feed_dict[self.output_label] = output_label
        feed_dict[self.keep_prob] = 1.0
        feed_dict[self.batch_size] = batch_size
        to_return = {
            'loss': self.loss,
            'accuracy': self.accuracy,
        }
        return sess.run(to_return, feed_dict)
'''运行预测'''
    def run_predict_step(self, sess, input_data, output_label, batch_size):
        """Runs one predict iteration. Returns a dictionary containing
summaries, loss, and (optionally) coverage loss."""
        feed_dict = {}
        feed_dict[self.input_data] = input_data
        feed_dict[self.output_label] = output_label
        feed_dict[self.keep_prob] = 1.0
        feed_dict[self.batch_size] = batch_size
        to_return = {
            'loss': self.loss,
            'accuracy': self.accuracy,
```

```
            'output': self.logits_output,
        }
        return sess.run(to_return, feed_dict)
```

4. 将训练模型参数合成因子

程序默认会建立 logs_[year]目录,用来存放一些中间数据,比如将 2016 年当作样本,会建立 logs_2016 目录,用户也可自行调整代码删除这部分功能。

首先进行基础设置,代码如下:

```
# 默认参数设置
tf.app.flags.DEFINE_string('log_root', 'logs', 'Root directory for all logging.')
tf.app.flags.DEFINE_string('time_steps', 5, 'time steps for rnn')
tf.app.flags.DEFINE_string('feature_size', 70, 'feature size for rnn')
tf.app.flags.DEFINE_integer('hidden_size', 100, 'dimension of RNN hidden states')
tf.app.flags.DEFINE_integer('layer_num', 2, 'multi layer num')
tf.app.flags.DEFINE_integer('batch_size', 1000, 'minibatch size')
tf.app.flags.DEFINE_integer('keep_prob', 0.8, 'dropout prob')
tf.app.flags.DEFINE_float('lr', 0.0001, 'learning rate')
tf.app.flags.DEFINE_float('adagrad_init_acc', 0.1, 'initial accumulator value for Adagrad')
tf.app.flags.DEFINE_float('rand_unif_init_mag', 0.02, 'magnitude for lstm cells random uniform inititalization')
tf.app.flags.DEFINE_float('trunc_norm_init_std', 1e-4, 'std of trunc norm init, used for initializing everything else')
tf.app.flags.DEFINE_float('max_grad_norm', 2.0, 'for gradient clipping')
def get_config():
    config = tf.ConfigProto(log_device_placement=False, allow_soft_placement=True)
    config.gpu_options.allow_growth = True
    return config
def train_and_predict(model, tf_flags, train_origin_data, eval_origin_data, predict_origin_data, year):
    """输出目录配置"""
    data_save_dir = "factor_data/"
    log_save_dir = "logs_%s/"%str(year)
    if not os.path.exists(data_save_dir):
        os.makedirs(data_save_dir)
    if not os.path.exists(log_save_dir):
        os.makedirs(log_save_dir)
    save_dirs = [log_save_dir, data_save_dir]
    """构建 TensorFlow 的图,开启 TensorFlow session"""
```

```python
        print("begin to build TensorFlow graph")
        model.build_graph()
        session = tf.Session(config=get_config())
        summary_writer = tf.summary.FileWriter(log_save_dir, graph=session.graph)
        tf.logging.info("Created session.")
        """开始训练、验证、预测"""
        try:
            run_train_predict(model, tf_flags, train_origin_data, eval_origin_data, predict_origin_data, session, summary_writer, save_dirs, year)
        except KeyboardInterrupt:
            tf.logging.info("Caught keyboard interrupt on worker. Stopping supervisor...")
    def run_train_predict(model, tf_flags, train_origin_data, val_origin_data, predict_origin_data, session, summary_writer, save_dirs, year):
        tf.logging.info("starting run train and predict")
        [log_save_dir, data_save_dir] = save_dirs
        """将数据格式根据模型结构进行转换"""
        val_input_data, val_output_label = format_input_label_data(val_origin_data, tf_flags.time_steps, tf_flags.feature_size)
        predict_input_data, predict_output_label = format_input_label_data(predict_origin_data, tf_flags.time_steps, tf_flags.feature_size)
        variable_df = pd.DataFrame(columns=['cell0_factor1', 'cell0_factor2', 'cell1'])
        # 训练集表现
        train_loss_df = pd.DataFrame(columns=['Step', 'Value'])
        train_accuracy_df = pd.DataFrame(columns=['Step', 'Value'])
        # 验证集表现
        val_loss_df = pd.DataFrame(columns=['Step', 'Value'])
        val_accuracy_df = pd.DataFrame(columns=['Step', 'Value'])
        with session as sess:
            sess.run(tf.initialize_all_variables())
            sess.run(tf.initialize_local_variables())
            best_step = -1  # 初始的最佳优化结果位置
            min_loss = 1e7  # 初始的loss值
            """ 循环运行batch """
            for train_step in range(0, 5000):  # repeats until interrupted
                train_input_data, train_output_label = format_input_label_data(train_origin_data, tf_flags.time_steps, tf_flags.feature_size, tf_flags.batch_size)
                tf.logging.info('running training step...%s'% train_step)
                t0 = time.time()
```

```python
            ''' 用一个 batch 的数据进行训练 '''
            train_results, variable_names = model.run_train_step(sess,
train_input_data, train_output_label, tf_flags.batch_size)
            t1 = time.time()
            tf.logging.info('seconds for training step: %.3f', t1 - t0)
            loss = train_results['loss']
            tf.logging.info('train loss: %f', loss)
            '''记录训练过程的指标'''
            train_summaries = tf.Summary(value=[
                tf.Summary.Value(tag="train_loss",
simple_value=train_results['loss']),
                tf.Summary.Value(tag="train_accuracy", simple_value=
train_results['accuracy']),
            ])
            summary_writer.add_summary(train_summaries, train_step)
            '''每100次batch循环,记录一次数据'''
            if train_step % 100 == 0:
                summary_writer.add_summary(train_results['summaries'],
train_step)
                cell0_variable_beta = train_results['variable_value'][0][1]
                cell0_variable_revenuegrowrate = train_results
['variable_value'][0][2]
                cell1_variable = train_results['variable_value'][2][0]
                variable_df.loc[train_step] = [cell0_variable_beta, cell0_
variable_revenuegrowrate, cell1_variable]
            '''每10次batch循环运行一次验证集数据,看模型在验证集的表现'''
            if train_step % 50 == 0:
                train_loss_df.loc[train_step] = [train_step, train_results
['loss']]
                train_accuracy_df.loc[train_step] = [train_step, train_
results['accuracy']]
                val_results = model.run_eval_step(sess, val_input_data,
val_output_label, len(val_input_data))
                loss = val_results['loss']
                if loss < min_loss:
                    min_loss = loss
                    best_step = train_step
                elif train_step - best_step > 200:
                    break
                tf.logging.info('eval loss: %f', loss)
```

```
                    '''记录验证集的指标'''
                    eval_summaries = tf.Summary(value=[
                        tf.Summary.Value(tag="val_loss", simple_value=val_results['loss']),
                        tf.Summary.Value(tag="val_accuracy", simple_value=val_results['accuracy']),
                    ])
                    summary_writer.add_summary(eval_summaries, train_step)
                    val_loss_df.loc[train_step] = [train_step, val_results['loss']]
                    val_accuracy_df.loc[train_step] = [train_step, val_results['accuracy']]
                # 经常刷新摘要编写器
                    if train_step % 100 == 0:
                        summary_writer.flush()
            print("finished train!")
            # 训练过程的参数、准确度变化等中间结果,选择性保存
            # variable_df.to_csv(os.path.join(log_save_dir, '%s_variable.csv'%model.model_type), chunksize=1000, coding: 'utf-8')
            # train_loss_df.to_csv(os.path.join(log_save_dir, '%s_train_loss.csv'%model.model_type), index=False, coding: 'utf-8')
            # train_accuracy_df.to_csv(os.path.join(log_save_dir, '%s_train_accuracy.csv'%model.model_type), index=False, coding: 'utf-8')
            # val_loss_df.to_csv(os.path.join(log_save_dir, '%s_val_loss.csv'%model.model_type), index=False, coding: 'utf-8')
            # val_accuracy_df.to_csv(os.path.join(log_save_dir, '%s_val_accuracy.csv'%model.model_type), index=False, coding: 'utf-8')
            print("begin to predict for year:%s"%year)
            ''' 训练完成后,输出预测结果(合成后的因子值)'''
            results = model.run_predict_step(sess, predict_input_data, predict_output_label, len(predict_output_label))
            write_factor_to_csv(predict_origin_data, results['output'], year, data_save_dir)
    def main(unused_argv):
```

然后配置 TensorFlow 的参数和环境,代码如下:

```
    tf.logging.set_verbosity(tf.logging.WARN)    # 选择所需的日志级别
    param_dict = {}
    for key, val in FLAGS.__flags.items():
        param_dict[key] = val
    tf_flags = namedtuple("Params", param_dict.keys())(**param_dict)
```

```python
        tf.set_random_seed(111)        # 随机性的种子值
```

接下来使用训练模型得到2011年—2017年的月度合成因子值，代码如下：

```python
    start_time = time.time()
    for current_year in range(2011, 2018):
        print("starting run train and predict for year:%s..."%current_year)
        tf.reset_default_graph()
        model = RNNModel(tf_flags, model_type=FLAGS.exp_name)
        # 取出对应年份的训练集数据、验证集数据、预测数据
        train_data, val_data, predict_data = get_train_val_predict_data(current_year)
        print('data size: train(%s), val(%s), predict(%s) '% (len(train_data), len(val_data), len(predict_data)))
        t1 = time.time()
        # 训练、验证和预测
        train_and_predict(model, tf_flags, train_data, val_data, predict_data, current_year)
        print('----------------- finish year:%s--------------, time cost:%s'%(str(current_year), time.time() - t1))
    print("%s predict finished, time cost:%s" % (FLAGS.exp_name, time.time() - start_time))
```

最后将预测文件合并到一个文件中，代码如下：

```python
    frame_list = []
    for factor_file in os.listdir("./factor_data"):
        if "_factor" in factor_file:
            tmp_frame = pd.read_csv("./factor_data/%s"%factor_file, index_col=0)
            os.remove('./factor_data/%s'%factor_file)
            frame_list.append(tmp_frame)
    aframe = pd.concat(frame_list, axis=0)
    aframe.reset_index(inplace=True)
    del aframe['index']
    aframe.to_csv(u'./factor_data/factor_%s.csv'%(FLAGS.exp_name))
if __name__ == '__main__':
    tf.app.run()
```

执行该程序后，得到的部分结果如下：

```
--------- finish year:2015--------------, time cost:194.345479012
starting run train and predict for year:2016...
data size: train(92931), val(10326), predict(34739)
begin to predict for year:2016
--------- finish year:2016--------------, time cost:267.022964001
```

```
starting run train and predict for year:2017...
data size: train(99886), val(11099), predict(32514)
begin to predict for year:2017
--------- finish year:2017--------------, time cost:191.878343821
Deep Learn predict finished, time cost:1389.45948291
SystemExit
```

6.2.5 合成因子效果的分析和比较

合成因子效果的分析如下。

（1）耗时说明：该部分耗时 3 小时，由于回测的组合数非常多，且每次回测都用了优矿基于撮合机制的 quartz 回测框架，因此时间比较长（可调整遍历参数范围以减少回测时间）。

（2）运行注意事项：由于运行深度学习模型占用资源较多，且由于 TensorFlow 的特点，即资源不会自动释放，在运行下面的代码时，如果遇到线程不够、内存不够等问题，需要先重启研究环境再继续运行。

（3）此部分内容主要包括如下 3 个部分。

- 投资组合的构建和回测。

对每种模型合成的因子都进行了如下的组合构建并进行了回测。

中证 500 行业中性组合：组合中各行业的权重和中证 500 的行业权重一致，行业中的持股数按（2,5,10,15,20）进行遍历，共有 4（模型数）×5 = 20（个）组合。

沪深 300 行业中性组合：组合中各行业的权重和沪深 300 的行业权重一致，行业中的持股数按（2,5,10,15,20）进行遍历，共有 4（模型数）×5 = 20（个）组合。

非行业中性组合：因子值从大到小排序，分别选取前（20, 50, 100, 150, 200）只股票买入进行组合构建，共有 4（模型数）× 5 = 20（个）组合。

个股买入权重：在行业中性组合中，同一个行业下，个股等权买入；在非行业中性组合中，所有股票等权买入。

回测设置：从 2011 年 1 月 31 日至 2017 年 10 月 31 日进行回测，每月月末调仓。

- 不同模型的回测指标比较。

该部分比较了超额年化收益率、最大回撤、信息比率、Calmar 比率 4 个指标。对比结果显示，深度学习模型的效果优于传统的线性模型，具体来说 LSTM≈GRU > RNN > 线性模型。

- LSTM 组合的超额收益走势及单因子 5 分位组合分析。

为了更进一步展示深度学习模型合成的因子表现,选取了 LSTM 模型下中证 500 行业中性每个行业买入 5 只股票的组合,画出了超额收益走势和回撤,以显示组合走势的波动和收益情况。

对 LSTM 模型合成的因子进行了 5 分位分析,超额收益走势和回撤的结果显示,走势和回撤表现都非常优异;单因子 5 分位分析的结果显示,因子的区分度非常明显。

6.2.6 投资组合的构建和回测

下面对投资组合进行构建和回测,详细说明如下。需要注意的是,所有组合都是单纯做多组合。

1. 读入合成的因子文件

通过 Python 程序读入合成的因子文件,示例代码如下:

```python
import matplotlib.cm as cm
import matplotlib.pyplot as plt
import numpy as np
import seaborn as sns
import pandas as pd
import numpy as np
from CAL.PyCAL import *
sns.set_style('white')
def load_factor(path):
    factors = pd.read_csv(path, index_col=0, dtype={'ticker':np.str, 'tradedate':np.str})
    factors['ticker'] = factors['ticker'].apply(lambda x: str(x).zfill(6))
    factors['ticker'] = factors['ticker'].apply(lambda x:x + '.XSHG' if x[0] == '6' else x+'.XSHE')
    factors['tradeDate'] = pd.to_datetime(factors['tradeDate'], format ='%Y%m%d')
    factors.rename(columns={"value":"factor"}, inplace=True)
    factors = factors.pivot(index='tradeDate', columns='ticker', values='factor')
    factors.index = factors.index.strftime('%Y-%m-%d')
    return factors
# 读入合成的因子文件
factors_rnn = load_factor('factor_data//factor_rnn.csv')
factors_rnn = factors_rnn[factors_rnn.index >= "2011-01-31"]
```

```
    factors_gru = load_factor('factor_data//factor_gru.csv')
    factors_gru = factors_gru[factors_gru.index >= "2011-01-31"]
    factors_lstm = load_factor('factor_data///factor_lstm.csv')
    factors_lstm = factors_lstm[factors_lstm.index >= "2011-01-31"]
    factors_linear = pd.read_csv('factor_data/backtest_linear_regression.
csv', index_col=0, dtype={'ticker':np.str, 'datadate':np.str})
    factors_linear['ticker'] = factors_linear['ticker'].apply(lambda x:x +
'.XSHG' if x[0] == '6' else x+'.XSHE')
    factors_linear['datadate'] = pd.to_datetime(factors_linear['datadate'],
format='%Y%m%d')
    factors_linear = factors_linear.pivot(index='datadate', columns='ticker',
values='factor_v')
    factors_linear.index = factors_linear.index.strftime('%Y-%m-%d')
```

2. 计算 60 个组合的持仓个股及权重

下面通过程序计算 60 个组合的持仓个股及权重，代码如下：

```
import pandas as pd
import time
t1 = time.time()
```

首先获取基准权重、行业分类数据，代码如下：

```
    stock_list = DataAPI.EquGet(equTypeCD=u"A",secID=u"",ticker=u"",
list StatusCD=u"L,S,DE",field=u"",pandas="1")
    stock_list = stock_list['secID'].tolist()
    # 中证 500 权重
    zz500_weight = DataAPI.IdxCloseWeightGet(secID=u"",ticker=u"000905",
beginDate=u"20110101",endDate=u"20171229",field=u"effDate,consID,weight",pan
das="1")
    zz500_weight.set_index('effDate', inplace=True)
    # 沪深 300 权重
    hs300_weight = DataAPI.IdxCloseWeightGet(secID=u"",ticker=u"000300",
beginDate=u"20110101",endDate=u"20171229",field=u"effDate,consID,weight",pan
das="1")
    hs300_weight.set_index('effDate', inplace=True)
    # 股票所属行业
    start_date = '20110101'
    end_date = '20171031'
    cal_dates = DataAPI.TradeCalGet(exchangeCD=u"XSHG", beginDate=start_date,
endDate=end_date).sort('calendarDate')
    cal_dates = cal_dates[cal_dates['isMonthEnd']==1]
    trade_month_list = cal_dates['calendarDate'].values.tolist()
    data_list = []
```

```
    tcount = 0
    for date in trade_month_list:
        if tcount %12 == 0:
            print date
        date_ = ''.join(date.split('-'))
        tmp = DataAPI.RMExposureDayGet(secID=stock_list, beginDate=date_,
endDate=date_)
        data_list.append(tmp)
        tcount +=1
    data = pd.concat(data_list, axis=0)
    indu = data.iloc[:, [0, 2] + range(15, 15+28)]
    indu['tradeDate'] = indu['tradeDate'].apply(lambda x: x[:4]+"-"+x[4:6]
+"-"+x[6:])
    indu = indu.set_index('tradeDate')
    t2 = time.time()
    print "Time cost: %s seconds" %(t2-t1)
```

然后，得到投资组合持仓标的及标的权重的基本函数，代码如下：

```
    # 在非行业中性下，计算权重的详细算法
    def calc_wts_n(df, n):
        '''
        df: 某一期因子值的 DataFrame，列为 ['tradeDate', 'secID', 'factor_value']
        输出: DataFrame，因子排名前 n 的个股，以及个股的买入权重，列为 ['tradeDate',
'secID', 'factor_value', 'h_wts']
        '''
        n_df = df.sort_values(by='factor_value', ascending=False).head(n)
        hold_wts = 1.0/n
        n_df['h_wts'] = hold_wts
        return n_df

    # 非行业中性下，得到持仓标的及权重
    def portfolio_simple_long_only(tfactor, holding_num):
        '''
        tfactor: 股票及对应因子值的 DataFrame，列为['tradeDate', 'secID',
'factor_value']
        holding_num: 买入的股票个数
        输出: DataFrame，每一期买入的个股及个股权重，列为['tradeDate', 'secID',
'h_wts']
        '''
        tfactor = tfactor.copy()
        tmp_frame = tfactor.groupby(['tradeDate']).apply(calc_wts_n,
holding_num)
        del tmp_frame['tradeDate']
```

```python
        tmp_frame = tmp_frame.reset_index()
        tmp_frame = tmp_frame[['tradeDate', 'secID', 'h_wts']]
        return tmp_frame[['tradeDate', 'secID', 'h_wts']].pivot(index=
'tradeDate', columns='secID', values='h_wts')

    # 在行业中性下,计算权重的详细算法
    def calc_wts_neu_n(df, n):
        '''
        df:某一期、某个行业因子值的DataFrame,列为['tradeDate', 'secID',
'factor_value']
        输出:DataFrame,因子排名前 n 的个股,以及个股的买入权重,列为 ['tradeDate',
'secID', 'factor_value', 'h_wts', 'hold_n'(持仓个数)]
        '''
        indu_stock_count = len(df)
        num = min(n, indu_stock_count)
        hold_wts = df['wts'].values[0]/num
        n_df = df.sort_values(by='factor_value', ascending=False).head(num)
        n_df['h_wts'] = hold_wts
        n_df['hold_n'] = num
        return n_df

    # 在行业中性下,得到持仓标的及权重
    def portfolio_indu_long_only(bm_weight, tfactor, tindu, holding_num=5):
        '''
        bm_weight:DataFrame,基准的行业权重,effDate(index),列为consID, weight
        tfactor:股票及对应因子值的DataFrame,列为['tradeDate', 'secID',
'factor_value']
        holding_num:买入的股票个数
        输出:DataFrame,每一期买入的个股及个股权重,列为['tradeDate', 'secID',
'h_wts']
        '''
        tfactor = tfactor.copy()
        # 拿到每一期行业的权重
        bm_wts = bm_weight.copy()
        bm_wts.reset_index(inplace=True)
        bm_wts.columns = ['tradeDate', 'secID', 'wts']
        bm_wts = bm_wts.merge(tindu, on=['tradeDate', 'secID'], how='inner')
        indu_total_wts = bm_wts.groupby(['tradeDate', 'indu'])
['wts'].sum()/100
        indu_total_wts = indu_total_wts.reset_index()

        # 合并以上行业在bm中的权重
        tfactor = tfactor.merge(indu_total_wts, on=['tradeDate', 'indu'],
```

```
how='left')
        tmp_frame = tfactor.groupby(['tradeDate', 'indu']).apply(calc_wts_
neu_n, holding_num)
        del tmp_frame['indu']
        del tmp_frame['tradeDate']
        tmp_frame = tmp_frame.reset_index()
        tmp_frame = tmp_frame[['tradeDate', 'secID', 'h_wts']]
    return tmp_frame[['tradeDate', 'secID', 'h_wts']].pivot
(index='tradeDate', columns='secID', values='h_wts')

    import os
    import pickle
```

接下来, 计算60个组合的持仓及权重, 代码如下:

```
    t1 = time.time()

    # 包含基准权重的字典
    bm_wts_dict = {
        "HS300":hs300_weight,
        "ZZ500":zz500_weight
    }
    # 存储不同模型持仓及权重的字典
    all_factor = {
                'factors_lstm': factors_lstm,
                'factors_gru': factors_gru,
                'factors_rnn': factors_rnn,
                'factors_linear': factors_linear
                }
    # 存储各行业中性组合持仓及权重的字典
    all_weights_neu = {
                'factors_lstm':{"HS300":[pd.DataFrame() for i in range
(5)], "ZZ500":[pd.DataFrame() for i in range(5)]},
                'factors_gru':{"HS300":[pd.DataFrame() for i in range
(5)], "ZZ500":[pd.DataFrame() for i in range(5)]},
                'factors_rnn':{"HS300":[pd.DataFrame() for i in range
(5)], "ZZ500":[pd.DataFrame() for i in range(5)]},
                'factors_linear':{"HS300":[pd.DataFrame() for i in range
(5)], "ZZ500":[pd.DataFrame() for i in range(5)]}
                }
    # 存储各行业中性组合持仓及权重的字典
    all_weights = {
                'factors_lstm':[pd.DataFrame() for i in range(5)],
                'factors_gru':[pd.DataFrame() for i in range(5)],
```

```python
                        'factors_rnn':[pd.DataFrame() for i in range(5)],
                        'factors_linear':[pd.DataFrame() for i in range(5)]
               }
    # 计算行业中性组合的持仓及权重
    print "calc neu wts..."
    for factor_name in all_factor.keys():
        # 拿到因子文件
        factor_frame = all_factor[factor_name]
        # 格式转换
        tfactor= factor_frame.copy()
        tfactor.reset_index(inplace=True)
        tfactor = pd.melt(tfactor, id_vars=['index'], value_vars=list(factor_frame.columns))
        tfactor.columns = ['tradeDate', 'secID', 'factor_value']
        # 合并以上行业标签
        tindu = indu.copy()
        tindu.reset_index(inplace=True)
        tindu = pd.melt(tindu, id_vars=['tradeDate', 'secID'])
        tindu = tindu[tindu.value==1]
        del tindu['value']
        tindu.columns = ['tradeDate', 'secID', 'indu']
        tfactor = tfactor.merge(tindu, on=['tradeDate', 'secID'], how='inner')
        # 遍历持仓个数，计算对应的持仓个股及持仓权重
        for t, hold_num in enumerate([2, 5, 10, 15, 20]):
            # 遍历行业中性对应的指数
            for type_universe in ['HS300', 'ZZ500']:
                wts = portfolio_indu_long_only(bm_wts_dict[type_universe], tfactor, tindu, hold_num)
                all_weights_neu[factor_name][type_universe][t] = wts
    t2 = time.time()
    print u"行业中性组合 Time cost: %s seconds" %(t2-t1)
    # 计算非行业中性组合的持仓及权重
    print "calc non-neu wts..."
    for factor_name in all_factor.keys():
        factor_frame = all_factor[factor_name]
        # 格式转换
        tfactor= factor_frame.copy()
        tfactor.reset_index(inplace=True)
        tfactor = pd.melt(tfactor, id_vars=['index'], value_vars=list(factor_frame.columns))
        tfactor.columns = ['tradeDate', 'secID', 'factor_value']
        # 遍历持仓个数
        for t, hold_num in enumerate([20, 50, 100, 150, 200]):
            wts = portfolio_simple_long_only(tfactor, hold_num)
            all_weights[factor_name][t] = wts
```

```
t3 = time.time()
print u"非行业中性组合 Time cost: %s seconds"%(t3-t2)
```

最后，将上面的权重 dict 进行存储，便于后面回测的使用，代码如下：

```
save_dir = "./pre_handle_data"
if not os.path.exists(save_dir):
    os.mkdir(save_dir)
with open(os.path.join("./pre_handle_data/","weights_neu.txt"), 'wb') as fHandler:
    pickle.dump(all_weights_neu, fHandler)
with open(os.path.join("./pre_handle_data/","weights_noneu.txt"), 'wb') as fHandler:
    pickle.dump(all_weights, fHandler)
print "Total time cost:%s seconds" %(t3-t1)
```

3. 对 60 个组合的持仓进行回测

说明：由于组合数量较大，导致资源占用较多，建议在此处重启研究环境以释放其他资源，然后从下面的代码开始运行，前面的运行结果都已经保存下来，重启后不需要再次运行。

（1）对合成因子组合进行回测。

研究环境重启后，对合成因子组合进行回测，代码如下：

```
import os
import threading
import pickle
import time
import numpy as np
import pandas as pd
from quartz.context.parameters import SimulationParameters
from quartz.backtest_tools import get_backtest_data
from quartz.backtest import backtest
```

将存储的权重 dict 读取出来，代码如下：

```
def read_wts():
    '''
    将上面得到的行业中性、非行业中性组合持仓标的和权重信息载入
    返回两个 dict，分别对应行业中性组合的持仓标的和权重、非行业中性组合的持仓标的和权重
        返回字典的格式为 all_weights_neu['factors_lstm']['HS300'][0]，为 DataFrame，
列为['tradeDate', 'secID', 'h_wts']
    '''
    # 行业中性组合的持仓标的和权重
```

```python
        all_weights_neu = {
                    'factors_lstm':{"HS300":[pd.DataFrame() for i in range
(5)], "ZZ500":[pd.DataFrame() for i in range(5)]},
                    'factors_gru':{"HS300":[pd.DataFrame() for i in range
(5)], "ZZ500":[pd.DataFrame() for i in range(5)]},
                    'factors_rnn':{"HS300":[pd.DataFrame() for i in range
(5)], "ZZ500":[pd.DataFrame() for i in range(5)]},
                    'factors_linear':{"HS300":[pd.DataFrame() for i in range
(5)], "ZZ500":[pd.DataFrame() for i in range(5)]}
                    }
    # 非行业中性组合的持仓标的和权重
    all_weights = {
                'factors_lstm':[pd.DataFrame() for i in range(5)],
                'factors_gru':[pd.DataFrame() for i in range(5)],
                'factors_rnn':[pd.DataFrame() for i in range(5)],
                'factors_linear':[pd.DataFrame() for i in range(5)]
                }
    with open(os.path.join("./pre_handle_data/","weights_neu.txt"), 'rb')
as fHandler:
        all_weights_neu = pickle.load(fHandler)
    with   open(os.path.join("./pre_handle_data/","weights_noneu.txt"),
'rb') as fHandler:
        all_weights = pickle.load(fHandler)
    return all_weights_neu, all_weights
```

回测行情预加载相关函数和设置的代码如下:

```python
'''由于回测数量大，所以预加载数据可以节省回测时间'''
# 行情预加载函数
def preload_market_service(start, end, universe, benchmark, max_history_
window=30, **kwargs):
    parameters = {
        'start': start,
        'end': end,
        'universe': universe,
        'benchmark': benchmark,
        'max_history_window': max_history_window
    }
    sim_parameters = SimulationParameters(**parameters)
    market_service = get_backtest_data(sim_parameters)
    market_service.rolling_load_daily_data(sim_parameters.trading_days)
    return market_service
# 基于预加载的行情服务进行批量回测的相关设置
def initialize(context):                           # 初始化策略运行环境
```

```python
        pass
    def handle_data(context):                          # 核心策略逻辑
        account = context.get_account('fantasy_account')
        pre_date = context.previous_date.strftime("%Y-%m-%d")
        # 因子只在每个月底计算，所以调仓也在每月最后一个交易日进行
        if pre_date not in weights.index:
            return
        # 组合构建
        wts = weights.loc[pre_date, :].dropna()
        # 交易部分
        sell_list = [stk for stk in account.get_positions() if stk not in wts]
        for stk in sell_list:
            account.order_to(stk,0)
        c = account.portfolio_value
        change = {}
        for stock, w in wts.iteritems():
            p = context.current_price(stock)
            if not np.isnan(p) and p > 0:
                if stock not in account.get_positions():
                    ori_mount = 0
                else:
                    ori_mount = account.get_positions()[stock].available_amount
                change[stock] = int(c * w / p) - ori_mount
        for stock in sorted(change, key=change.get):
            account.order(stock, change[stock])
    def get_account():
        accounts = {
                    'fantasy_account':  AccountConfig(account_type='security', capital_base=10000000)
                   }
        return accounts
    # 得到并存储回测信息
    def get_backtest_result(params_dict):
        save_dir = params_dict['save_dir']
        factor_name = params_dict['factor_name']
        loc_index = params_dict['loc_index']
        type_universe = params_dict['type_universe']
        weights = params_dict['weights']
        global preloaded_market_service, A_universe
        account = get_account()
        print "backtesting %s, %s, %s" %(factor_name, loc_index, type_universe)
        try:
            # 调用优矿 quartz 进行回测
```

```python
            result = backtest(start='2011-01-31',end='2017-10-31', benchmark=
'ZZ500', max_history_window=30,
                        preload_data=preloaded_market_service, weights=
weights, freq='d',refresh_rate=Monthly(1), accounts=account, initialize=
initialize, handle_data=handle_data, universe=A_universe, display=False)
            # 存储回测结果
            bt = result[0]
            tmp = bt[[u'tradeDate',u'portfolio_value',u'benchmark_return']]
            if type_universe is None:
                holding_list = [20, 50, 100, 150, 200]
                holding_num = holding_list[loc_index]
                save_file = os.path.join(save_dir, "%s_%s_%s.csv"%(factor_name,
"noneu", str(holding_num)))
            else:
                holding_list = [2, 5, 10, 15, 20]
                holding_num = holding_list[loc_index]
                save_file = os.path.join(save_dir, "%s_%s_%s.csv"%(factor_name,
type_universe, str(holding_num)))
            tmp.to_csv(save_file, index=False)
        except Exception, err:
            print "Error", err
start_time = time.time()
save_dir = "store_data"
target_universe = ['ZZ500', 'HS300']
if not os.path.exists(save_dir):
    os.mkdir(save_dir)
t1 = time.time()
# 得到预加载的数据
print "loading universe data"
A_universe = DynamicUniverse('A')
print "loading market service data ..."
load_params = {
            'start': '2011-01-31',
            'end': '2017-10-31',
            'universe': A_universe,
            'benchmark': 'ZZ500',
            'max_history_window': 30
        }
# 预加载
preloaded_market_service = preload_market_service(**load_params)
# 读取之前的权重数据
print "reading wts ..."
all_weights_neu, all_weights = read_wts()
```

回测行业中性的组合，代码如下：

```
# 行业中性的存储变量
result_neu = {
            'factors_lstm':{"HS300":{}, "ZZ500":{}},
            'factors_gru':{"HS300":{}, "ZZ500":{}},
            'factors_rnn':{"HS300":{}, "ZZ500":{}},
            'factors_linear':{"HS300":{}, "ZZ500":{}}
        }
for name in result_neu.keys():
    for type_universe in target_universe:
        for i, weights in enumerate(all_weights_neu[name][type_universe]):
            # 设置回测参数
            tmp_dict = {
                "save_dir":save_dir,
                "factor_name":name,
                "loc_index":i,
                "type_universe":type_universe,
                "weights":weights
            }
            tstart = time.time()
            get_backtest_result(tmp_dict)
            tend = time.time()
            print "finished one round, time:%s"%(tend - tstart)
```

回测非行业中性的组合，代码如下：

```
result = {'factors_lstm':{}, 'factors_gru':{}, 'factors_rnn':{}, 'factors_linear':{}}
for name in result.keys():
    for i, weights in enumerate(all_weights[name]):
        tmp_dict = {
                "save_dir":save_dir,
                "factor_name":name,
                "loc_index":i,
                "type_universe":None,
                "weights":weights
            }
        tstart = time.time()
        get_backtest_result(tmp_dict)
        tend = time.time()
        print "finished one round, time:%s"%(tend - tstart)
t2 = time.time()
print "Time cost: ", t2 - t1
```

执行该程序后,得到的部分结果如下:

```
backtesting factors_linear, 0, None
finished one round, time:55.6215958595
backtesting factors_linear, 1, None
finished one round, time:59.3527181149
backtesting factors_linear, 2, None
finished one round, time:63.3021371365
backtesting factors_linear, 3, None
finished one round, time:64.53292799
backtesting factors_linear, 4, None
finished one round, time:71.9319720268
Time cost: 4586.8888402
```

(2)在同等条件下,对 benchmark(沪深 300、中证 500)进行回测,代码如下:

```
weights_zz500 = pd.DataFrame()
weights_hs300 = pd.DataFrame
all_weight_bench = {'hs300': weights_hs300, 'zz500': weights_zz500}
import quartz as qz
from quartz.api import *
start = '2011-01-31'                          # 回测起始时间
end = '2017-10-31'                            # 回测结束时间
universe = ['000001.XSHE']                    # 证券池,支持股票、基金、期货
benchmark = 'HS300'                           # 策略参考基准
# 策略类型,'d'表示日间策略使用日线回测,'m'表示日内策略使用分钟线回测
freq = 'd'
refresh_rate = 1                              # 执行 handle_data 的时间间隔
accounts = {
    'fantasy_account': AccountConfig(account_type='security', capital_base=10000000)
}
def initialize(context):                      # 初始化策略运行环境
    pass
def handle_data(context):                     # 核心策略逻辑
    account = context.get_account('fantasy_account')
bt, perf, stock = qz.backtest(start=start,
              end=end,
              benchmark=benchmark,
              universe=universe,
              capital_base=100000.0,
              initialize=initialize,
              handle_data=handle_data,
              refresh_rate=1,
```

```
                        freq='d',
                        security_base={},
                        security_cost={},
                        max_history_window=(30, 241),
                        accounts=accounts, display=False)
benchmark_return_hs300 = bt[['tradeDate','benchmark_return']]
# benchmark 数据预加载
save_dir = "store_data"
tmp = pd.read_csv('%s//factors_lstm_HS300_5.csv'%save_dir)
benchmark_return_zz500 = tmp['benchmark_return']
benchmark_return_hs300 = benchmark_return_hs300['benchmark_return']
```

6.2.7　不同模型的回测指标比较

此处的指标计算都是基于对冲后的结果。

1. 行业中性组合的指标对比

（1）此处的测试指标是基于超额收益的，即将持仓组合收益用基准收益进行对冲之后的结果。

（2）从结果来看，深度学习模型的指标全面优于传统线性模型，且 LSTM≈GRU＞RNN＞传统线性模型。

（3）对冲后的组合信息比率最高达到 4。

行业中性组合的指标对比示例代码如下：

```
import os
# 计算超额收益的指标
def get_hedge_result(benchmark_return, columns=[2, 5, 10, 15, 20], bm=
'noneu'):
    '''
    benchmark_return: DataFrame, 基准的收益序列, index 为日期, 列为 portfolio_
value, 即基准的净值
    columns: list, 每个行业的持仓个数
    bm: 保留字段
    返回: 年化超额收益、超额收益最大回撤、超额收益的信息比率、超额收益的 Calmar 比率
    '''
    annual_excess_return = pd.DataFrame()
    excess_return_max_drawdown = pd.DataFrame()
    excess_return_ir = pd.DataFrame()
    for factor_name in ['factors_linear', 'factors_rnn', 'factors_gru',
'factors_lstm']:
```

```python
            tmp_annual_excess_return = pd.DataFrame(columns=columns, index=
[factor_name])
            tmp_excess_return_max_drawdown = pd.DataFrame(columns=columns,
index=[factor_name])
            tmp_excess_return_ir = pd.DataFrame(columns=columns, index=[factor
_name])

            for qt, num in enumerate(columns):
                bt = pd.read_csv(os.path.join(save_dir, "%s_%s_%s.csv"%(factor
_name, bm, str(num))))
                tmp = bt[[u'tradeDate',u'portfolio_value',u'benchmark_return']]
                tmp['portfolio_return'] = tmp['portfolio_value'] / tmp['portfolio_
value'].shift(1) - 1.0    # 总头寸每日回报率
                tmp['portfolio_return'].ix[0] = tmp['portfolio_value'].ix[0] /
10000000.0 - 1.0
                tmp['excess_return'] = tmp['portfolio_return'] - benchmark_return
                tmp['excess'] = tmp['excess_return'] + 1.0
                tmp['excess'] = tmp['excess'].cumprod()
                tmp_annual_excess_return.iloc[0, qt] = tmp['excess'].iloc[-1]
**(252.0/len(tmp)) - 1.0
                tmp_excess_return_max_drawdown.iloc[0, qt] = max([1 - v/max(1,
max(tmp['excess'][:t+1])) for t,v in enumerate(tmp['excess'])])
                tmp_excess_return_ir.iloc[0, qt] = tmp_annual_excess_return.
iloc[0, qt] / np.std(tmp['excess_return']) / np.sqrt(252)
            annual_excess_return = annual_excess_return.append(tmp_annual_
excess_return)
            excess_return_max_drawdown = excess_return_max_drawdown.append
(tmp_excess_return_max_drawdown)
            excess_return_ir = excess_return_ir.append(tmp_excess_return_ir)
        annual_excess_return = annual_excess_return.convert_objects(convert_
numeric=True)
        excess_return_max_drawdown = excess_return_max_drawdown.convert_
objects(convert_numeric=True)
        excess_return_ir = excess_return_ir.convert_objects(convert_numeric=
True)
        calmar_ratio = annual_excess_return / excess_return_max_drawdown
        return annual_excess_return, excess_return_max_drawdown, excess_return_
ir, calmar_ratio
    # 画热力图
    def heatmap_plot(data_set, ax, title=None):
        ax = sns.heatmap(data_set, ax=ax, alpha=1.0, center=0.0,
annot_kws={"size": 7}, linewidths=0.01, linecolor='white', linewidth=0,
cmap=cm.gist_rainbow_r, cbar=False, annot=True)
```

```
        y_label = data_set.index.tolist()[::-1]
        x_label = data_set.columns.tolist()
        ax.set_yticklabels(y_label, minor=False, fontproperties=font,
fontsize=10)
        ax.set_xticklabels(x_label, minor=False, fontproperties=font,
fontsize=10)
        if title:
            ax.set_title(title, fontproperties=font, fontsize=16)
        return ax

    # 分别以中证500、沪深300为基准，计算行业中性组合对冲之后的回测指标
    annual_excess_return_500, excess_return_max_drawdown_500, excess_
return_ir_500, calmar_ratio_500 = get_hedge_result(benchmark_return_zz500,
bm='ZZ500')
    annual_excess_return_300, excess_return_max_drawdown_300, excess_return_
ir_300, calmar_ratio_300 = get_hedge_result(benchmark_return_hs300,
bm='HS300')
```

中证500行业中性组合（对冲中证500指数）指标对比的代码如下：

```
import matplotlib.cm as cm
import matplotlib.pyplot as plt
import numpy as np
import seaborn as sns
import pandas as pd
import numpy as np
from CAL.PyCAL import *
sns.set_style('white')
fig = plt.figure(figsize=(24, 5))
ax1 = fig.add_subplot(141)
ax2 = fig.add_subplot(142)
ax3 = fig.add_subplot(143)
ax4 = fig.add_subplot(144)
ax1 = heatmap_plot(annual_excess_return_500, ax1, title=u'年化超额收益率（行
业中性)')
ax2 = heatmap_plot(excess_return_max_drawdown_500, ax2, title=u'超额收益最
大回撤（行业中性)')
ax3 = heatmap_plot(excess_return_ir_500, ax3, title=u'信息比率（行业中性)')
ax4 = heatmap_plot(calmar_ratio_500, ax4, title=u'Calmar比率（行业中性)')
```

执行该程序后，得到的结果如图6-8所示。横轴为每个行业中性买入的股票数，纵轴为模型名，从上到下依次为线性模型、RNN模型、GRU模型、LSTM模型。

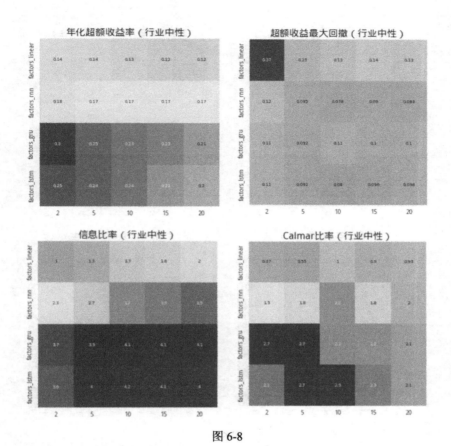

图 6-8

沪深 300 行业中性组合（对冲沪深 300 指数）指标对比的代码如下：

```
fig = plt.figure(figsize=(24, 5))
ax1 = fig.add_subplot(141)
ax2 = fig.add_subplot(142)
ax3 = fig.add_subplot(143)
ax4 = fig.add_subplot(144)
ax1 = heatmap_plot(annual_excess_return_300, ax1, title=u'年化超额收益率（行业中性）')
ax2 = heatmap_plot(excess_return_max_drawdown_300, ax2, title=u'超额收益最大回撤（行业中性）')
ax3 = heatmap_plot(excess_return_ir_300, ax3, title=u'信息比率（行业中性）')
ax4 = heatmap_plot(calmar_ratio_300, ax4, title=u'Calmar比率（行业中性）')
```

执行该程序后，结果如图 6-9 所示。横轴为每个行业中性买入的股票数，纵轴为模型名，从上到下依次为线性模型、RNN 模型、GRU 模型、LSTM 模型。

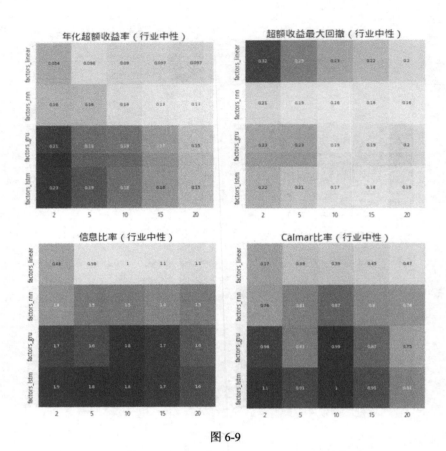

图 6-9

2. 非行业中性组合的指标对比

虽然没有做行业中性，但为了和前面保持一致，分别以中证 500、沪深 300 为基准对组合进行了对冲，代码如下：

```
# 分别以中证 500、沪深 300 为基准，计算非行业中性组合对冲之后的回测指标
annual_excess_return_500, excess_return_max_drawdown_500, excess_return_
ir_500,
    calmar_ratio_500 = get_hedge_result(benchmark_return_zz500, columns=[20,
50, 100, 150, 200])
annual_excess_return_300, excess_return_max_drawdown_300, excess_return_
ir_300,
    calmar_ratio_300 = get_hedge_result(benchmark_return_hs300, columns=[20,
50, 100, 150, 200])
```

组合对冲中证 500 指数后的指标对比，代码如下：

```
fig = plt.figure(figsize=(24, 5))
ax1 = fig.add_subplot(141)
ax2 = fig.add_subplot(142)
ax3 = fig.add_subplot(143)
ax4 = fig.add_subplot(144)
ax1 = heatmap_plot(annual_excess_return_500, ax1, title=u'年化超额收益率')
ax2 = heatmap_plot(excess_return_max_drawdown_500, ax2, title=u'超额收益最大回撤')
ax3 = heatmap_plot(excess_return_ir_500, ax3, title=u'信息比率')
ax4 = heatmap_plot(calmar_ratio_500, ax4, title=u'Calmar比率')
```

执行该程序后,结果如图 6-10 所示。横轴为部分行业买入的排名前 N 只股票。

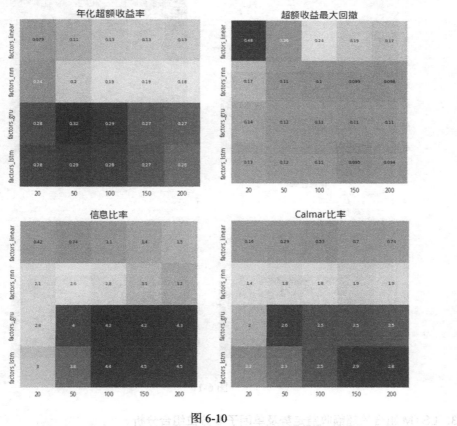

图 6-10

组合对冲沪深 300 指数后的指标对比,代码如下:

```
fig = plt.figure(figsize=(24, 5))
ax1 = fig.add_subplot(141)
```

```
    ax2 = fig.add_subplot(142)
    ax3 = fig.add_subplot(143)
    ax4 = fig.add_subplot(144)
    ax1 = heatmap_plot(annual_excess_return_500, ax1, title=u'年化超额收益率')
    ax2 = heatmap_plot(excess_return_max_drawdown_500, ax2, title=u'超额收益最大回撤')
    ax3 = heatmap_plot(excess_return_ir_500, ax3, title=u'信息比率')
    ax4 = heatmap_plot(calmar_ratio_500, ax4, title=u'Calmar 比率')
```

执行该程序后，结果如图 6-11 所示。横轴为部分行业买入的排名前 N 只股票。

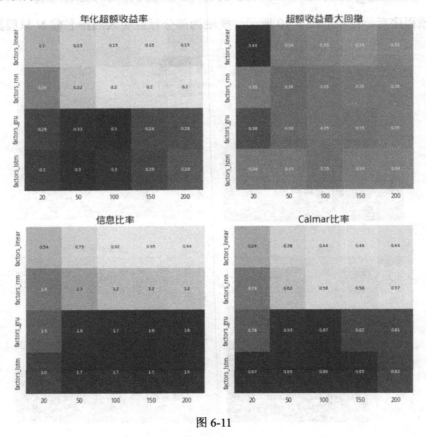

图 6-11

3. LSTM 组合的超额收益走势及单因子 5 分位组合分析

（1）分析 LSTM 组合的超额收益走势和回撤情况，前提条件如下。

- 以中证 500 行业中性组合为例进行展示，用户也可以指定其他组合。

- 用线性回归模型作为比较条件。
- 收益计算说明：组合收益为对冲中证 500 指数之后的超额收益。
- 回撤计算说明：回撤值=-（前面最高净值-当前净值）/（前面最高净值）。

示例代码如下：

```
import os
import pandas as pd
import numpy as np
import matplotlib.pyplot as plt
from CAL.PyCAL import *      # CAL.PyCAL 中包含 font
save_dir = "./store_data"
# 计算净值和回撤
def get_pf(path):
    '''
    path：组合回测数据文件的存储路径
    返回：净值序列和最大回撤序列
    '''
    bt = pd.read_csv(path)
    data = bt[[u'tradeDate',u'portfolio_value',u'benchmark_return']].set_index('tradeDate')
    data.index = pd.to_datetime(data.index)
    data['portfolio_return'] = data.portfolio_value/data.portfolio_value.shift(1) - 1.0
    data['portfolio_return'].ix[0] = data['portfolio_value'].ix[0]/10000000.0 - 1.0
    data['excess_return'] = data.portfolio_return - data.benchmark_return
    data['excess'] = data.excess_return + 1.0
    data['excess'] = data.excess.cumprod()
    df_cum_rets = data['excess']
    running_max = np.maximum.accumulate(df_cum_rets)
    underwater = -((running_max - df_cum_rets) / running_max)
    return data, underwater
# 读取组合回测数据
data_linear, underwater_linear = get_pf(os.path.join(save_dir, "factors_linear_ZZ500_5.csv"))
data_lstm, underwater_lstm = get_pf(os.path.join(save_dir, "factors_lstm_ZZ500_5.csv"))
# 画图展示
fig = plt.figure(figsize=(14, 6))
ax1 = fig.add_subplot(111)
ax2 = ax1.twinx()
ax1.grid(True)
```

```
    ax1.set_ylim(-0.2, 0.2)
    ax1.fill_between(underwater_lstm.index, 0, np.array(underwater_lstm),
color='r')
    ax1.fill_between(underwater_linear.index, 0, np.array
(underwater_linear),alpha=0.5, color='g')
    (data_lstm['excess']-1).plot(ax=ax2, label='LSTM', color='r')
    (data_linear['excess']-1).plot(ax=ax2, label='Linear', color='g')
    ax2.set_ylim(-4, 4)
    ax2.legend(loc='best')
    s = ax1.set_title(u"对冲组合超额收益走势（曲线图）", fontproperties=font,
fontsize=16)
    s = ax1.set_ylabel(u"回撤（柱状图）", fontproperties=font, fontsize=16)
    s = ax2.set_ylabel(u"累计超额收益（曲线图）", fontproperties=font, fontsize=16)
    s = ax1.set_xlabel(u"红线组合：中证500行业中性、每个行业买5只、对冲中证500指数
", fontproperties=font, fontsize=16)
```

执行该程序后，得到的结果如图 6-12 所示。

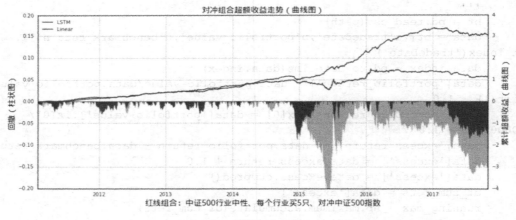

图 6-12

从图 6-12 中可以看出，对冲后的超额收益走势比较平稳，无论是累计收益还是回撤情况，LSTM 模型都比传统的线性模型表现好。

（2）LSTM 模型合成因子的 5 分位组合分析。

例如，将因子值从大到小排列，分成 5 分位，分别等权买入不同分位的股票，最后比较不同分位组合的收益。

● 对因子进行 5 分位分组并回测，代码如下：

```
from CAL.PyCAL import *
import pandas as pd
```

```python
import numpy as np
import time
t1 = time.time()
#--------------- 回测参数 ---------------
start = '2011-01-01'                                # 回测起始时间
end = '2017-12-31'                                  # 回测结束时间
benchmark = 'ZZ500'                                 # 策略参考基准
universe = DynamicUniverse('ZZ500')                 # 证券池，支持股票和基金
capital_base = 10000000                             # 起始资金
freq = 'd'
refresh_rate = Monthly(1)
# ---------------回测参数部分结束----------------
# 读入因子文件
signal_df = pd.read_csv(u'./factor_data/factor_lstm.csv', dtype=
{"ticker": np.str, "tradeDate": np.str},index_col=0, encoding='GBK')
signal_df['ticker'] = signal_df['ticker'].apply(lambda x: str(x).zfill(6))
signal_df['ticker'] = signal_df['ticker'].apply(lambda x: x+'.XSHG' if
x[:2] in ['60'] else x+'.XSHE')
signal_df = signal_df[[u'ticker', u'tradeDate', u'factor']]
factor_data = signal_df[['ticker', 'tradeDate', 'factor']]    # 读取因子数据
factor_data = factor_data.set_index('tradeDate', drop=True)
q_dates = factor_data.index.values
accounts = {
    'fantasy_account': AccountConfig(account_type='security',
capital_base =10000000)
}
# 把回测参数封装到 SimulationParameters 中，供 quick_backtest 使用
sim_params = quartz.SimulationParameters(start, end, benchmark, universe,
capital_base, refresh_rate=refresh_rate, accounts=accounts)
# 获取回测行情数据
data = quartz.get_backtest_data(sim_params)
# 运行结果
results = {}
# 将因子划分为 5 分位，并进行快速回测
for quantile_five in range(1, 6):
    # ---------------策略逻辑部分----------------
    def initialize(context):                        # 初始化虚拟账户状态
        pass
    def handle_data(context):
        account = context.get_account('fantasy_account')
        current_universe = context.get_universe('stock', exclude_halt=True)
```

```
        pre_date = context.previous_date.strftime("%Y%m%d")
        if pre_date not in q_dates:
            return
        # 拿取调仓日前一个交易日的因子，并按照相应分位选择股票
        q = factor_data.ix[pre_date].dropna()
        q = q.set_index('ticker', drop=True)
        q = q.ix[current_universe]
        q_min = q['factor'].quantile((quantile_five-1)*0.2)
        q_max = q['factor'].quantile(quantile_five*0.2)
        my_univ = q[(q['factor']>=q_min) & (q['factor']<q_max)].index.values
        # 交易部分
        positions = account.get_positions()
        sell_list = [stk for stk in positions if stk not in my_univ]
        for stk in sell_list:
            account.order_to(stk,0)
        # 在目标股票池中等权买入
        for stk in my_univ:
            account.order_pct_to(stk, 1.0/len(my_univ))
    # 生成策略对象
    strategy = quartz.TradingStrategy(initialize, handle_data)
    # ----------------策略定义结束----------------
    # 开始回测
    bt, perf = quartz.quick_backtest(sim_params, strategy, data=data)
    # 保存运行结果，1为因子最强组，5为因子最弱组
    results[6 - quantile_five] = {'max_drawdown': perf['max_drawdown'],
'sharpe': perf['sharpe'], 'alpha': perf['alpha'], 'beta': perf['beta'],
'information_ratio': perf['information_ratio'], 'annualized_return': perf
['annualized_return'], 'bt': bt}
    print str(quantile_five),
print 'done'
print "Time cost: %s seconds" %(time.time() - t1)
```

执行该程序后，得到的结果如下：

```
The stock 600263.XSHG is expiring and the system closes relevant position.
The stock 000522.XSHE is expiring and the system closes relevant position.
1 2 3 The stock 600553.XSHG is expiring and the system closes relevant position.
The stock 600102.XSHG is expiring and the system closes relevant position.
The stock 600991.XSHG is expiring and the system closes relevant position.
The stock 000748.XSHE is expiring and the system closes relevant position.
4 5 done
```

```
Time cost: 628.279520988 seconds
```

- 画图展示回测结果，代码如下：

```
import seaborn as sns
sns.set_style('white')
import matplotlib.pyplot as plt
fig = plt.figure(figsize=(10,8))
ax1 = fig.add_subplot(211)
ax2 = fig.add_subplot(212)
ax1.grid()
ax2.grid()
for qt in results:
    bt = results[qt]['bt']
    data = bt[[u'tradeDate',u'portfolio_value',u'benchmark_return']]
    data['portfolio_return'] = data.portfolio_value/data.portfolio_value.shift(1) - 1.0    # 总头寸每日回报率
    data['portfolio_return'].ix[0] = data['portfolio_value'].ix[0]/10000000.0 - 1.0
    data['excess_return'] = data.portfolio_return - data.benchmark_return
    data['excess'] = data.excess_return + 1.0
    # 总头寸对冲指数后的净值序列
    data['excess'] = data.excess.cumprod()
    data['portfolio'] = data.portfolio_return + 1.0
    # 总头寸不对冲时的净值序列
    data['portfolio'] = data.portfolio.cumprod()
    data['benchmark'] = data.benchmark_return + 1.0
    # benchmark 的净值序列
    data['benchmark'] = data.benchmark.cumprod()
    results[qt]['hedged_max_drawdown'] = max([1 - v/max(1, max(data['excess'][:i+1])) for i,v in enumerate(data['excess'])])    # 对冲后净值最大回撤
    results[qt]['hedged_volatility'] = np.std(data['excess_return'])*np.sqrt(252)
    results[qt]['hedged_annualized_return'] = (data['excess'].values[-1])**(252.0/len(data['excess'])) - 1.0
    ax1.plot(data['tradeDate'], data[['portfolio']], label=str(qt))
    ax2.plot(data['tradeDate'], data[['excess']], label=str(qt))
ax1.legend(loc=0)
ax2.legend(loc=0)
ax1.set_ylabel(u"净值", fontproperties=font, fontsize=16)
ax2.set_ylabel(u"对冲净值", fontproperties=font, fontsize=16)
ax1.set_title(u"因子不同5分位分组选股净值走势", fontproperties=font,
```

```
fontsize=16)
    ax2.set_title(u"因子不同5分位分组选股对冲中证500指数后净值走势",
fontproperties=font, fontsize=16)
    # 将 results 转换为 DataFrame
    results_pd = pd.DataFrame(results).T.sort_index()
    results_pd = results_pd[[u'alpha', u'beta', u'information_ratio',
u'sharpe', u'annualized_return', u'max_drawdown', u'hedged_annualized_
return', u'hedged_max_drawdown', u'hedged_volatility']]
    cols = [(u'风险指标', u'Alpha'), (u'风险指标', u'Beta'), (u'风险指标', u'信息
比率'), (u'风险指标', u'夏普比率'), (u'纯股票多头时', u'年化收益率'),
            (u'纯股票多头时', u'最大回撤'), (u'对冲后', u'年化收益率'), (u'对冲后', u'
最大回撤'), (u'对冲后', u'收益波动率')]
    results_pd.columns = pd.MultiIndex.from_tuples(cols)
    results_pd.index.name = u'5分位组别'
    results_pd
```

执行该程序后,得到如图6-13所示的相关数据。

5分位组别	风险指标				纯股票多头时		对冲后		
	Alpha	Beta	信息比率	夏普比率	年化收益率	最大回撤	年化收益率	最大回撤	收益波动率
1	0.151 832	0.993 497	2.363 45	0.548 598	0.187 105	0.472 812	0.147 414	0.071 162 4	0.058 671 6
2	0.071 409 6	0.967 064	1.2019	0.266 166	0.106 675	0.468 877	0.066 919 3	0.071 695 9	0.054 913 8
3	0.009 054 63	0.947 014	0.118 416	0.035 426 7	0.044 314 9	0.503 306	0.0047 928 5	0.117 896	0.051 140 6
4	−0.036 589 9	0.966 621	−0.762 057	−0.135 512	−0.001 324 2	0.535 621	−0.038 048	0.320 71	0.049 114 6
5	−0.129 557	1.0414	−2.069 64	−0.444 849	−0.094 271 1	0.665 902	−0.123 279	0.637 949	0.062 348 5

图6-13

执行该程序后,也可以得到因子不同5分位分组的选股净值走势,如图6-14所示。

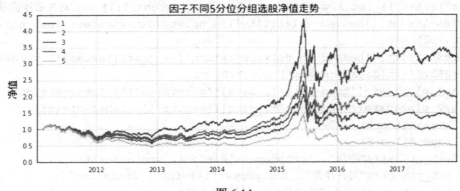

图6-14

执行该程序后,还可以得到因子不同 5 分位分组选股对冲中证 500 指数后净值走势,如图 6-15 所示。

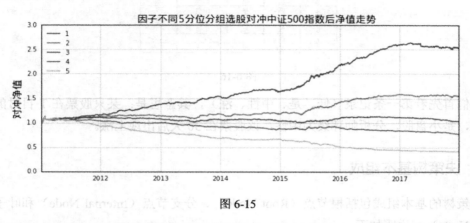

图 6-15

从图 6-15 中可以看出因子分组后具有非常明显的区分度,因子值越大的组回测表现越好,说明合成的因子很有效。

6.3 决策树

决策树又称为判定树,是一种用于预测模型的算法,通过将待测数据与树结构特征节点进行比较,从中找到一些有价值的分支,直到最终叶子节点的决策过程。

决策树由于精确度比较高,系统构造过程短,特别适合大规模的数据处理。最有影响和最早的决策树方法是由罗斯昆(J. Ross Quinlan)于 1975 年在悉尼大学提出的,称为 ID3 (Iterative Dichotomiser 3) 算法。该算法是以信息论为基础,以信息熵(Entropy)和信息增益(Kullback–Leibler divergence)为衡量标准的,属于单变量决策树。

6.3.1 决策树原始数据

假定根据历史数据经过处理后生成了如图 6-16 所示的决策树数据表。其中市净率的判断标准为高(2 倍以上)、低(2 倍及 2 倍以下);小盘股的判断标准为流通市值<10 亿元;数据的计算基准日假定为 T 日,那么归类的计算日为 T+30 日。

决策树数据表

记录	市净率	小盘股	分析师评级	归类
1	低	是	中性	涨
2	低	否	买入	不涨
3	高	是	中性	涨
4	低	是	中性	涨
5	高	否	买入	涨
6	低	是	中性	不涨
7	低	否	买入	不涨
8	高	是	买入	不涨

图 6-16

我们首先看第一条记录（低、是、中性、涨），其意思是：某只股票在 T 日时的市净率为低，是小盘股，分析师评级为中性，该股票在 30 天后出现上涨。

6.3.2　决策树基本组成

决策树的基本组成包括根节点（Root Node）、分支节点（Internal Node）和叶子节点（Leaf Node），说明如下。

- 根节点是指决策树中最上面的节点，即决策树的开始点，只有出边没有入边。
- 分支节点是指一个新的决策节点，每个决策节点都代表一个问题或决策，有一条入边至少两条出边。
- 叶子节点是指一种可能的分类结果，只有一条入边没有出边。

沿着决策树从上至下以递归的方式生成子节点，每个节点都对应一个测试。每个节点上不同的问题测试输出不同的分支，最后达到相应叶子节点。利用决策树的分类过程可以判断若干个变量属性的类别。

如图 6-17 所示，决策树中最左边的路径为市净率"低"、小盘股"是"、未来股价"涨"。

图 6-17

简单来说，即如果某只股票的市净率为低，并且是小盘股，则该股票在未来 30 天后会出现上涨。

生成一棵决策树的算法很多，如著名的 ID3 算法、CL 算法、C4.5 算法等。本书以 ID3 算法为例。

6.3.3 ID3 算法

ID3 算法即通过将某测试实例运行在决策树上，从而达到终端节点值，来判断其所属类，以信息论为基础，以信息熵和信息增益为衡量标准，从而实现对数据归纳分类的一种决策树算法实现方法。ID3 算法是 C4.5 算法的前身，其常用于机器学习和自然语言处理领域。

在 ID3 算法的每一步迭代中，以信息增益度量属性选择，选择分裂后信息增益最大的属性进行分裂，算法继续对每个子集进行递归处理，每次只考虑之前没有选定的属性。

信息熵的作用是消除人们对事物的不确定性，主要用来衡量一个随机变量出现的期望值。信息的混乱不确定性越大，熵的值也就越大，出现各种情况的可能性就越多。信息熵公式为

$$Entropy(S) \equiv \sum_{i=1}^{C} - p_i \log_2 p_i$$

其中，S 表示所有事件集合，p 表示发生的概率，C 表示特征总数。

需要注意的是，熵是以二进制位的个数来度量编码长度的，因此熵的最大值是 $\log_2 C$。

信息增益（Information divergence 或 Relative entropy）是指信息划分前后熵的变化是非对称的，即由于使用这个属性分割样例而导致期望熵降低。

信息增益就是原有信息熵与属性划分后信息熵（需要对划分后的信息熵取期望值）的差值，具体计算法公式如下：

$$Gain(S, A) \equiv Entropy(S) - \sum_{v \in ValuesA} \frac{|S_v|}{|S|} Entropy(S_v)$$

其中，$\sum_{v \in ValuesA} \frac{|S_v|}{|S|} Entropy(S_v)$ 为属性 A 对 S 划分的期望信息。

需要注意的是，ID3 算法不能保证其解为最优解，不能用在连续数据上，如果既定属性值是连续的，则需要进行离散化处理。

1. ID3 算法建模思路

ID3 算法建模思路如下。

（1）ID3 算法需要解决如何选择特征来作为划分数据集的标准。

（2）ID3 算法需要解决如何判断划分的结束，包括划分出来的类"属于同一个类"与"已经没有属性可供再分了"两种。

（3）通过迭代的方式，我们就可以得到决策树模型。

（4）初始化属性集合和数据集合。

（5）计算数据集合信息熵和所有属性的信息熵，选择信息增益最大的属性作为当前决策节点。

（6）更新数据集合和属性集合（删除上一步中使用的属性，并按照属性值来划分不同分支的数据集合）。

（7）依次对每种取值情况下的子集重复第二步操作，若子集只包含单一属性，则划为叶子节点，根据其属性值进行标记。

（8）完成所有属性集合的划分。

注意：由于该算法使用了贪婪搜索，从而需要考虑之前的数据选择情况。

2. ID3 算法代码实现

示例代码如下：

```python
from math import log
def calEntropy(dataSet):
    """calcuate entropy(s)
       @dateSet a training set
    """
    size = len(dataSet)
    laberCount = {}
    for item in dataSet:
        laber = item[-1]
        if laber not in laberCount.keys():
            laberCount[laber] = 0
        laberCount[laber] += 1
    entropy = 0.0
    for laber in laberCount:
        prob = float(laberCount[laber])/size
        entropy -= prob * log(prob, 2)
    return entropy
def splitDataSet(dataSet, i, value):
```

```python
    """split data set by value with a laber
       @dataSet a training sets
       @i the test laber axis
       @value the test value
    """
    retDataSet = []
    for item in dataSet:
        if item[i] == value:
            newData = item[:i]
            newData.extend(item[i+1:])
            retDataSet.append(newData)
    return retDataSet
def chooseBestLaber(dataSet):
    """choose the best laber in labers
       @dataSet a traing set
    """
    numLaber = len(dataSet[0]) - 1
    baseEntropy = calEntropy(dataSet)
    maxInfoGain = 0.0
    bestLaber = -1
    size = len(dataSet)
    for i in range(numLaber):
        uniqueValues = set([item[i] for item in dataSet])
        newEntropy = 0.0
        for value in uniqueValues:
            subDataSet = splitDataSet(dataSet, i, value)
            prob = float(len(subDataSet))/size
            newEntropy += prob * calEntropy(subDataSet)
        infoGain = baseEntropy - newEntropy
        if infoGain > maxInfoGain:
            maxInfoGain = infoGain
            bestLaber = i
    return bestLaber
class Node:
    """the node of tree"""
    def __init__(self, laber, val):
        self.val = val
        self.left = None
        self.right = None
        self.laber = laber
    def setLeft(self, node):
        self.left = node
```

```python
        def setRight(self, node):
            self.right = node
signalNode = []
def generateNode(lastNode, dataSet, labers):
    leftDataSet = filter(lambda x:x[-1]==0, dataSet)
    rightDataSet = filter(lambda x:x[-1]==1, dataSet)
    print "left:", leftDataSet
    print "right:", rightDataSet
    print "labers:", labers

    if len(leftDataSet) == 0 and len(rightDataSet) == 0:
        return
    next = 0
    print "%s ->generate left"%lastNode.laber
    if len(leftDataSet) == 0:
        print ">>> pre:%s %d stop no"%(lastNode.laber, 0)
        lastNode.setLeft(Node("no", 0))
    elif len(leftDataSet) == len(dataSet):
        print ">>> pre:%s %d stop yes"%(lastNode.laber, 0)
        lastNode.setLeft(Node("yes", 0))
    else:
        laber = chooseBestLaber(leftDataSet)
        if laber == -1:
            print ">>> can't find best one"
            laber = next
            next = (next + 1)%len(labers)
        print ">>> ",labers[laber]
        leftLabers = labers[:laber] + labers[laber+1:]
        leftDataSet = map(lambda x:x[0:laber] + x[laber+1:], leftDataSet)
        node = Node(labers[laber], 0)
        lastNode.setLeft(node)
        generateNode(node, leftDataSet, leftLabers)
    print "%s ->generate right"%lastNode.laber
    if len(rightDataSet) == 0:
        print ">>> pre:%s %d no"%(lastNode.laber, 1)
        lastNode.setRight(Node("no", 1))
    elif len(rightDataSet) == len(dataSet):
        print ">>> pre:%s %d yes"%(lastNode.laber, 1)
        lastNode.setRight(Node("yes", 1))
    else:
        laber = chooseBestLaber(rightDataSet)
        if laber == -1:
```

```
            print ">>> can't find best one"
            laber = next
            next = (next + 1)%len(labers)
        print ">>> ",labers[laber]
        rightLabers = labers[:laber] + labers[laber+1:]
        rightDataSet = map(lambda x:x[0:laber] + x[laber+1:], rightDataSet)
        node = Node(labers[laber], 0)
        lastNode.setRight(node)
        generateNode(node, rightDataSet, rightLabers)
def generateDecisionTree(dataSet, labers):
    """generate a decision tree
       @dataSet a training sets
       @labers a list of feature laber
    """
    root = None
    laber = chooseBestLaber(dataSet)
    if laber == -1:
        print "can't find a best laber in labers"
        return None
    print ">>>> ",labers[laber]
    root = Node(labers[laber], 1)
    labers = labers[:laber] + labers[laber+1:]
    dataSet = map(lambda x:x[0:laber] + x[laber+1:], dataSet)
    generateNode(root, dataSet, labers)
    return root
"""
price         size         pe        result
----          ----         ----      ----
cheap         neural       hige      rise
cheap         buy in       hige      rise
expensive     neural       hige      rise
expensive     buy in       hige      rise
cheap         buy in       low       don't like
cheap         neural       low       don't like
expensive     neural       low       don't like
expensive     buy in       low       don't like
"""
dataSet = [
    [1, 1, 0, 1],
    [0, 0, 1, 1],
    [1, 1, 1, 1],
    [1, 0, 1, 1],
```

```
    [1, 0, 0, 0],
    [0, 1, 0, 0],
    [1, 1, 0, 0],
    [1, 0, 1, 0]]
labers = ["small cap stocks", "rank", "pb"]
# labers = ["小盘股", "分析师评级", "市净率"]
if __name__ == "__main__":
    generateDecisionTree(dataSet, labers)
```

执行该程序后,得到的结果如下:

```
>>> pb left: [[1, 0, 0], [0, 1, 0], [1, 1, 0], [1, 0, 0]]
right: [[1, 1, 1], [0, 0, 1], [1, 1, 1], [1, 0, 1]]
labers: ['small cap stocks', 'rank']
pb ->generate left >>> can't find best one
>>> small cap stocks left: [[0, 0], [1, 0], [1, 0], [0, 0]]
right: []
labers: ['rank']
small cap stocks ->generate left
>>> pre:small cap stocks 0 stop yes
small cap stocks ->generate right
>>> pre:small cap stocks 1 no
pb ->generate right
>>> can't find best one
>>> rank
left: []
right: [[1, 1], [0, 1], [1, 1], [1, 1]]
labers: ['small cap stocks']
rank ->generate left
>>> pre:rank 0 stop no
rank ->generate right
>>> pre:rank 1 yes
```

6.3.4 决策树剪枝

在实际构造决策树时,通常要进行剪枝,这是为了处理由于数据中的噪声和离群点导致的过分拟合问题。

决策树剪枝包括先剪枝、后剪枝两种方法。

- 先剪枝是指在构造过程中,当某个节点满足剪枝条件时,直接停止此分支的构造。
- 后剪枝是指先构造完成完整的决策树,再通过某些条件遍历决策树从而进行剪枝。

剪枝的具体算法不是本书重点,这里不再详述,有需要的读者自行学习相关书籍。

6.4 联机分析处理

1993年由关系数据库之父爱德华·库德（E.F.Codd）提出了联机分析处理（OLAP）的概念。

联机分析处理是一种软件技术，主要通过多维的方式来对数据进行分析、查询，其作用是对用户当前及历史数据进行分析，辅助领导决策。联机分析处理能进行大量的查询操作，对时间的要求不太严格。它一般作为数据仓库应用的前端工具，使分析人员能够迅速、一致、交互地从各个方面观察信息，可以同数据挖掘工具、统计分析工具配合使用，以增强决策分析功能。

库德提出OLAP系统的12条准则用于描述OLAP系统，如图6-18所示。

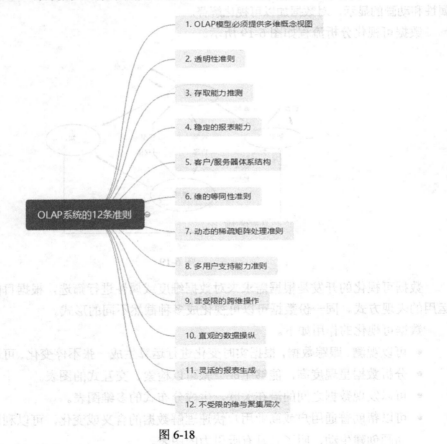

图 6-18

6.5 数据可视化

1987 年由布鲁斯·麦考梅克（Mark H.McCormack）、托马斯·德房蒂（Thomas A.De Fanti）和玛克辛·布朗（Maxine D.Brown）所编写的美国国家科学基金会报告《科学计算之中的可视化》（*Visualization in Scientific Computing*），对数据可视化领域产生了大幅的促进和刺激作用。

数据可视化是关于数据视觉表现形式的科学技术研究，是数据、信息及科学等多个领域图示化技术的统称。其表现形式为以某种概要形式提取出来的信息单位的各种属性和变量。它是一个处于不断演变中的概念，其边界不断地扩大。主要指的是技术上较为高级的技术方法，而这些技术方法允许利用图形、图像、计算机视觉及用户界面，通过表达、建模及对立体、表面、属性和动画的显示，对数据加以可视化解释。

数据可视化分析流程如图 6-19 所示。

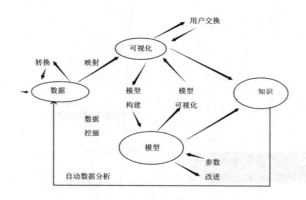

图 6-19

数据可视化的开发是根据需求来对数据维度或属性进行筛选，根据目的和用户群选择运用的表现方式。同一份数据可以可视化成多种截然不同的形式。

数据可视化的作用如下。

- 可以观测、跟踪数据，根据实时变化进行运算生成一张不停变化、可读性强的图表。
- 分析数据呈现度高，能够生成一张可以检索、交互式的图表。
- 可以发现数据之间的潜在关联，生成分布式的多维图表。
- 可以帮助普通用户或商业用户快速理解数据的含义或变化，可以利用漂亮的颜色、动画创建生动、明了且具有吸引力的图表。

- 可以用于教育、宣传或政治领域，其被制作成海报、课件，出现在街头、广告手持或杂志上。这类可视化拥有强大的说服力，使用强烈的对比、置换等手段，可以创造出极具视觉冲击力的图像。

数据可视化的应用价值在于，无论是动态还是静态的可视化图形，都能让我们洞察世界的究竟、发现形形色色的关系，感受每时每刻围绕在我们身边的信息变化，并理解其他形式下不易发掘的事物。

第 7 章

量化投资中数据挖掘的使用方法

量化投资的构建需要处理大量的历史数据，这就需要用到数据挖掘，数据挖掘是从大量的、不完全的、有噪声的、模糊的、随机的数据中提取隐含在其中有用的知识信息的过程。

神经网络是属于人工智能范畴的，但也可以用于数据挖掘中。例如，通过一批样本数据，训练出神经网络模型再去测试新数据。其属于数据挖掘中分类技术的一个应用。下面将介绍 SOM（Self-Organizing Map，自组织映射）神经网络及其使用方法。

7.1 SOM 神经网络

SOM 神经网络是 1981 年芬兰 Helsinki 大学的 Kohonen 教授提出的。他认为，一个神经网络接受外界输入模式时，将会分为不同的对应区域，各区域对输入模式有不同的响应特征，而这个过程是自动完成的。SOM 神经网络属于无监督的神经网络算法，与人脑的自组织特性类似。有时该网络也称为 Kohonen 特征映射神经网络。其通过自身的训练实现自动对输入模式进行分类。在图像压缩、语音及模式识别等方面被广泛应用。

7.2 SOM 神经网络结构

SOM 神经网络由输入层和输出层（也称为竞争层）组成。输入层的任务是接收外界的各种信息并向竞争层传递，具有接收并观察的作用。输出层的任务是负责对输入层进行比较分析，寻找规律并进行归类。

一维线阵如图 7-1 所示。

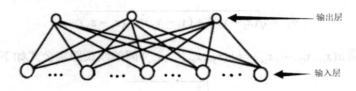

图 7-1

SOM 神经网络的拓扑结构由上、下两层节点构成。上层为输出层，节点是以二维形式排成一个节点矩阵的，每个节点代表一个输入向量。输入层若输入节点处于下方，则输入向量为维，上、下层中的节点通过权值进行连接。

二维线阵如图 7-2 所示。

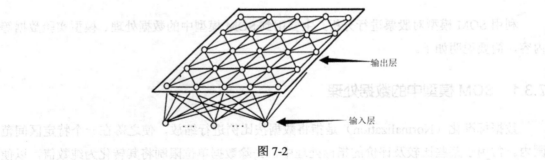

图 7-2

输出层节点之间实行侧抑制连接，根据权值分布在获胜节点邻域相互激励形成四边形或六边形，属于时间函数，当时间增加时邻域面积缩小。这种侧反馈通常用 Bubble 函数来表示。应用这种侧反馈原理，使每个获胜神经元附近形成一个聚类区。权重向量保持与输入向量逼近的趋势，使得具有相近特征的输入向量聚集在一起。

SOM 算法，能够自动找出数据之间的相似度，将相似的输入数据在网络上就近配置是一种可以构成对输入数据有选择的给予响应的网络。

欧氏距离（Euclid Distance）也称欧几里得度量、欧几里得距离，是一个广泛采用的距离定义，源自欧氏空间中两点间的距离公式。

二维平面上两点 $a(x_1,y_1)$ 与 $b(x_2,y_2)$ 间的欧氏距离公式如下：

$$d_{12}=\sqrt{(x_1-x_2)^2+(y_1-y_2)^2}$$

三维空间两点 $a(x_1,y_1,z_1)$ 与 $b(x_2,y_2,z_2)$ 间的欧氏距离公式如下：

$$d_{12}=\sqrt{(x_1-x_2)^2+(y_1-y_2)^2+(z_1-z_2)^2}$$

两个 n 维向量 $a(x_{11},x_{12},\cdots,x_{1n})$ 与 $b(x_{21},x_{22},\cdots,x_{2n})$ 间的欧氏距离公式如下：

$$d_{12}=\sqrt{\sum_{k=1}^{n}(x_{1k}-x_{2k})^2}$$

其中，k 表示维向量。

7.3 利用 SOM 模型对股票进行分析的方法

利用 SOM 模型对股票进行分析，主要用到 SOM 模型中的数据处理、模型实验数据等内容，简要说明如下。

7.3.1 SOM 模型中的数据处理

数据标准化（Normalization）是指将数据按比例进行缩放，使之落在一个特定区间范围内。常用于某些比较及评价的指标处理中，去除数据单位限制将其转化为纯数值，以便对不同指标进行比较和加权。为了不受个别变量单位的影响，需要先对原始数据进行标准化处理，再用聚类进行分析计算。

数据标准化公式如下：

$$x_y=\frac{x_y-\hat{x}_j}{s_j}$$

$$\hat{x}_j = \frac{1}{n}\sum x_y$$

$$s_j = \sqrt{\frac{1}{n-1}\sum_{i=1}^{n}(x_y - \hat{x}_j)^2}$$

其中，i 为股票上市公司的数量，j 为上市公司综合盈利能力指标，S_j 为某指标的均方差。

7.3.2 SOM 模型实验

首先应用 SOM 模型进行模拟聚类实验，通过聚类的方法分析股票。在实验过程中，数据来自 2018 年 100 家上市公司的年报信息，网络的输入层节点的个数均选为 5，输出层节点的个数选为 10 000。分析中选取上市公司的每股收益、每股净资产、每股经营性现金流量、净资产收益率和净利润 5 项反映上市公司综合盈利能力的指标作为主要研究对象。

在反复实验过程中筛选出的参数为：$n(0)=0.1$，$a(0)=5$，$r=0.5$，迭代次数 Gap=14。

利用 SOM 模型所得聚类结果如图 7-3 所示。

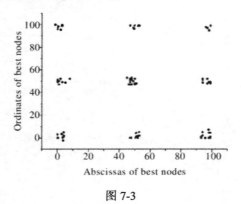

图 7-3

图 7-4 中，SOM 模型所得聚类结果的 9 类上市公司各项指标平均值中，A、B、C、D、E 分别代表每股收益、每股净资产、每股经营性现金流量、净资产收益率和净利润，不难看出第 9 类上市公司中反映上市公司财务状况指标均为正值，说明该类上市公司无论是在经营规模、经营实力还是技术水平方面都具有一定优势，具有发展潜力和长期投资价值。而第 2 类上市公司净利润的平均值最低，反映出该类上市公司在投资效益上表现为亏损。

SOM 模型所得聚类结果的 9 类上市公司各项指标平均值

类别	A	B	C	D	E
9	0.234072	2.564701	7.8268	0.52146	8864.72
8	0.01374	1.9726	1.17658	-0.00197	1682.34
6	-0.172845	3.214254	-7.94824	0.0652	-4012.31
7	-0.39621	2.17521	-32.2547	-1.531	-7321.52
4	-0.42814	-1.892478	-67.3984	-1.1625	-9921.62
5	-0.64328	0.47254	-168.521	0.019835	-12346.11
3	-0.66413	2.8634	-27.462	1.48324	-25896.32
1	-3.12247	-5.01895	-112.354	-0.0674	-46271.39
2	-1.54828	1.0897	-198.352	-0.097821	-67854.08

图 7-4

7.3.3 SOM 模型实验结果

实验结果证明，利用 SOM 模型进行股票分析，结果基本与公司的实际情况相符，可以作为一个有效的参考因子。

将 SOM 模型用于股票分析实验，其优点有：计算量非常小、复杂性低、收敛性速度快。尤其在样本数量大时，优势更加明显。

第 8 章

量化投资的资产配置和风险控制

因为是程序化交易,所以进行量化投资前一定要做好资金管理和风险控制,否则很容易出现极端情况而导致爆仓,使用户遭受损失。

8.1 资产配置的定义及分类

资产配置(Asset Allocation)是指根据不同人群的不同投资需求将投资资金分配在不同资产类别上,通常将资产在低风险、低收益证券与高风险、高收益证券之间进行分配。

"资产配置是在投资市场上唯一的免费午餐。"哈里·马科维茨(Harry M. Markowitz)曾说。

资产配置的理论最早是由马科维茨提出的,然后一系列经济学家在这个基础上进行了更多的研究和丰富。其中包括威廉夏普(William F. Sharpe)、兹维博迪(Zvi Bodie)。1990年,马科维茨、夏普和米勒 3 位经济学家同时荣获诺贝尔经济学奖。

资产配置主要包括范围、时间和风格 3 种类型,说明如下。
- 从范围划分包括全球资产配置、股票债券资产配置和行业风格资产配置。
- 从时间和风格划分包括战略性资产配置、战术性资产配置和资产混合配置。

资产配置根据资产管理人的特征与投资者的性质可分为买入并持有策略(Buy-and-hold Strategy)、恒定混合策略(Constant-mix Strategy)、投资组合保险策略(Portfolio-insurance Strategy)和战术性资产配置策略(Tactical Asset Allocation Strategy)。

8.2 资产配置杠杆的使用

有效的资产配置，实际上是把资产在不同杠杆率的风险类别中做有效配置，从而让资产在风险收益比中得到有效的回报。

8.2.1 宏观杠杆实例

从实体到金融体系的全方位收缩杠杆的场景进行传递，不仅是一个线性的传递，而且还是一个横向的传递，当横向传递的时候，会从一个行业、一个企业、一个类别，传递到另一个当中去。

因为工作方便，笔者在公司附近租了一套房子，在找房过程中，顺便联系金融现象，从中国房价行情平台获取到全国城市的租金排行，如图8-1所示。

全国城市租金排行(住宅) 2019年03月				
数据范围：住宅 出租				
序号	城市名称	平均单价 (元/月/㎡)	周比	环比
1	北京	94.82	+10.55%	-0.79%
2	深圳	80.93	+17.92%	+2.7%
3	上海	76.97	+13.93%	+1.97%
4	杭州	54.15	+7.09%	+4.19%
5	广州	52.41	-12.21%	+0.14%
6	陵水	44.95	-9.94%	+0.06%
7	三亚	44.84	+0.95%	-4.55%
8	南京	44.56	+5.75%	+2.8%
9	厦门	43.38	+5.47%	-3.42%
10	温州	39.80	+11.25%	-0.52%

图 8-1

全国城市租金排行由中国房价行情平台制作发布，它是在中国房地产业协会的领导和组织下，以禧泰房地产大数据为基础，实时向社会发布全国各城市、城市各区域和各楼盘小区的房价、租金行情实况。

原来的房子购买后，投资者仅依靠房价上涨幅度就可以获利，如果租出去，租金多少房主并不太关心。现在房价涨跌不明显，而且交易也不像以前那么容易，如果现在持有过去那些价格水平的房子，大幅增值变得有点困难，只有快速出租才更合适，租金的高低就变得重要起来。

8.2.2 微观杠杆实例

2014 年 9 月，上市公司中国南车、中国北车合并，更名为中国中车（601766.SH，又称中车），股价由 5 元左右一路上涨至 14 元，涨幅约 8.81 元或 171.73%，2015 年 3 月 12 日至 2015 年 3 月 24 日由 12.51 元上涨到 39.47 元，涨幅 22.43 元或 173.20%。在如此巨大的赚钱效应影响下，满仓杠杆融资的激进投资者大赚特赚，在获取巨额收益的同时风险也是巨大的，在 2015 年 6 月 9 日至 10 日的短短两天时间内，两个跌停板让一位投入 170 万元并加四倍杠杆融资全仓中车的激进投资者，遭受了 170 万元的损失，即将本金亏完。中国中车 2015 年 3 月至 6 月间的日 K 线走势如图 8-2 所示。

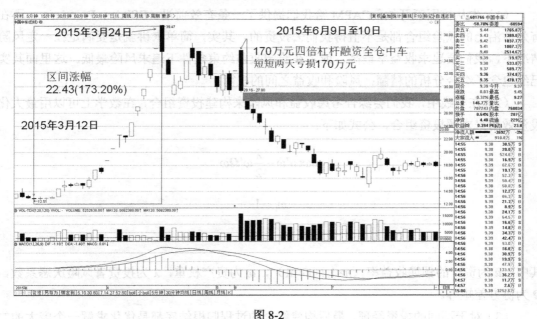

图 8-2

通过此例不难看出，杠杆是一个好工具，但同时也是一把双刃剑，在扩大收益的同时也扩大了风险，梦想一夜暴富的投资者需要警醒！学习量化交易，形成正确的投资观念，控制好风险，才是走向财富自由的正确道路。

8.3 资产配置策略

资产配置是一个很广泛的话题，配置的过程也是一个间接择时的过程，因为高配的资产必然是投资者对其收益与风险进行综合考量后才看好的，从使用场景分类来看，资产配置可以是宏观的，比如货币类、债券类、权益类之间的配置；也可以是某大类资产下的，比如在沪深 300 成分股不同标的之间的权重配置。但不管怎么说，从方法层面上看，对于不同场景下的使用都是一致的，只不过需要注意不同场景使用下的一些特殊处理方法。本节从最简单的最小方差组合入手，理论结合实践，深入浅出地对资产配置进行讲解。

8.3.1 最小方差组合简介

什么是最小方差组合？下面进行简要说明。

（1）先从校园版开始，CAPM 给我们提供了一条有效前沿（Efficient Frontier），不在有效前沿上的风险组合都是不值得我们去投资的。其实，简单来讲就是要满足在一定风险情况下，我们要追求收益率最高，或者在给定收益约束条件下追求风险最低。这里面其实已经包含了组合分析的精髓：风险和收益之间的权衡。

（2）在实践中，我们会综合考虑收益和风险来构建投资组合，在数学上可以用最大化投资效用来求解投资组合，公式如下：

$$\max u'\omega - \frac{\lambda}{2}\omega'\Omega\omega$$

$$\omega_1' = 1$$

$$\omega_i \geq 0$$

其中，u 为资产的预期收益率（$n\times 1$ 列向量），ω 为资产权重，λ 为投资者风险厌恶系数，Ω 为协方差矩阵。

（3）对于不同的投资经理，最后构建组合的过程归根结底都是优化求解一个庞大的二次规划问题，只是形式上比上面公式要复杂很多。比如，在目标函数中可以引入交易成本，在约束条件中可以加入行业或风格限制等。

（4）在实际中，预期收益率的好坏对模型结果影响很大，换句话说，优化结果对参数

u 极其敏感；而且对于预期收益的估计也是最难、最没有把握的，基于此，很多人就在目标函数中放弃收益项，进而转变为最小化组合风险，公式如下：

$$\min \frac{1}{2}\omega'\Omega\omega$$

$$\omega'_1 = 1$$

$$\omega_i \geqslant 0$$

（5）至此，便可以构建最小方差组合，可以看到只需要估计出资产间的协方差矩阵便可以得到最小方差下的权重配置。

1. 估计协方差矩阵

根据如上分析，可以看到资产配置问题的核心在于协方差矩阵的估计，下面提供两种常见的实践方法。

（1）根据历史数据直接估计。

直接用历史数据来估计协方差矩阵是简单易用的方法，直接取过去一段时间的历史行情，计算资产收益间的协方差矩阵即可。一般来说，所谓的一段时间是越长越好；当然还需要综合考虑投资时间跨度（Invest Horizon）。另外，估计协方差矩阵可以考虑引入 EWMA，简单来说就是离当前更近的数据具有更高的权重。当然，更多细节的地方每个人都有自己的处理方式，但整体来说直接用历史数据估计是一个非常具有实践价值的方法。

（2）依赖风险模型。

风险模型的使用场景更多集中于权益类，也就是前面提到的某大类资产下的配置问题。从美国市场上看，其已经有很多专门做风险模型的公司，比如 MSCI（Barra）、Axioma、Northfield。应用第三方已有的风险模型，我们可以更准确地估计出组合的风险，也就是说，上述第三方公司已经帮我们完成了估计协方差矩阵的过程。

在实际中，个人很少有充足的资金去买第三方的风险模型，所以下面将使用第 1 种方法来对资产配置进行介绍。

示例代码如下：

```
import numpy as np
import pandas as pd
```

首先给出简单估算协方差矩阵的工具函数，代码如下：

```
    def get_covmat(secid, date):
        '''
        输入：secid + 日期，获得以此估计出来的年化协方差矩阵
        '''
        start_date = str(int(date[:4])-3) + date[4:]
        return_mat = DataAPI.MktEqudAdjGet (secID=secid, beginDate = start_date,
endDate = date, field = u"secID,tradeDate,closePrice", pandas = "1")
        return_mat = return_mat.pivot (index='tradeDate',columns='secID',
values = 'closePrice').pct_change().fillna(0.0)
        return return_mat.cov()*250
```

例如，输入所有备选股和日期，就可以获得协方差矩阵，代码如下：

```
date = '20160909'
idx_code = '000016'    # 上证 50
secid = DataAPI.IdxConsGet (ticker = idx_code, intoDate = date, field = 
'consID') ['consID'].tolist()
cov_mat = get_covmat(secid, date)
cov_mat.head()
```

执行该程序后，得到的部分结果如图 8-3 所示。

secID	600000.XSHG	600010.XSHG	600016.XSHG	600028.XSHG	600029.XSHG	600030.XSHG	600036.XSHG	600048.XSHG	600050.XSHG	600104.XSHG
secID										
600000.XSHG	0.114 250	0.055 222	0.079 446	0.066 332	0.072 912	0.092 230	0.081 248	0.093 201	0.072 269	0.068 789
600010.XSHG	0.055 222	0.249 411	0.055 818	0.076 929	0.138 660	0.114 554	0.048 540	0.121 975	0.121 508	0.083 799
600016.XSHG	0.079 446	0.055 818	0.114 448	0.063 973	0.052 345	0.077 311	0.082 846	0.090 313	0.070 451	0.072 044
600028.XSHG	0.066 332	0.076 929	0.063 973	0.113 118	0.082 377	0.094 547	0.063 767	0.091 309	0.096 459	0.067 532
600029.XSHG	0.072 912	0.138 660	0.052 345	0.082 377	0.281 891	0.126 304	0.053 835	0.125 156	0.127 836	0.086 902

图 8-3

简单说明就是，以上示例计算得到的协方差矩阵是最简单的估算方式，用过去 3 年的数据来估计日收益率的协方差矩阵，然后年化做得更好一点可以加一些对协方差矩阵的预测，常用的如 EWMA、对角元和非对角元。采用不同的方法处理、GARCH 建模得到协方差矩阵之后，就要构建组合，使得组合的风险最小。

2. 组合优化

根据前面的描述，组合构建可以简化为求解如下最优问题，公式如下：

$$\min \frac{1}{2}\omega'\boldsymbol{\Omega}\omega$$

$$\omega_1' = 1$$

$$\omega_i \geq 0$$

其中，Ω 就是我们估计出来的协方差矩阵，ω 为我们需要优化出来的各个资产的权重。

在 ω 没有非负约束的条件下可以引入拉格朗日乘子，求解得到上述优化问题的封闭解，公式如下：

$$\omega^* = \frac{\Omega^{-1} 1}{1' \Omega^{-1} 1}$$

在实际中，由于 A 股不能轻易做空的限制，在优化组合时都会加上非空的限制，这个时候就需要利用优化器进行优化。可以看到需要优化的是一个简单的二次规划问题，用 Python 中的 CVXOPT 可轻松求解。

二次规划问题的标准形式如下：

$$\min \frac{1}{2} x^T P_x + q^T x$$

$$\text{s.t.} \, Gx \leq h$$

$$Ax = b$$

其中，x 为要求解的列向量，x^T 表示 x 的转置。

接下来，按步骤对上式进行说明。

（1）上式表明，任何二次规划问题都可以转化为上式的结构，事实上用 CVXOPT 的第一步就是将实际的二次规划问题转换为上式的结构，写出对应的 P、q、G、h、A、b。

（2）目标函数若为求 min，可以通过乘以-1，将最大化问题转换为最小化问题。

（3）$Gx \leq b$ 表示的是所有的不等式约束，同样，若存在 $x \geq 0$ 的限制条件，也可以通过乘以-1 转换为 "$\leq$" 的形式。

（4）$Ax = b$ 表示所有的等式约束。

以一个标准的例子进行说明，公式如下：

$$\min(x, y) \frac{1}{2} x^2 + 3x + 4y^T$$

$$\text{s.t. } x, y \geq 0$$

$$x + 3y \geq 15$$

$$3x + 4y \leq 80$$

其中，需要求解的是 x、y，我们可以把它们写成向量的形式。

下面就用前面得到的 cov_mat 来完整实现一遍优化过程。

示例代码如下：

```
from cvxopt import solvers, matrix
# 根据前面的描述写好对应的 P、q、G、h、A、b
Nums = cov_mat.shape[0]
P = matrix(cov_mat.values)
q = matrix(np.zeros(Nums))
G = matrix(np.diag(-np.ones(Nums)))
h = matrix(np.zeros(Nums))
A = matrix(np.ones(Nums)).T
b = matrix(1.0).T
# 代入优化方程进行求解
sol = solvers.qp(P, q, G, h, A, b)
wts = pd.Series(index=cov_mat.index, data=np.array(sol['x']).flatten())
wts.head()
```

执行该程序后，得到的结果如下：

```
     pcost       dcost       gap    pres   dres
 0:  3.4346e-02 -9.8929e-01  5e+01  7e+00  7e+00
 1:  4.4449e-02 -9.4743e-01  1e+00  3e-15  2e-15
 2:  4.3741e-02 -3.3587e-03  5e-02  4e-16  2e-15
 3:  3.0296e-02  8.8901e-03  2e-02  6e-17  2e-16
 4:  2.5961e-02  2.1780e-02  4e-03  8e-17  1e-16
 5:  2.3903e-02  2.3361e-02  5e-04  8e-17  1e-16
 6:  2.3523e-02  2.3497e-02  3e-05  2e-16  8e-17
 7:  2.3504e-02  2.3502e-02  1e-06  3e-16  1e-16
 8:  2.3503e-02  2.3503e-02  2e-08  8e-17  1e-16
Optimal solution found.
secID
600000.XSHG    4.612233e-03
600010.XSHG    3.085674e-08
600016.XSHG    1.307174e-02
600028.XSHG    1.932927e-08
600029.XSHG    6.033890e-09
dtype: float64
```

至此，我们便得到了最小方差组合下的权重配置方案，接下来就看看回测结果如何，先简单说明几点：回测之前，先将回测过程中可能用到的函数都打包在 cell 中，回测过程采用了动态 universe 的方式，规避了幸存者偏差。对于最小方差组合，不要期待其在收益上有很好的表现，更应该关注其波动情况。

示例代码如下：

```python
def get_weights(secid, date):
    '''
    输入：secid + 日期，获得以此估计出来的年化协方差矩阵
    '''
    cov_mat = get_covmat(secid, date)
    # 根据前面的描述写好对应的 P、q、G、h、A、b
    Nums = cov_mat.shape[0]
    P = matrix(cov_mat.values)
    q = matrix(np.zeros(Nums))
    G = matrix(np.diag(-np.ones(Nums)))
    h = matrix(np.zeros(Nums))
    A = matrix(np.ones(Nums)).T
    b = matrix(1.0).T
    # 代入优化方程进行求解
    solvers.options['show_progress'] = False
    sol = solvers.qp(P, q, G, h, A, b)
    wts = pd.Series(index=cov_mat.index, data=np.array(sol['x']).flatten())
    wts = wts[wts >= 0.0001]  # 权重调整，对于权重太小的不予配置
    wts_adjusted = wts / wts.sum() * 1.0
    return wts_adjusted

def get_idx_cons(idx, date):
    '''
    取某一天某个指数的成分股
    '''
    data = DataAPI.IdxConsGet(ticker=idx,intoDate=date,field='',pandas="1")['consTickerSymbol'].apply(lambda x: '%06d' % x)
    return list(set(data))

def get_halt_tickers(date, universe):
    '''
    获取某一天的停牌股票
    '''
    return DataAPI.SecHaltGet(beginDate=date,endDate=date,ticker=universe,field=u"",pandas="1")['ticker'].tolist()
def get_dates(start_date, end_date, frequency='daily'):
```

```
'''
输入起始日期和频率，即可获得日期列表
'''
data = DataAPI.TradeCalGet(exchangeCD=u"XSHG",beginDate=start_date,
endDate=end_date,field=u"calendarDate,isMonthEnd",pandas="1")
if frequency == 'monthly':
    data = data[data['isMonthEnd'] == 1]
else:
    raise ValueError('调仓频率必须为monthly！！！')
date_list = map(lambda x: x[0:4]+x[5:7]+x[8:10], data['calendarDate'].values.tolist())
return date_list
def ticker2sec(ticker):
    '''
    将ticker转换为secID
    '''
    universe = DataAPI.EquGet(equTypeCD=u"A",listStatusCD="L,S,DE,UN",
field=u"ticker,secID",pandas="1")  # 获取所有的A股（包括已退市的）
    universe = dict(universe.set_index('ticker')['secID'])
    if isinstance(ticker, list):
        res = []
        for i in ticker:
            if i in universe:
                res.append(universe[i])
            else:
                print i, ' 在universe中不存在，没有找到对应的secID！'
        return res
    else:
        raise ValueError('ticker should be list！')
```

然后构建所有的 universe 及交易部分，代码如下：

```
# 构建所有的universe
date_list = get_dates('20070101', '20160901', 'monthly')
res = set()
for d in date_list:
    tmp = get_idx_cons('000016', d)
    res = res | set(tmp)
universe = ticker2sec(list(res))
start = '2007-01-01'
end = '2016-09-14'
benchmark = 'SH50'                          # 策略参考基准
capital_base = 1000000                      # 起始资金
# 策略类型,'d'表示日间策略使用日线回测,'m'表示日内策略使用分钟线回测
freq = 'd'
```

```
refresh_rate = 60                              # 调仓频率
def initialize(account):                       # 初始化虚拟账户状态
    pass
def handle_data(account):                      # 每个交易日的买入与卖出指令
    # 不断更新日期列表,以此来判断调仓
    today = account.current_date.strftime('%Y%m%d')
    # 向前移动一个工作日
    yesterday = account.previous_date.strftime('%Y%m%d')
    my_universe = get_idx_cons('000016', yesterday)
    suspend_stk = get_halt_tickers(today, my_universe)  # 当日停牌股
    my_universe = list(set(my_universe) - set(suspend_stk))
    my_universe = ticker2sec(my_universe)
    wts = get_weights(my_universe, yesterday).to_dict()
    # 交易部分
    sell_list = [stk for stk in account.valid_secpos if stk not in wts]
    for stk in sell_list:
        order_to(stk,0)
    c = account.referencePortfolioValue
    change = {}
    for stock, w in wts.iteritems():
        p = account.referencePrice.get(stock, np.nan)
        if not np.isnan(p) and p > 0:
            change[stock] = int(c * w / p) - account.valid_secpos.get(stock, 0)
    for stock in sorted(change, key=change.get):
        order(stock, change[stock])
```

执行该程序后,得到的结果如图 8-4 所示。

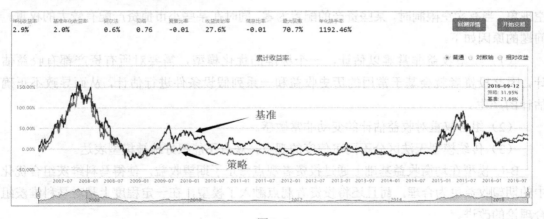

图 8-4

从图 8-4 中的回测结果来看，最小方差组合收益表现很一般，这一点正与前面的预期一致，因为该方法所追求的就是波动小，而实证结果也显示，组合年化波动率为 27.6%，低于基准 31.2%。

另外，本节的目的在于深入浅出介绍理论与方法，对于很多可以优化的参数只做了一般的处理，对参数优化感兴趣的读者可以自行研究。

8.3.2 经典资产配置 B-L 模型

在进行资产配置时，最经典、运用也最广泛的就是马科维茨的 MVO 了，但是均方差优化有一个关键的输入变量——预期收益率，而优化的组合权重对预期收益率又特别敏感，导致 MVO 存在一定的缺陷。

B-L（Black-Litterman）模型是对 MVO 的一个扩展，其主要的贡献是提供了一个理论框架，能够将市场均衡收益和个人观点整合到一块，用以重新估计更可靠的预期收益率，然后将预期收益率带入 MVO，得出最优资产配置。

1. B-L 模型核心思想

B-L 模型使用贝叶斯方法，将投资者对于一个或多个资产的预期收益的主观观点与先验分布下预期收益的市场均衡向量相结合，形成关于预期收益的新的估计。这个基于后验分布的新的收益向量，可以看成是投资者观点和市场均衡收益的加权平均。

马科维茨优化会出现不合情理的配置：在无限制条件下，会出现对某些资产的强烈卖空现象，当有卖空限制时，某些资产的配置为零，同时在某些小市值资产配有较大的权重。问题的原因如下。

（1）期望收益非常难以估计，一个标准的优化模型，需要对所有资产都有收益估计，因此投资者就会基于常用的历史收益和一系列假设条件进行估计，从而导致不正确估计的产生。

（2）组合权重对收益估计的变动非常敏感。

（3）传统模型无法区分不同可信度的观点，观点不能很好地被模型表达。

B-L 模型在均衡收益基础上通过投资者观点修正了期望收益，使得马科维茨组合优化中的期望收益更为合理，而且还将投资者观点融入了模型，在一定程度上是对马科维茨组合理论的改进。

本节的重点在于如何用个人观点修正期望收益，主要分为如下 3 个部分。

（1）加入个人观点之前，求预测收益率的先验分布。

假设预期收益服从正态分布，公式如下：

$$N \sim (\Pi, \tau \Sigma)$$

其中，N 为资产数量，τ 为标量（Scalar），Σ 为 n 个资产收益的协方差矩阵（$n \times n$ 矩阵），Π 为隐含均衡收益向量（$n \times 1$ 列向量）。

（2）构建观点正态分布，公式如下：

$$N \sim (Q, \Omega)$$

其中，Q 为观点收益向量（$k \times 1$ 列向量），Ω 为观点误差的协方差矩阵，为对角阵，表示每个观点的信心水平（$k \times k$ 矩阵）。

（3）将观点引入之前的预期收益分布，得到调整后的预期收益分布，公式如下：

$$N \sim \left(E[R], \left[(\tau \Sigma)^{-1} + (P' \Omega^{-1} P) \right]^{-1} \right)$$

其中，$E[R]$ 表示新（后验）收益向量（$1 \times n$ 列向量），' 表示矩阵转置，-1 表示逆矩阵，P 表示投资者观点矩阵（$k \times n$ 矩阵），当只有 1 个观点时，则为 $n \times 1$ 行向量，k 为投资者观点数量（$k \leq n$）。

在求得新预期收益向量后，可以带入 MOV 模型，求出最优资产配置组合权重 ω。

2. B-L 模型具体步骤

1）输入参数

- ω 为每个资产的均衡权重。

按照 CAPM 假设，最优的风险资产组合即现有的整个市场，所以均衡权重应该按照现有资产之间的总市值占比求得。

这里的 ω 是为了求初始均衡收益的，求均衡收益的方式有很多，比如 CAPM 估计、使用历史平均数据来计算等。

- Σ 为资产之间的协方差矩阵。

协方差矩阵通过日度历史数据计算得到（当然，也可以对协方差矩阵进行估计预测）。

- δ 为风险厌恶系数。

风险厌恶系数可以假设（一般 1～3），也可以通过计算得到，计算公式如下：

$$\delta = \frac{E® - r_f}{\sigma_m^2}$$

- τ 为均衡收益方差的刻度值。

τ 通常取值比较小,在 0.025~0.05。

需要注意的是,因为假设先验分布均衡收益的方差,是和实际收益的方差成比例的,并且 B-L 模型是将市场均衡收益和个人观点整合到一起的,那么先验分布的均衡收益方差越大,其所占的权重也就越小,个人观点权重越大,所以 τ 也可以看成是观点权重。

2)步骤

- 用反向求解的方式计算得到先验均衡收益,公式如下:

$$\Pi = \delta \times \Sigma \times \omega$$

或者用历史收益来估计均衡收益,又或者用 CAPM 进行估计。下面的例子将以历史收益来估计均衡收益。

- 个人观点模型化。

个人观点可以涉及单个资产,也可以涉及多个资产乃至所有资产,最后按照一定的规则将所有观点构建成矩阵 P、Q 和 Ω。

举一个 k 个观点 n 个资产的例子,此时 P 就是 $k\times n$ 矩阵,每行代表一个观点,Q 为 $k\times 1$ 矩阵,存放每个观点的超额收益,Ω 是 $k\times k$ 对角矩阵,对角线上的每个元素代表该观点的方差,与对该观点的置信程度成反比,在学术界常用的公式如下:

$$\Omega = P\tau\Sigma P^T$$

【例 8-1】

假设有 4 种资产、2 个观点,观点 1:资产 1 比资产 3 的预期收益率要多 2%,置信度为 ω_1。观点 2:资产 2 的预期收益率为 3%,置信度为 ω_2。由于资产 4 没有任何观点,所以资产 4 的预期收益不需要调整,随后得出如下矩阵:

$$P = (1\ 0\ -1\ 0\ 0\ 1\ 0\ 0)$$

$$Q = (2\ 3)$$

$$\Omega = (\omega_1\ 0\ 0\ \omega_2)$$

下面来计算整合后调整的预期收益率。

这里直接给出公式：

$$\hat{\Pi} = \Pi + \tau \Sigma P'(\Omega + \tau P \Sigma P')^{-1}(Q - P\Pi)$$

3）结果

调整后的预期收益率估计，公式如下：

$$\hat{\Pi} = \Pi + \tau \Sigma P'(\Omega + \tau P \Sigma P')^{-1}(Q - P\Pi)$$

后验分布预期收益率的方差，公式如下：

$$M = \tau \Sigma - \tau \Sigma P'(\Omega + P \Sigma P')^{-1} P_\tau \Sigma$$

调整后预期收益率的方差，公式如下：

$$\Sigma_p = \Sigma + M$$

根据新的预期收益和方差，在无约束条件下，由 MVO 得到新的最优权重，公式如下：

$$\hat{\omega} = (\delta \Sigma_p)^{-1} \hat{\Pi}$$

当然，这里求 MVO 时也可以加入限制条件，如限制卖空、权重和为 1 等。

3．简单示例

1）选取资产

我们从一级行业中选取 6 个行业来举例，包括化工、钢铁、有色金属、电子、食品饮料、纺织。

采用历史日收益率计算均衡收益，选取时间段为 2005 年 1 月 1 日至 2014 年 1 月 1 日。通过如下代码来获取数据，最后得到的数据是一个列为行业标号，行为时间的矩阵：

```
from __future__ import division
import numpy as np
import pandas as pd
import matplotlib.pyplot as plt
from CAL.PyCAL import *
cal = Calendar('China.SSE')
# 日期
data=DataAPI.TradeCalGet(exchangeCD=u"XSHE",beginDate=u"20050101",endDate=u"20140101",field=['calendarDate'],pandas="1")
# 得到日期列表
```

```
    date_list = data['calendarDate'].values.tolist()
    startDate = date_list[0]
    endDate = date_list[-1]
    # 行业代码
    industrySW = DataAPI.IndustryGet (industryVersion = u"SW",industryVersionCD=
u"",industryLevel=u"1",isNew=u"1",field=u"industryID,industryName,indexSymbo
l",pandas="1")
    industrySW = industrySW.set_index(industrySW['industryName'])
    # 可以查看各行业代码
    industrySW
```

执行以上代码后，得到如图 8-5 所示的结果。

industryName	industryID	industryName	indexSymbol
农林牧渔	1030301	农林牧渔	801010
采掘	1030302	采掘	801020
化工	1030303	化工	801030
钢铁	1030304	钢铁	801040
有色金属	1030305	有色金属	801050
建筑材料	1030306	建筑材料	801710
建筑装饰	1030307	建筑装饰	801720
电气设备	1030308	电气设备	801730
机械设备	1030309	机械设备	801890
国防军工	1030310	国防军工	801740
汽车	1030311	汽车	801880
电子	1030312	电子	801080
家用电器	1030313	家用电器	801110
食品饮料	1030314	食品饮料	801120
纺织服装	1030315	纺织服装	801130
轻工制造	1030316	轻工制造	801140
医药生物	1030317	医药生物	801150
公用事业	1030318	公用事业	801160
交通运输	1030319	交通运输	801170
房地产	1030320	房地产	801180
银行	1030321	银行	801780
非银金融	1030322	非银金融	801790
商业贸易	1030323	商业贸易	801200
休闲服务	1030324	休闲服务	801210
计算机	1030325	计算机	801750
传媒	1030326	传媒	801760
通信	1030327	通信	801770
综合	1030328	综合	801230

图 8-5

继续输入相关代码：

```
# 依次输入化工、钢铁、有色金属、电子、食品饮料、纺织的代码
chosenIndustryID = ['801030','801040','801050','801080','801120',
'801130']
# 取数据
DayCHGpct = {}
for ID in chosenIndustryID:
    temp = DataAPI.MktIdxdGet (indexID = u"",ticker = str (ID) ,beginDate = startDate,endDate = endDate,field = u"",pandas = "1")
    temp = temp.set_index('tradeDate')
    DayCHGpct.update({ID:temp['CHGPct']})
data = pd.DataFrame(DayCHGpct)
```

2）参数设定及计算

计算或设定模型所需要的其他参数，包括初始均衡收益、协方差矩阵（注意：都需要经过年化处理）、风险厌恶系数、τ 等，以及加入与观点相关的矩阵 P、Q、ω。

这里的参数设定比较随意，风险厌恶系数直接假设为 2，代码如下：

```
equalReturn = data.mean()*250      # 均衡收益年化
covMat = data.cov()*250            # 协方差矩阵年化
delta =2                           # 风险厌恶系数
tau = 0.03                         # 观点权重 tau
```

我们在计算初始均衡收益时，考虑的是平均年化收益率，显然这里是有提升空间的，首先来看看各指数净值曲线，代码如下：

```
def CalcNetValue(returnArray):
    n = len(returnArray)
    ret = {}
    netValue =1
    ret.update({returnArray.index[0]:1})
    for date in returnArray.index[1:]:
        netValue *= (1+returnArray[date])
        ret.update({date:netValue})
    ret = pd.Series(ret)
    return ret
compare = {}
for industry in data.columns:
    compare.update({industry:CalcNetValue(data[industry])})
Index=DataAPI.MktIdxdGet(indexID=u"",ticker='000001',beginDate=startDate,endDate = endDate,field=u"",pandas="1")
```

```
Index = Index.set_index('tradeDate')
IndexCHGpct = Index['CHGpct']
compare.update({'A':CalcNetValue(IndexCHGpct)})
compare = pd.DataFrame(compare)
compare.plot(figsize=(15,6))
```

执行以上代码后，得到如图 8-6 所示的结果。

图 8-6

然后来对比平均年化收益率，代码如下：

```
equalReturn.plot(kind='bar')
print equalReturn
```

执行以上代码后，得到的结果如下：

```
801030    0.130297
801040    0.069169
801050    0.206015
801080    0.160056
801120    0.239794
801130    0.151224
dtype: float64
```

执行以上代码后，得到如图 8-7 所示的结果。

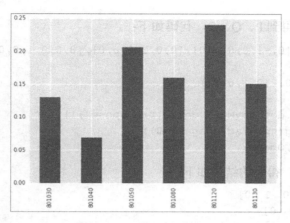

图 8-7

从图 8-7 中可以看出，食品饮料（801120）是跑赢 A 股指数最多的，且总体比较稳定；有色金属（801050）虽然年化收益排第二名，但显然近年来在走下坡路，而且前些年的高收益拉高了平均值，近期收益期望应当下调；钢铁（801040）表现最差，且趋势疲软；电子（801080）则从跑输 A 股指数到跑赢 A 股指数，稳步上升。

再对比其他行业相对食品饮料的平均年化收益率，代码如下：

```
equalReturn['801120'] - equalReturn
```

执行以上代码后，得到的结果如下：

```
801030    0.109497
801040    0.170624
801050    0.033779
801080    0.079738
801120    0.000000
801130    0.088570
dtype: float64
```

根据以上对比结果，可总结出如下 3 个观点。

- 观点 1：食品饮料的年化收益率比钢铁高 20%（和原来的 0.17 相比，差距加大）。
- 观点 2：有色金属的年化收益率为 10%（和原来平均 0.206 15 相比，大幅下调）。
- 观点 3：电子的年化收益率为 20%（和原来 0.16 相比，略有上调）。

当然，这样获得的观点不一定正确，也比较片面，因为在实际中考虑的因素有很多。这里只是做一个简单的分析。

接下来根据观点得到P、Q、Ω，代码如下：

```
P = np.array([[0,-1,0,0,1,0],[0,0,1,0,0,0],[0,0,0,1,0,0]])
print "P:",P
Q = np.array([0.2,0.1,0.2])
print "Q:",Q
Omega = tau*(P.dot(covMat).dot(P.transpose()))
Omega = np.diag(np.diag(Omega,k=0))
print "Omega:",Omega
```

执行以上代码后，得到的结果如下：

```
P: [[ 0 -1  0  0  1  0]
 [ 0  0  1  0  0  0]
 [ 0  0  0  1  0  0]]
Q: [ 0.2  0.1  0.2]
Omega: [[ 0.00207415  0.          0.        ]
 [ 0.          0.00495526  0.        ]
 [ 0.          0.          0.0037124 ]]
```

下面计算最终期望收益率，公式如下：

$$\hat{\Pi} = \Pi + \tau \Sigma P'(\Omega + \tau P \Sigma P')^{-1}(Q - P\Pi)$$

示例代码如下：

```
adjustedReturn = equalReturn + tau*covMat.dot (P.transpose ()).dot (np.linalg.inv (Omega+tau*(P.dot (covMat).dot(P.transpose())))).dot(Q - P.dot (equalReturn))
print adjustedReturn
```

执行以上代码后，得到的结果如下：

```
801030    0.117924
801040    0.047898
801050    0.170871
801080    0.155716
801120    0.236108
801130    0.141746
dtype: float64
```

继续输入如下代码：

```
equalReturn.plot(label='equalReturn')
adjustedReturn.plot(label='adjustedReturn')
plt.legend(loc=0)
```

执行以上代码后，得到如图 8-8 所示的结果。

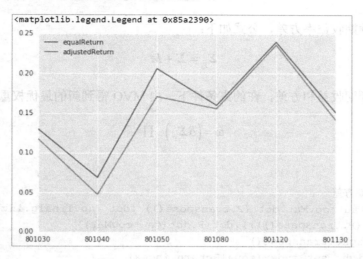

图 8-8

从图 8-8 中可以看出，钢铁（801040）和有色金属（801050）的期望收益率大幅下降了。分别带入 MVO，在无约束的条件下，求出各自的最优资产配置权重ω，公式如下：

$$\omega = (\delta\Sigma)^{-1}\Pi$$

示例代码如下：

```
w1 = np.linalg.inv(delta*covMat).dot(equalReturn)
w1 = pd.Series(w1,index=equalReturn.index)
w1
```

执行以上代码后，得到的结果如下：

```
801030   -0.370762
801040   -0.916984
801050    0.564449
801080   -0.049731
801120    2.159178
801130   -0.261250
dtype: float64
```

根据最终期望收益率计算最优权重，在计算调整预期收益率后，带入均值-方差模型的最优权重解。

后验分布预期收益率的方差，公式如下：

$$M = \tau \Sigma - \tau \Sigma P' [P\Sigma P' + \Omega]^{-1} P_\tau \Sigma$$

调整后的预期收益率方差,公式如下:

$$\Sigma_p = \Sigma + M$$

根据新的预期收益和方差,在约束条件下,由 MVO 得到新的最优权重,公式如下:

$$\hat{\omega} = (\delta \Sigma_p)^{-1} \hat{\Pi}$$

代码如下:

```
# 求新的预期方差
right = (tau)*covMat.dot (P.transpose()) .dot (np.linalg.inv (Omega+P.dot (covMat).dot (P.transpose()))).dot(P.dot(tau*covMat))
right = right.transpose()
right = right.set_index(equalReturn.index)
M = tau*covMat - right
Sigma_p = covMat + M
Sigma_p
```

执行以上代码后,得到如图 8-9 所示的结果。

	801030	801040	801050	801080	801120	801130
801030	0.096 665	0.087 328	0.105 761	0.098 931	0.071 160	0.097 447
801040	0.087 328	0.118 484	0.105 196	0.089 265	0.067 472	0.091 814
801050	0.105 761	0.105 196	0.169 986	0.112 994	0.083 680	0.112 255
801080	0.098 931	0.089 265	0.112 994	0.127 351	0.080 135	0.113 228
801120	0.071 160	0.067 472	0.083 680	0.080 135	0.087 613	0.079 453
801130	0.097 447	0.091 814	0.112 255	0.113 228	0.079 453	0.119 226

图 8-9

继续输入如下代码:

```
w_adj = np.linalg.inv(delta*Sigma_p).dot(adjustedReturn)
w_adj = pd.Series(w_adj,index=equalReturn.index)
w_adj
```

执行以上代码后,得到的结果如下:

```
801030    -0.359963
801040    -0.974334
```

```
801050    0.340155
801080    0.125672
801120    2.180347
801130   -0.253641
dtype: float64
```

继续输入如下代码：

```
w1.plot(label='origin weight')
w_adj.plot(label='adjusted weight')
plt.legend(loc=0)
```

执行以上代码后，得到如图 8-10 所示的结果。

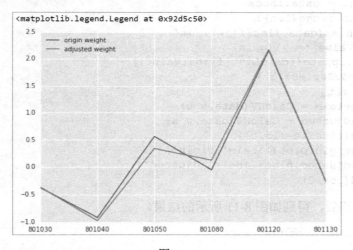

图 8-10

从图 8-10 中可以看出，钢铁（801040）和有色金属（801050）的权重下降了，而电子（801080）的权重上升了。

假设我们允许卖空，将权重绝对值的和调为 1，来比较一下两种权重在 out-Sample 2014 年 1 月到 2016 年 1 月的净值曲线，代码如下：

```
beginD=u"20140101"
endD=u"20160101"
w_o = w1/sum(abs(w1))
w_a = w_adj/sum(abs(w_adj))
chosenIndustryID = ['801030','801040','801050','801080','801120',
'801130']
# 取数据
DayCHGpct = {}
```

```
    for ID in chosenIndustryID:
        temp = DataAPI.MktIdxdGet (indexID = u"",ticker = str(ID),beginDate = beginD,endDate = endD,field=u"",pandas="1")
        temp = temp.set_index('tradeDate')
        DayCHGpct.update({ID:temp['CHGPct']})
data = pd.DataFrame(DayCHGpct)
# 计算净值
def CalcNV(data,w):
    n = len(data)
    ret = {}
    netValue =1
    ret.update({data.index[0]:1})
    dateList = data.index
    for i in range(1,n):
        gain = (data.iloc[i]*w).sum()
        netValue *= (1+gain)
        ret.update({dateList[i]:netValue})
    ret = pd.Series(ret)
    return ret
netValue_origin = CalcNV(data,w_o)
netValue_adjusted = CalcNV(data,w_a)
plt.figure(figsize=(15,5))
netValue_origin.plot(label='origin')
netValue_adjusted.plot(label='adjusted')
plt.legend(loc=0)
```

执行以上代码后，得到如图 8-11 所示的结果。

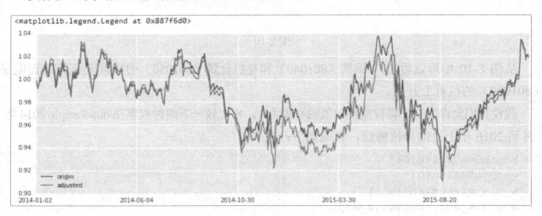

图 8-11

从图 8-11 中可以看出，加入观点的调整后期望收益计算的权重分配策略，并没有跑赢基于均衡期望收益计算的权重的策略。这里允许卖空影响了策略收益,也可能是参数设定比较粗糙,没有帮助收益得到提升。

本节主要目的是介绍整个模型的基本框架,B-L 模型还有很多值得深入研究的地方,如参数的优化、观点的设定,以及收益是不是满足正态分布等。

8.4 风险平价配置方法的理论与实践

资产配置在投资中是非常重要的过程,经典的资产配置方式就是马科维茨的均值-方差模型。目标是在给定预期收益率下最小化方差(风险),或在给定风险水平下最大化收益,通过拉格朗日乘子法,可以计算出一个有效前沿,我们可以根据有效前沿来配置资产。但在实践过程中,我们常常发现计算的结果是某几个资产的权重特别大,收益和风险都集中在了这些资产上。也有许多对均值-方差进行优化的方法,比如加入风险厌恶系数和考虑效用函数的最大化,或者加入个性化条件,要求每一大类的配置比例都不得超过 35%等,还有从统计的角度出发,找一些更好的估计协方差矩阵的方法。基于均值-方差模型的不足,PanAgora 基金的首席投资官 Edward Qian 博士提出了著名的风险平价(Risk Parity)策略,这一思想被 Bridgewater 基金运用于实际投资中,本节将详细介绍风险平价配置方法的理论与实践。

8.4.1 风险平价配置方法的基本理念

传统的大类资产配置方法更多关注的是投资组合的总体风险,优化的目标是使组合整体的风险最小,而不关心各个标的对整体风险的贡献度,这样有可能会导致组合整体风险对某个资产暴露极高的风险敞口,从而使得组合的业绩与该资产表现极其相关,并没有起到很好的分散效果。

风险平价策略通过平均分配不同资产类别在组合风险中的贡献度,实现了投资组合的风险结构优化。通过风险平价配置,投资组合不会暴露在单一资产类别的风险敞口中,因而可以在风险平衡的基础上实现理想的投资收益。

8.4.2 风险平价配置理论介绍

假设投资组合共有 n 个资产,第 i 个资产对整个投资组合的风险贡献值为 RC_i,则可以得到：

$$\mathrm{RC}_i = \frac{\omega_i}{\sigma}\frac{\partial \sigma}{\partial \omega_i} = \omega_i \frac{(\boldsymbol{\Omega}\omega)_i}{\omega' \boldsymbol{\Omega}\omega}$$

其中，σ 为投资组合的波动率，ω_i 为某个资产的权重，$\boldsymbol{\Omega}$ 为投资组合收益率的协方差矩阵，$(\boldsymbol{\Omega}\omega)_i$ 为向量 $\boldsymbol{\Omega}\omega$ 的第 i 行元素。

如上，可以很明显看出，资产 i 对组合的风险贡献可以用 $\omega_i(\boldsymbol{\Omega}\omega)_i$ 来表示。那么为了保证每个资产对组合的风险贡献一致，则可以转化为如下优化问题：

$$\min f(\omega) = \sum_{i=1}^{N}\sum_{j=1}^{N}\left[\omega_i(\boldsymbol{\Omega}\omega)_i - \omega_j(\boldsymbol{\Omega}\omega)_j\right]^2$$

$$\text{s.t.}\ \omega_i' = 1$$

$$\omega_i \geq 0$$

1. 风险平价配置实证介绍

首先以上证 50 成分股为例来介绍风险平价配置的流程，然后利用优矿回测框架实证风险平价配置方法的历史表现、优缺点等。在本例中，笔者用到了自己平时研究中的常用工具库，并且附有详细的代码注释，代码如下：

```
import lib.Uqer as uqer
import numpy as np
import pandas as pd
import matplotlib.pyplot as plt
import seaborn as sns
sns.set_style('white')
from datetime import datetime as dt
from CAL.PyCAL import font
```

从协方差估计到配置完成的全过程的代码如下：

```
date = '20161011'
tickers = uqer.get_idx_cons('000016', date) # 动态获取上证 50 成分股
# 估计协方差矩阵，默认用过去 3 年的数据
cov_mat = uqer.get_covmat(tickers, date)
# 得到 risk parity 最优权重配置
wts = uqer.get_smart_weight(cov_mat, method='risk parity')
wts.head()
```

执行以上代码后,得到的结果如下:

```
ticker
600000    0.025034
600010    0.017646
600016    0.025765
600028    0.022689
600029    0.016389
dtype: float64
```

接下来进行 risk parity 的实证研究,代码如下:

```
start = '2007-01-01'
end = '2016-10-11'
universe = DynamicUniverse('SH50')
benchmark = 'SH50'                              # 策略参考基准
capital_base = 10000000                         # 起始资金
# 策略类型,'d'表示日间策略使用日线回测,'m'表示日内策略使用分钟线回测
freq = 'd'
refresh_rate = 60                               # 调仓频率
def initialize(account):                        # 初始化虚拟账户状态
    pass
def handle_data(account):                       # 每个交易日的买入与卖出指令
    # 不断更新日期列表,以此来判断调仓
    today = account.current_date.strftime('%Y%m%d')
    # 向前移动一个工作日
    yesterday = account.previous_date.strftime('%Y%m%d')
    my_universe = uqer.sec2ticker(account.current_universe)
    suspend_stk = uqer.get_halt_tickers(today, my_universe)   # 当日停牌股
    my_universe = list(set(my_universe) - set(suspend_stk))
    cov_mat = uqer.get_covmat(my_universe, yesterday)         # 估计协方差矩阵
    # 得到 risk parity 最优权重配置
    wts = uqer.get_smart_weight(cov_mat, method='risk parity')
    wts = uqer.ticker2sec(wts).to_dict()
    # 交易部分
    sell_list = [stk for stk in account.security_position if stk not in wts]
    for stk in sell_list:
        order_to(stk,0)
    c = account.reference_portfolio_value
    change = {}
    for stock, w in wts.iteritems():
        p = account.reference_price.get(stock, np.nan)
        if not np.isnan(p) and p > 0:
            change[stock] = int(c * w / p) - account.security_position.
```

```
get(stock, 0)
    for stock in sorted(change, key=change.get):
        order(stock, change[stock])
```

执行以上代码后,得到如图 8-12 所示的结果。

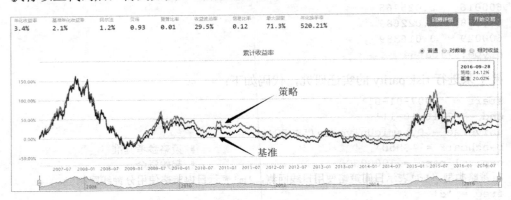

图 8-12

相比最小方差组合而言,风险平价配置方法在收益风险比上确实显得更优秀一些。从 2007 年至 2018 年年底,风险平价组合夏普值为 0.26,而基准(市值加权)的只有 0.22,尽管两者的夏普值相差并不是特别明显(主要是上证 50 各成分股之间的相关性特别高,导致配置效果不太理想),但差异足以说明问题。

2. 重新思考:风险平价与资产配置

risk parity 作为资产配置的经典方法,将其应用在相关性非常强的资产上可谓大材小用,从如上例子中的回测结果我们也可以看出一些问题,正如马科维茨所说,不要把鸡蛋放在同一个篮子里,分散化投资可以帮助投资者规避不必要的非系统性风险。这里作为大类资产配置的例子,可选投资标的并不局限于股票,下面以实例来实证 risk parity 在大类资产配置上的效果。

首先需要说明几点。

(1)选取的大类标的包括沪深 300、中小板指、恒生指数、标普 500、黄金、国债。

(2)选取这几个标的的一个原因是各自都具有非常好的代表性,另一个原因是各标的的波动都处在同一水平,能够较好地体现 risk parity 的优势(加入债券的话,会出现配置的结果基本都是债券的情形,当然若想要追求固定收益类的低风险,那么建议加入债券)。

(3)其实还可以加入大宗商品、石油来作为标的资产以更显分散化,但在下面的例子中没有加入。

首先要计算各标的的日度收益率，代码如下：

```
start_date = '20060201'
end_date = '20161012'
idx = ['000300', '399005', 'HSI', 'SPX', '000012']  # 沪深300、中小板指、恒生指数、标普500、上证国债
data1 = DataAPI.MktIdxdGet(ticker=idx, beginDate=start_date, endDate=end_date, field=u"secShortName,tradeDate,CHGPct", pandas="1")
data2 = DataAPI.ChinaDataGoldClosePriceGet (indicID = u"M140000090", beginDate =start_date, endDate=end_date, field='periodDate,dataValue')
data2 = data2.set_index ('periodDate').pct_change ().dropna ().rename (columns = {'dataValue':'CHGPct'}).reset_index ().rename(columns= {'periodDate':'tradeDate'})
data2['secShortName'] = '上海黄金现货'
total_daily_return = pd.concat([data1, data2]).pivot(index='tradeDate', columns = 'secShortName', values ='CHGPct').dropna(how='all').fillna(0.0)
total_daily_return.index = map (lambda x: x.replace ('-',''), daily_return.index)
total_daily_return.tail()
```

执行以上代码后，得到如图 8-13 所示的结果。

secShortName	上海黄金现货	上证国债	中小板指	恒生指数	标普 500	沪深 300
20161006	0.000 000	0.000 00	0.000 00	0.006 90	-0.001 81	0.000 00
20161007	0.000 000	0.000 00	0.000 00	-0.004 20	-0.003 25	0.000 00
20161010	-0.000 586	0.001 26	0.018 67	0.000 00	0.004 61	0.012 47
20161011	0.001 798	0.000 23	0.005 29	-0.012 67	-0.012 45	0.003 85
20161012	0.000 000	0.000 03	0.000 12	-0.006 05	0.001 15	-0.001 98

图 8-13

准备好各资产的收益率数据后，下面就开始进行回测，先做如下几点说明。

（1）策略在每季度末进行换仓。

（2）用过去 3 年的数据估算协方差矩阵。

（3）下面计算了常见的资产配置的实证结果，包括最小方差组合、风险平价组合、最大多元化组合、等权组合。

回测代码如下：

```
# backtest
selected_daily_return = total_daily_return[['沪深 300', '中小板指', '恒生指
```

```
数', '标普500', '上海黄金现货']]
    Ndays = 750    # 用多少天估算协方差矩阵
    starts = uqer.shift_date(selected_daily_return.index[0], Ndays, 'forward')
    ends = selected_daily_return.index[-1]
    portfolio_cum_value = pd.DataFrame(index=selected_daily_return.
loc[starts:ends].index, columns =['min variance', 'risk parity', 'max
diversification','equal weight'], data=0.0)   # 记录组合累计净值
    portfolio_positions = {}  # 记录组合各资产持仓
    allocation_methods = {'min variance', 'risk parity', 'max
diversification','equal weight'}
    for k in allocation_methods:
    portfolio_positions[k]=pd.DataFrame(index=portfolio_cum_value.index,colu
mns=selected_daily_return.columns, data =0.0)
    date_list = sorted(uqer.get_dates(starts, ends, 'quarterly')+[starts,
ends])
    for i in range(len(date_list)-1):
        # print i
        current_period = date_list[i]
        next_period = date_list[i+1]
        tmp_date = uqer.shift_date(current_period, Ndays)
        cov_mat = selected_daily_return.loc[tmp_date:current_period].cov()*250
        # 权重优化
        for j in allocation_methods:
            wts = uqer.get_smart_weight(cov_mat, method=j, wts_adjusted=False)
            daily_rtn = selected_daily_return.loc[current_period:next_period]
            daily_rtn.ix[0] = 0.0
            assets_positions = (daily_rtn + 1).cumprod() * wts
    portfolio_positions[j].loc[assets_positions.index,:]=(assets_positions.
T/assets_positions.sum (axis=1)).T
            cum_value = assets_positions.sum(axis=1)
            if i == 0:
                portfolio_cum_value.loc[cum_value.index, j] = cum_value * 1.0
            else:
```

回测完成不同配置方法的历史表现后,我们从两个角度来进行分析。

(1) 分析 risk parity 配置方法相对于各标的资产是否具有配置价值。

下面展示从 2009 年 1 月 1 日至 2016 年 10 月 12 日的各资产和 risk parity 组合的累计净值,以及各自的主要风险收益指标,代码如下:

```
    assets_cum_value = (total_daily_return.loc[starts:ends] + 1).cumprod()
    assets_cum_value['date'] = map(lambda x: dt.strptime(x, '%Y%m%d'),
assets_cum_value.index)
    fig = plt.figure(figsize=(15,6))
```

```
    ax = fig.add_subplot(111)
    font.set_size(12)
    colors = ['royalblue','orange','powderblue','sage','gray']
    columns = ['沪深300', '中小板指', '恒生指数', '标普500', '上海黄金现货']
    for i in range(len(columns)):
        ax.plot(assets_cum_value['date'].values,
assets_cum_value[columns[i]].values, color=colors[i])
    ax.plot(assets_cum_value['date'].values, portfolio_cum_rtn['risk
parity'].values, color='r')
    ax.legend([i.decode('utf8') for i in columns] + ['risk parity'], prop=font,
loc='best')
    ax.xaxis.set_tick_params(labelsize=12)
    ax.yaxis.set_tick_params(labelsize=12)
    ax.grid()
```

执行以上代码后，得到如图 8-14 所示的结果。

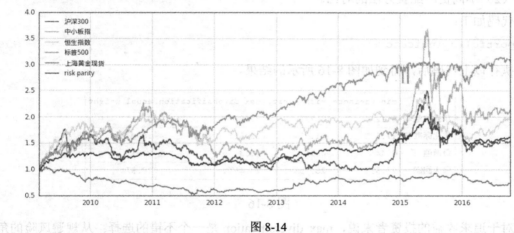

图 8-14

继续输入如下代码：

```
    assets_indicators = uqer.cal_indicators(selected_daily_return.
loc[starts:ends])
    portfolio_indicators = uqer.cal_indicators(portfolio_cum_value.
pct_change().dropna())
    assets_indicators['risk parity'] = portfolio_indicators['risk parity']
    assets_indicators
```

执行以上代码后，得到如图 8-15 所示的结果。

secShortName	沪深300	中小板指	恒生指数	标普500	上海黄金现货	risk parity
年化收益率	4.76%	9.66%	9.46%	15.82%	-1.28%	6.73%
年化标准差	24.90%	27.53%	19.79%	19.44%	15.52%	11.95%
夏普值	0.19	0.35	0.48	0.81	-0.08	0.56
最大回撤	52.41%	55.22%	37.26%	18.73%	48.96%	26.55%

图 8-15

从综合风险收益的表现来看，risk parity 确实表现较优，夏普值仅低于标普 500，这一点也很好理解，毕竟在回测期间，标普走出了一波大牛市，累计收益高达 200%。另外，经过 risk parity 风险控制，组合的年化波动率低于任何资产，体现了该方法在风险控制上的强大性。最后，risk parity 最大回撤也仅大于标普 500，显著低于其他资产，与此同时其收益表现也还不错。

（2）不同资产配置方法的对比。

代码如下：

```
portfolio_indicators
```

执行以上代码后，得到如图 8-16 所示的结果。

	min variance	risk parity	max diversification	equal weight
年化收益率	5.12%	6.73%	7.69%	8.51%
年化标准差	11.55%	11.95%	12.31%	14.03%
夏普值	0.44	0.56	0.63	0.61
最大回撤	23.59%	26.55%	25.45%	30.57%

图 8-16

对于追求收益的投资者来说，max diversification 是一个不错的选择；从规避风险的角度来看，最小方差组合是首选。

代码如下：

```
ax = portfolio_positions['max diversification'].plot(figsize=(14,5))
ax.legend(prop=font, loc='best')
ax.grid()
```

执行以上代码后，得到如图 8-17 所示的结果。

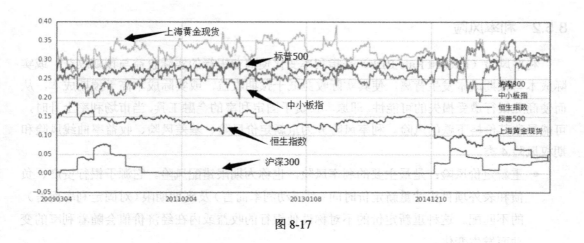

图 8-17

8.5 资产风险的来源

资产（Property/Assets）是由企业拥有或控制的预期会给企业带来经济利益的资源。

资产风险（Assess Risks）是指资产价值的不确定性。这是一个关于公司经营风险和行业风险的测度。因此公司的资产价值只是一个估计值，存在一定的不确定性，应当在公司的经营风险或者资产风险的框架下理解。即被并购企业的资产低于其实际价值或并购后这些资产未能发挥其目标作用而形成的风险。并购的实质是产权交易，资产风险是财务公司最关键、最集中的风险。

8.5.1 市场风险

风险是指某种特定危险事件发生的可能性与其产生的后果的组合。经济学家认为风险存在于个人偏好，即在同一事物中一个人认为存在风险，而另一个人却没有发现。其是由该危险发生的可能性，即危险概率和该危险事件发生后所产生的后果共同作用组合而成的。

市场风险（Market Risk / Market Exposure）是金融体系中常见的风险之一，也被称为系统性风险，它是指由于基础资产市场价格的不利变动或急剧波动而导致衍生工具价格或价值变动的风险。基础资产的市场价格变动包括市场利率、汇率、股票、债券，通常来源于未预料到的，但又能对整体经济产生巨大冲击的大事件。

8.5.2 利率风险

利率风险（Interest Rate Risk）是指利率变化使商业银行的实际收益与预期收益，或实际成本与预期成本发生背离，使其实际收益低于预期收益，或实际成本高于预期成本，从而使商业银行遭受损失的可能性。即原本投资于固定利率的金融工具，当市场利率上升时，可能导致其价格下跌的风险。利率风险分为重新定价风险、基差风险、收益率曲线风险和期权风险 4 类。

- 重新定价风险：是最主要的利率风险，也称为期限错配风险。它源于银行资产、负债和表外项目头寸重新定价时间（对浮动利率而言）及到期期限（对固定利率而言）的不匹配。这种重新定价的不对称性使银行的收益或内在经济价值会随着利率的变动而发生变化。
- 基差风险：也是一种重要的利率风险。它是指当一般利率水平的变化引起不同种类的金融工具的利率发生程度不等的变化时，银行就会面临基差风险。即使银行资产和负债的重新定价时间相同，但是只要存款利率与贷款利率的调整幅度不完全一致，银行就会面临风险。我国商业银行目前贷款所依据的基准利率一般都是中央银行所公布的利率，因此，基差风险比较小，但随着利率市场化的推进，特别是与国际接轨后，产生的基差风险也将相应增加。
- 收益率曲线风险：也称为利率期限结构变化风险。它是指将各种期限债券的收益率连接起来而得到的一条曲线，当银行的存/贷款利率都以国库券收益率为基准来制定时，由于收益曲线的意外位移或斜率的突然变化而对银行利差净收入和资产内在价值造成的不利影响就是收益率曲线风险。收益曲线的斜率会随着经济周期的不同阶段而发生变化，使收益曲线呈现出不同的形状。正收益曲线一般表示长期债券的收益率高于短期债券的收益率，这时没有收益率曲线风险；而负收益率曲线则表示长期债券的收益率低于短期债券的收益率，这时有收益率曲线风险。
- 期权风险：是一种越来越重要的利率风险，是指当利率发生变化时，银行客户使用隐含在银行资产负债表内业务中的期权给银行造成损失的可能性。即在客户提前归还贷款本息和提前支取存款的潜在选择中产生的利率风险。

8.5.3 汇率风险

汇率风险（Currency Risk）又称外汇风险或外汇暴露，是指由于汇率的不利变动而导致银行业务发生损失的风险。对于外币资产或负债所有者来说,外汇风险可能产生两个不确定的结果:遭受损失和获得收益。风险的承担者包括政府、企业、银行、个人及其他部门,他们面临的是汇率波动的风险。外汇风险分为 3 类:交易风险、折算风险和经济风险。

- 交易风险属于流量风险,是指在运用外币进行计价收付的交易中,经济主体因外汇汇率变动而蒙受损失的可能性。
- 折算风险属于存量风险,是指经济主体对资产负债表进行会计处理的过程中,因汇率变动而引起海外资产和负债价值的变化而产生的风险。
- 经济风险是指意料之外的汇率波动引起公司或企业未来一定期间的收益或现金流量变化的一种潜在风险。

8.5.4 流动性风险

流动性风险(Liquidity Risk)主要产生于银行无法应对因负债下降或资产增加而导致的流动性困难。当一家银行缺乏流动性时,它就不能依靠负债增长或以合理的成本迅速变现资产来获得充裕的资金,因而会影响其盈利能力。在极端情况下,流动性不足可能会导致银行倒闭。在各个市场中均存在流动性风险,比如证券、基金、货币等。流动性风险包括资产流动性风险和负债流动性风险。

- 资产流动性风险是指资产到期不能如期足额收回,进而无法满足到期负债的偿还和新的合理贷款及其他融资需要,从而给商业银行带来损失的风险。
- 负债流动性风险是指商业银行过去筹集的资金特别是存款资金,由于内外因素的变化而发生不规则波动,对其产生冲击并引发相关损失的风险。

8.5.5 信用风险

信用风险(Credit Risk)又称为交易对方风险或履约风险,是指交易对方不履行到期债务的风险。由于结算方式不同,场内衍生交易和场外衍生交易各自所涉及的信用风险也有所不同。信用风险包括违约风险、市场风险、收入风险和购买力风险。

- 违约风险是指债务人由于种种原因不能按期还本付息,不履行债务契约的风险。
- 市场风险是指资金价格的市场波动造成证券价格下跌的风险。

- 收入风险是指投资者运用长期资金进行多次短期投资时，实际收入低于预期收入的风险。
- 购买力风险是指未预期的高通货膨胀率所带来的风险。

8.5.6 通货膨胀风险

通货膨胀风险（Inflation Risk）又称购买力风险，是指由于通货膨胀因素导致银行成本增加或实际收益减少的可能性。由于会使银行资产的实际收益率下降，所以对银行来说是一种无形税收。

实际收益率的公式如下：

$$实际收益率=名义收益率-通货膨胀率$$

资产实际收益率等于资产名义收益率减去通货膨胀率，通货膨胀率越高，资产实际收益率越低，当通货膨胀率高于资产名义收益率时，资产实际收益率即为负数，资产的实际购买力反而下降了。当投资者的收入增加速度不能超越通货膨胀率时，其购买力就会下降，因此通货膨胀也会影响投资者对金融资产需求的热度。

8.5.7 营运风险

营运风险（Operational Risk）是指企业在运营过程中，由于外部环境的复杂性和变动性，以及主体对环境的认知能力和适应能力的有限性，而导致的运营失败或使运营活动达不到预期目标的可能性及其损失。营运风险并不是指某一种具体特定的风险，而是包含了一系列具体的风险。

例如，2013年8月16日的某证券乌龙指事件，由于订单生成系统出现问题，导致16日11:05时，2秒之内瞬间重复生成26 082笔预期外的是假委托，相当于234亿元，虽然只成交了72亿元，但也给市场造成了巨大冲击，上证指数瞬间上涨5.96%。图8-18所示为当日上证指数分时走势图。

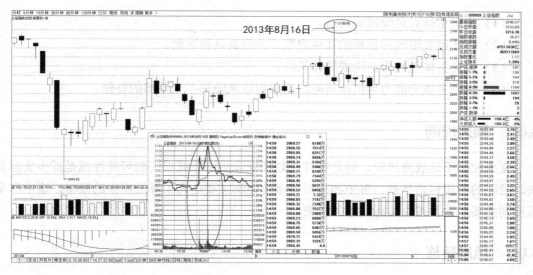

图 8-18

8.6 风险管理细则风险控制的 4 种基本方法

风险管理（Risk Management）是指在降低风险的收益与成本之间进行权衡并决定采取何种措施的过程。即识别出系统存在的危险性，并进行定性和定量分析，对得出系统发生危险的可能性及其后果严重程度进行测评，及时对危害因素实施有效控制，以实现对风险的控制及管理。风险管理主要分为经营管理型风险管理和保险型风险管理两类。

- 经营管理型风险管理：主要研究政治、经济、社会变革等所有企业面临的风险管理。
- 保险型风险管理：主要将可保风险作为风险管理的对象，将保险管理放在核心地位，将安全管理作为补充手段。

风险控制的 4 种基本方法包括风险回避、损失控制、风险转移和风险保留。

8.6.1 风险回避

风险回避是投资主体有意识地放弃风险的行为，完全避免特定的损失风险。简单的风险回避是一种消极的风险处理办法，因为投资主体在放弃风险行为的同时，往往也放弃了潜在的目标收益。所以一般只有在以下情况下才会采用这种方法。

（1）投资主体对风险极端厌恶。
（2）存在可实现同样目标的其他方案，并且其风险更低。
（3）投资主体无能力消除或转移风险。
（4）投资主体无能力承担该风险，或承担该风险得不到足够的补偿。

8.6.2 损失控制

损失控制不是放弃风险，而是制订计划和采取措施降低损失的可能性或是减少实际损失。控制的阶段包括事前、事中和事后。事前控制主要是为了降低损失的概率，事中和事后控制主要是为了减少实际发生的损失。

8.6.3 风险转移

风险转移是指通过契约将让渡人的风险转移给受让人承担的行为。通过风险转移有时可大大降低经济主体的风险损失。风险转移的主要形式是合同转移和保险转移。

- 合同转移：通过签订合同，可以将部分或全部风险转移给一个或多个其他参与者。
- 保险转移：是使用最为广泛的风险转移方式。

8.6.4 风险保留

风险保留，即风险承担。也就是说，如果发生损失，经济主体将用当时可利用的任何资金进行支付。风险保留包括无计划自留、有计划自我保险。

（1）无计划自留：指风险损失发生后从收入中支付，即不是在损失前做出资金安排。当经济主体没有意识到风险并认为损失不会发生时，或意识到的与风险有关的最大可能损失显著低估时，就会采用无计划自留方式承担风险。一般来说，无计划自留方式应当谨慎使用，因为如果实际总损失远远大于预计损失，则将导致资金周转困难。

（2）有计划自我保险：指在可能的损失发生前，通过做出各种资金安排以确保损失出现后能及时获得资金来补偿损失。有计划自我保险主要通过建立风险预留基金的方式来实现。

8.7 做好主观止损的技巧

止损（Stop Loss）也叫"割肉"，是指当投资某一金融产品出现的亏损达到预定数额时，及时斩仓出局，以避免形成更大的亏损。其目的就在于投资失误时把损失限定在较小的范围内，这是一种锁定交易结果并限制损失的交易指令。下面通过两个笔者亲身经历的案例来对止损进行讲解。

8.7.1 没做好止损——中国石油

在 2007 年 11 月 5 日中国石油上市当天下午笔者以 43.80 元买入，截至 2019 年 4 月 4 日，中国石油收盘价为 7.73 元，可以看出，买入近 12 年亏损超过 80%。实践出真知，止损的重要性相信读者通过如图 8-19 所示的中国石油（601857.SH）日 K 线图可以看出。

图 8-19

大多数投资者对持有的股票往往过于自信，面对判断失误，依然心存侥幸，这是致命的缺点。刚刚从各行各业进入金融市场的成功人士都认为自己很聪明、很能干，在学习了一些"秘籍"后就能成功预测市场的走势，碰巧再成功抓住一两个涨停板，就自认为是学成了绝世武功。而笔者认为"使用正确的方法有可能赔钱，而使用错误的方法也可能赚钱，但最终错误方法的盈利会加倍还给市场"。

常见的止损方法，包括平衡点止损、时间止损、跌破均线止损、跌破趋势线止损、跌破（头肩顶、双顶或圆弧顶等）头部形态的颈线位止损、跌破上升通道的下轨止损、跌破缺口止损、最大亏损止损等方法。那么应该按哪种方法操作呢？止损其实很简单，很容易从字面上理解，但金融市场是靠"干"练成的，落实到"干"上是很难的，真的很难，因为那是逆人性的，通常需要否定自己之前的判断。

8.7.2 积极止损——中国外运

笔者在 2018 年买入外运发展（600270.SH），然后在 2018 年 12 月 5 日外运发展发布公告可能终止上市，并将于当年的 12 月 13 日开始停牌，12 月 17 日主动申请终止上市，12 月 28 日公告正式终止上市后更名为中国外运，将于 2019 年 1 月 18 日重新上市，上市首日开盘参考价为 5.24 元，且不设涨跌幅。图 8-20 所示为中国外运（600270.SH）日 K 线图。

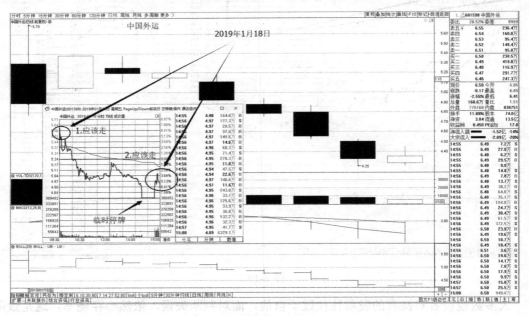

图 8-20

2019年1月18日重新上市的中国外运是涨是跌？个人预计应该涨吧。如果开盘第一时间没有涨停封板就应该抛售离场，但心底还是希望再给它一次机会，结果如何？下跌太多导致临时停牌，再开盘反弹时则是第二次应该离开的机会。当时，由于笔者外出开会而错过了。图8-21所示为中国外运的日K线走势图及笔者做的一些分析。

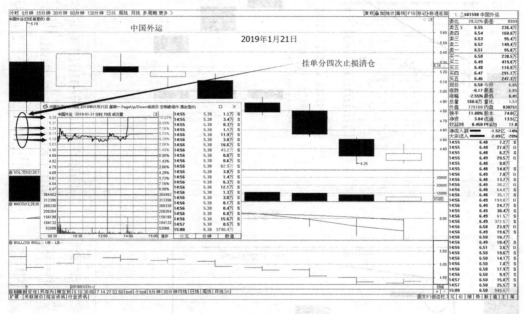

图 8-21

2019年1月21日中国外运直接高开，笔者挂单分四次清仓，值得注意的是，最后一单是涨停板卖的，没有多少人会理解为什么要这样操作，这也许就是笔者和大家的不同之处，对，没错，笔者是止损出局的。按自己的交易计划，没有达到自己的预期就要严格止损。图8-22所示为分析图。

2019年1月22日中国外运直接低开、低走，如图8-23所示。

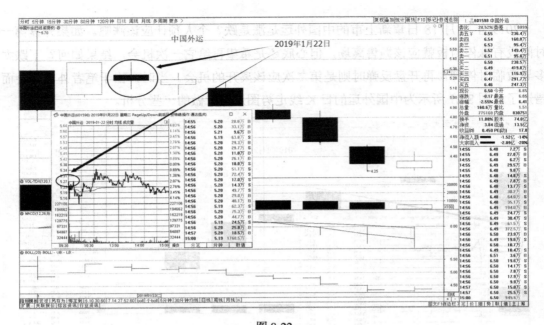

图 8-22

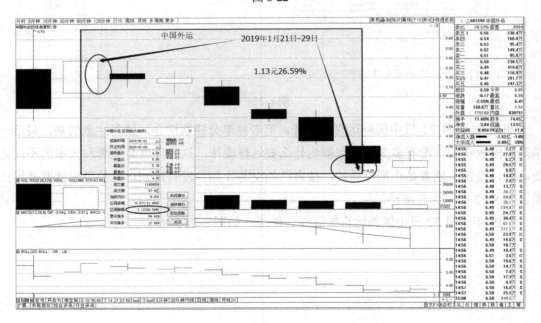

图 8-23

2019年1月21日止损后一直到29日下跌了1.13元,跌幅达26.59%,止损是成功的、有效的。当然一些投资者会问后来的走势如何。中国外运29日之后的走势如图8-24所示。

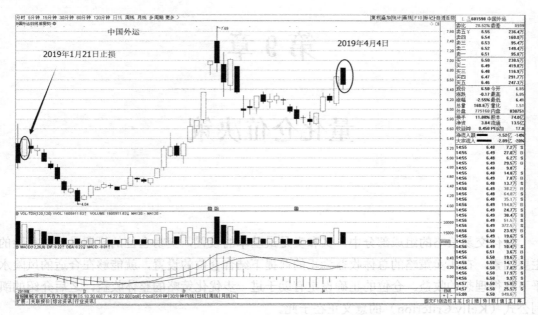

图 8-24

2019年4月4日中国外运收盘价为6.5元,当看到这里大多数投资者都会认为如果当时持仓不动,不光不会止损赔钱,还能大赚一笔。当投资者有这种想法的时候,笔者只能说很危险,希望给购买本书并读到此处的投资者一些启发,从而真正能够做到止损。

第 9 章

量化仓位决策

量化交易策略的组成部分中，买和卖是最基本的设置，交易仓位的设置是控制风险的主要因素，在买卖策略的总体收益为正的前提下结合仓位的设置，就能够在合适的风险水平下取得理想的收益。仓位的正确设定有助于进一步优化策略的整体收益，之后介绍的凯利公式（Kelly Criterion）的意义正在于此。

9.1 凯利公式基本概念

凯利公式也称凯利方程式，起源于 20 世纪 60 年代，由约翰·拉里·凯利（John Larry Kelly）在《贝尔系统技术期刊》中发表，可计算出每次游戏中应投注的资金比例。它是一个用以使特定赌局中，拥有正期望收益值的重复行为导致长期增长率最大化的公式。

当我们有了一个投资策略后，就会对投资策略有一个相应的预期，比如胜率、收益率，那么我们就可以在一个恒定投资策略基础上决定长期重复使用这个投资策略，于是我们就有一个仓位的配置关系，通过凯利公式我们就可以在每次的投资过程中，使用一个仓位比例，利用这个仓位比例配置投资的仓位，理论上可以使长期收益得到最大化。

9.1.1 凯利公式的两个不同版本

凯利公式（赔率版）：

$$F=(P_w \times R - P_l)/R_w$$

其中，P_w 是胜率，P_l 是败率，F 是现有资金下次下注的比例。

凯利公式（最终版）：

$$F=(P_w \times R_w - P_l \times R_l)/(P_w \times R_l)$$
$$=\text{预期收益率}/(P_w \times R_l)$$
$$=P_w/R_l - P_l/P_w$$

其中，F 是最优的下注比例，P_w 为胜率，P_l 为败率，R_l 是输时的净损失率。

9.1.2 凯利公式的使用方法

凯利公式是解决下注多少的问题的，当我们有一个恒定的投资策略时，就要把这个投资策略千百次地使用在投资当中，不断地去重复这个投资策略，理论上可以通过这个策略得到长期的收益。

在每次交易时，首先要决定建多少仓，也就是说要决定一个仓位比例，如果这个比例很大，我们就会承担较大的风险；如果这个比例很小，我们就可能出现收益不足的情况而失去盈利的机会。

最终版凯利公式为投资者仓位的控制提出了量化指标，提供了财富增长最大化的方法。

（1）当 $F>1$ 时，应该扩大投资规模，此时可以通过保证金交易、放杠杆或融资买入的方式来扩大投资规模。当投资规模扩大时，如果交易成功，我们就可以获得更高比例的收益；如果交易失败，我们也要承担更大的亏损。也就是说，我们在扩大投资规模的同时也扩大了投资风险。

（2）当 $0<F\leq 1$ 时，应该用小于或等于百分之一百的仓位来建仓买入这个投资标的。也就是说，我们应该用一部分的仓位来买入。

（3）当 $F\leq 0$ 时，不应该做这个交易。也就是说，我们应该敬而远之甚至是做空。

9.1.3 用凯利公式解答两个小例子

【例 9-1】掷硬币

假如我们有 100 元的下注用于猜掷硬币的结果。注意：假设该硬币正面朝上的概率为 55%，背面朝上的概率为 45%，作为一个明智的投资者自然会选择大概率的正面朝上。

掷硬币朝上可以赚取相同的筹码，朝下则输掉下注筹码。问：每次下多少注能够实现长期利润最大化？

解：

$$b = 1/1 = 1$$
$$F = (1\times 55\% - 45\%)/1 = 10\%$$

答：每次应该用当前本金的 10%来下注，以实现长期利润最大化。

注：赔率就是下注人成功的时候他将额外获得的 1 个单位的回报，除以他在失败的时候损失掉的 1 个单位的筹码，也就是 1:1，然后把赔率和胜负的概率带入公式当中，就可以计算出凯利系数也就是 10%，也就意味着每次投资应当用当前本金额度的 10%来下注以实现长期投资利润最大化。10%是和当前本金额度（有 100 元下注）无关的，如果第一次盈利了，第二次就变成了 110 元，之后就应该以 110 元为基础来下注，110 元的 10%也就是 11 元下注的仓位。

【例 9-2】投资股票

假如投资者有本金 10 000 元，使用单一策略买入股票，每次只能选择一只，该策略的盈亏比分别为 60%和 40%，据统计盈利时平均收益率为 0.9%，亏损时平均收益率为-1.1%。问：每次交易时应该使用多大仓位最合理。

已知：

$P_w = 60\%$ $P_l = 40\%$

$R_w = 0.9\%$ $R_l = 1.1\%$

解：

$$F = P_w/R_l - P_l/R_w = 54.55 - 44.44 = 10.11$$

答：每次交易时应该使用 10.11%的仓位最合理。

注：凯利系数为 10.11，当我们把投资规模扩大到 10 倍时，比如通过放杠杆的形式放到了 10 倍，我们的预期收益会增加 10 倍，但是承担的风险也扩大了 10 倍。

9.1.4 在实战中运用凯利公式的难点

在实战中运用凯利公式主要有以下两个难点。

（1）凯利公式出现的时间比较早，在实战中有些问题约翰·拉里·凯利没有考虑到，所以存在一些缺陷。

（2）在实战中由于投资者对凯利公式的理解存在差异，可能会在实战中步入误区，从而给投资者带来一些额外的损失。

9.2 凯利公式实验验证

利用复合增长率和实际收益，简单推倒收益率为正态分布时的凯利公式，并利用凯利公式进行实验分析。

如果假设策略的收益率为正态分布，那么将很容易推出凯利公式。可分为以下 3 步。

第 1 步，列出适用于正态分布的复合杠杆增长率公式：

$$g(f) = r + fm - S^2 f^2 / 2$$

其中，f 为杠杆，r 为无风险套利，m 为平均复合单期超额收益率，S 为复合单期收益率标准差。

第 2 步，为了得出 g 最大化时的 f，令 g 对 f 的一阶导数为零，其公式为

$$dg/df = m - S^2 f = 0$$

第 3 步，由等式可推出正态分布时的凯利公式为

$$f = m/S^2$$

1. 凯利公式的简化公式

下面对凯利公式进行简化，结果为

$$f = p - q/b$$

其中，f 为投注金额占总资金的比例，p 为获胜的概率，b 为赔率，q 为赔的概率。

再次简化，结果为

$$q = 1 - p$$

其中，b 为赔率，q 为赔的概率。

2. 利用凯利公式进行模拟实验

取参数 $p=0.6$，$r\_1=1$，$r\_2=1$。计算得

$$f=0.2=0.6/1-0.4/1$$

设置初始资金为 100 元，进行 1000 次博弈，令 f 分别为 0.1～0.3（分度值为 100）进行试验。记录 f 值与对应的最后资金大小和复合收益率。代码如下：

```
import random
import numpy as np
import pandas as pd
import matplotlib as mpl
import matplotlib.pyplot as plt
import seaborn as sns
import random
f=[]
n=1000# 交易次数
p=0.6
a=1
b=-1
last1=[]
last2=[]
start=100# 初始资金
div=100# 分度值
for i in range(0,div):
    f.append(i*(0.3-0.1)/div+0.1)
for i in range(0,div):
    cash=[start]
    for j in range(0,n):
        temp=random.random()
        if temp <=p:
            add=cash[-1]*f[i]*a
        else:
            add=cash[-1]*f[i]*b
        cash.append(cash[-1]+add)
    last1.append((pow(cash[-1]/start,1.0/n)-1,f[i]))
    last2.append((cash[-1],f[i]))
print "done"
```

执行上述代码后，得到的结果如下：

```
done
```

然后输入如下代码：

```
aa=[]
bb=[]
for i in range(0,len(last1)):
    aa.append(last1[i][0])
    bb.append(last1[i][1])
ylist=aa
xlist=bb
plt.plot(xlist,ylist)
```

执行上述代码后，得到的结果如图 9-1 所示。

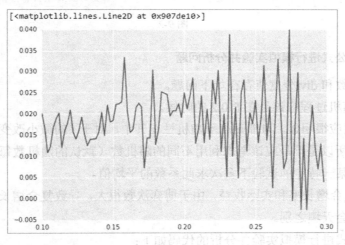

图 9-1

接下来输入如下代码：

```
aa=[]
bb=[]
for i in range(0,len(last2)):
    aa.append(last2[i][0])
    bb.append(last2[i][1])
ylist=aa
xlist=bb
plt.plot(xlist,ylist)
```

执行上述代码后，得到的结果如图 9-2 所示。

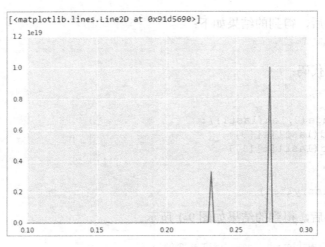

图 9-2

3. 利用凯利公式进行模拟实验并分析问题

修改博弈次数和 div 分度值存在如下问题。

（1）平稳随机过程应该是在 f=0.2 的时候。

（2）混沌效应很明显，可能是由于随机性在其中，对于 f 的微小改变在博弈多次后结果会差别巨大，所以是不是应该考虑利用不同的随机数（默认的随机数每次运行肯定是不变的），然后在某一特定的试验下多次求此系数的平均值。

（3）对于复合增长率和实际收益，由于博弈次数很大，导致复合增长率差异很小的情况下最终的收益会天壤之别。

利用凯利公式进行模拟实验并分析的代码如下：

```
import random
import numpy as np
import pandas as pd
import matplotlib as mpl
import matplotlib.pyplot as plt
mpl.style.use('ggplot')
import seaborn as sns
from CAL.PyCAL import font
import random
f=[]
n=1000# 交易次数
p=0.6
a=1
```

```
b=-1
last1=[]
last2=[]
start=100# 初始资金
div=10000# 分度值
for i in range(0,div):
    f.append(i*(0.6-0.1)/div+0.1)
for i in range(0,div):
    cash=[start]
    for j in range(0,n):
        temp=random.random()
        if temp <=p:
            add=cash[-1]*f[i]*a
        else:
            add=cash[-1]*f[i]*b
        cash.append(cash[-1]+add)
    last1.append((pow(cash[-1]/start,1.0/n)-1,f[i]))
    last2.append((cash[-1],f[i]))
print "done"
aa=[]
bb=[]
for i in range(0,len(last1)):
    aa.append(last1[i][0])
    bb.append(last1[i][1])
ylist=aa
xlist=bb
plt.figure(figsize=(15,10))
plt.subplot(2,1,1)
plt.plot(xlist,ylist)
aaa=[]
bbb=[]
for i in range(0,len(last2)):
    aaa.append(last2[i][0])
    bbb.append(last2[i][1])
ylist=aaa
xlist=bbb
plt.figure(figsize=(15,10))
plt.subplot(2,1,2)
plt.plot(xlist,ylist)
```

执行上述代码后，得到的结果如图 9-3 所示。

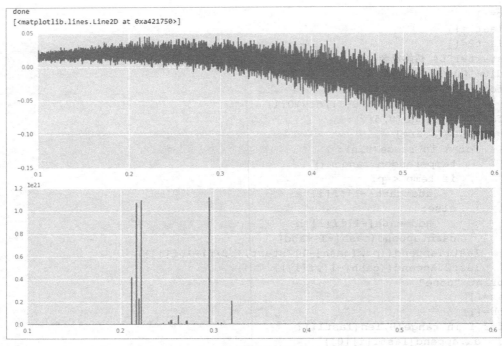

图 9-3

经过多次模拟还是不能在 0.2 处取到最大值。面临的问题是，不可以把每个 f 的实验值做一次模拟，然后就当成是这个 f 值的最终盈利结果。因为对同样的 f 值进行多次模拟后就可以发现每次的盈利曲线都是相差很远的，因为这是一个随机事件，所以要进行多次模拟取平均值才可以把这个 f 值的情况模拟出来，得到概率上的结果。

下面验证在 f 值相同的情况下，由于随机性导致的资金曲线的不同。取 f=0.4 进行 10 次模拟，每次进行 3000 次博弈并画出资金曲线。示例代码如下：

```
import random
import numpy as np
import pandas as pd
import matplotlib as mpl
import matplotlib.pyplot as plt
mpl.style.use('ggplot')
import seaborn as sns
from CAL.PyCAL import font
import random
f=[0.4]
n=3000# 交易次数
p=0.6
```

```
a=1
b=-1
start=100# 初始资金
expr=10
for ii in range(0,expr):
    cash=[start]
    for j in range(0,n):
        temp=random.random()
        if temp <=p:
            add=cash[-1]*f[0]*a
        else:
            add=cash[-1]*f[0]*b
        cash.append(cash[-1]+add)
    bb=[]
    aa=[]
    for i in range(0,len(cash)):
        bb.append(i+1)
        aa.append(cash[i])
    ylist=aa
    xlist=bb
    plt.figure(figsize=(30,4))
plt.plot(xlist,ylist)
```

执行上述代码后，得到的结果如图 9-4 所示。

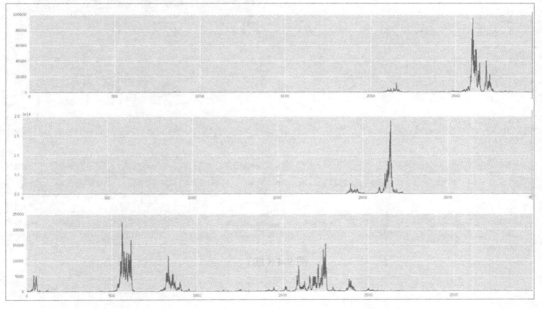

图 9-4

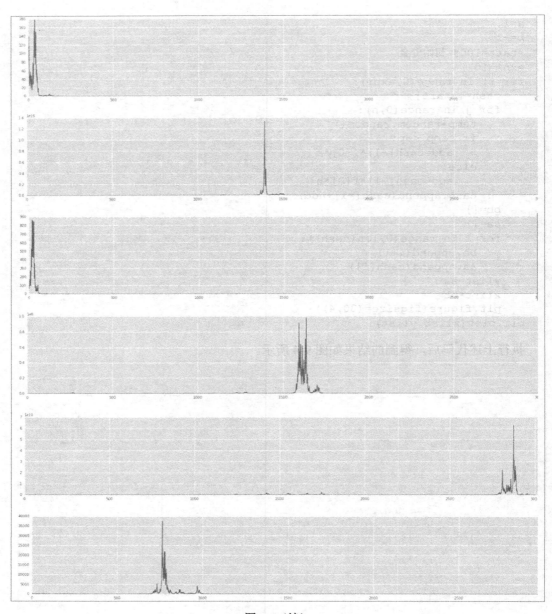

图 9-4（续）

图 9-4（续）

然后输入如下代码：

```python
import random
import numpy as np
import pandas as pd
import matplotlib as mpl
import matplotlib.pyplot as plt
mpl.style.use('ggplot')
import seaborn as sns
from CAL.PyCAL import font
import random
f=[0.2]
n=3000# 交易次数
p=0.6
a=1
b=-1
start=100# 初始资金
expr=10
for ii in range(0,expr):
    cash=[start]
    for j in range(0,n):
        temp=random.random()
        if temp <=p:
            add=cash[-1]*f[0]*a
        else:
            add=cash[-1]*f[0]*b
        cash.append(cash[-1]+add)
    bb=[]
    aa=[]
    for i in range(0,len(cash)):
        bb.append(i+1)
        aa.append(cash[i])
    ylist=aa
    xlist=bb
    plt.figure(figsize=(30,4))
    plt.plot(xlist,ylist)
```

执行上述代码后,得到的结果如图 9-5 所示。

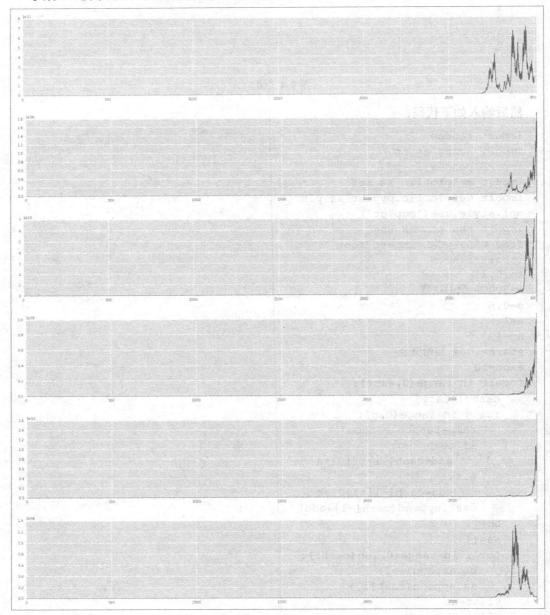

图 9-5

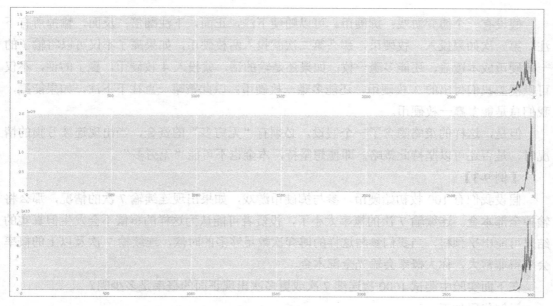

图 9-5（续）

从复合增长率中可以看出，我们确实减少了波动的随机性。笔者相信当模拟次数足够多时，即可模拟出想要的结果。

9.3 等价鞅策略与反等价鞅策略

鞅（Martingale）是指 18 世纪流行于法国的输钱加码法。等价鞅是指在假设可以无限赊账的前提下，下注者在每次输钱后，都将下注翻倍，那么只要他任何一个连输后，赢回本金的过程都是相等。

要想稳定赚钱，必须使用反等价鞅策略。但由于人性的本质，越赢下注越小希望保住利润，越输下注越大因为急于翻本，这样正好成了等价鞅策略，希望通过本节讲解的内容能够使投资者实现稳定盈利。

9.3.1 等价鞅策略定义及示例

等价鞅策略（Equivalent Martingale Strategy）是指盈利时减少交易规模而亏损时加大交易规模的操作策略。它属于最具风险性的交易策略，有导致投资者账户爆仓的风险。

假设有一个博弈游戏：掷硬币。可以随便下注，正面，下注翻倍；反面，输掉所有下注。第一次如果投入一枚硬币，那么第二次就投入两枚硬币，如果赢了不仅可以将输了的一枚硬币成本覆盖，还能多赚一枚；如果还是输的话，就投入 4 枚硬币，赢了的话，不仅可以覆盖我们付出的 3 枚硬币，还能多赚一枚硬币；以此策略一直往下下注，如果能赢，我们总是能多赢一枚硬币。

但是，这样的策略隐含了一个假设，必须有"无穷多"的资金，当出现连续亏损的情况时，是否还可以坚持此策略，即便想坚持，本金也不可能"无穷多"。

【例 9-3】

假设我们有 100 枚初始硬币，参与掷硬币游戏，如果出现连续输 7 次的情况，那么将输掉全部本金。连续输 7 次的概率太小了，投资者可能认为这样的事情不会发生但真实的结果可能出乎预料，当我们参与这样的博弈次数足够多的时候，连续输 7 次及以上的概率会变得非常大，你大概率会输光全部本金。

在下面实验中测试 1000 次连续 7 次或更多次出现正面的概率是多少呢？

示例代码如下：

```
import numpy as np
np.random.seed(1234)
j = 0
for i in range(1000):
    results = np.random.randint(0,2,1000)
    for i in range(1000-7):
        if np.all(results[i: i+7] ==np.array([1,1,1,1,1,1,1])):
            # print(i)
            j = j+1
            break
print(j)
```

执行上述代码后，得到的结果如下：

```
990
```

测试 1000 次的实际输出结果为 990，也就是说，出现连续 7 次正面或以上的次数有 990 次，也就说破产概率是 99%，你确定能接受吗？

9.3.2 反等价鞅策略定义及示例

反等价鞅策略（Anti Equivalent Martingale Strategy）是指在一次盈利交易过程中或者当

我们的本金增加时，随之增加下注的本金。每次下注，都严格地下（所剩的资金的一个固定比例），在赢的时候适当加注，在输的时候则适当减注。即赢的钱越多，下的注越大。

为了更好地说明等价鞅策略与反等价鞅策略的不同，我们再做一个实验。

假设有 11 个投资者，他们的风险偏好不同，第 1 个投资者比较谨慎，他能容忍的风险度为 1%，其他人能容忍的风险度分别是第 2 个为 2%，第 3 个为 3%，第 4 个为 4%，第 5 个为 5%，第 6 个为 10%，第 7 个为 15%，第 8 个为 20%，第 9 个为 30%，第 10 个为 40%，第 11 个为 50%。如果赢了，他们可以收获 1.25 元；如果输了，他们付出的硬币就此失去，那么，经过 1000 次这样的博弈，利用两种不同的博弈策略，他们最终的收益如何，对应的风险度如何变化？

笔者利用代码进行了一些实验。针对等价鞅策略，在不同风险度下，经过 1000 次博弈的，代码如下：

```python
import numpy as np
# 初始资金
init_cash = 100.0
# 参与博弈后的资金
final_cash = init_cash
# 初始风险
init_risk_list = [0.01,0.02,0.03,0.04,0.05,0.1,0.2,0.3,0.4,0.5]
# 风险赔率
risk_ratio = 2.0
gamble_counter = 1000
for init_risk in init_risk_list:
    final_risk = init_risk
    final_cash = init_cash
    for i in range(gamble_counter):
        # print(i, risk_ratio, final_cash)
        if final_cash <= 0:
            # 如果下注输光，退出循环
            print("当风险度为 %f 的时候，第 %d 次博弈，输光所有" %(init_risk, i))
            break
        if np.random.randint(0, 2, 1) == 1:
            # 如果赢了，资金发生变动
            final_cash = final_cash + final_cash * final_risk * 1.25
            # 如果掷硬币赢了，风险度为初始风险度
            final_risk = init_risk
        else:
            final_cash = final_cash - final_cash * final_risk
            final_risk = final_risk * risk_ratio
```

```
    if final_cash > 0:
        print("当风险度为 %f 的时候,最终风险度为 %f,最终资金为 %f"%(init_risk,
final_risk, final_cash))
```

执行上述代码后,得到的结果如下:

当风险度为 0.010000 的时候,第 147 次博弈,输光所有
当风险度为 0.020000 的时候,第 95 次博弈,输光所有
当风险度为 0.030000 的时候,第 559 次博弈,输光所有
当风险度为 0.040000 的时候,第 11 次博弈,输光所有
当风险度为 0.050000 的时候,第 24 次博弈,输光所有
当风险度为 0.100000 的时候,第 95 次博弈,输光所有
当风险度为 0.200000 的时候,第 17 次博弈,输光所有
当风险度为 0.300000 的时候,第 18 次博弈,输光所有
当风险度为 0.400000 的时候,第 34 次博弈,输光所有
当风险度为 0.500000 的时候,第 4 次博弈,输光所有

针对反等价鞅策略,将风险赔率设为 1.0,不同风险度对应情况的代码如下:

```
import numpy as np
# 初始资金
init_cash = 100.0
# 参与博弈后的资金
final_cash = init_cash
# 初始风险
init_risk_list = [0.01,0.02,0.03,0.04,0.05,0.1,0.2,0.3,0.4,0.5]
# 风险赔率
risk_ratio = 1.0
gamble_counter = 1000
for init_risk in init_risk_list:
    final_risk = init_risk
    final_cash = init_cash
    for i in range(gamble_counter):
        # print(i, risk_ratio, final_cash)
        if final_cash <= 0:
            # 如果下注输光,退出循环
            print("当风险度为 %f 的时候,第 %d 次博弈,输光所有" %(init_risk, i))
            break
        if np.random.randint(0, 2, 1) == 1:
            # 如果赢了,资金发生变动
            final_cash = final_cash + final_cash * final_risk * 1.25
            # 如果掷硬币赢了,风险度为初始风险度
            final_risk = init_risk
        else:
            final_cash = final_cash - final_cash * final_risk
```

```
                final_risk = final_risk * risk_ratio
        if final_cash > 0:
            print("当风险度为 %f 的时候,最终风险度为 %f,最终资金为 %f"%(init_risk,
final_risk, final_cash))
```

执行上述代码后,得到的结果如下:

```
当风险度为 0.010000 的时候,最终风险度为 0.010000,最终资金为 524.891845
当风险度为 0.020000 的时候,最终风险度为 0.020000,最终资金为 1129.696286
当风险度为 0.030000 的时候,最终风险度为 0.030000,最终资金为 417.151852
当风险度为 0.040000 的时候,最终风险度为 0.040000,最终资金为 29492.345252
当风险度为 0.050000 的时候,最终风险度为 0.050000,最终资金为 18590.825428
当风险度为 0.100000 的时候,最终风险度为 0.100000,最终资金 1133068.394086
当风险度为 0.200000 的时候,最终风险度为 0.200000,最终资金为 244.140625
当风险度为 0.300000 的时候,最终风险度为 0.300000,最终资金为 0.000000
当风险度为 0.400000 的时候,最终风险度为 0.400000,最终资金为 0.000000
当风险度为 0.500000 的时候,最终风险度为 0.500000,最终资金为 0.000000
```

通过等价鞅策略与反等价鞅策略的对比我们可以发现,只要控制好风险及相应地投入合适的仓位,对于投资者最终的收益影响巨大,但是,我们也发现,风险小的话,对应的收益却往往不如风险比较大的投资策略,所以这之间的取舍,还要依据自身的风险承受能力,不可一味贪图利润最大化来提高风险度而导致失去本金。

9.4 购买股指期货 IF1905 被套心理分析及应对策略

投资者只要在金融市场参与过投资都会遇到被套的烦恼,总想通过一个合理有效的方法解决被套问题,经常遇到身边的朋友买入某只股票问被套了该怎么办?平仓还是继续持有?

下面以购买股指期货 IF1905 为例来说明被套心理及应对策略。

以图 9-6 为例。在 A 点投资者认为是空头趋势(的确下单便有盈利),于是便下空单做空指数,将止损位设置为 Q 位置,在小幅下跌后出现了大幅拉升,突破 Q 止损位,是否应该执行止损?

每位投资者都有自己的想法,严格止损说起来容易但做起来难,在 B 点不愿止损的投资者认为是诱多,可能扛一扛,就会跌下来,现在止损不仅损失本金还很可能会错过一波下跌行情。这些投资者的想法错了吗?

下面以正确的思维导图来进行分析,如图 9-7 所示。

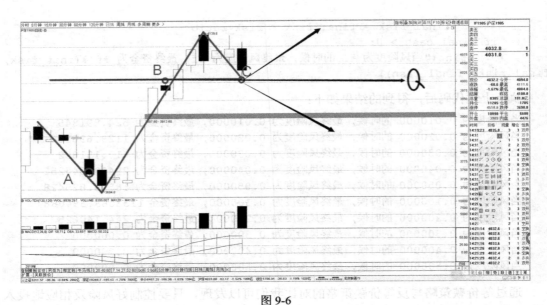

图 9-6

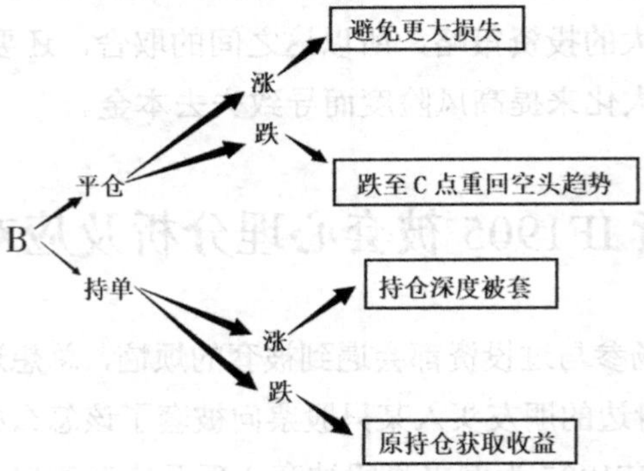

图 9-7

任何事物都是相对的,没有 100% 的确定性,那么怎么来控制风险呢?仓位管理是重中之重。

9.5 期货趋势策略仓位管理方法

做任何投资都有相应的风险,因为市场存在许多不确定性。在期货投资的过程中,风险控制的方法有很多种,比如止盈、止损、仓位管理等。那么最重要的则是仓位管理,因为仓位管理是一把双刃剑，控制好了，能使我们在炒期货中游刃有余，进可攻、退可守。控制不好，将可能使我们遭受巨大的损失，所以仓位管理在期货交易策略中尤为重要。

9.5.1 期货交易策略

期货交易策略是指依据对基本面和技术面的分析，而做出的交易判断。

期货交易策略中的趋势可以分为长期趋势、中期趋势和短期趋势3种。长期趋势主要依据基本面、供求关系、通货膨胀、宏观经济状况等来决定，所以应当以月K线为主进行判断，时间周期一般为半年以上或更长；在判断中期趋势时，应以周K线为主；在判断短期趋势时，应以日K线为主。优秀的交易策略都是长线交易、顺势交易。

趋势的判断工具主要有：波浪理论、缠论、K线形态分析、周期理论、均线、KDJ、MACD和持仓量等工具。

9.5.2 仓位管理的八大方法

仓位管理方法包括净值法、最大回撤法、相关性法、动态出场法、目标波动率法、漏斗形管理法、矩形管理法和金字塔形管理法等，如图9-8所示。

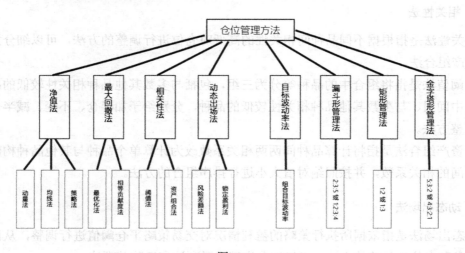

图 9-8

1. 净值法

净值法是指使用每个品种的净值，根据基准策略在各品种上的表现对仓位进行调整的方法，可细分为动量法、均线法和策略法。
- 动量法是指如果品种的净值高于上一期，即基准策略在上一期取得正收益，则提升仓位等级；反之，则降低仓位等级。
- 均线法是指如果品种净值的短均线上穿长均线，则提升仓位等级；反之，降低仓位等级。
- 策略法是指将基准策略运用到品种净值上，根据已知开仓信号方向调整仓位。即当品种净值创过去 N 日新高且短期均线上穿长期均线时，提升品种仓位等级；当品种净值创过去 N 日新低且短期均线下穿长期均线时，降低品种仓位等级。

2. 最大回撤法

最大回撤法是指依据持仓商品最大回撤来调整仓位，可分为最优化法和相等贡献度法。
- 最优化法是指根据单个品种过去 N 日的收益率计算使组合最大回撤最小的方法。
- 相等贡献度法是指计算每个品种净值的最大回撤及最大回撤的平均值，按上限为 1.5，下限为 0 调整仓位等级的具体过程（各品种平均回撤除以该品种最大回撤就等于仓位等级）。

3. 相关性法

相关性法是指根据不同品种间相关性的高低对仓位进行调整的方法，可以细分为阈值法和资产组合法。
- 阈值法是指将组合中的品种等分为三组，包括与多数其他品种相关性较低的品种、中间组、与少数其他品种相关性较低的品种，分别给予加半仓、不变、减半仓的调整方法。
- 资产组合法是指将计算品种间两两相关系数改为计算单个品种与其他品种构建组合间的相关系数，并按照绝对值大小进行排序组合的方法。

4. 动态出场法

动态出场法是指依据所执行策略的盈利情况对交易策略平仓阈值进行调整，从而实现以调整品种仓位为目的的方法，可以细分为锁定盈利法和风险差额法。
- 锁定盈利法是指依据浮盈水平降低策略出场条件，从而实现以调整品种仓位为目的的方法。

- 风险差额法是指将浮盈改为当前组合价值与止损时组合价值的差额，从而实现以调整品种仓位为目的的方法。

5. 目标波动率法

目标波动率法是指依据目标波动率采用组合目标波动率来对策略仓位进行调整的方法。

6. 漏斗形管理法

漏斗形管理法是指初始进场的资金量比较小、仓位比较轻，在后市行情出现持续下跌的情况下，再逐步加仓，进而摊薄成本，使加仓比例越来越大，从而达到摊薄成本的目的。仓位控制呈下方小、上方大的一种形态，很像一个漏斗，故得此名，常见的仓位比例有2∶3∶5或1∶2∶3∶4。

7. 矩形管理法

矩形管理法是指事先把准备入场的资金量进行等分，如果行情出现下跌，则逐步加仓，降低成本。加仓都遵循一个固定比例，很像一个矩形，故得此名，常见的仓位比例有1∶2或1∶3。

8. 金字塔形管理法

金字塔形管理法是指初始进场的资金量比较大，比如4～5成仓位，如果后市行情按相反方向运行，则不再加仓；如果方向一致，则逐步加仓，且加仓比例越来越小。仓位控制呈下方大、上方小的形态，很像一个金字塔，故得此名。常见的仓位比例有5∶3∶2或4∶3∶2∶1。

9.6 海龟交易法操作商品期货策略

下面简要说明一下海龟交易法的操作方法。

9.6.1 海龟交易步骤回顾

唐奇安通道（Donchian Channel）是由理查德·唐奇安（Richard Donchian）发明的，

是由 3 条不同颜色的曲线组成的，该指标用周期（一般都是 20 日）内的最高价和最低价来显示市场价格的波动性，当其通道窄时表示市场波动较小，当通道宽时则表示市场波动比较大。

具体分析为：当价格冲破上轨时就是可能的买信号；反之，当冲破下轨时就是可能的卖信号。

唐奇安通道的计算方法为

$$上线=\max(最高价, N)$$
$$下线=\min(最低价, N)$$
$$中线=(上线+下线)/2$$

海龟交易就是利用唐奇安通道的价格突破来捕捉趋势的。

唐奇安通道捕捉突破。对于唐安奇通道的天数 N 设置，之前设置为 20 天。但笔者觉得在期货日线中这个天数还是略久，反应比较慢。因此觉得 N 设为 5 或 10 较好，分钟线另行讨论。这里主要用来进行以下计算。

- 计算平均真实波幅 ATR。
- 计算每次加仓 1unit，购买的手数。
- 捕捉突破，判断开仓方向。
- 判断是否加仓、是否止损。
- 若止损了则回到 4，未止损回到 5。

9.6.2 需要用到的计算、判断函数

需要用到的计算、判断函数及其说明如下。

- IN_OR_OUT：用来判断唐奇安通道的突破（上轨突破或下轨突破），从而判断多开还是空开。
- CalcATR：用来计算 ATR。
- Add_OR_Stop：用来判断加仓还是止损。
- CheckPosition：用来检查当前持仓状态。
- CalcUnit：用来计算买入 1unit 对应的手数。

首先进行基础设置，代码如下：

```
import numpy as np
import pandas as pd
```

```python
# from __future__ import division
from CAL.PyCAL import *
import matplotlib.pyplot as plt
import seaborn
```

计算、判断函数的用法的代码如下：

```python
def IN_OR_OUT(data,price,T):
    up = max(data['highPrice'].iloc[-T-1:-2])
    down = min(data['lowPrice'].iloc[-T-1:-2])
    # print 'up:',up,'down:',down
    if price>up:
        return 1
    elif price<down:
        return -1
    else:
        return 0
def CalcATR(data,T):
    TR_List = []
    for i in range(1,T+1):
        TR = max(data['highPrice'].iloc[i]-data['lowPrice'].iloc[i],abs(data['highPrice'].iloc[i]-data['closePrice'].iloc[i-1]),abs(data['closePrice'].iloc[i-1]-data['lowPrice'].iloc[i]))
        TR_List.append(TR)
    ATR = np.array(TR_List).mean()
    return ATR
def Add_OR_Stop(price,lastprice,ATR,position_state):# 加仓或止损
    if (price >= lastprice + 0.5*ATR and position_state==1) or (price <= lastprice - 0.5*ATR and position_state==-1): # 多头加仓或空头加仓
        return 1
    elif (price <= lastprice - 2*ATR and position_state==1) or (price >= lastprice + 2*ATR and position_state==-1):      # 多头止损或空头止损
        return -1
    else:
        return 0
def CheckPosition(position):                      # 0 为未持仓，1 为持多，-1 为持空
    try:
        if position['long_position']==0 and position['short_position']==0:
            return 0
        elif position['long_position']!=0 :
            return 1
        elif position['short_position']!=0:
            return -1
        else:
            return 0
    except:
```

```
        return 0
def CalcUnit(cash,ATR,coef):                    # coef 为 x 吨/手
    x = (cash*0.01/ATR)/coef
    return x
```

9.6.3 海龟交易回测

1. 对于回测的一些说明

对于 initialize(futures_account) 的说明，代码如下：

```
# 初始化虚拟期货账户，一般用于设置计数器、回测辅助变量等
def initialize(futures_account):
    futures_account.last_deal_prcie = 0      # 上一次交易的价格
    futures_account.limit_unit = 4           # 限制最多买入的单元数
    futures_account.unit = 0                 # 当前每单元买入的手数,空仓时自动更新
    futures_account.add_time = 0             # 加仓次数
    # 持仓状态，0 为未持仓，1 为持多，-1 为持空
    futures_account.position_state = 0
    # 记录之前的主力合约，当主力合约发生变化的时候进行相关处理
    futures_account.last_main_symbol = None
```

相关项目说明如下。

- futures_account.last_deal_prcie 为上一次交易的价格。
- futures_account.limit_unit 为限制最多买入的单元数。
- futures_account.unit 为当前每单元买入的手数，空仓时自动更新。
- futures_account.add_time 为加仓次数（不超过 futures_account.limit_unit）。
- futures_account.position_state 用来记录持仓状态：0 为未持仓，1 为持多，-1 为持空。
- futures_account.last_main_symbol 用来记录之前的主力合约，在主力合约发生变化的时候进行相关处理。

2. 主力合约变化的情况

期货回测平台目前没有考虑主力合约更换的情况。一般有以下两种处理方式。

- 持有原合约，出现主力合约变更时，对原合约平仓，并买入更换的主力合约。
- 持有原合约，出现主力合约变更时，对原合约平仓，但是不一定买入新合约，而是根据策略逻辑判断，是否买入本策略。

9.6.4 日线螺纹钢测试

策略设定如下。
- 唐奇安通道天数 N 设定为 5。
- 最大持有 unit 数为 4（最多加 3 次仓）。

首先进行基础设置，代码如下：

```
universe = 'RBM0'                              # 策略期货合约
start = '2016-02-01'                           # 回测开始时间
end = '2019-04-11'                             # 回测结束时间
capital_base = 1000000                         # 初始可用资金
refresh_rate = 1                               # 调仓周期
# 策略类型，'d'表示日间策略使用日线回测，'m'表示日内策略使用分钟线回测
freq = 'd'
coef = 10  # 螺纹钢10吨/手
```

然后记录部分数据，代码如下：

```
#---------------------------------  记录部分数据  ------------------------------
global record
record = {'break_up':{},'break_down':{},'stop_loss':{},'position':{},'ATR':{},'stop_long':{},'stop_short':{}}
#------------------------------------------------------------------------------
# 初始化虚拟期货账户，一般用于设置计数器、回测辅助变量等
def initialize(futures_account):
    futures_account.last_deal_prcie = 0        # 上一次交易价
    futures_account.limit_unit = 4             # 限制最多买入的单元数
    futures_account.unit = 0                   # 当前每单元买入的手数，空仓时自动更新
    futures_account.add_time = 0               # 加仓次数
    # 持仓状态，0 为未持仓，1 为持多，-1 为持空
    futures_account.position_state = 0
    # 记录之前的主力合约，当主力合约发生变化的时候进行相关处理
    futures_account.last_main_symbol = None
# 回测调仓逻辑，每个调仓周期运行一次，可在此函数内实现信号生产，生成调仓指令
def handle_data(futures_account):
    time = futures_account.current_date+futures_account.current_minute
    # 获取主力合约代码
    symbol = get_symbol('RBM0')
    # 记录当前持仓
    position = futures_account.position
    position = dict(position)
```

```python
        if len(position)>0:
            position = position[position.keys()[0]]
        # 持仓状态，1 为多头，-1 为空头，0 为未持仓
        futures_account.position_state = CheckPosition(position)
        # 检测当前主力合约，如果发生变化，先对原持有合约进行平仓
        if futures_account.last_main_symbol== None:
            pass
        elif symbol != futures_account.last_main_symbol: # 主力合约发生变化，平仓
            print 'Symbol Changed! before:',futures_account.last_main_symbol,
'after:',symbol,futures_account.current_date
            # 上一个主力合约的当前价格
            prices = get_symbol_history(futures_account.last_main_symbol,time_
range=1)
            prices = prices[futures_account.last_main_symbol]['closePrice'].
iloc[-1]
            # 空头平仓
            if futures_account.position_state == -1:
                order(futures_account.last_main_symbol,position['short_position'],
'close')
                initialize(futures_account)        # 重新初始化参数
                record['stop_short'].update({time:prices})
                print   'close   short:',futures_account.current_date,futures_
account.current_minute
                print '------------------------'
            # 多头平仓
            if futures_account.position_state == 1:
order(futures_account.last_main_symbol,-position['long_position'],'close')
                initialize(futures_account)        # 重新初始化参数
                record['stop_long'].update({time:prices})
                print   'close   long:',futures_account.current_date,futures_
account.current_minute
                print '------------------------'
    # 获取数据
    T = 5   # 唐奇安通道中的N
    data = get_symbol_history(symbol,time_range=T+1)
    data = data[symbol]
    if len(data) == 0: # 没有数据，返回
        return
    prices = data['closePrice'].iloc[-1] # 交易价格
```

海龟策略主体的代码如下：

```python
    # 计算ATR
    ATR = CalcATR(data,T)
```

```python
        record['ATR'].update({time:ATR})
        # 判断加仓或止损
        if futures_account.position_state!= 0:        # 先判断是否持仓
         temp=Add_OR_Stop ( prices , futures_account.last_deal_prcie , ATR,futures_account.position_state )
            if temp ==1 and futures_account.add_time<futures_account.limit_unit:    # 加仓
                futures_account.unit = CalcUnit(futures_account.cash,ATR,coef)
                if futures_account.position_state == 1:# 多头加仓
                order(symbol,futures_account.unit,'open')
                    print  'add  long:',futures_account.current_date,futures_account.current_minute
                    futures_account.last_deal_prcie = prices
                    futures_account.add_time += 1
                if futures_account.position_state == -1: # 空头加仓
                    order(symbol,-futures_account.unit,'open')
                    print  'add  short:',futures_account.current_date,futures_account.current_minute
                    futures_account.last_deal_prcie = prices
                    futures_account.add_time += 1
            elif temp== -1:          # 止损
                if futures_account.position_state == 1: # 多头平仓
                    order(symbol,-position['long_position'],'close')
                    Print 'stoploss long:',futures_account.current_date,futures_account.current_minute
                    print '------------------------'
                else:   # 空头平仓
                    order(symbol,position['short_position'],'close')
                    print 'stoploss short:',futures_account.current_date,futures_account.current_minute
                    print '------------------------'
                initialize(futures_account)    # 重新初始化参数
                record['stop_loss'].update({time:prices})
    # 多开空开 (空平多平)
    out = IN_OR_OUT(data,prices,T)
    if out ==1 and futures_account.position_state !=1:  # 多开（空平）
        # 先看是否需要空头平仓
        if futures_account.position_state == -1:
            order(symbol,position['short_position'],'close')
            initialize(futures_account)   # 重新初始化参数
            record['stop_short'].update({time:prices})
            futures_account.unit = CalcUnit(futures_account.cash,ATR,coef)
            print  'close  short:',futures_account.current_date,futures_account.current_minute
            print '------------------------'
```

```
        # 多开
        futures_account.unit = CalcUnit(futures_account.cash,ATR,coef)
        order(symbol,futures_account.unit,'open')
        futures_account.position_state = 1   # 更新持仓状态为持多
        print 'open long:',futures_account.current_date,futures_
account.current_minute
        futures_account.add_time = 1
        futures_account.last_deal_prcie = prices
        futures_account.last_main_symbol= symbol
        record['break_up'].update({time:prices})
     elif out==-1 and futures_account.position_state != -1: # 空开（多平）
        # 先看是否需要多头平仓
        if futures_account.position_state == 1:
            order(symbol,-position['long_position'],'close')
            initialize(futures_account)      # 重新初始化参数
            record['stop_long'].update({time:prices})
            futures_account.unit = CalcUnit(futures_account.cash,ATR,coef)
            print    'close    long:',futures_account.current_date,futures_
account.current_minute
            print '-----------------------'
        # 空开
        futures_account.unit = CalcUnit(futures_account.cash,ATR,coef)
        order(symbol,-futures_account.unit,'open')
        futures_account.position_state = -1   # 更新持仓状态为持空
        print 'open short:',futures_account.current_date,futures_account.
current_minute
        futures_account.add_time = 1
        futures_account.last_main_symbol= symbol
        futures_account.last_deal_prcie = prices
        record['break_down'].update({time:prices})
```

最后计算持仓比，代码如下：

```
    # 计算持仓比
    if CheckPosition(position) !=0:
        portfolio_value = futures_account.cash + position['long_margin'] + position ['short_margin']    # 总值
        ratio = 1 - futures_account.cash/portfolio_value
    else:
        ratio = 0
    record['position'].update({time:ratio})    # 持仓比
    Return
```

执行上述代码后，得到的结果如图 9-9 所示。

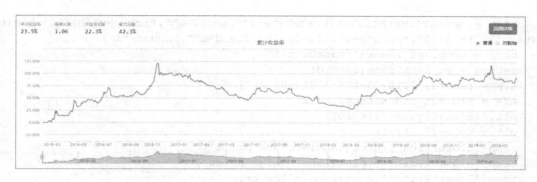

图 9-9

执行上述代码后，得到的部分结果如下：

```
open long: 2019-03-12 09:30
add short: 2019-03-26 09:30
Symbol Changed! before: RB1905 after: RB1910 2019-04-02
close short: 2019-04-02 09:30
------------------------
open short: 2019-04-03 09:30
add short: 2019-04-08 09:30
add short: 2019-04-09 09:30
add short: 2019-04-11 09:30
```

1. 测试分析

测试分析结果如下。

- 收益曲线像阶梯一样呈现上行趋势，说明较好地实现了海龟交易的理念。
- 从策略表现来看，年化收益率为 23.5%，夏普比率为 1.06，表现不错；最大回撤为 42.3%，由于回测时间是从 2016 年 2 月 1 日至 2019 年 4 月 1 日，所以时间跨度大而且又经历了大熊市，回撤稍大也属于正常现象。海龟策略使用的是动态 ATR 止损，而且仓位控制好，回撤应该不大，但由于日线原因，有些时候无法及时触发止损，因此回撤也不是特别小。
- 观察收益曲线发现，回撤较大的地方往往是一波涨势之后，回想 ATR 止损，是将在最后一次买入价格的基础上减去 2ATR 作为止损点的，当盈利很多之后，止损点就显得有点"跟不上"了，因此，这是一个可以改进的点。

2. ATR、价格曲线及仓位变化情况

ATR、价格曲线及仓位变化情况的代码如下：

```
    temp = DataAPI.MktFutdGet(tradeDate=u"",secID=u"",ticker=u"rb1610",begin
Date=u"2016-03-15",endDate=u"2016-06-19",field=u"",pandas="1")
    temp = temp.set_index('tradeDate')
    record = pd.DataFrame(record)
    ATR = record['2016-03-15':'2016-06-20']
    ATR = ATR.set_index(temp.index)
    plt.figure(figsize=(16,10))
    plt.subplot(2, 1, 1)
    temp['closePrice'].plot(label='close price')
    temp['highestPrice'].plot(label='high price')
    temp['lowestPrice'].plot(label='low price')
    plt.legend()
    plt.subplot(2,1,2)
    ATR['ATR'].plot(label='ATR')
    plt.legend(loc=0)
```

执行上述代码后，得到的结果如图 9-10 所示。

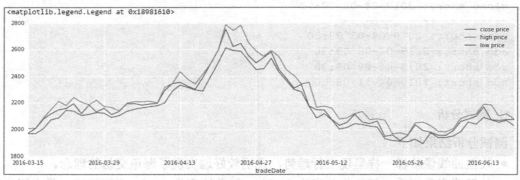

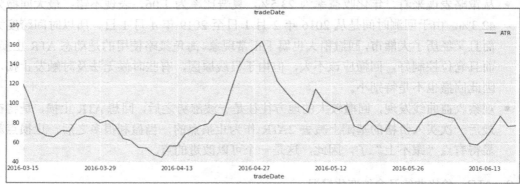

图 9-10

继续绘图，代码如下：

```
record['position'].plot(kind='bar',figsize=(80,5))
```

执行上述代码后，得到的部分结果如图 9-11 所示。

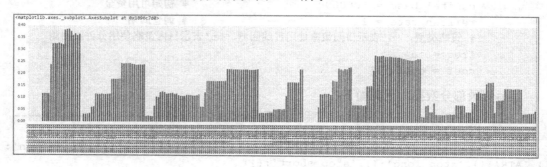

图 9-11

从图 9-11 中可以看出，当价格波动幅度变大时，ATR 变大。在趋势反转区域，出现了较大波动，ATR 计算平均真实波幅，在反转之后才到达高点，这就使得在趋势反转时，止损点反而下移了，因此止损有一定"延迟"。

观察仓位发现，最多仓位没有超过 60%，大部分情况是轻仓操作的，仓位在 30% 左右。不过风险厌恶程度不高的话，可以适当提高 unit 的最大值，以博取更高收益。

9.6.5　测试不同商品在唐奇安通道 N 上的表现

下面来测试不同商品在唐奇安通道 N 上分别为 5、10、20 时的策略表现，选取品种为：螺纹钢、焦炭、铅、焦煤、锌、铜。

首先进行基础设置，代码如下：

```
import quartz_futures as qf
from quartz_futures.api import *
perfDict = {}
btDict = {}
# 螺纹钢、焦炭、铅、焦煤、锌、铜
base = ['RBM0', 'JM0', 'PBM0', 'JMM0', 'ZNM0', 'CUM0']
coefs = [10,100,25,60,5,5]    # x 吨/手
N = [5,10,20]   # 唐奇安通道 N 值
for i in range(5):
    for j in range(3):
        name = base[i] # 合约名
```

```
strategy_name = name + '_' + str(N[j])
universe = base[i]                          # 策略期货合约
start = '2018-01-01'                        # 回测开始时间
end   = '2019-04-11'                        # 回测结束时间
capital_base = 1000000                      # 初始可用资金
refresh_rate = 1                            # 调仓周期
# 策略类型，'d'表示日间策略使用日线回测，'m'表示日内策略使用分钟线回测
freq = 'd'
coef = coefs[i]
```

然后记录部分数据，代码如下：

```
#--------------------      记录部分数据      --------------------
global record
record = {'break_up':{},'break_down':{},'stop_loss':{}, 'position':{},'ATR':{},'stop_long':{},'stop_short':{}}

#--------------------------------------------------------------
# 初始化虚拟期货账户，一般用于设置计数器、回测辅助变量等
def initialize(futures_account):
    futures_account.last_deal_prcie = 0     # 上一次交易价
    futures_account.limit_unit = 4          # 限制最多买入的单元数
    futures_account.unit = 0                # 当前每单元买入的手数，空仓时自动更新
    futures_account.add_time = 0            # 加仓次数
    # 持仓状态，0 为未持仓，1 为持多，-1 为持空
    futures_account.position_state = 0
    # 记录之前的主力合约，当主力合约发生变化的时候进行相关处理
    futures_account.last_main_symbol = None
# 回测调仓逻辑，每个调仓周期运行一次，可在此函数内实现信号生产，生成调仓指令
def handle_data(futures_account):
    time = futures_account.current_date+futures_account.current_minute
    # 获取主力合约代码
    symbol = get_symbol(name)
    # 记录当前持仓
    position = futures_account.position
    position = dict(position)
    if len(position)>0:
        position = position[position.keys()[0]]
    # 持仓状态，1 为多头，-1 为空头，0 为未持仓
    futures_account.position_state = CheckPosition(position)
    # 检测当前主力合约，如果发生变化，先对原持有合约进行平仓
    if futures_account.last_main_symbol== None:
        pass
```

```
            # 主力合约发生变化，平仓
            elif symbol != futures_account.last_main_symbol:
                print 'Symbol Changed! before:',futures_account.last_main_symbol,'after:',symbol,futures_account.current_date
                # 上一个主力合约的当前价格
                prices = get_symbol_history(futures_account.last_main_symbol,time_range=1)
                prices = prices[futures_account.last_main_symbol]['closePrice'].iloc[-1]
                # 空头平仓
                if futures_account.position_state == -1:
                    order(futures_account.last_main_symbol,position['short_position'], 'close')
                    initialize(futures_account)    # 重新初始化参数
                    record['stop_short'].update({time:prices})
                # 多头平仓
                if futures_account.position_state == 1:
                    order(futures_account.last_main_symbol,-position['long_position'],'close')
                    initialize(futures_account)    # 重新初始化参数
                    record['stop_long'].update({time:prices})
        # 获取数据
        T = N[j]    # 唐奇安通道中的N
        data = get_symbol_history(symbol,time_range=T+1)
        data = data[symbol]
        if len(data) == 0: # 没有数据，返回
            return
        prices = data['closePrice'].iloc[-1] # 交易价格
```

海龟策略主体的代码如下：

```
        # 计算ATR
        ATR = CalcATR(data,T)
        record['ATR'].update({time:ATR})
        # 判断加仓或止损
        if futures_account.position_state!= 0:   # 先判断是否持仓
            temp = Add_OR_Stop(prices,futures_account.last_deal_prcie,ATR,futures_account.position_state)
            if temp ==1 and futures_account.add_time<futures_account.limit_unit:   # 加仓
                # futures_account.unit = CalcUnit(futures_account.cash,prices,futures_account.limit_unit,coef)
                futures_account.unit = CalcUnit(futures_account.cash,ATR,coef)
```

```python
            if futures_account.position_state == 1:    # 多头加仓
                order(symbol,futures_account.unit,'open')
                futures_account.last_deal_prcie = prices
                futures_account.add_time += 1
            if futures_account.position_state == -1:   # 空头加仓
                order(symbol,-futures_account.unit,'open')
                futures_account.last_deal_prcie = prices
                futures_account.add_time += 1
        elif temp== -1:        # 止损
            if futures_account.position_state == 1:    # 多头平仓
                order(symbol,-position['long_position'],'close')
            else:  # 空头平仓
                order(symbol,position['short_position'],'close')
            initialize(futures_account)   # 重新初始化参数
            record['stop_loss'].update({time:prices})
    # 多开空开（空平多平）
    out = IN_OR_OUT(data,prices,T)
    if out ==1 and futures_account.position_state !=1:  # 多开（空平）
        # 先看是否需要空头平仓
        if futures_account.position_state == -1:
            order(symbol,position['short_position'],'close')
            initialize(futures_account)        # 重新初始化参数
            record['stop_short'].update({time:prices})
            futures_account.unit = CalcUnit(futures_account.cash,prices,futures_account.limit_unit,coef)
            futures_account.unit = CalcUnit(futures_account.cash,ATR,coef)
        # 多开
        futures_account.unit = CalcUnit(futures_account.cash,prices,futures_account.limit_unit,coef)
        futures_account.unit = CalcUnit(futures_account.cash,ATR,coef)
        order(symbol,futures_account.unit,'open')
        futures_account.position_state = 1     # 更新持仓状态为持多
        futures_account.add_time = 1
        futures_account.last_deal_prcie = prices
        futures_account.last_main_symbol= symbol
        record['break_up'].update({time:prices})
    # 空开（多平）
    elif out==-1 and futures_account.position_state != -1:
        # 先看是否需要多头平仓
        if futures_account.position_state == 1:
```

```
                order(symbol,-position['long_position'],'close')
                initialize(futures_account)         # 重新初始化参数
                record['stop_long'].update({time:prices})
                futures_account.unit = CalcUnit(futures_account.cash,
prices,futures_account.limit_unit,coef)
                futures_account.unit   =   CalcUnit(futures_account.cash,
ATR,coef)
            # 空开
            # futures_account.unit = CalcUnit(futures_account.cash,
prices, futures_account.limit_unit,coef)
                futures_account.unit   =   CalcUnit(futures_account.cash,ATR,
coef)
                order(symbol,-futures_account.unit,'open')
                futures_account.position_state = -1   # 更新持仓状态为持空
                futures_account.add_time = 1
                futures_account.last_main_symbol= symbol
                futures_account.last_deal_prcie = prices
                record['break_down'].update({time:prices})
```

最后计算持仓比，代码如下：

```
    # 计算持仓比
        if CheckPosition(position)!=0:
            portfolio_value = futures_account.cash +
position['long_ margin'] + position['short_margin']   # 总值
            ratio = 1 - futures_account.cash/portfolio_value
        else:
            ratio = 0
        record['position'].update({time:ratio})   # 持仓比
        return
    bt, perf = qf.backtest.backtest(universe=universe, start=start,
end=end,initialize=initialize, handle_data=handle_data,
                                capital_base=capital_base,
refresh_rate=refresh_rate,freq=freq)
    perfDict.update({strategy_name:perf})
    btDict.update({strategy_name:bt['portfolio_value']})
    print strategy_name,'done!'
```

执行上述代码后，得到的结果如下：

```
RBM0_5 done!
RBM0_10 done!
RBM0_20 done!
JM0_5 done!
JM0_10 done!
```

```
JM0_20 done!
PBM0_5 done!
PBM0_10 done!
PBM0_20 done!
JMM0_5 done!
JMM0_10 done!
JMM0_20 done!
ZNM0_5 done!
ZNM0_10 done!
ZNM0_20 done!
```

化作净值，代码如下：

```
output = pd.DataFrame(btDict)
output = output/output.iloc[0]        # 化作净值
colorset = [u'blue', u'gold',u'hotpink', u'firebrick',u'indianred',u'seagreen',u'darkblue',
u'mistyrose',u'darkolivegreen',u'olive',u'deepskyblue', u'pink' , u'tomato',
u'lightcoral', u'orangered ' ]        # 颜色
output.plot(figsize=(20,10),linewidth=3.5,color=colorset,title='Net Value Curve')
plt.legend(loc='best')
```

执行上述代码后，得到的结果如图 9-12 所示。

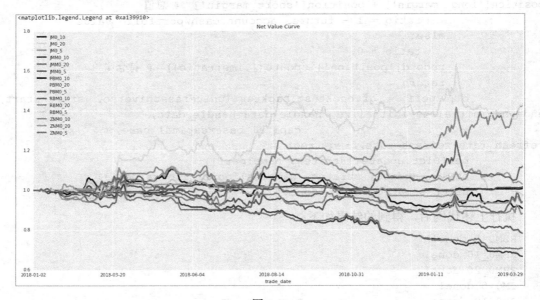

图 9-12

累计回报，代码如下：

```
perfDict = pd.DataFrame(perfDict)
perfDict = perfDict.transpose()
if 'cumulative_returns' in perfDict.columns:
    del perfDict['cumulative_returns']
perfDict.sort('annualized_return',ascending=False)
```

执行上述代码后，得到的结果如图 9-13 所示。

	annualized_return	hit_ratio	max_drawdown	profit_loss_ratio	returns		sharpe	total_return	treasury_return	volatility
RBM0_5	0.3378	None	0.1688	None	2018-01-02 2018-01-03 ...	0.000000 0.000000	1.6672	0.4329	0	0.2026
RBM0_20	0.3329	None	0.1123	None	2018-01-02 2018-01-03 ...	0.000000 0.000000	1.8454	0.4264	0	0.1804
RBM0_10	0.095	None	0.16	None	2018-01-02 2018-01-03 ...	0.000000 0.000000	0.5563	0.1187	0	0.1707
JM0_5	0.0214	None	0.148	None	2018-01-02 2018-01-03 ...	0.000000 0.000000	0.1604	0.0265	0	0.1332
PBM0_5	0.0112	None	0.036	None	2018-01-02 2018-01-03 ...	0.000000 0.000000	0.4376	0.0139	0	0.0256
PBM0_10	0.0052	None	0.0257	None	2018-01-02 2018-01-03 ...	0.000000 0.000000	0.2541	0.0064	0	0.0205
PBM0_20	-0.0023	None	0.0256	None	2018-01-02 2018-01-03 ...	0.000000 0.000000	-0.1389	-0.0029	0	0.0166
JM0_20	-0.0223	None	0.1888	None	2018-01-02 2018-01-03 ...	0.000000 0.000000	-0.1711	-0.0275	0	0.1302
ZNM0_5	-0.0495	None	0.1749	None	2018-01-02 2018-01-03 ...	0.000000 0.000000	-0.3482	-0.0608	0	0.1421
ZNM0_20	-0.0534	None	0.1213	None	2018-01-02 2018-01-03 ...	0.000000 0.000000	-0.478	-0.0656	0	0.1118
JM0_10	-0.078	None	0.1823	None	2018-01-02 2018-01-03 ...	0.000000 0.000000	-0.5937	-0.0955	0	0.1314
ZNM0_10	-0.0986	None	0.1371	None	2018-01-02 2018-01-03 ...	0.000000 0.000000	-0.718	-0.1204	0	0.1373
JMM0_5	-0.1825	None	0.2804	None	2018-01-02 2018-01-03 ...	0.000000 0.000000	-1.3449	-0.2205	0	0.1357
JMM0_20	-0.2449	None	0.3006	None	2018-01-02 2018-01-03 ...	0.000000 0.000000	-2.7309	-0.2933	0	0.0897
JMM0_10	-0.2811	None	0.3591	None	2018-01-02 2018-01-03 ...	0.000000 0.000000	-2.2686	-0.3349	0	0.1239

图 9-13

1. 测试分析

对结果进行测试分析，得出如下信息。

（1）从表现来看，螺纹钢的收益最高，年化收益率达 33.78%，焦炭次之，接着是铅。锌则为小亏，焦煤跌幅最大，为 29.11%。

（2）对于各个品种，除焦煤外，其余品种在唐奇安通道 N 值为 5 的时候表现最好，与预期相同。

（3）从回撤来看，除焦煤比较特殊以外，大部分品种回撤都小于 20%，说明海龟策略对回撤的控制还是不错的，加上前面对止损提出的改进思路，应该还能做得更好。

2．回测结果

从回测来看，海龟交易策略还是比较适合部分商品期货的，但是对于不同的品种，由于其自身的特性不同，对于参数的设定还值得推敲，例如，最大 unit 数，其对于不同品种仓位的控制效果需求可能不同；再如唐奇安通道的 N 值，在分钟线如何设定值得研究。

这里没有设定止盈，笔者的理念是不设止盈，而是控制好止损，让利润"奔跑"。本书中的止损点还有优化的空间，在盈利充分的时候，应当上移止损点以锁住更多的利润。

第 10 章

机器学习与遗传算法

人工智能（Artificial Intelligence，AI）是研究、开发用于模拟、延伸和扩展人的智能的理论、方法、技术及应用系统的一门新的技术科学。

人工智能同时也指研究智能系统是否能够实现，以及如何实现的科学领域。人工智能的研究领域包括机器人、语言识别、图像识别、自然语言处理和专家系统等，涉及范围很广。下面列举一些该领域的核心内容：机器学习、演绎推理（Deductive Reasoning）、系统结构、模式分类及遗传算法（Genetic Algorithm，GA）等。

10.1 机器学习系统及策略

机器学习是一个研究如何使用机器来模拟人类学习，从无序数据中提取有用信息的过程，横跨计算机科学、工程技术和统计学等多个学科。它是专门用于研究计算机怎样模拟或实现人类归纳、综合的学习行为，以获取新的知识或技能，重新组织已有的知识结构使系统下一次执行同样或类似任务时比现在做得更好、效率更高。

现在是一个信息爆炸的时代，而数据就成了重中之重，每一个公司都在搜集用户数据，如个人信息、使用习惯、搜索记录等，希望能从中发现用户的喜好，从而挖掘用户的需求。未来最重要的资源就是数据，将会比石油还宝贵，海量的数据需要使用专门的学习算法进行处理，以便高效地提取信息。这就是机器学习的作用：找到更多的可用信息。

10.1.1 学习策略简介

学习策略（Learning strategy）是指学习过程中所使用的推理方法。它将系统外部提供的所有信息转变为符合系统内部表达的新的表现形式，从而方便快捷地对信息进行存储和使用。

这种系统外部信息转变为符合系统内部信息的性质决定了学习策略的类型。人类在学习过程中往往同时使用多种策略。虽然目前现有的机器学习系统还只能使用单一策略，但多种策略同时使用将是未来研究的目标。

10.1.2 学习策略分类

学习策略是根据学生实现信息转换所需的推理内容和难易程度来分类的，由浅入深，由少到多的次序分为：机械学习（Rote Learning）、示教学习（Learning from instruction/Learning by being told）、演绎学习（Learning by deduction）、类比学习（Learning by analogy）、基于解释的学习（Explanation-based Learning，EBL）、归纳学习（Learning from induction）。

1. 机械学习

机械学习又称记忆学习，无须任何推理或其他的知识转换就可以直接吸取环境所提供的信息，不需要进行任何处理和变化，是最简单的学习策略。

例如：跳棋程序。

1952 年，阿瑟·萨缪尔（Arthur Samuel）在 IBM 公司研制了一个西洋跳棋程序，这个程序具有自学能力，利用启发式搜索技术可通过对大量棋局的分析，来不断调整棋盘的评价函数，逐渐辨识出当前局面下的"好棋"和"坏棋"，从而不断提高弈棋水平，经过 3 年的学习，打败了萨缪尔，又过了 3 年打败了洲际冠军。因此，该程序刺激了"搜索"和"机器学习"这两个人工智能领域的发展。

2. 示教学习

示教学习又称导式学习或指点学习，学生从教师或其他信息源如教科书等获取信息，由于外界输入知识的表达方式与系统内部表达方式不完全一致，需要把知识转换成内部可使用的表达方式，并将新的知识和原有知识有机地结合为一体。所以需要学生做一些推理、翻译和转化工作。目前，不少专家系统在建立知识库时使用这种方法去实现知识获取。示教学习的一个典型应用是 FOO 程序。

3. 演绎学习

学生所用的推理形式为演绎推理，演绎推理的逆过程是归纳推理（inductive reasoning）。在演绎学习中，学习系统由给定的知识进行演绎的保真推理，使学生在推理过程中可以获取有用的知识，并储存有用的结论。

1742 年 6 月，德国数学家哥德巴赫（Goldbach, Christian）根据奇数 77=53+17+7、461=449+7+5=257+199+5 等例子，看到许多奇数都可以由 3 个素数相加而得到，于是，他归纳出一个规律：所有大于 5 的奇数都可以分解为 3 个素数之和。他把这个猜想告诉欧拉，欧拉肯定了他的想法，而且做出补充：大于 4 的偶数都可以分解为 2 个素数之和。后来，这两个命题就合称为哥德巴赫猜想。虽然结论不一定是可靠的，但却是发现真理的一条重要途径。

4. 类比学习

类比学习就是在遇到新的问题时，利用 2 个不同领域中的知识相似性，通过学习以前解决类似问题的方法来解决当前的问题。类比学习在人类科学技术发展史上起着重要作用，许多科学发现就是通过类比得到的。

例如：原子结构同太阳系进行类比。

英国物理学家欧内斯特·卢瑟福（Ernest Rutherford）在 1911 年提出原子模型像一个太阳系，带正电的原子核像太阳，带负电的电子像绕着太阳转的行星。在这个"太阳系"中，支配它们之间的作用力是电磁相互作用力。他认为，原子中带正电的物质集中在一个很小的核心上，而且原子质量的绝大部分也集中在这个很小的核心上。当 α 粒子正对着原子核心射来时，就有可能被反弹回去。这就圆满地解释了 α 粒子的大角度散射。卢瑟福发表了一篇著名的论文《物质对 α 和 β 粒子的散射及原理结构》。

5. 基于解释的学习

基于解释的学习是指学生运用教师提供的已知相关领域的知识及训练实例，对某个目标概念进行学习，并通过后续不断练习，将解释推广为目标概念的一个满足可操作准则的充分条件，其被广泛应用于知识库求精和改善系统的性能方面。

著名的基于解释的学习系统有：迪乔恩（G.DeJong）的 GENESIS、米切尔（T.Mitchell）的 LEXII 和 LEAP 及明顿（S.Minton）等的 PRODIGY。

6. 归纳学习

归纳学习是指采用归纳推理的方式进行学习的一类学习方法。利用教师提供的某概念的一些实例或反例，让学生通过归纳推理得出该概念一般描述结果的方法，归纳学习是最基本的也较为成熟的学习方法，在人工智能领域中已经得到广泛研究和应用。

10.2 演绎推理及归纳推理规则

10.2.1 自动推理

自动推理的基本任务是从一种判断推出另一种判断的推理过程，按判断推出的途径来划分，可分为演绎推理、归纳推理和默认推理。

推理（Reasoning）是指按照某种策略方式由已知判断推出另一判断的思维过程。

已知判断（Known Judgement）包括已经掌握的与所需求解问题有关的知识及关于问题的已知事实。

推理结论（Conclusion of Reasoning）是指由已知判断推出新判断的结果。

推理机（inference engine）是一组程序，用来控制、协调整个系统，推理由程序来实现。

由于默认推理是在知识不完全的情况下做出的推理，所以不作为本节的学习重点。

10.2.2 演绎推理及示例

亚里士多德（Aristotle）是著名的古希腊哲学家，被认为是主张进行有组织的研究演绎推理的第一人。

演绎推理属于由一般到特殊的推理方法，是从全称判断推导出特称判断或单称判断的过程，通常应用于逻辑和数学证明中。

三段论（Syllogism）是演绎推理中一种简单推理判断形式并且是一种正确的思维形式。主要包括如下内容。

- 大前提（Major Premise）是指已知的一般性知识或假设原理。
- 小前提（Minor Premise）是指关于所研究的特殊情况或对个别事实的判断。
- 结论（Conclusion）是指根据一般原理，由大前提推出的适合于小前提情况的新判断。

在任何情况下，由演绎推理推导出的结论都蕴含在大前提的一般性知识中，只有在大前提、小前提和推理形式都正确的前提下，由它们推出的结论才是正确的。

【例10-1】如图10-1所示，在锐角三角形 ABC 中，$AD \perp BC$，$BE \perp AC$，且 D 和 E 是垂足。

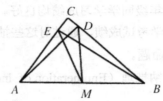

图10-1

求证：AB 的中点 M 到 D 和 E 的距离相等。

证明：

因为有一个内角是直角的三角形是直角三角形；　　　　　◀是大前提

在三角形 ABC 中 $AD \perp BC$，则 $\angle ADB=90°$；　　　　◀是小前提

所以三角形 ABC 是直角三角形。　　　　　　　　　　　◀是结论

因为直角三角形斜边上的中线等于斜边的一半；　　　　　◀是大前提

而 M 是直角三角形 ABD 斜边 AB 的中点，DM 是斜边上的中线；　◀是小前提

所以 $DM=\dfrac{1}{2}AB$。　　　　　　　　　　　　　　　　◀是结论

同理，$EM=\dfrac{1}{2}AB$，所以 $DM=EM$。

10.2.3　归纳推理及示例

归纳推理是指从特定的事件、事实前提出发，通过感官的观察和知识或经验的推理，得出概括简约化的过程。

归纳推理包括完全归纳推理（Complete inductive reasoning）、不完全归纳推理（Imperfect Induction）。

完全归纳推理是指在进行归纳时需要考察相应事物的全部对象，并根据这些对象是否都具有某种属性，从而判断以该类对象全部具有或不具有该属性为结论的归纳推理。

【例10-2】科学考察员对地球上的所有大洋都逐一进行考察，发现北冰洋被污染了；印度洋被污染了；大西洋被污染了；印度洋也被污染了。由此推出地球上的所有大洋都已被污染。理由是地球上只有四大洋。

不完全归纳推理又称"不完全归纳法"，在集合中抽取少量或具有代表性的属性为前提，只考察相应事物的部分对象就得出结论的归纳推理。

【例10-3】命题：某高校二年级同学学习成绩均良好。如果归纳者使用不完全归纳推理原则，随机抽出该年级部分同学考试成绩，通过对这些抽取的要素进行调查，得出一个大概的结论，从而肯定或否定原命题。

不完全归纳推理包括枚举归纳推理（Enumeration of inductive reasoning）和类比推理（Analogism）。

枚举归纳推理是指若已知某类事物的部分对象具有某种属性，而且没有遇到相反的情况，则可推出该类事物都具有此属性。

【例10-4】重阳无雨看十三，十三无雨一冬干。

以下哪项与上述的推理方法不相同？

  A. 立春之日雨淋淋，阴阴湿湿到清明。

  B. 老赵家的大儿子、二儿子都是大学生，所以老赵家的三个孩子都是大学生。

  C. 研究人员发现，某品牌的两部手机耗电量低，于是得出该品牌的手机普遍耗电量低的结论。

  D. 受力面积越小，压强越大。

  E. 三聚氰胺、苏丹红、塑化剂等化学物质在食品中频现，说明我国的食品行业均缺乏社会责任感，食品安全问题亟待解决。

由于内容为农业谚语，得结论的方式为简单枚举归纳推理，D项是科学归纳推理中的共变法，所以只有该项与题干推理方法不同。

类比推理是指在两个或两类事物有许多属性都相同或相似的基础上，给出一组相关的词，要求通过观察分析，在备选答案中找出一组与之在逻辑关系上最为贴近或相似的词。

【例10-5】已知条件是"阳光：紫外线"两个词语，请选出一组答案与之匹配。
    A. 手机：辐射   B. 海水：氯化钠   C. 混合物：单质   D. 微波炉：微波

由于阳光与紫外线、海水与氯化钠的关系都是整体与组成部分的关系，故答案为 B。从整个认识范围来看，演绎与归纳是互补而不是对立的关系。

【例10-6】学习者的大脑，把外在的知识转化为内在的能力，需要在遇到问题的时候，能够用不同的方法去处理。在这个认知研究过程中，被认为是归纳和演绎的反复作用。

归纳演绎法和体验反思法的关系如图 10-2 所示。

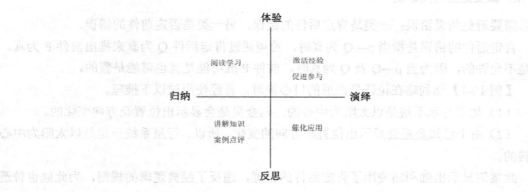

图 10-2

- 三次归纳是指阅读学习、讲解知识和案例点评。
- 三次演绎是指激活经验、促进参与和催化应用。

只有掌握适合自己的学习方法，在实践中加以运用，才能真正帮到自己。

10.2.4 自然演绎推理及示例

自然演绎推理（natural deductive reasoning）是一种形式化的逻辑证明方法，是指从一组已知的真实事实出发，直接运用经典推理规则，如命题逻辑等推理规则推出结论的过程。

1. 自然演绎推理规则

自然演绎推理规则如下。

（1）假言推理的一般形式：$P, P \rightarrow Q \Rightarrow Q$。

它表示为：由 P→Q 及 P 为真，可推出 Q 为真。

（2）拒取式推理的一般形式：¬Q,p→Q⇒¬P。

它表示为：由 P→Q 为真及 ¬Q 为假，可推出 ¬P 为假。

（3）假言三段论推理的一般形式：p→Q,Q→R⇒P→R。

它表示为：由 P→Q 为真及 Q→R 为真，可推出 P→R 为真。

其中，假言三段论是最基本的推理规则。

2．需要避免两类错误

需要避免两类错误：一类是肯定后件的错误，另一类是否定前件的错误。

肯定后件的错误是指当 p→Q 为真时，希望通过肯定后件 Q 为真来推出前件 P 为真，这是不允许的，因为当 p→Q 及 Q 为真时，前件 P 既可能是真也可能是假的。

【例 10-7】伽利略在论证哥白尼的日心说时，曾经使用过以下推理。

（1）如果行星系统是以太阳为中心的，则金星是会显示出位置及方向变化的。

（2）由于已知金星会显示出位置和方向的变化。所以，行星系统一定是以太阳为中心运转的。

此案例显示出伽利略使用了肯定后件的推理，违反了经典逻辑的规则，为此他也曾遭到非议。

否定前件的错误是指当 p→Q 为真时，希望通过否定前件 P 为假来推出后件 Q 为假，这同样是不允许的，因为当 p→Q 及 P 为假时，后件 Q 既可能是真也可能是假的。

【例 10-8】

（1）如果看手机朋友圈，就能学到很多新知识，发现生活的乐趣。

（2）由于没有看手机朋友圈。所以，不能学到新知识，不会发现生活乐趣。

此案例显示出使用了否定前件的推理，违反了经典逻辑的规则，明显是错误的，人们的学习生活丰富多彩岂能是一个手机朋友圈就能完全覆盖的。

3．自然演绎推理的优缺点

自然演绎推理的优点：定理证明过程表达自然，易于理解，使用逻辑规则证明，推理过程灵活，便于在它的推理规则中嵌入领域启发式知识。

自然演绎推理的缺点：由于推理过程中得到的中间结论一般呈指数形式递增，所以容易产生组合爆炸。

10.3 专家系统体系结构

1968 年费根鲍姆等研制成功第一个专家系统（Expert System，ES）DENDEL。目前专家系统在教学、军事、医疗、化工等领域产生了巨大的经济效益和社会效益。专家系统已成为人工智能领域发展中最活跃、最受重视的一个发展分支。

10.3.1 专家系统的定义

专家系统是一个智能计算机程序系统，是指一种在特定领域内具有专家水平的知识与经验，能够有效地运用专家多年积累的经验和专业知识，通过模拟专家的思维过程、解决问题的能力的程序系统。它是人工智能应用研究的主要领域，是一种模拟人类专家思维，解决领域问题的计算机程序系统。

10.3.2 专家系统的构成

专家系统是由人机交互界面（User Interface）、知识库（Knowledge Base）、推理机（Inference Engine）、解释器（Interpreter）、综合数据库（Comprehensive Database）、知识获取（Knowledge Acquisition）等 6 个部分构成的，其中知识库和推理机是非常重要的组成部分，它们相互分离又有所联系，别具特色。专家系统的基本结构如图 10-3 所示，箭头方向表示数据流动的方向。

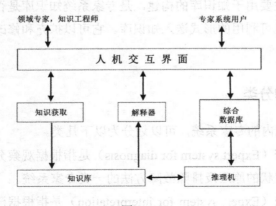

图 10-3

专家系统的基本工作流程是：专家系统用户通过人机交互界面回答系统的提问，推理机将专家系统用户输入的信息与知识库中各个规则的条件进行匹配，并把被匹配规则的结论存放到综合数据库中。最后，专家系统将得出最终结论呈现给专家系统用户。

专家系统还可以通过解释器向专家系统用户解释系统提出该问题的原因及计算机是如何得出最终结论的。领域专家或知识工程师通过人机交互界面专门的软件工具，或编程实现对专家系统中知识的获取，不断地充实和完善知识库中的知识。

- 人机交互界面是指系统与用户进行对话交流的界面。使用户输入的信息转换成系统内规范化的表示形式，并将这些内部表示交给相应的模块去处理，同时输出推理结果及相关的解释及时反馈给用户。
- 知识库也称规则库，是用来存放某领域专家提供的知识的，知识库中知识的质量和数量决定着专家系统的质量水平。
- 推理机是专家系统的核心，是指用于记忆所采用的规则和控制策略的程序，针对当前问题的条件或已知信息，反复匹配知识库中的规则，获得新的结论，以得到问题求解结果。
- 解释器也称解释接口，是人和计算机交互的桥梁，能够向用户解释专家系统的行为，通过跟踪并记录推理过程来实现解释功能。
- 综合数据库也称总数据库或全局数据库，是指存放专家系统中反映系统当前状态的事实数据，包括原始数据、中间结果和最终结论，往往作为暂时的存储区。
- 知识获取是指主要用于知识库的构建，是专家系统知识库是否优越的关键，即将知识转换为计算机可利用的形式送入知识库。它可以扩充和修改知识库中的内容实现自动学习功能。

10.3.3 专家系统的分类

用于某一特定领域内的专家系统，可以划分为以下几类。

- 诊断型专家系统（Expert system for diagnosis）是指根据观察分析到的症状，推导出某个对象产生症状的原因及排除故障方法的一类专家系统。
- 解释型专家系统（Expert system for interpretation）是指根据已知信息和对数据的分析，解释这些信息与数据内部情况的一类专家系统。

- 预测型专家系统（Expert system for prediction）是指通过对过去和现在已知状况的分析，预测、推断未来可能发生的情况的一类专家系统。
- 设计型专家系统（Expert system for design）是指根据给定的产品要求，设计出满足设计问题约束目标的一类专家系统。
- 规划型专家系统（Expert system for planning）是指寻找出某个能够达到给定目标制订规划行动的一类专家系统。
- 监视型专家系统（Expert system for monitoring）是指对系统、对象或过程的行为进行监测并在必要时进行干预的一类专家系统。
- 教学型专家系统（Expert system for instruction）是指根据学生的特点和基础知识，有针对性地能够辅助教学的一类专家系统。
- 控制型专家系统（Control expert system）是指自适应地管理一个接受控制的对象或客体的全面行为，使其满足原定预期要求的一类专家系统。
- 决策型专家系统（Decision expert system）是指对可行性方案进行综合评判并且从中优选从而做出决策的一类专家系统。
- 调试型专家系统（Expert system for debugging）是指能根据相应的标准检测出被测试对象存在的错误或发生的故障，并能从多种纠错方案中选出适用于当前情况的最佳方案，进行处理排除错误，使其恢复正常工作的一类专家系统。

10.3.4 专家系统的特点

专家系统具有如下特点。
- 专家系统拥有专家水平知识系统。

专家系统拥有像专家级别一样非常丰富的相关知识，使得在实际运转中像人类专家一样拥有强大的解决问题的能力。
- 专家系统能够有效地进行推理。

由于专家系统拥有推理能力，所以能够通过一个思维过程解决现实问题，即能够有效地进行推理。
- 专家系统具有获取知识的能力。

由于专家系统的基础就是知识，为了能够得到知识就必须具有获取知识的相应能力。

- 专家系统具有灵活性。

由于专家系统一般都采用知识库和推理机制分离的构造原理，如果想要建立一个新的专家系统只需要把知识库中的知识换成新的相应知识就可以，非常灵活。

- 专家系统具有透明性。

由于专家系统具有解释机制，所以当人们使用它的时候，不仅能够得到正确的答案，还可以得到答案的依据，易于理解。

- 专家系统具有交互性。

专家系统通过分别与专家对话和用户对话获取知识，利用索取已知事实来回答用户的询问。

- 专家系统具有实用性。

由于专家系统是根据问题的实际需求开发的，所以决定了它具有很好的实用背景。

- 专家系统具有一定的复杂性及难度。

由于人类的知识是无限的，思维方式也是多种多样的，所以要真正实现对人类思维的模拟，是一件非常困难的工作，专家系统还需要不断学习和发展。

10.4 遗传算法基本原理及应用

20世纪60年代遗传算法最早由美国的J.Holland教授在他的专著《自然界和人工系统的适应性》中提出，属于一类借鉴生物界的进化规律演化而来的随机化搜索方法。

20世纪70年代De Jong基于遗传算法的思想在计算机上进行了大量的纯数值函数优化计算实验。

20世纪80年代由Goldberg进行归纳总结，形成了遗传算法的基本框架。

10.4.1 遗传算法简介与特点

遗传算法是指模仿达尔文生物进化论的生物遗传学和自然选择机理，通过人工方式所构造的一类优化搜索算法过程的计算模型，是进化计算中最重要的形式。

遗传算法属于进化算法的一种，为那些难以找到传统数学模型的难题指出了一个解决方法。它也是计算机科学人工智能领域中用于解决最优化的一种搜索启发式算法，通常用来生成有用的解决方案来优化和搜索问题。

遗传算法具有如下特点。
- 遗传算法是对参数的编码而不是对参数本身进行操作的，借鉴生物学中染色体和基因等概念，模仿自然界中生物遗传和进化等机理来优化的计算过程。
- 遗传算法可以同时使用多个搜索点来搜索信息，比传统优化方法信息量大，搜索效率高。
- 遗传算法可以直接将目标函数作为搜索信息，相比传统优化算法，其可以不需要目标函数的导数值等其他一些辅助信息就可以解决优化及组合优化等问题。
- 遗传算法使用概率搜索技术，选择、交叉（Crossover Operator）、变异（Mutation Operator）等运算都可以使用概率方式来进行，因而在搜索过程中具有很好的灵活性。
- 遗传算法不是盲目穷举或完全随机搜索，而是在解空间进行高效启发式搜索。
- 遗传算法应用范围广，既可以是数学解析式所表示的显函数，也可以是映射矩阵、神经网络的隐函数，不要求函数连续及函数可微。
- 遗传算法具有并行计算的特点，可以通过大规模并行计算来提高计算速度及优化大规模的复杂问题。

10.4.2 基本遗传算法多层次框架图

基本遗传算法的操作主要包括：复制（Reproduction Operator）、交叉和变异。
- 复制是指从一个旧种群中选择生命力强的个体位串产生新种群的过程。具有高适应的位串更有可能在下一代中产生一个或多个子孙。
- 交叉是指模拟生物进化过程中的繁殖现象，通过两个染色体的交换组合，来产生新的优良品种。
- 变异是指来模拟生物在自然界的遗传环境中由于偶然因素引起的基因突变，它以很小的概率随机改变遗传基因的值。

基本遗传算法的框架如图10-4所示。

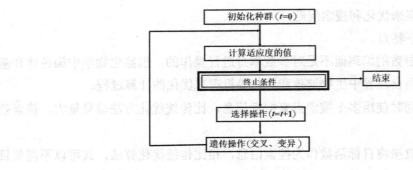

图 10-4

10.4.3 遗传算法实施步骤

遗传算法实施步骤如下。

（1）初始群体（Population）的生成是指根据算法规模，选择 N 个具有随机产生染色体的个体。在二进制情况下，生成规定长度的位串形式编码。

（2）适应度值（Fitness）的计算是指按照预先确定的适应函数对各个个体 X_i，计算其相应的适应函数的值 $f(X_i)$。

（3）终止（Termination）条件的测试是指满足算法则停止。有两个最简单的条件。

- 完成了预先给定的进化代数则停止。
- 群体中的最优个体在连续若干代没有改进或平均适应度在连续若干代基本没有改进时停止。

（4）选择（Selection）操作：从第 t 代中选择 N 个进入 $t+1$ 代的个体。按比例选择方式进行，即"转轮盘"。

（5）遗传（Heredity）操作是指将被选择出的两个个体 P1 和 P2 作为父母个体，将两者的部分码值进行交换。

（6）变异（Variation）操作是指改变数码串的某个位置上的数码。二进制编码表示的简单变异操作是将 0 与 1 互换：0 变异为 1，1 变异为 0。

10.4.4 遗传算法应用

遗传算法的常见应用如下。

（1）函数优化（Function optimization）不仅是遗传算法的经典应用领域，也是对遗传算法进行性能测试评价的常用算例。对于一些非线性、多模型、多目标的函数优化问题，能够简单高效地执行，从而可以方便地得到很好的结果。

（2）组合优化（Combinatorial optimization）是寻求组合优化问题满意解的最佳工具，实践证明，遗传算法对组合优化问题中的 NP 完全问题非常有效，能够得到满意的答案。

（3）自动控制（Autocontrol）遗传算法已经在自动控制领域中得到了很好的应用并且前景广阔。例如，基于遗传算法的模糊控制器的优化设计、基于遗传算法的参数辨识、基于遗传算法的模糊控制规则的学习、利用遗传算法进行人工神经网络的结构优化设计和权值学习等。

（4）生产调度问题（Production scheduling problem）是指由于在很多情况下所建立起来的数学模型不能做到精确解答，即使经过一些简化处理后得出结果也与实际相差太远。现在遗传算法已经成为解决复杂调度问题的有效工具。

（5）机器人学（Robotics）：由于遗传算法的起源就是来自对人工自适应系统的研究，而机器人是属于一类复杂的难以精确建模的人工系统，所以机器人学是遗传算法的一个重要应用领域。

（6）图像处理（Image processing）：图像处理是计算机视觉中的一个重要研究领域。在扫描、特征提取、图像分割等图像处理过程中，不可避免地存在一些误差，会影响图像处理的效果。使这些误差最小是计算机视觉达到实用化的重要要求，遗传算法在这些图像处理中的优化计算方面得到了很好的应用。

（7）人工生命（Artificial life）是用计算机、机械等人工媒体模拟或构造出的具有自然生物系统特有行为的人造系统。自组织能力和自学习能力是人工生命的两大重要特征。人工生命与遗传算法有着密切的关系，基于遗传算法的进化模型是研究人工生命现象的重要理论基础。

10.5 使用遗传算法筛选内嵌因子

使用遗传算法筛选内嵌因子需要以下几个步骤。

10.5.1 加入 Python 包

首先通过代码如下加入 Python 包：

```python
import pandas as pd
import numpy as np
import datetime
import time
import itertools
from scipy.stats import spearmanr
from sklearn.preprocessing import StandardScaler
import itertools
fit_col = [u'secID', u'ticker', u'tradeDate', u'ratio', u'ind']
# 获取交易日历
def get_celedate(begin = '2010-01-01', end = '2019-04-18', symbol = 'day'):
    df_date = DataAPI.TradeCalGet(exchangeCD=u"XSHG,XSHE", field=u"")
    df_date = df_date[(df_date['calendarDate'] > begin) & (df_date['calendarDate'] < end)]
    df_date = df_date[df_date['isOpen'] == 1]
    if symbol == 'day':
        return df_date['calendarDate']
    if symbol == 'month':
        return df_date[df_date['isMonthEnd'] == 1]['calendarDate']
    if symbol == 'week':
        return df_date[df_date['isWeekEnd'] == 1]['calendarDate']
    if symbol == 'all':
        return df_date
# 获取行业分类
def get_ind_class():
    df_ind = DataAPI.EquIndustryGet(secID=u"",ticker=u"",industryVersionCD=u"010303",industry=u"",industryID1=u"",industryID2=u"",industryID3=u"",intoDate=u"",field=u"",pandas="1")
    dict_ind = {k:v for k, v in df_ind[df_ind['isNew'] == 1][['ticker', 'industryName1']].values}
    return dict_ind
dict_ind = get_ind_class()
# 获取因子值
def get_fac_data(date_pre, date_late, field = u''):
    # 获取数据
    df_fac = DataAPI.MktStockFactorsOneDayGet(tradeDate= date_pre ,secID=
```

```
u"",ticker=u"",field=field, pandas="1")
        df_price_pre = DataAPI.MktEqudGet(secID=u"",ticker=u"",tradeDate=
date_pre ,beginDate=u"",endDate=u"",isOpen="1",field=u"ticker,closePrice",pa
ndas="1")
        df_price_late = DataAPI.MktEqudGet(secID=u"",ticker=u"",tradeDate=
date_late ,beginDate=u"",endDate=u"",isOpen="1",field=u"ticker,closePrice",p
andas="1")
        df_price = pd.merge(df_price_pre, df_price_late, on= 'ticker', how=
'inner')
        df_price['ratio'] = (df_price['closePrice_y'] - df_price['closePrice_
x']) / df_price['closePrice_x']
        dict_ratio = {k:v for k,v in df_price[['ticker', 'ratio']].values}
        # 填充收益与行业分类
        df_fac['ratio'] = df_fac['ticker'].map(dict_ratio)
        df_fac['ind'] = df_fac['ticker'].map(dict_ind)
        df_group = df_fac.groupby('ind').apply(lambda x: x[:])
        return df_fac.loc[df_fac['ratio'].dropna().index]
```

代码编写完成后，继续进行时间回测范围的设置。

10.5.2 设定时间回测范围

选择时间回测范围时，要注意以下几点。

（1）选择回测时间为 6 月到 7 月。

（2）选择 5 月到 6 月的有效因子。

（3）时间维度为 12 个月。

继续输入如下代码：

```
# 取前一个月的有效因子
# 第一层筛选
date_pre = '2018-04-27'
date_late = '2018-05-31'
df_fac = get_fac_data(date_pre, date_late)
fit_col = [u'secID', u'ticker', u'tradeDate', u'ratio', u'ind']
fac_list = [i for i in df_fac.columns if i not in fit_col]
# 强有效
fac_field = []
for i in fac_list:
    val, p = spearmanr(df_fac['ratio'], df_fac[i])
```

```
        if p < 0.05 and np.abs(val) > 0.15:
            fac_field.append(i)
# 弱有效
newfac_field = []
for i in fac_list:
    val, p = spearmanr(df_fac['ratio'], df_fac[i])
    if p < 0.05 and np.abs(val) > 0.1:
        newfac_field.append(i)
# 差集候选
diff_field = [i for i in newfac_field if i not in fac_field]
df_fac = get_fac_data(date_pre, date_late, field= fac_field + ['ticker',
'tradeDate'])
```

代码编写完成后，继续进行标准化过程的设置。

10.5.3 设置标准化过程

设置标准化过程需要注意 3 点：①去除极值；②标准化；③打标签。示例代码如下：

```
# 标准化-去空值-生成训练集
def paper_winsorize(v, upper, lower):
    '''
    去极值，给定上下界
    参数：
        v, Series, 因子值
        upper, 上界值
        lower, 下界值
    返回：
        Series, 规定上下界后的因子值
    '''
    if v > upper:
        v = upper
    elif v < lower:
        v = lower
    return v
def winsorize_by_date(cdate_input, fac_list):
    '''
    按照[dm+5*dm1, dm-5*dm1]进行去极值
    参数：
        cdate_input, 某一期的因子值的 DataFrame
```

```
    返回：
        DataFrame，去极值后的因子值
    '''
    media_v = cdate_input.median()
    for a_factor in fac_list:
        dm = media_v[a_factor]
        new_factor_series = abs(cdate_input[a_factor] - dm)  # abs(di-dm)
        dm1 = new_factor_series.median()
        upper = dm + 5 * dm1
        lower = dm - 5 * dm1
        cdate_input[a_factor] = cdate_input[a_factor].apply(lambda x: paper_winsorize(x, upper, lower))
    return cdate_input

def stand_data(df, fac_list):
    df_win = winsorize_by_date(df, fac_list).dropna()
    scale = StandardScaler()
    df_std = pd.DataFrame(scale.fit_transform(df_win[fac_list]), index= df_win.index, columns= fac_list)
    return pd.concat([df_std, df_win[[col for col in df_win.columns if col not in fac_list]]], axis = 1)
def label_data(df, tile = 0.25):
    new_df = df.copy()
    bot_val = new_df['ratio'].quantile(tile)
    top_val = new_df['ratio'].quantile(1 - tile)
    def label(x, top_val, bot_val):
        if x > top_val:
            x = 1
        elif x < bot_val:
            x = 0
        else:
            x = np.nan
        return x
    new_df['label'] = new_df['ratio'].apply(lambda x: label(x, top_val, bot_val))
    return new_df.dropna()
def get_train_data(num_day, end = '2019-04-18' ,symbol = 'month', fac_field = fac_field):
    df_fac_list = [get_fac_data(date_pre, date_late, field= fac_field + ['ticker', 'tradeDate']) for date_pre,
```

```
    date_late in zip(get_celedate(symbol=symbol, end= end)[-num_day-1:-1], 
get_celedate(symbol= symbol , end= end)[-num_day:])]
        df_std_list = [stand_data(df, fac_field) for df in df_fac_list]
        df_label_list = [label_data(df) for df in df_std_list]
        return pd.concat(df_label_list)
    df_data = get_train_data(12, end = '2018-07-01', fac_field= newfac_field)
```

代码编写完成后,继续进行集合的选择设置。

10.5.4 训练,测试集合的选择

标准化过程设置完成后,下面开始训练。训练数据的选取要遵循以下原则。

(1) 选择最后一个月作为观察量。

(2) 选择倒数第二个月作为 test 集合。

(3) 选择前面的集合作为 train_data。

示例代码如下:

```
    def split_train_test(df, x_cols, y_col):
        new_df = df.copy()
        time_list = new_df['tradeDate'].unique()
        time_list.sort()
        train_df = new_df[new_df['tradeDate'] < time_list[-2]]
        test_df = new_df[new_df['tradeDate'] == time_list[-2]]
        val_df = new_df[new_df['tradeDate'] == time_list[-1]]
        return (train_df[x_cols].values, train_df[y_col].values), 
(test_df[x_cols].values, test_df[y_col].values), (val_df[x_cols].values, 
val_df[y_col].values)

    (x_train, y_train) , (x_test, y_test) , (x_val, y_val)= split_train_test
(df_data, x_cols = fac_field, y_col = 'label')

    from sklearn.ensemble import RandomForestClassifier

    def get_alg(alg, fac_field = fac_field):
        (x_train, y_train) , (x_test, y_test) , (x_val, y_val)= split_
train_test(df_data, x_cols = fac_field, y_col = 'label')
        alg = RandomForestClassifier( random_state= 2018, n_estimators= 50, 
max_depth= 8)
        alg = alg.fit(x_train, y_train)
```

```
    print('train_acc',alg.score(x_train, y_train), 'test_acc', alg.score
(x_test, y_test))
    # 估计月的准确率
    print('val_acc', alg.score(x_val, y_val))
    return alg
alg = get_alg(RandomForestClassifier(max_depth= 8, n_estimators= 50),
fac_field= newfac_field)
```

执行以上代码后,得到的结果如下:

```
('train_acc', 0.71443272446616923, 'test_acc', 0.63032581453634084)
('val_acc', 0.54753086419753083)
```

10.5.5 评价指标

测试完成后,我们将 HS300 作为评价指标,从全 A 股市场选择 300 只股票与 HS300 进行对比,代码如下:

```
# 预测六月份股票
date = '2018-05-31'
df_pre =  get_fac_data(date, date,field= newfac_field + ['ticker',
'tradeDate'])
df_pre = stand_data(df_pre, fac_field)
ticker_list = pd.Series(alg.predict_proba(df_pre[newfac_field])[:, 1],
index= df_pre['ticker'])
ticker_list.sort(ascending= False)
ticker_list = ticker_list[:300].index
signal_list = DataAPI.MktEqudGet(secID=u"",ticker=ticker_list ,
tradeDate=date ,beginDate=u"",endDate=u"",isOpen="",field=u"secID",pandas="1
")["secID"].values
start = '2018-06-01'                      # 回测起始时间
end = '2018-07-01'                        # 回测结束时间
universe = DynamicUniverse('A')    # 证券池,支持股票、基金、期货、指数 4 种资产
benchmark = 'HS300'                       # 策略参考基准
# 策略类型,'d'表示日间策略使用日线回测,'m'表示日内策略使用分钟线回测
freq = 'd'
# 调仓频率,表示执行 handle_data 的时间间隔,若 freq = 'd'则时间间隔的单位为交易日,
若 freq = 'm'则时间间隔的单位为分钟
refresh_rate = 1
# 配置账户信息,支持多资产、多账户
accounts = {
```

```
        'fantasy_account': AccountConfig(account_type='security',
capital_base=10000000)
    }
    def initialize(context):
        pass
    # 每个单位时间（如果按天回测，则每天调用一次；如果按分钟回测，则每分钟调用一次）调用一次
    def handle_data(context):
        target_position = signal_list
        # 获取当前账户信息
        account = context.get_account('fantasy_account')
        current_position = account.get_positions(exclude_halt=True)
        # 根据目标持仓权重，逐一委托下单
        for stock in target_position:
            account.order(stock, 10000)
```

执行以上代码后，得出如图 10-5 所示的结果。

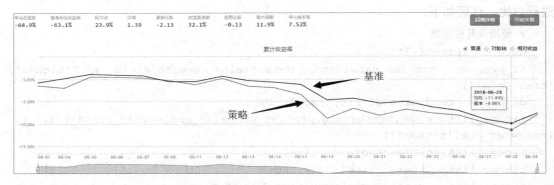

图 10-5

10.5.6　利用遗传算法改进过程

从以上评价可以看出，得到的结果不尽如人意，下面我们对其进行改进。首先进行遗传算法基础设置，代码如下：

```
# 遗传算法过程
# 初代种群生成
def ga_generate_ori(del_prob, add_prob, ori_field, add_field):
    new_field = []
    # 选取原始特征过程
    for i in ori_field:
```

```python
        prob = np.random.uniform(0, 1)
        if prob < del_prob:
            new_field.append(True)
        else:
            new_field.append(False)
    # 添加新特征过程
    for j in add_field:
        prob = np.random.uniform()
        if prob < add_prob:
            new_field.append(True)
        else:
            new_field.append(False)
    new_field = np.array(new_field)
    return new_field
# 种群交配过程
def ga_cross_next_group(ori_group, dict_score = 'ori', change_prob = 0.2):
    new_dict = ori_group.copy()
    if dict_score == 'ori':
        score = 1.0 / len(ori_group)
        dict_score = {k:score for k in ori_group.keys()}
    g, p = np.array([[k, v] for k, v in dict_score.items()]).T
    flag = max(ori_group.keys())
    # 按照种群分类进行选择交配
    # 选择交配种群
    cross_group = np.random.choice(g, size = 5, p = p, replace= False)
    for (fa,mo) in itertools.combinations(cross_group, 2):
        flag += 1
        fa_code, mo_code = ori_group[fa], ori_group[mo]
        # 随机选择切分点
        cut_point = np.random.randint(1, len(fa_code)-1)
        # 切分基因
        fa_code0, fa_code1 = fa_code[:cut_point], fa_code[cut_point:]
        mo_code0, mo_code1 = mo_code[:cut_point], mo_code[cut_point:]
        # print(fa_code0, mo_code1)
        # 基因交换
        new1 = np.hstack([fa_code0, mo_code1])
        # 变异过程
        prob = np.random.uniform(0, 1)
        if prob < change_prob:
```

```python
        # 随机挑选一个基因点
        change_point = np.random.randint(0, len(fa_code))
        # 改变该点的值
        new1[change_point] = not new1[change_point]
    new_dict[flag] = new1
    return new_dict
```

然后对每个个体评分因子进行分析，代码如下：

```python
# 对每个个体进行评分
def ga_get_score(alg, df_data, x_cols):
    (x_train, y_train), (x_test, y_test), (x_val, y_val)= split_train_test(df_data, x_cols = x_cols, y_col = 'label')
    alg = alg.fit(x_train, y_train)
    train_score, test_score = alg.score(x_train, y_train), alg.score(x_test, y_test)
    # 评价取 0.2 的训练集与 0.8 的测试集
    # print('val_acc', alg.score(x_val, y_val))
    return alg, 0.2 * train_score + 0.8 * test_score
# 种群个体能力的评价
def ga_evalue_group(group, evalue_df, evalue_col):
    score_dict = {}
    for g, code in group.items():
        cols = evalue_col[code]
        _, score = ga_get_score(alg = RandomForestClassifier( random_state=2018, n_estimators= 50, max_depth= 8), df_data = evalue_df ,x_cols = cols)
        score_dict[g] = score
    return score_dict
# 丢弃弱者
def ga_kill_group(ori_group, dict_score):
    # 二代目
    sub_group = ga_cross_next_group(ori_group, dict_score= dict_score)
    # 评价
    score_dict = ga_evalue_group(sub_group, df_data, evalue_cols)
    score_se = pd.Series(score_dict)
    score_se = score_se.sort_values(ascending= False)[:10] / (score_se.sort_values(ascending= False)[:10].sum())
    score_dict = dict(score_se)
    liv_group = {i:sub_group[i] for i in score_dict.keys()}
    return liv_group, score_dict
```

```
alg = RandomForestClassifier( random_state= 2018, n_estimators= 50, 
max_depth= 8) 
np.random.seed(2018)
```

接下来产生第一代杂交类，代码如下：

```
# 初始化过程
ori_field = fac_field
add_field = diff_field
evalue_cols = np.array(ori_field + add_field)

# 随机产生初代子类
group_num = 10
del_prob = 0.7
add_prob = 0.3
ori_group = {i:ga_generate_ori(del_prob, add_prob, ori_field, add_field)
for i in range(group_num)}

# 产生第一代杂交类
for i in range(6):
    if i == 0:
        sub, sco = ga_kill_group(ori_group, 'ori')
    else:
        sub, sco = ga_kill_group(sub, sco)

best_code = pd.Series(sco).sort_values()[-1:].index[0]
best_field = list(evalue_cols[sub[best_code]])

alg = get_alg(RandomForestClassifier(max_depth= 8, n_estimators= 50),
fac_field= best_field)
```

执行上述代码后，得到的结果如下：

```
('train_acc', 0.70830110853312711, 'test_acc', 0.62343358395989978)
('val_acc', 0.56975308641975309)
```

我们将 HS300 作为评价指标，从全 A 股市场选择 300 只股票与 HS300 进行对比，代码如下：

```
# 预测六月份股票
date = '2018-05-31'
df_pre = get_fac_data(date, date, field= best_field + ['ticker',
'tradeDate'])
```

```
    df_pre = stand_data(df_pre, best_field)
    ticker_list = pd.Series(alg.predict_proba(df_pre[best_field])[:, 1],
index= df_pre ['ticker'])
    ticker_list.sort(ascending= False)
    ticker_list = ticker_list[:300].index
    signal_list = DataAPI.MktEqudGet (secID = u"",ticker = ticker_list ,
tradeDate = date ,beginDate=u"",endDate=u"",isOpen="",field=u"secID",pandas="1")
["secID"]. values
    start = '2018-06-01'                    # 回测起始时间
    end = '2018-07-01'                      # 回测结束时间
    # 证券池,支持股票、基金、期货、指数 4 种资产
    universe = DynamicUniverse('A')
    benchmark = 'HS300'                     # 策略参考基准
    # 策略类型,'d'表示日间策略使用日线回测,'m'表示日内策略使用分钟线回测
    freq = 'd'
    # 调仓频率,表示执行 handle_data 的时间间隔,若 freq = 'd'则时间间隔的单位为交易日,
若 freq = 'm'则时间间隔的单位为分钟
    refresh_rate = 1
    # 配置账户信息,支持多资产、多账户
    accounts = {
    'fantasy_account':AccountConfig(account_type='security',capital_base==10
000000)
    }
    def initialize(context):
        pass
    # 每个单位时间(如果按天回测,则每天调用一次;如果按分钟回测,则每分钟调用一次)调用一次
    def handle_data(context):
        target_position = signal_list
        # 获取当前账户信息
        account = context.get_account('fantasy_account')
        current_position = account.get_positions(exclude_halt=True)
        # 根据目标持仓权重,逐一委托下单
    for stock in target_position:
            account.order(stock, 10000)
```

执行上述代码后,得到如图 10-6 所示的结果。

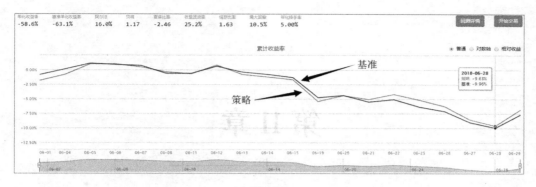

图 10-6

通过遗传算法，我们对比图 10-5 和图 10-6 不难发现，利用遗传算法改进了模型的表现。年化收益率从-64.9%变为-58.6%，最大回撤也由 11.9%缩减到 10.5%。

第 11 章

人工智能在量化投资策略中的应用

人工智能在各行各业都有应用，那么，人工智能应用在量化投资领域又会产生什么结果呢？

本章以人工智能在量化投资策略中的应用为主题，来讲解使用人工智能进行选股模型的开发、训练与验证等内容。

11.1 人工智能选股 Boosting 模型使用方法

通过第 10 章的学习，可以看出，使用人工智能进行选股是当前金融市场中普遍执行的一种策略。当然，任何一种选股模型都是一种概率游戏，只能大幅提高选股准确性的概率，并不能完全替代人工选股。

数据进行预处理的内容为从 uqer 的 DataAPI 中获取 70 个因子的数值，取得因子对应的下一期的股价涨跌数据，并将数据进行对齐，对因子进行缺失值填充、去极值、中性化、标准化处理。对数据进行处理，目的是方便后续对分类模型进行训练、测试。

11.1.1 对数据进行预处理——获取因子数据和股价涨跌数据

我们需要对数据进行预处理，才能使得到的数据具有有效性。

首先获取因子的原始数据值，并将所需要的数据都保存下来，便于对后面的模型参数进行调整、优化，从而节省时间。

然后生成 raw_data/factor_chpct.csv 文件，数据文件的格式如图 11-1 所示。

股票代码	当前月月末日期	70个因子（当前月月末值）				下个月月末日期	下个月绝对收益	下个月相对沪深300收益
000001	20070131	0.6661	0.1666	2.6783	…	20070228	-0.00 4221	-0.071 021

图 11-1

下面的代码用了多线程加速（代码 62 行：ThreadPool(processes=16)），用户可以根据自己的运行环境对线程数进行调整。

首先进行基础设置，代码如下：

```
# coding: utf-8

import pandas as pd
import numpy as np
import os
import time
import multiprocessing
from multiprocessing import Pool
from multiprocessing.dummy import Pool as ThreadPool

raw_data_dir = "./raw_data"
if not os.path.exists(raw_data_dir):
    os.mkdir(raw_data_dir)

# 定义 70 个因子
factors = [b'Beta60', b'OperatingRevenueGrowRate',
b'NetProfitGrowRate', b'NetCashFlowGrowRate', b'NetProfitGrowRate5Y',
           b'TVSTD20',
           b'TVSTD6', b'TVMA20', b'TVMA6', b'BLEV', b'MLEV',
b'CashToCurrentLiability', b'CurrentRatio', b'REC',
           b'DAREC', b'GREC',
           b'DASREV', b'SFY12P', b'LCAP', b'ASSI', b'LFLO', b'TA2EV', b'PEG5Y',
b'PE', b'PB', b'PS', b'SalesCostRatio',
           b'PCF', b'CETOP',
           b'TotalProfitGrowRate', b'CTOP', b'MACD', b'DEA', b'DIFF', b'RSI',
b'PSY', b'BIAS10', b'ROE', b'ROA',
           b'ROA5', b'ROE5',
           b'DEGM', b'GrossIncomeRatio', b'ROECut', b'NIAPCut', b'Current
AssetsTRate', b'FixedAssetsTRate', b'FCFF',
           b'FCFE', b'PLRC6',
```

```
            b'REVS5', b'REVS10', b'REVS20', b'REVS60', b'HSIGMA',
b'HsigmaCNE5', b'ChaikinOscillator',
            b'ChaikinVolatility', b'Aroon',
            b'DDI', b'MTM', b'MTMMA', b'VOL10', b'VOL20', b'VOL5', b'VOL60',
b'RealizedVolatility', b'DASTD', b'DDNSR',
            b'Hurst']

    def get_factor_by_day(tdate):
        '''
        获取给定日期的因子信息
        参数：
            tdate，时间，格式%Y%m%d
        返回：
            DataFrame，返回给定日期的 70 个因子值
        '''
        cnt = 0
        while True:
            try:
                x = DataAPI.MktStockFactorsOneDayProGet (tradeDate = tdate,
secID=u"",ticker= u"",field = ['ticker', 'tradeDate'] + factors,pandas="1")
                x['tradeDate'] = x['tradeDate'].apply
(lambda x: x.replace("-", ""))
                return x
            except Exception as e:
                cnt += 1
                if cnt >= 3:
                    print('error get factor data: ', tdate)
                    break
    if __name__ == "__main__":
        start_time = time.time()
        # 拿到交易日历，得到月末日期
        trade_date = DataAPI.TradeCalGet(exchangeCD=u"XSHG", beginDate=
"20070101", endDate="20171231", field=u"", pandas="1")
        trade_date = trade_date[trade_date.isMonthEnd == 1]
        print("begin to get factor value for each stock...")
        # 取得每个月月末日期所有股票的因子值
        pool = ThreadPool(processes=16)
        date_list = [tdate.replace("-", "") for tdate in trade_date.
calendarDate.values if tdate < "20171101"]
        frame_list = pool.map(get_factor_by_day, date_list)
        pool.close()
        pool.join()
        print "ALL FINISHED"
        factor_csv = pd.concat(frame_list, axis=0)
        factor_csv.reset_index(inplace=True, drop=True)
```

```
    stock_list = np.unique(factor_csv.ticker.values)
```

然后取得个股和指数的行情数据，代码如下：

```
print("\nbegin to get price ratio for stocks and index ...")
    # 个股绝对涨幅
    chgframe = DataAPI.MktEqumAdjGet(secID=u"", ticker=stock_list,
monthEndDate=u"", isOpen=u"", beginDate=u"20070131",
                                    endDate=u"20171130", field=['ticker',
'endDate', 'tradeDays', 'chgPct', 'return'], pandas="1")
    chgframe['endDate'] = chgframe['endDate'].apply(lambda x:
x.replace("-", ""))
    # 沪深300指数涨幅
    hs300_chg_frame = DataAPI.MktIdxmGet(beginDate=u"20070131",
endDate=u"20171130", indexID=u"000300.ZICN", ticker=u"",
                                    field=['ticker', 'endDate', 'chgPct'],
pandas="1")
    hs300_chg_frame['endDate'] = hs300_chg_frame['endDate'].apply(lambda
x: x.replace("-", ""))
    hs300_chg_frame.head()
    # 得到个股的相对收益
    hs300_chg_frame.columns = ['HS300', 'endDate', 'HS300_chgPct']
    pframe = chgframe.merge(hs300_chg_frame, on=['endDate'], how='left')
    pframe['active_return'] = pframe['chgPct'] - pframe['HS300_chgPct']
    pframe = pframe[['ticker', 'endDate', 'return', 'active_return']]
    pframe.rename(columns={"return": "abs_return"}, inplace=True)
```

接下来对齐数据，代码如下：

```
print("begin to align data ...")
    # 得到月度关系
    month_frame = trade_date[['calendarDate', 'isOpen']]
    month_frame['prev_month_end'] = month_frame['calendarDate'].shift(1)
    month_frame = month_frame[['prev_month_end', 'calendarDate']]
    month_frame.columns = ['month_end', 'next_month_end']
    month_frame.dropna(inplace=True)
    month_frame['month_end'] = month_frame['month_end'].apply(lambda x:
x.replace("-", ""))
    month_frame['next_month_end'] = month_frame['next_month_end'].apply
(lambda x: x.replace("-", ""))
    # 对齐月度关系
    factor_frame = factor_csv.merge(month_frame, left_on=['tradeDate'],
right_on=['month_end'], how='left')
    # 得到个股下个月的涨幅数据
    factor_frame = factor_frame.merge(pframe, left_on=['ticker', 'next_
```

```
month_end'], right_on=['ticker', 'endDate'])
    del factor_frame['month_end']
    del factor_frame['endDate']
```

最后组合构建完成后,将数据存储下来,代码如下:

```
factor_frame.to_csv(os.path.join(raw_data_dir, 'factor_chpct.csv'),
chunksize=1000)
end_time = time.time()
print "Time cost: %s seconds" % (end_time - start_time)
```

执行上述代码后,得到的结果如下:

```
begin to get factor value for each stock...
ALL FINISHED
begin to get price ratio for stocks and index ...
begin to align data ...
Time cost: 57.6308329105 seconds
```

11.1.2 对数据进行去极值、中性化、标准化处理

数据筛选完成后,需要对数据进行去极值、中性化、标准化处理,说明如下。

(1)去极值。

为了降低极端值对参数估计的影响,通常会对样本中的极端值进行一定的处理。常用的方式是去极值,对变量两端进行缩尾处理,公式如下:

$$上界值=因子均值+5×|平均值(因子值-因子均值)|$$

$$下界值=因子均值-5×|平均值(因子值-因子均值)|$$

需要注意的是,超过上下界的值用上下界值填充。

(2)对数据空值进行填充:用同期申万一级行业的均值进行空值填充。

(3)中性化和标准化。

直接调用优矿的 neutralize 函数进行中性化处理,中性时不包括'BETA'、'RESVOL'、'MOMENTUM'、'EARNYILD'、'BTOP'、'GROWTH'、'LEVERAGE'、'LIQUIDTY',以和研报保持一致。

对中性化后的因子进行标准化处理,直接调用优矿的 standardize 函数即可。

处理后的文件存储在 raw_data/after_prehandle.csv 中,文件的数据格式如图 11-2 所示。

股票代码	当前月月末日期	70个因子（当前月月末值）				下个月月末日期	下个月绝对收益	下个月相对沪深300收益	industryName1
000001	20070131	0.6661	0.1666	2.6783	...	20070228	-0.004 221	-0.071 021	银行

图 11-2

首先进行基础设置，代码如下：

```python
# coding:utf-8
import pandas as pd
import numpy as np
import os
import shutil
import multiprocessing
import time
import gevent
from multiprocessing import Pool
from multiprocessing.dummy import Pool as ThreadPool
```

然后进行通用变量设置，代码如下：

```python
start_time = time.time()
raw_data_dir = "./raw_data"
pre_handle_dir = "./pre_handle_data"  # 存放中间数据
if not os.path.exists(pre_handle_dir):
    os.mkdir(pre_handle_dir)
# 申万一级行业分类
sw_map_frame = DataAPI.EquIndustryGet(industryVersionCD=u"010303",
industry=u"", secID=u"", ticker=u"", intoDate=u"",field=[u'ticker',
'secShortName', 'industry', 'intoDate', 'outDate', 'industryName1',
'industryName2', 'industryName3', 'isNew'], pandas="1")
sw_map_frame = sw_map_frame[sw_map_frame.isNew == 1]
# 读入原始因子
input_frame = pd.read_csv(os.path.join(raw_data_dir, u'factor_chpct.csv'),
                         dtype={"ticker": np.str, "tradeDate": np.str,
"next_month_end": np.str}, index_col=0)
# 得到因子名
extra_list = ['ticker', 'tradeDate', 'next_month_end', 'abs_return',
'active_return']
factor_name = [x for x in input_frame.columns if x not in extra_list]
print('init data done, cost time: %s seconds' % (time.time()-start_time))
```

接下来定义数据处理的一些基本函数，代码如下：

```python
def paper_winsorize(v, upper, lower):
    '''
    去极值，给定上下界
```

```
        参数：
            v, Series, 因子值
            upper, 上界值
            lower, 下界值
        返回：
            Series, 规定上下界后的因子值
        '''
        if v > upper:
            v = upper
        elif v < lower:
            v = lower
        return v
    def winsorize_by_date(cdate_input):
        '''
        按照[dm+5*dm1, dm-5*dm1]进行去极值
        参数：
            cdate_input, 某一期的因子值的DataFrame
        返回：
            DataFrame, 去极值后的因子值
        '''
        media_v = cdate_input.median()
        for a_factor in factor_name:
            dm = media_v[a_factor]
            new_factor_series = abs(cdate_input[a_factor] - dm)  # abs(di-dm)
            dm1 = new_factor_series.median()
            upper = dm + 5 * dm1
            lower = dm - 5 * dm1
            cdate_input[a_factor] = cdate_input[a_factor].apply(lambda x: paper_winsorize(x, upper, lower))
        return cdate_input
    def nafill_by_sw1(cdate_input):
        '''
        用申万一级的均值进行填充
        参数：
            cdate_input, 因子值, DataFrame
        返回：
            DataFrame, 填充缺失值后的因子值
        '''
        func_input = cdate_input.copy()
        func_input = func_input.merge(sw_map_frame[['ticker', 'industryName1']], on=['ticker'], how='left')
        func_input.loc[:, factor_name] = func_input.loc[:, factor_name].fillna(func_input.groupby('industryName1')[factor_name].transform("mean"))
        return func_input.fillna(0.0)
```

```python
def winsorize_fillna_date(tdate):
    '''
    对某一天的数据进行去极值，填充缺失值
    参数：
        tdate, 时间，格式为 %Y%m%d
    返回：
        DataFrame, 去极值，填充缺失值后的因子值
    '''
    cnt = 0
    while True:
        try:
            cdate_input = input_frame[input_frame.tradeDate == tdate]
            print("# Running single_date for %s" % tdate)
            # 去极值
            cdate_input = winsorize_by_date(cdate_input)
            # 用同行业的均值进行缺失值填充
            cdate_input = nafill_by_sw1(cdate_input)
            cdate_input.set_index('ticker', inplace=True)
            return cdate_input
        except Exception as e:
            cnt += 1
            if cnt >= 3:
                cdate_input = input_frame[input_frame.tradeDate == tdate]
                # 用同行业的均值进行缺失值填充
                cdate_input = nafill_by_sw1(cdate_input)
                cdate_input.set_index('ticker', inplace=True)
                return cdate_input
def standardize_neutralize_factor(input_data):
    '''
    将行业、市值中性化，并进行标准化处理
    参数：
        input_data, tuple, 传入的是因子值与时间。因子值为 DataFrame
    返回：
        DataFrame, 行业、市值中性化，并进行标准化处理后的因子值
    '''
    cdate_input, tdate = input_data
    for a_factor in factor_name:
        cnt = 0
        while True:
            try:
                cdate_input.loc[:, a_factor] = standardize(neutralize(cdate_input[a_factor], target_date=tdate,
                    exclude_style_list=['BETA', 'RESVOL', 'MOMENTUM', 'EARNYILD', 'BTOP', 'GROWTH', 'LEVERAGE', 'LIQUIDTY']))
                break
```

```
            except Exception as e:
                cnt += 1
                if cnt >= 3:
                    break
        return cdate_input
if __name__ == "__main__":
```

最后对每期的数据进行处理，代码如下：

```
    # 遍历每个月月末日期，对因子进行去极值、空值填充处理
    print('winsorize factor data...')
    pool = Pool(processes=8)
    date_list = [tdate for tdate in np.unique(input_frame.tradeDate.values)
if int(tdate) > 20061231]
    dframe_list = pool.map(winsorize_fillna_date, date_list)
    # 遍历每个月月末日期，利用协程对因子进行标准化、中性化处理
    print('standardize & neutralize factor...')
    jobs = [gevent.spawn(standardize_neutralize_factor, value) for value in
zip(dframe_list, date_list)]
    gevent.joinall(jobs)
    new_dframe_list = [e.value for e in jobs]
    print('standardize neutralize factor finished!')
    # 将不同月份的数据合并到一起
    all_frame = pd.concat(new_dframe_list, axis=0)
    all_frame.reset_index(inplace=True)
    # 存储数据
    all_frame.to_csv(os.path.join(raw_data_dir,  "after_prehandle.csv"),
encoding='gbk', chunksize=1000)
    end_time = time.time()
    print("\nData handle finished! Time Cost:%s seconds" % (end_time -
start_time))
```

执行上述代码后，得到的结果如下：

```
init data done, cost time: 3.69281792641 seconds
winsorize factor data...
standardize & neutralize factor...
standardize neutralize factor finished!
Data handle finished! Time Cost:424.088229895 seconds
```

11.1.3 模型数据准备

模型数据准备的方法为给原始数据打上标签，在每个月末截面期，选取下个月收益排名前 30% 的股票作为正例（$y=1$），后 30% 的股票作为负例（$y=-1$），其余的股票标签为 0。

将处理后的文件存储在 raw_data/dataset.csv 中，文件的数据格式如图 11-3 所示。

股票代码	当前月月末日期	70个因子（当前月月末值）				下个月月末日期	下个月绝对收益	下个月相对沪深300收益	industryName	label	year
000001	20070131	0.6661	0.1666	2.6783	...	20070228	-0.004 221	-0.071 021	银行	-1	2007

图 11-3

继续输入如下代码：

```
import pandas as pd
import numpy as np
import os
import time
start_time = time.time()
raw_data_dir = "./raw_data"
def get_label_by_return(filename):
    '''
    对下期收益打标签，涨幅排名前 30%为+1，跌幅排名前 30%为-1
    参数：
        filename, csv 文件名，为保存的因子值
    返回：
        DataFrame, 打完标签后的数据
    '''
    df = pd.read_csv(filename, dtype={"ticker": np.str, "tradeDate": np.str,
"next_month_end": np.str},index_col=0, encoding='gb2312').fillna(0.0)

    new_df = None
    for date, group in df.groupby('tradeDate'):
        quantile_30 = group['active_return'].quantile(0.3)
        quantile_70 = group['active_return'].quantile(0.7)
        def _get_label(x):
            if x >= quantile_70:
                return 1
            elif x <= quantile_30:
                return -1
            else:
                return 0
        group.loc[:, 'label'] = group.loc[:, 'active_return'].apply(lambda x : _get_label(x))

        if new_df is None:
            new_df = group
        else:
            new_df = pd.concat([new_df, group],ignore_index=True)
    return new_df
```

```
    new_df = get_label_by_return(os.path.join(raw_data_dir, "after_prehandle.
csv"))
    new_df['year'] = new_df['next_month_end'].apply(lambda x: int(int(x)/10000))
    new_df.to_csv(os.path.join(raw_data_dir, "dataset.csv"), encoding='gbk',
chucksize=1000)
    print("Done, Time Cost:%s seconds" % (time.time() - start_time))
```

执行上述代码后，得到的结果如下：

```
Done, Time Cost:96.5834059715 seconds
```

11.2　Boosting 模型因子合成

Boosting 模型因子合成说明如下。

（1）训练模型中共有两个模型，一个为本节分析的 Boosting 模型；另一个为线性模型，主要作为对照组。

（2）本节的 Boosting 模型选取了 xgboost 框架训练，该框架的优点为高效、效果好。

（3）利用线性模型进行因子合成和利用 Boosting 模型进行因子合成的示意如图 11-4 所示。

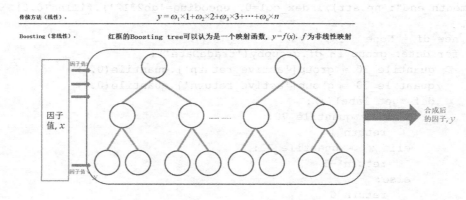

图 11-4

Boosting 模型是集成学习模型的一种，它将多个弱学习器模型提升成一个强学习模型。一般的弱学习器模型选用决策树模型。

决策树模型基于给定特征进行分类。在每个节点处，依据特定规则选取一个特征，随后分裂出下一层的节点。之后对分裂的节点做一样的处理，直至满足条件停止分裂，最后一层的节点就是叶子节点,叶子节点的值可以作为最终的分类结果。

具体模型的流程是设置合理的损失函数,每次迭代生成一棵新的决策树,每棵决策树都有自身的损失函数取值,Boosting 模型是所有决策树损失函数的加总。具体到每棵树怎么产生、树的形状及参数选取都是为了进一步地最小化目标函数。

11.2.1 模型训练

为了能让模型及时抓取到市场的变化,我们采用了 7 个阶段滚动回测方法。模型训练区间为 2007 年 1 月 1 日至 2017 年 12 月 31 日,按年份分为 7 个子区间,数据划分和回测设置的示意如图 6-5 所示,简单说明如下。

在训练中会丢弃涨跌幅处于中间位置(label=0)的样本,以减少随机噪声的影响。

在模型训练中,输入数据按照 90%与 10%的比例被拆成训练集与验证集。在训练中,保存在验证集上效果最好的模型。模型中的参数可调,读者也可以更换一些参数,以查看结果变更情况。

首先进行基础设置,代码如下:

```
import os
import pandas as pd
import numpy as np
import xgboost as xgb
import matplotlib.pyplot as plt
```

然后定义 Boosting 模型,代码如下:

```
# 该段执行时间与模型参数 eta 有关,暂时设置为 0.1,如果想加速执行可看情况调整到 1
class BoostModel:
    '''
    定义一个利用 xgboost 来做 Boosting tree 的流程
    '''
    def __init__(self, max_depth=3, subsample=0.95, num_round=2000,
early_stopping_rounds=50):
        '''
        初始化
        参数:
            max_depth,树的最大深度
            subsample,采样率,也就是选取多少比例的样本进行训练
            num_round,最大循环次数,也就是最大的树的个数
            early_stopping_rounds,提前停止次数,假设为 50,也就是说验证集的误差迭
代到一定程度如在 50 次内不能再继续降低,就停止迭代
```

```python
        '''
        # 参数说明，eta：学习率。silent：是否打印训练过程信息。alpha：L1 正则的惩罚
系数。lambda：L2 正则的惩罚系数。eval_metric：评价指标。objective：定义学习任务及相应
的学习目标
        self.params = {'max_depth': max_depth, 'eta': 0.1, 'silent': 1,
'alpha': 0.5, 'lambda': 0.5, 'eval_metric':'auc', 'subsample':subsample,
'objective': 'binary:logistic', 'nthread':32}
        self.num_round = num_round
        self.early_stopping_rounds = early_stopping_rounds
    def fit(self, train_data, train_label, val_data, val_label):
        '''
        训练模型
        参数：
            train_data, train_label：分别对应训练特征数据、训练标签
            val_data, val_label：分别对应验证特征数据、验证标签
        返回：
            boost_model，训练后的 xgboost 模型
        '''
        dtrain = xgb.DMatrix(train_data, label=train_label)
        deval = xgb.DMatrix(val_data, label=val_label)
        boost_model = xgb.train(self.params, dtrain,
num_boost_round=self.num_round, evals=[(dtrain,'train'), (deval, 'eval')],
early_stopping_rounds=self.early_stopping_rounds, verbose_eval=False)
        print('get best eval auc : %s, in step %s'%(boost_model.best_score,
boost_model.best_iteration))
        self.boost_model = boost_model
        return boost_model
    def predict(self, test_data):
        '''
        预测
        参数：
            test_data，待预测的特征数据
        返回：
            predict_score，测试集的预测分数，也可以当作合成的因子值
        '''
        dtest = xgb.DMatrix(test_data)
        predict_score = self.boost_model.predict(dtest,
ntree_limit=self.boost_model.best_ntree_limit)
        return predict_score
```

接下来加载第一部分的预处理数据，代码如下：

```
factors = [b'Beta60', b'OperatingRevenueGrowRate', b'NetProfitGrowRate',
b'NetCashFlowGrowRate', b'NetProfitGrowRate5Y', b'TVSTD20',
```

```
            b'TVSTD6', b'TVMA20', b'TVMA6', b'BLEV', b'MLEV',
b'CashToCurrentLiability', b'CurrentRatio', b'REC', b'DAREC', b'GREC',
            b'DASREV', b'SFY12P', b'LCAP', b'ASSI', b'LFLO', b'TA2EV',
b'PEG5Y', b'PE', b'PB', b'PS', b'SalesCostRatio', b'PCF', b'CETOP',
            b'TotalProfitGrowRate', b'CTOP', b'MACD', b'DEA', b'DIFF',
b'RSI', b'PSY', b'BIAS10', b'ROE', b'ROA', b'ROA5', b'ROE5',
            b'DEGM', b'GrossIncomeRatio', b'ROECut', b'NIAPCut',
b'CurrentAssetsTRate', b'FixedAssetsTRate', b'FCFF', b'FCFE', b'PLRC6',
            b'REVS5', b'REVS10', b'REVS20', b'REVS60', b'HSIGMA',
b'HsigmaCNE5', b'ChaikinOscillator', b'ChaikinVolatility', b'Aroon',
            b'DDI', b'MTM', b'MTMMA', b'VOL10', b'VOL20', b'VOL5', b'VOL60',
b'RealizedVolatility', b'DASTD', b'DDNSR', b'Hurst']

    raw_data_dir = "./raw_data"
    df = pd.read_csv(os.path.join(raw_data_dir, "dataset.csv"), dtype=
{"ticker": np.str, "tradeDate": np.str, "next_month_end": np.str}, index_col=0,
encoding='GBK')
    df.head()
```

执行上述代码后,得到的结果如图 11-5 和图 11-6 所示。

	ticker	tradeDate	Beta60	OperatingRevenueGrowRate	NetProfitGrowRate	NetCashFlowGrowRate	NetProfitGrowRate5Y	TVSTD20	TVSTD6	TVMA20	...
0	000001	20070131	0.000 000	0.000 000	0.000 000	0.000 000	0.000 000	0.000 000	0.000 000	0.000 000	...
1	000002	20070131	0.955 952	0.583 446	-0.026 423	-0.359 011	-1.377 147	-0.109 400	0.265 652	-0.579 409	...
2	000004	20070131	-0.331 766	-1.207 075	0.465 394	0.220 472	0.169 796	0.003 275	-0.083 759	0.283 645	...
3	000005	20070131	-1.041 723	2.688 888	0.150 330	-0.276 261	-0.322 730	-0.477 067	-0.832 753	-0.045 548	...
4	000006	20070131	0.267 159	-1.154 351	2.098 961	-0.270 731	0.136 406	1.031 091	0.406 024	2.392 864	...

图 11-5

	ticker	RealizedVolatility	DASTD	DDNSR	Hurst	next_month_end	abs_return	active_return	industryName1	label	year
0	000001	0.0	0.000 000	0.000 000	0.0	20070228	-0.004 064	-0.070 864	银行	-1	2007
1	000002	0.0	0.813 606	-1.290 679	0.0	20070228	-0.037 359	-0.104 159	房地产	-1	2007
2	000004	0.0	-1.093 849	-0.843 932	0.0	20070228	0.223 404	0.156 604	医药生物	0	2007
3	000005	0.0	-1.740 380	-0.396 209	0.0	20070228	0.381 271	0.314 471	公用事业	1	2007
4	000006	0.0	0.183 816	-0.833 317	0.0	20070228	0.081 470	0.014 670	房地产	-1	2007

图 11-6

模型训练、验证、测试阶段,代码如下:

```
import time
def get_train_val_test_data(df, year, split_pct=0.9):
    '''
    # 给定年份,拆分训练集、验证集、测试集
    参数:
        df,第一部分处理后的数据,存储在./raw_data/dataset.csv
```

```
            year，年份，是上述 7 个滚动测试阶段的区别字段
            split_pct，原始训练集拆分训练、验证集合的比例
        返回：
            train_df, val_df, test_df：3 个均为 DataFrame，对应训练、验证、测试的数
据集
        '''
        back_year = max(2007, year-6)
        train_val_df = df[(df['year']>=back_year) & (df['year']<year)]
        train_val_df = train_val_df.sample(frac=1).reset_index(drop=True)
        # 拆分训练集、验证集
        train_df = train_val_df.iloc[0:int(len(train_val_df) * split_pct)]
        val_df = train_val_df.iloc[int(len(train_val_df) * split_pct):]
        test_df = df[df['year']==year]
        return train_df, val_df, test_df
    def format_feature_label(origin_df, is_filter=True):
        '''
        转换为模型输入格式
        参数：
            origin_df，原始输入数据，DataFrame
            is_filter，是否需要过滤 label 为 0 的数据
        返回：
            feature，np.array，对应更改格式后的数据特征
            label，np.array，对应更改格式后的数据标签
        '''
        if is_filter:
            origin_df = origin_df[origin_df['label']!=0]
            # 因子 xgboost 的 label 输入范围只能是[0, 1]，需要对原始 label 进行替换
            origin_df['label'] = origin_df['label'].replace(-1, 0)
        feature = np.array(origin_df[factors])
        label = np.array(origin_df['label'])
        return feature, label
    def write_factor_to_csv(df, predict_score, year, filename):
        '''
        将模型预测分数作为因子值，输出
        参数：
            df，原始数据，DataFrame
            predict_score，模型预测的分数
            year，年份
            filename，需要保存的文件名称
        '''
        df['factor'] = predict_score
        df = df.loc[:, ['ticker', 'tradeDate', 'label', 'factor']]
        is_header = True
        if year != 2011:
            is_header = False
```

```python
        df.to_csv(filename, mode='a+', encoding='utf-8', header=is_header)
from sklearn.linear_model import LogisticRegression
def get_linear_model_result(train_data, train_label, test_data):
    '''
    定义逻辑回归线性模型，作为 xgboost 模型的对照组
    参数：
        train_data, train_label：训练特征，训练标签。在训练线性模型中使用
        test_data，测试数据
    返回：
        predict_score，测试集的预测分数
    '''
    linear_model = LogisticRegression()
    linear_model.fit(train_data, train_label)
    predict_score = linear_model.predict_proba(test_data)[:, 1]
    return predict_score
def pipeline():
    '''
    对 7 个阶段分别进行训练测试，并保存测试的因子合成值
    返回：
        boost_model_list，list 结构，每个阶段汇总的模型集合
    '''
    t0 = time.time()
    raw_data_dir = "./raw_data"
    boost_file = os.path.join(raw_data_dir, "factor_xgboost.csv")
    linear_file = os.path.join(raw_data_dir, "factor_linear.csv")
    try:
        os.remove(boost_file)  # 删除历史因子文件，以防发生冲突
        os.remove(linear_file)
    except Exception as e:
        pass
    boost_model_list = []
    for year in range(2011, 2018):
        print('training model for %s' % year)
        t1 = time.time()
        # 构建训练测试数据
        train_df, val_df, test_df = get_train_val_test_data(df, year)
        train_feature, train_label = format_feature_label(train_df)
        val_feature, val_label = format_feature_label(val_df)
        test_feature, test_label = format_feature_label(test_df, False)
        # xgboost 模型训练，得到因子值并输出
        boost_model = BoostModel()
        boost_model.fit(train_feature, train_label, val_feature, val_label)
        predict_score = boost_model.predict(test_feature)
        write_factor_to_csv(test_df, predict_score, year, boost_file)
```

```
        boost_model_list.append(boost_model)
        # 线性逻辑回归模型训练，得到因子值并输出
        predict_score = get_linear_model_result(train_feature, train_label,
test_feature)
        write_factor_to_csv(test_df, predict_score, year, linear_file)
        print('------------------ finish year: %s, time cost: %s
seconds--------------' % (year, time.time() - t1))
    print('Done, Time cost: %s seconds' % (time.time() - t0))
    return boost_model_list
boost_model_list = pipeline()
```

执行上述代码后，得到的结果如下：

```
training model for 2011
get best eval auc : 0.6414, in step 177
------------------ finish year: 2011, time cost: 88.1813969612 seconds
--------------
training model for 2012
get best eval auc : 0.625909, in step 165
------------------ finish year: 2012, time cost: 92.6324510574 seconds
--------------
training model for 2013
get best eval auc : 0.629507, in step 339
------------------ finish year: 2013, time cost: 195.589152813 seconds
--------------
training model for 2014
get best eval auc : 0.629511, in step 201
------------------ finish year: 2014, time cost: 112.378659964 seconds
--------------
training model for 2015
get best eval auc : 0.631074, in step 535
------------------ finish year: 2015, time cost: 257.011270046 seconds
--------------
training model for 2016
get best eval auc : 0.636321, in step 457
------------------ finish year: 2016, time cost: 297.596801996 seconds
--------------
training model for 2017
get best eval auc : 0.631785, in step 426
------------------ finish year: 2017, time cost: 291.252110958 seconds
--------------
Done, Time cost: 1334.65852404 seconds
```

11.2.2 模型结果分析

上述只展示了模型验证集上的效果,现在让我们来查看一下样本外的准确率如何。

通过计算得知 7 个阶段的平均准确率在 57%左右,平均 AUC 在 60%左右,此处使用了优矿的底层因子,其本身效果很好。示例代码如下:

```
from datetime import datetime
from sklearn.metrics import roc_auc_score
def get_test_auc_acc():
    '''
    计算二分类模型样本外的 ACC 与 AUC,按照日期进行统计
    返回:
        acc_list,样本外的预测准确率集合
        auc_list,样本外的预测 AUC 集合
        mean_acc,样本外的平均预测准确率
        mean_auc,样本外的平均预测 AUC
    '''
    df = pd.read_csv('./raw_data/factor_xgboost.csv')
    # 只查看原有 label 为+1,-1 的数据
    df = df[df['label'] != 0]
    df.loc[:, 'predict'] = df.loc[:, 'factor'].apply(lambda x : 1 if x > 0.5 else -1)
    acc_list = []   # 保存每个月的准确率
    auc_list = []   # 保存每个月的 AUC 指标
    for date, group in df.groupby('tradeDate'):
        df_correct = group[group['predict'] == group['label']]
        correct = len(df_correct) * 1.0 / len(group)
        auc =   roc_auc_score(np.array(group['label']), np.array(group['factor']))
        acc_list.append([date, correct])
        auc_list.append([date, auc])
    acc_list = sorted(acc_list, key=lambda x: x[0], reverse=False)
    mean_acc = sum([item[1] for item in acc_list]) / len(acc_list)
    auc_list = sorted(auc_list, key=lambda x: x[0], reverse=False)
    mean_auc = sum([item[1] for item in auc_list]) / len(auc_list)
    return acc_list, auc_list, round(mean_acc, 2), round(mean_auc, 2)
def plot_accuracy_curve():
    '''
    画图
    '''
    acc_list, auc_list, mean_acc, mean_auc = get_test_auc_acc()
```

```
        plt.plot([datetime.strptime(str(item[0]), '%Y%m%d') for item in
acc_list], [item[1] for item in acc_list], '-bo')
        plt.plot([datetime.strptime(str(item[0]), '%Y%m%d') for item in
auc_list], [item[1] for item in auc_list], '-ro')
        plt.legend([u"acc curve: mean_acc:%s"%mean_acc, u"auc curve: mean
auc:%s"%mean_auc], loc='upper left', handlelength=2, handletextpad=0.5,
borderpad=0.1)
        plt.ylim((0.3, 0.8))
        plt.show()
plot_accuracy_curve()
```

执行上述代码后，得到的结果如图 11-7 所示。

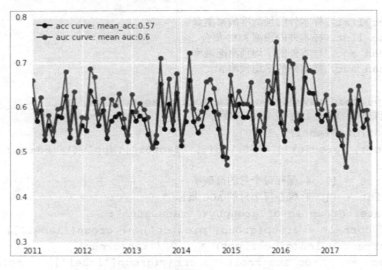

图 11-7

11.2.3　因子重要度分析

在线性模型中，我们可以直接查看各项因子的权重来判断哪些因子起重要作用，比较直观。同样地，Boosting 模型中也有同样的功能。

首先统计各个年份的特征排序，排序范围 1～70，1 为影响最弱，70 为影响最强。最后求出均值。示例代码如下：

```
def get_feature_importance():
    '''
    统计训练模型的特征重要度
```

返回：
　　DataFrame，特征重要度
'''
```
    df = pd.DataFrame(index=factors, columns=range(2011, 2018))
    for i, column in enumerate(range(2011, 2018)):
        feature_importance = boost_model_list[i].boost_model.get_score(importance_type='weight')
        df[column] = pd.Series(index=[factors[int(key.replace('f', ''))] for key, value in feature_importance.items()], data =[value for key, value in feature_importance.items()])
        df[column] = df[column].fillna(0.0)
        df[column] = 1 + np.argsort(np.argsort(df[column]))
    df['all'] = df.mean(axis=1)
    return df.sort_values('all', ascending=False)
feature_importance_df = get_feature_importance()
feature_importance_df.iloc[np.r_[0:10, -10:0]]
```

执行上述代码后，得到的结果如图 11-8 所示。

	2011	2012	2013	2014	2015	2016	2017	all
Hurst	70	70	70	70	68	68	67	69.000 000
Aroon	68	59	69	68	70	69	69	67.428 571
LCAP	66	63	67	66	69	70	70	67.285 714
ChaikinOscillator	62	68	68	67	64	62	65	65.142 857
REVS20	60	62	65	69	67	63	61	63.857 143
REC	67	67	66	65	61	57	58	63.000 000
PLRC6	65	69	63	64	58	56	55	61.428 571
ChaikinVolatility	61	48	59	63	63	66	60	60.000 000
Beta60	64	60	60	62	65	59	47	59.571 429
NIAPCut	69	66	62	59	49	60	51	59.428 571
SalesCostRatio	25	9	27	4	28	4	8	15.000 000
ROA	18	51	8	6	5	2	7	13.857 143
TotalProfitGrowRate	6	14	15	10	14	22	12	13.285 714
ROA5	13	2	25	20	6	5	2	10.428 571
ROE5	12	10	11	8	8	3	16	9.714 286
SFY12P	21	4	4	3	10	9	17	9.714 286
ROE	5	12	3	11	7	10	11	8.428 571
DDNSR	2	3	6	24	9	6	3	7.571 429
FixedAssetsTRate	4	5	2	2	11	13	4	5.857 143
GrossIncomeRatio	1	1	1	1	1	1	1	1.000 000

图 11-8

图 11-8 中列出了排名前 10 和排名后 10 的因子名称，通过查看优矿因子文档，得知 Hurst（赫斯特指数，技术指标类因子）、ChaikinOscillator（佳庆指标，技术指标类因子）、Aroon（动量因子）、LCAP（对数市值）在模型分类中的表现最为重要。

需要注意的是，很多因子之间本身具有相关性，所以表现好坏并不能作为该因子的唯一判断标准。

11.3 因子测试

本节回测组合较多，需要占用很多资源，笔者建议重启环境以释放已占资源，将之前的数据都进行存储，下面的代码可以直接运行而不需要重新运行之前的代码。

11.3.1 载入因子文件

载入因子文件，代码如下：

```
import pandas as pd
import numpy as np
import os
def load_factor(filename):
    '''
    载入之前合成的因子
    参数:
        filename, 因子文件名
    返回:
        DataFrame, 读取文件后的结果
    '''
    factor_frame = pd.read_csv(filename, dtype={"ticker": np.str, "tradeDate": np.str},index_col=0, encoding='GBK')
    factor_frame['ticker'] = factor_frame['ticker'].apply(lambda x: x+'.XSHG' if x[:2] in ['60'] else x+'.XSHE')
    factor_frame = factor_frame[[u'ticker', u'tradeDate', u'factor']]
    factor_frame['tradeDate'] = pd.to_datetime(factor_frame['tradeDate'], format='%Y%m%d')
    factor_frame['tradeDate'] = [item.strftime('%Y-%m-%d') for item in factor_frame['tradeDate']]
    factor_frame.columns = [u'secID', u'tradeDate', u'factor']
    return factor_frame
raw_data_dir = "./raw_data"
```

```
    factor_xgboost = load_factor(os.path.join(raw_data_dir, "factor_xgboost.
csv"))
    factor_linear  = load_factor(os.path.join(raw_data_dir, "factor_linear.
csv"))
```

11.3.2 回测详情

1. 获取不同参数下的股票组合

笔者构建了如下两种组合。

（1）行业中性组合，持仓组合和 benchmark 中的行业权重一致，行业个股数按（2, 5, 10, 15, 20）进行遍历，行业中性根据（HS300、ZZ500）行业内个股等权分配，故每个合成方法有 10 个组合，共 20 个组合。

（2）非行业中性组合，按照因子值从大到小进行排序，持仓股票个数为 "20, 50, 100, 150, 200"，选取个股等权分配，组合数共有 10 个。

读者可以将上述配置更改为自己感兴趣的参数并进行测试，比如，减少行业个股数可以减少耗时。

首先进行基础设置，代码如下：

```
import pandas as pd
import time
start_time = time.time()
```

然后加载基准权重、行业分类等数据，代码如下：

```
stock_list = DataAPI.EquGet(equTypeCD=u"A",secID=u"",ticker=u"",
listStatusCD=u"L,S,DE",field=u"",pandas="1")
stock_list = stock_list['secID'].tolist()
# 中证 500 权重
zz500_weight = DataAPI.IdxCloseWeightGet(secID=u"",ticker=u"000905",
beginDate=u"20101201",endDate=u"20171229",field=u"effDate,consID,weight",
pandas="1")
zz500_weight.set_index('effDate', inplace=True)
# 沪深 300 权重
hs300_weight = DataAPI.IdxCloseWeightGet(secID=u"",ticker=u"000300",
beginDate=u"20101201",endDate=u"20171229",field=u"effDate,consID,weight",
pandas="1")
hs300_weight.set_index('effDate', inplace=True)
# 股票所属行业
start_date = '20101201'
```

```
    end_date = '20171031'
    cal_dates = DataAPI.TradeCalGet(exchangeCD=u"XSHG", beginDate=start_date,
endDate=end_date).sort('calendarDate')
    cal_dates = cal_dates[cal_dates['isMonthEnd']==1]
    trade_month_list = cal_dates['calendarDate'].values.tolist()
    data_list = []
    tcount = 0
    for date in trade_month_list:
        if tcount % 12 == 0:
            print ('get data for %s' % date)
        date_ = date.replace('-', '')
        tmp = DataAPI.RMExposureDayGet(beginDate=date_, endDate=date_)
        data_list.append(tmp)
        tcount +=1
    data = pd.concat(data_list, axis=0)
    industry_df = data.iloc[:, [0, 2] + range(15, 15+28)]
    industry_df['tradeDate'] = industry_df['tradeDate'].apply(lambda x: x[:4]+
"-"+x[4:6]+"-"+x[6:])
    industry_df = industry_df.set_index('tradeDate')
    print("Done, Time Cost:%s seconds" % (time.time() - start_time))
```

执行上述代码后，得到的结果如下：

```
get data for 2010-12-31
get data for 2011-12-30
get data for 2012-12-31
get data for 2013-12-31
get data for 2014-12-31
get data for 2015-12-31
get data for 2016-12-30
Done, Time Cost:19.8516008854 seconds
```

接下来列举权重计算的基本函数，代码如下：

```
def calc_wts_n(df, n):
    '''
    非行业中性下，计算权重的详细算法，等权分配
    参数：
        df, DataFrame, 某个时间段的股票相关信息，包含合成的因子值
        n, 选取股票排名前N的个数
    返回：
        当前日期选取的股票及其权重
    '''
    n_df = df.sort_values(by='factor', ascending=False).head(n)
    n_df['h_wts'] = 1.0 / n
```

```python
        return n_df
    def portfolio_simple_long_only(tfactor, holding_num):
        '''
        全A股，取前N个，等权分配
        参数：
            tfactor, DataFrame, 股票相关信息，包含合成的因子值
            holding_num, 选取股票排名前N的个数
        返回：
            选取的股票及其权重
        '''
        tfactor = tfactor.copy()
        tmp_frame = tfactor.groupby(['tradeDate']).apply(calc_wts_n, holding_num)
        tmp_frame.reset_index(drop=True, inplace=True)
        tmp_frame = tmp_frame[['tradeDate', 'secID', 'h_wts']]
        return tmp_frame.pivot(index='tradeDate', columns='secID', values='h_wts')
    def calc_wts_neu_n(df, n):
        '''
        行业中性下，计算权重的详细算法，行业内等权分配
        参数：
            df, DataFrame, 某个时间段的股票相关信息，包含合成的因子值
            n, 选取股票排名前N的个数
        返回：
            当前日期选取的股票及其权重
        '''
        num = min(n, len(df))
        hold_wts = df['wts'].values[0]/num
        n_df = df.sort_values(by='factor', ascending=False).head(num)
        n_df['h_wts'] = hold_wts
        n_df['hold_n'] = num
        return n_df
    def portfolio_industry_long_only(bm_weight, tfactor, tindu, holding_num=5):
        '''
        行业中性下，得到持仓标的和权重
        参数：
            bm_weight, DataFramem, 基准信息，比如HS300, ZZ500
            tfactor, DataFrame, 股票相关信息，包含合成的因子值
            tindu, DataFrame, 行业信息
            holding_num, 选取股票排名前N的个数
        返回：
            选取的股票及其权重
```

```
    '''
    # 拿到每一期行业的权重
    bm_wts = bm_weight.reset_index()
    bm_wts.columns = ['tradeDate', 'secID', 'wts']
    bm_wts = bm_wts.merge(tindu, on=['tradeDate', 'secID'], how='inner')
    indu_total_wts = bm_wts.groupby(['tradeDate', 'indu'])
['wts'].sum()/100
    indu_total_wts = indu_total_wts.reset_index()
    # 合并以上行业在 bm 中的权重
    tfactor = tfactor.merge(indu_total_wts, on=['tradeDate', 'indu'],
how='left')
    tmp_frame = tfactor.groupby(['tradeDate', 'indu']).apply
(calc_wts_neu_n, holding_num)
    tmp_frame.reset_index(drop=True, inplace=True)
    tmp_frame = tmp_frame[['tradeDate', 'secID', 'h_wts']]
    return tmp_frame.pivot(index='tradeDate', columns='secID', values=
'h_wts')
```

接着进行组合持仓基础设置，代码如下：

```
import os
import time
import pickle
```

下面计算组合的持仓及权重，代码如下：

```
t1 = time.time()
# 非行业中性组合，挑选排名前 N 股票的组合选择
none_industry_neu_hold_num_list = [20, 50, 100, 150, 200]
# 行业中性组合，挑选每个行业排名前 N 股票的组合选择
industry_neu_hold_num_list = [2, 5, 10, 15, 20]
bm_wts_dict = {
    "HS300":hs300_weight,
    "ZZ500":zz500_weight
}
all_factor = {
            'factors_xgboost': factor_xgboost,
            'factors_linear': factor_linear
        }
# 行业中性股票权重，分为沪深 300、中证 500 行业中性
all_weights_neu = {
                'factors_xgboost':{"HS300":[pd.DataFrame() for i in
range(5)], "ZZ500":[pd.DataFrame() for i in range(5)]},
                'factors_linear':{"HS300":[pd.DataFrame() for i in
```

```
range(5)], "ZZ500":[pd.DataFrame() for i in range(5)]}
                }
    # 非行业中性股票权重
    all_weights = {
                'factors_xgboost':[pd.DataFrame() for i in range(5)],
                'factors_linear':[pd.DataFrame() for i in range(5)]
                }
    # 行业中性权重计算
    print "calc neu wts..."
    # 先获取行业信息
    tindu = industry_df.reset_index()
    tindu = pd.melt(tindu, id_vars=['tradeDate', 'secID'])
    tindu = tindu[tindu.value==1]
    del tindu['value']
    tindu.columns = ['tradeDate', 'secID', 'indu']
    for factor_name in all_factor.keys():
        # 因子文件,合并以上行业标签
        factor_frame = all_factor[factor_name]
        tfactor = factor_frame.merge(tindu, on=['tradeDate', 'secID'], how='inner')
        # 遍历持仓个数,计算对应的持仓个股和持仓权重
        for t, hold_num in enumerate(industry_neu_hold_num_list):
            # 遍历行业中性对应的指数
            for type_universe in ['HS300', 'ZZ500']:
                wts = portfolio_industry_long_only(bm_wts_dict[type_universe], tfactor, tindu, hold_num)
                all_weights_neu[factor_name][type_universe][t] = wts
    t2 = time.time()
    print("Industry Neutralization Done, Time Cost:%s seconds" % (t2 - t1))
    # 非行业中性权重计算
    print "calc non-neu wts..."
    # 遍历持仓数
    for factor_name in all_factor.keys():
        factor_frame = all_factor[factor_name]
        for t, hold_num in enumerate(none_industry_neu_hold_num_list):
            wts = portfolio_simple_long_only(factor_frame, hold_num)
            all_weights[factor_name][t] = wts
```

将上面的权重 dict 进行存储,便于后续回测时使用。

继续输入如下代码:

```
with open(os.path.join("./pre_handle_data/","weights_neu.txt"), 'wb') as
```

```
fHandler:
    pickle.dump(all_weights_neu, fHandler)
with open(os.path.join("./pre_handle_data/","weights_noneu.txt"), 'wb')
as fHandler:
    pickle.dump(all_weights, fHandler)
t3 = time.time()
print("Industry None Neutralization Done, Time Cost:%s seconds" % (t3 - t2))
```

执行上述代码后，得到的结果如下：

```
calc neu wts...
Industry Neutralization Done, Time Cost:101.420031071 seconds
calc non-neu wts...
Industry None Neutralization Done, Time Cost:11.2006449699 seconds
```

2. 组合回测

由于有 30 个组合，需要回测 30 次，所以回测时间比较长，下面这个策略运行完大概需要 110 分钟，且占用资源较多。

但是，由于前面已经将数据进行了存储，所以可以重启环境并释放资源后，从下面直接开始运行。

首先进行基础设置，代码如下：

```
import os
import threading
import pickle
import time
import numpy as np
import pandas as pd
from CAL.PyCAL import *
start_time = time.time()
none_industry_neu_hold_num_list = [20, 50, 100, 150, 200]
industry_neu_hold_num_list = [2, 5, 10, 15, 20]
```

回测参数部分，代码如下：

```
start = '2011-01-01'                         # 回测起始时间
end = '2017-12-31'                           # 回测结束时间
universe = DynamicUniverse('A')
benchmark = 'ZZ500'                          # 策略参考基准
capital_base = 10000000                      # 起始资金
freq = 'd'
refresh_rate = Monthly(1)
```

```
accounts = {
    'fantasy_account': AccountConfig(account_type='security', capital_base=10000000)
}
```

回测行情预加载相关函数和设置,代码如下:

```
sim_params = quartz.SimulationParameters(start, end, benchmark, universe, capital_base, refresh_rate=refresh_rate, accounts=accounts, max_history_window=30)
# 获取回测行情数据
data = quartz.get_backtest_data(sim_params)
data.rolling_load_daily_data(sim_params.trading_days)
# ----------------策略逻辑部分----------------
def initialize(context):
    '''
    初始化虚拟账户状态
    context: quartz 框架默认传参,运行环境
    '''
    pass
def handle_data(context):
    '''
    构建策略逻辑部分,包括每次的组合与交易部分
    context: quartz 框架默认传参,运行环境
    '''
    account = context.get_account('fantasy_account')
    pre_date = context.previous_date.strftime("%Y-%m-%d")
    # 因子只在每个月底计算,所以调仓也在每月最后一个交易日进行
    if pre_date not in weights.index:
        return
    # 组合构建
    wts = weights.loc[pre_date, :].dropna()
    # 交易部分
    sell_list = [stk for stk in account.get_positions() if stk not in wts]
    for stk in sell_list:
        account.order_to(stk,0)
    c = account.portfolio_value
    change = {}
    for stock, w in wts.iteritems():
        p = context.current_price(stock)
        if not np.isnan(p) and p > 0:
            this_position = account.get_position(stock)
            if this_position is None:
```

```
                    change[stock] = int(c * w / p)
            else:
                    change[stock] = int(c * w / p) - this_position.amount
    for stock in sorted(change, key=change.get):
        account.order(stock, change[stock])
# 生成策略对象
strategy = quartz.TradingStrategy(initialize, handle_data)
```

然后将存储的权重 dict 读取出来，代码如下：

```
def read_wts():
    '''
    读取之前保存的组合权重配置文件
    '''
    # 行业中性股票权重，分为沪深 300、中证 500 行业中性
    all_weights_neu = {
                    'factors_xgboost':{"HS300":[pd.DataFrame() for i in range(5)], "ZZ500":[pd.DataFrame() for i in range(5)]},
                    'factors_linear':{"HS300":[pd.DataFrame() for i in range(5)], "ZZ500":[pd.DataFrame() for i in range(5)]}
                    }
    # 非行业中性股票权重
    all_weights = {
                    'factors_xgboost':[pd.DataFrame() for i in range(5)],
                    'factors_linear':[pd.DataFrame() for i in range(5)]
                    }
    with open(os.path.join("./pre_handle_data/", "weights_neu.txt"), 'rb') as fHandler:
        all_weights_neu = pickle.load(fHandler)
    with open(os.path.join("./pre_handle_data/", "weights_noneu.txt"), 'rb') as fHandler:
        all_weights = pickle.load(fHandler)
    return all_weights_neu, all_weights
def get_backtest_result(params_dict):
    '''
    回测组合，得到结果并保存
    参数：
        params_dict，字典，当前组合的参数
    '''
    save_dir = params_dict['save_dir']
    factor_name = params_dict['factor_name']
    holding_num = params_dict['holding_num']
    type_universe = params_dict['type_universe']
```

```
            weights = params_dict['weights']
        print "------------------------backtesting Factor: %s, top N: %s,
universe:   %s----------------------" %(factor_name, holding_num, type_
universe)
        try:
            # 开始回测
            bt, perf = quartz.quick_backtest(sim_params, strategy, data=data)
            # 存储回测结果
            tmp = bt[[u'tradeDate',u'portfolio_value',u'benchmark_return']]
            if type_universe is None:
                save_file = os.path.join(save_dir, "%s_%s_%s.csv"%(factor_name,
"noneu", str(holding_num)))
            else:
                save_file = os.path.join(save_dir, "%s_%s_%s.csv"%(factor_name,
type_universe, str(holding_num)))
            tmp.to_csv(save_file, index=False)
        except Exception, err:
            print "Error", err
    save_dir = "store_data"
    target_universe = ['ZZ500', 'HS300']
    if not os.path.exists(save_dir):
        os.mkdir(save_dir)
    # 读取之前的权重数据
    print "reading wts ..."
    all_weights_neu, all_weights = read_wts()
```

接下来回测行业中性组合，代码如下：

```
    # 行业中性的存储变量
    result_neu = {
                'factors_xgboost':{"HS300":{}, "ZZ500":{}},
                'factors_linear':{"HS300":{}, "ZZ500":{}}
            }
    for name in result_neu.keys():
        for type_universe in target_universe:
            for i, weights in enumerate(all_weights_neu[name][type_universe]):
                # 设置回测参数
                tmp_dict = {
                    "save_dir": save_dir,
                    "factor_name": name,
                    "holding_num": industry_neu_hold_num_list[i],
                    "type_universe": type_universe,
                    "weights": weights
```

```
            }
            tstart = time.time()
            get_backtest_result(tmp_dict)
            tend = time.time()
            print ("------------------------finished one round, time cost : %s seconds-----------------------"%(tend - tstart))
```

最后回测非行业中性组合,代码如下:

```
result = {'factors_xgboost':{}, 'factors_linear':{}}
for name in result.keys():
    for i, weights in enumerate(all_weights[name]):
        tmp_dict = {
                "save_dir":save_dir,
                "factor_name":name,
                "holding_num": none_industry_neu_hold_num_list[i],
                "type_universe":None,
                "weights":weights
        }
        tstart = time.time()
        get_backtest_result(tmp_dict)
        tend = time.time()
        print ("------------------------finished one round, time cost : %s seconds-----------------------"%(tend - tstart))
    print("Done, Time Cost : %s seconds" % (time.time() - start_time))
```

执行上述代码后,得到的结果如下:

```
--backtesting Factor: factors_xgboost, top N: 20, universe: None------
--finished one round, time cost : 59.2942738533 seconds---------------
--backtesting Factor: factors_xgboost, top N: 50, universe: None------
--finished one round, time cost : 62.4721479416 seconds---------------
--backtesting Factor: factors_xgboost, top N: 100, universe: None-----
--finished one round, time cost : 68.4197509289 seconds---------------
---backtesting Factor: factors_xgboost, top N: 150, universe: None----
--finished one round, time cost : 74.6352181435 seconds---------------
--backtesting Factor: factors_xgboost, top N: 200, universe: None---
--finished one round, time cost : 81.2529959679 seconds--------------
Done, Time Cost : 2734.31934309 seconds
```

3. 回测组合指标比较

为了方便对指标进行比较,首先需要加载基准收益率,代码如下:

```
field_columns = ['ticker', 'secShortName', 'tradeDate', 'CHGPct']
```

```
    df = DataAPI.MktIdxdGet (ticker = '000300', beginDate = '20110101',
endDate = u"20171231", exchangeCD = u"XSHE,XSHG", field = field_columns,
pandas = "1")
    benchmark_return_hs300 = df ['CHGPct']
    df = DataAPI.MktIdxdGet (ticker = '000905', beginDate = '20110101',
endDate = u"20171231", exchangeCD = u"XSHE,XSHG", field = field_columns,
pandas = "1")
    benchmark_return_zz500 = df['CHGPct']
```

（1）行业中性组合的代码如下：

```
import os
import matplotlib.cm as cm
import matplotlib.pyplot as plt
import numpy as np
import seaborn as sns
import pandas as pd
import numpy as np
from CAL.PyCAL import *
sns.set_style('white')
save_dir = "store_data"
def get_hedge_result(benchmark_return, columns, bm='noneu'):
    '''
    统计回测结果信息，包括超额收益、最大回测、信息比率、Calmar 比率
    参数：
        benchmark_return，DataFrame，基准收益率
        columns，挑选的股票个数 list，比如上述的[2, 5, 10, 15, 20]
        bm，是否是行业中性组合，非行业中性组合取值为 noneu, 行业中性组合则标志是对哪个
基准进行行业中性的，取值为 HS300、ZZ500
    返回：
        计算的超额收益、最大回测、信息比率、Calmar 比率
    '''
    annual_excess_return = pd.DataFrame()
    excess_return_max_drawdown = pd.DataFrame()
    excess_return_ir = pd.DataFrame()
    for factor_name in ['factors_linear', 'factors_xgboost']:
        tmp_annual_excess_return = pd.DataFrame(columns=columns, index=
[factor_name])
        tmp_excess_return_max_drawdown = pd.DataFrame(columns=columns, index=
[factor_name])
        tmp_excess_return_ir = pd.DataFrame(columns=columns, index=[factor_
name])
        for qt, num in enumerate(columns):
```

```python
            bt = pd.read_csv(os.path.join(save_dir, "%s_%s_%s.csv"%(factor_name, bm, str(num))))
            tmp = bt[[u'tradeDate',u'portfolio_value',u'benchmark_return']]
            tmp['portfolio_return'] = tmp['portfolio_value'] / tmp['portfolio_value'].shift(1) - 1.0    # 总头寸每日回报率
            tmp['portfolio_return'].ix[0] = tmp['portfolio_value'].ix[0] / 10000000.0 - 1.0
            tmp['excess_return'] = tmp['portfolio_return'] - benchmark_return
            tmp['excess'] = tmp['excess_return'] + 1.0
            tmp['excess'] = tmp['excess'].cumprod()
            tmp_annual_excess_return.iloc[0, qt] = tmp['excess'].iloc[-1]**(252.0/len(tmp)) - 1.0
            tmp_excess_return_max_drawdown.iloc[0, qt] = max([1 - v/max(1, max(tmp['excess'][:t+1])) for t,v in enumerate(tmp['excess'])])
            tmp_excess_return_ir.iloc[0, qt] = tmp_annual_excess_return.iloc[0, qt] / np.std(tmp['excess_return']) / np.sqrt(252)
        annual_excess_return = annual_excess_return.append(tmp_annual_excess_return)
        excess_return_max_drawdown = excess_return_max_drawdown.append(tmp_excess_return_max_drawdown)
        excess_return_ir = excess_return_ir.append(tmp_excess_return_ir)
    annual_excess_return = annual_excess_return.convert_objects(convert_numeric=True)
    excess_return_max_drawdown = excess_return_max_drawdown.convert_objects(convert_numeric=True)
    excess_return_ir = excess_return_ir.convert_objects(convert_numeric=True)
    calmar_ratio = annual_excess_return / excess_return_max_drawdown
    return annual_excess_return, excess_return_max_drawdown, excess_return_ir, calmar_ratio
def bar_plot(data_set, ax, title=None):
    '''
    进行 bar 画图，对比线性模型与 xgboost 的结果
    参数：
        data_set, DataFrame, 待画图的数据
        ax, 图形设置
    返回：
        ax, 画好的图形
    '''
    data_set.T.plot(kind='bar', ax=ax, legend=False)
    ax.set_title(title, fontproperties=font, fontsize=20)
```

```
        ax.set_xticks(range(data_set.shape[1]), data_set.columns.tolist())
        ax.legend(data_set.index.tolist(), ncol=2)
        return ax
    def plot_result(annual_excess_return,excess_return_max_drawdown, excess_
return_ir, calmar_ratio):
        '''
        对上述统计后的超额收益等依次进行画图
        参数：
            annual_excess_return, DataFrame, 超额收益
            excess_return_max_drawdown, DataFrame, 最大回撤
            excess_return_ir, DataFrame, 信息比率
            calmar_ratio, DataFrame, Calmar 比率
        '''
        fig = plt.figure(figsize=(24, 5))
        ax1 = fig.add_subplot(141)
        ax2 = fig.add_subplot(142)
        ax3 = fig.add_subplot(143)
        ax4 = fig.add_subplot(144)
        ax1 = bar_plot(annual_excess_return, ax1, title=u'年化超额收益率')
        ax2 = bar_plot(excess_return_max_drawdown, ax2, title=u'超额收益最大
回撤')
        ax3 = bar_plot(excess_return_ir, ax3, title=u'信息比率')
    ax4 = bar_plot(calmar_ratio, ax4, title=u'Calmar 比率')
```

首先拿到对冲后的结果，代码如下：

```
none_industry_neu_hold_num_list = [20, 50, 100, 150, 200]
industry_neu_hold_num_list = [2, 5, 10, 15, 20]
annual_excess_return_500,excess_return_max_drawdown_500,excess_return_ir
_500,calmar_ratio_500=get_hedge_result(benchmark_return_zz500,industry_neu_h
old_num_list, bm='ZZ500')
annual_excess_return_300,excess_return_max_drawdown_300,excess_return_ir
_300,calmar_ratio_300 = get_hedge_result(benchmark_return_hs300, industry_
neu_hold_num_list, bm='HS300')
```

然后对冲中证 500，代码如下：

```
plot_result(annual_excess_return_500, excess_return_max_drawdown_500,
excess_return_ir_500, calmar_ratio_500)
```

执行上述代码后，得到的结果如图 11-9 所示。横轴为每个一级行业中，买入的股票个数。

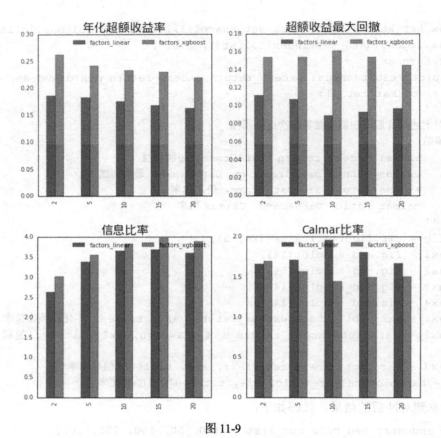

图 11-9

接下来对冲沪深 300，代码如下：

```
plot_result(annual_excess_return_300,    excess_return_max_drawdown_300,
excess_return_ir_300, calmar_ratio_300)
```

执行上述代码后，得到的结果如图 11-10 所示。横轴为每个一级行业中，买入的股票个数。

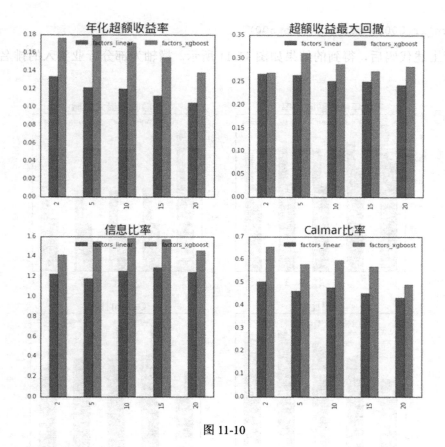

图 11-10

（2）非行业中性组合。

首先拿到对冲后的结果，代码如下：

```
none_industry_neu_hold_num_list = [20, 50, 100, 150, 200]
industry_neu_hold_num_list = [2, 5, 10, 15, 20]
annual_excess_return_500, excess_return_max_drawdown_500, excess_return_ir_500,
calmar_ratio_500=get_hedge_result(benchmark_return_zz500,none_industry_neu_hold_num_list)
annual_excess_return_300, excess_return_max_drawdown_300, excess_return_ir_300,
calmar_ratio_300=get_hedge_result(benchmark_return_hs300,none_industry_neu_hold_num_list)
```

然后对冲中证 500，代码如下：

```
plot_result(annual_excess_return_500,excess_return_max_drawdown_500,exce
```

ss_return_ir_500, calmar_ratio_500)

执行上述代码后,得到的结果如图 11-11 所示。横轴为部分行业买入的排名前 N 只股票。

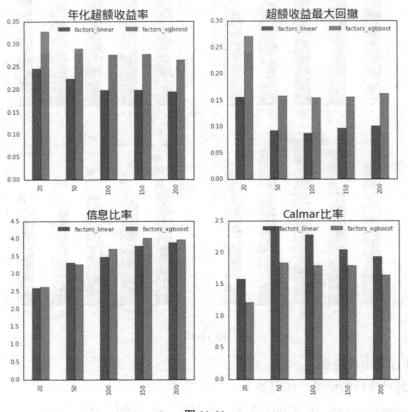

图 11-11

接下来对冲沪深 300,代码如下:

```
plot_result(annual_excess_return_300,excess_return_max_drawdown_300,excess_return_ir_300, calmar_ratio_300)
```

执行上述代码后,得到的结果如图 11-12 所示。横轴为部分行业买入的排名前 N 只股票。

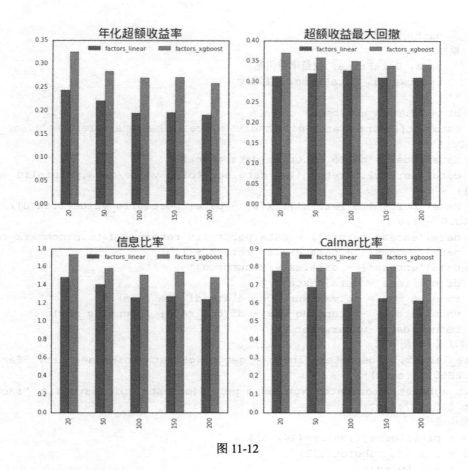

图 11-12

4. 超额收益走势及回撤比较

以中证 500 的行业中性组合，每个行业买入 2 只股票组合为例，并将组合用中证 500 指数进行对冲，画图对 xgboost 与线性模型进行比较。示例代码如下：

```
import os
import pandas as pd
import numpy as np
save_dir = "./store_data"
import matplotlib.pyplot as plt
from CAL.PyCAL import *    # CAL.PyCAL 中包含 font
def get_pf(path):
    '''
    计算净值和回撤，待画图用
    参数：
```

```
            path，回测结果的路径
        返回：
            data，DataFrame，收益率等信息
            underwater，DataFrame，回撤信息
        '''
        bt = pd.read_csv(path)
        data=bt[[u'tradeDate',u'portfolio_value',u'benchmark_return']].set_index
('tradeDate')
        data.index = pd.to_datetime(data.index)
        data['portfolio_return'] = data.portfolio_value/data.portfolio_value.
shift(1) - 1.0
        data['portfolio_return'].ix[0] = data['portfolio_value'].ix[0]/
10000000.0 - 1.0
        data['excess_return'] = data.portfolio_return - data.benchmark_return
        data['excess'] = data.excess_return + 1.0
        data['excess'] = data.excess.cumprod()
        df_cum_rets = data['excess']
        running_max = np.maximum.accumulate(df_cum_rets)
        underwater = -((running_max - df_cum_rets) / running_max)
        return data, underwater
    # 读取因子回测数据
    data_linear, underwater_linear = get_pf(os.path.join(save_dir, "factors_
linear_ZZ500_2.csv"))
    data_xgboost, underwater_xgboost = get_pf(os.path.join(save_dir, "factors_
xgboost_ZZ500_2.csv"))
    # 画图展示
    fig = plt.figure(figsize=(14, 6))
    ax1 = fig.add_subplot(111)
    ax2 = ax1.twinx()
    ax1.grid(True)
    ax1.set_ylim(-0.25, 0.25)
    ax1.fill_between(underwater_xgboost.index, 0, np.array(underwater_xgboost),
color='r')
    ax1.fill_between(underwater_linear.index, 0, np.array(underwater_linear),
alpha=0.5, color='g')
    (data_xgboost['excess']-1).plot(ax=ax2,    label='Xgboost',    color='r',
fontsize=20)
    (data_linear['excess']-1).plot(ax=ax2, label='Linear', color='g', fontsize=20)
    ax2.set_ylim(-6, 6)
    ax2.legend(loc='best')
    s = ax1.set_title(u"对冲组合超额收益走势（曲线图）", fontproperties=font,
fontsize=16)
    s = ax1.set_ylabel(u"回撤（柱状图）", fontproperties=font, fontsize=16)
```

```
s = ax2.set_ylabel(u"累计超额收益（曲线图）", fontproperties=font, fontsize=16)
s = ax1.set_xlabel(u"红线组合：中证500行业中性、每个行业买2只、对冲中证500指数", fontproperties=font, fontsize=16)
```

执行上述代码后，得到的结果如图 11-13 所示（由于本书是黑白印刷，涉及的颜色无法在书中呈现，请读者结合软件界面进行辨识）。

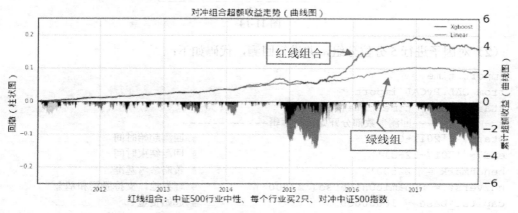

图 11-13

11.3.3 Boosting 模型合成因子分组回测

（1）因子数据读取，代码如下：

```
import pandas as pd
import numpy as np
signal_df = pd.read_csv(u'./raw_data/factor_xgboost.csv', dtype={"ticker": np.str, "tradeDate": np.str},index_col=0, encoding='GBK')
signal_df['ticker'] = signal_df['ticker'].apply(lambda x: str(x).zfill(6))
signal_df['ticker'] = signal_df['ticker'].apply(lambda x: x+'.XSHG' if x[:2] in ['60'] else x+'.XSHE')
signal_df = signal_df[[u'ticker', u'tradeDate', u'factor']]
signal_df.head()
```

执行上述代码后，得到的结果如图 11-14 所示。

	ticker	tradeDate	factor
75950	000001.XSHE	20101231	0.541 015
75951	000002.XSHE	20101231	0.457 563
75952	000004.XSHE	20101231	0.681 263
75953	000005.XSHE	20101231	0.505 933
75954	000006.XSHE	20101231	0.532 050

图 11-14

（2）对因子进行 5 分位分组，并进行回测，代码如下：

```
import time
from CAL.PyCAL import *
start_time = time.time()
# -----------回测参数部分开始，可编辑------------
start = '2011-01-01'                                # 回测起始时间
end = '2017-12-31'                                  # 回测结束时间
benchmark = 'ZZ500'                                 # 策略参考基准
universe = DynamicUniverse('ZZ500')                 # 证券池，支持股票和基金
capital_base = 10000000                             # 起始资金
freq = 'd'
refresh_rate = Monthly(1)
factor_data = signal_df[['ticker', 'tradeDate', 'factor']]    # 读取因子数据
factor_data = factor_data.set_index('tradeDate', drop=True)
q_dates = factor_data.index.values
accounts = {
    'fantasy_account': AccountConfig(account_type='security', capital_base=10000000)
}
# ---------------回测参数部分结束-----------------
# 把回测参数封装到 SimulationParameters 中，以供 quick_backtest 使用
sim_params = quartz.SimulationParameters(start, end, benchmark, universe, capital_base, refresh_rate=refresh_rate, accounts=accounts)
# 获取回测行情数据
data = quartz.get_backtest_data(sim_params)
# 运行结果
results = {}
# 调整参数（选取股票的集成因子 5 分位数），进行快速回测
for quantile_five in range(1, 6):
    # ---------------策略逻辑部分-----------------
    def initialize(context):                        # 初始化虚拟账户状态
        pass
```

```python
def handle_data(context):
    account = context.get_account('fantasy_account')
    current_universe = context.get_universe('stock', exclude_halt=True)
    pre_date = context.previous_date.strftime("%Y%m%d")
    if pre_date not in q_dates:
        return
    # 拿取调仓日前一个交易日的因子,并按照相应10分位选择股票
    q = factor_data.ix[pre_date].dropna()
    q = q.set_index('ticker', drop=True)
    q = q.ix[current_universe]
    q_min = q['factor'].quantile((quantile_five-1)*0.2)
    q_max = q['factor'].quantile(quantile_five*0.2)
    my_univ = q[(q['factor']>=q_min) & (q['factor']<q_max)].index.values
    # 交易部分
    positions = account.get_positions()
    sell_list = [stk for stk in positions if stk not in my_univ]
    for stk in sell_list:
        account.order_to(stk,0)
    # 在目标股票池中,等权买入
    for stk in my_univ:
        account.order_pct_to(stk, 1.0/len(my_univ))
# 生成策略对象
strategy = quartz.TradingStrategy(initialize, handle_data)
# ---------------策略定义结束-----------------
# 开始回测
bt, perf = quartz.quick_backtest(sim_params, strategy, data=data)
# 保存运行结果,1为因子最强组,5为因子最弱组
results[6 - quantile_five] = {'max_drawdown': perf['max_drawdown'],
'sharpe': perf['sharpe'], 'alpha': perf['alpha'], 'beta': perf['beta'],
'information_ratio': perf['information_ratio'], 'annualized_return': perf
['annualized_return'], 'bt': bt}
print ('backtesting for group %s..................................' %
str(quantile_five)),
print ('Done! Time Cost: %s seconds' % (time.time()-start_time))
```

执行上述代码后,得到的结果如下:

```
backtesting for group 1.......... backtesting for group 2........
backtesting for group 3.......... backtesting for group 4.......
 backtesting for group 5......... Done! Time Cost: 238.536943913 seconds
```

(3)展示回测结果,代码如下:

```python
    import seaborn as sns
    import matplotlib.pyplot as plt
    sns.set_style('white')
    fig = plt.figure(figsize=(10,8))
    ax1 = fig.add_subplot(211)
    ax2 = fig.add_subplot(212)
    ax1.grid()
    ax2.grid()
    for qt in results:
        bt = results[qt]['bt']
        data = bt[[u'tradeDate',u'portfolio_value',u'benchmark_return']]
        data['portfolio_return'] = data.portfolio_value/data.portfolio_value.shift(1) - 1.0    # 总头寸每日回报率
        data['portfolio_return'].ix[0] = data['portfolio_value'].ix[0]/10000000.0 - 1.0
        data['excess_return'] = data.portfolio_return - data.benchmark_return
        data['excess'] = data.excess_return + 1.0
        data['excess'] = data.excess.cumprod()         # 总头寸对冲指数后的净值序列
        data['portfolio'] = data.portfolio_return + 1.0
        data['portfolio'] = data.portfolio.cumprod()    # 总头寸不对冲时的净值序列
        data['benchmark'] = data.benchmark_return + 1.0
        data['benchmark'] = data.benchmark.cumprod()    # benchmark 的净值序列
        results[qt]['hedged_max_drawdown'] = max([1 - v/max(1, max(data['excess'][:i+1])) for i,v in enumerate(data['excess'])])    # 对冲后净值最大回撤
        results[qt]['hedged_volatility'] = np.std(data['excess_return'])*np.sqrt(252)
        results[qt]['hedged_annualized_return'] = (data['excess'].values[-1])**(252.0/len(data['excess'])) - 1.0
        ax1.plot(data['tradeDate'], data[['portfolio']], label=str(qt))
        ax2.plot(data['tradeDate'], data[['excess']], label=str(qt))
    ax1.legend(loc=0)
    ax2.legend(loc=0)
    ax1.set_ylabel(u"净值", fontproperties=font, fontsize=16)
    ax2.set_ylabel(u"对冲净值", fontproperties=font, fontsize=16)
    ax1.set_title(u"因子不同 5 分位分组选股净值走势", fontproperties=font, fontsize=16)
    ax2.set_title(u"因子不同 5 分位分组选股对冲中证 500 指数后净值走势", fontproperties=font, fontsize=16)
    # 将 results 转换为 DataFrame
    results_pd = pd.DataFrame(results).T.sort_index()
```

```
results_pd = results_pd[[u'alpha', u'beta', u'information_ratio', u'sharpe',
u'annualized_return', u'max_drawdown', u'hedged_annualized_return', u'hedged_
max_drawdown', u'hedged_volatility']]
cols = [(u'风险指标', u'Alpha'), (u'风险指标', u'Beta'), (u'风险指标', u'信息
比率'), (u'风险指标', u'夏普比率'), (u'纯股票多头时', u'年化收益率'), (u'纯股票多头时',
u'最大回撤'), (u'对冲后', u'年化收益率'), (u'对冲后', u'最大回撤'), (u'对冲后', u'收
益波动率')]
results_pd.columns = pd.MultiIndex.from_tuples(cols)
results_pd.index.name = u'5分位组别'
results_pd
```

代码输入完成后,得到的结果如图11-15所示。

	风险指标				纯股票多头时		对冲后		
5分位组别	Alpha	Beta	信息比率	夏普比率	年化收益	最大回撤	年化收益	最大回撤	收益波动率
1	0.129 81	0.987 455	2.305 35	0.474 347	0.165 081	0.437 365	0.125 43	0.071 641 4	0.051 624 7
2	0.0792 795	0.981 023	1.572 24	0.292 854	0.114 549	0.472 353	0.075 691 7	0.076 010 8	0.046 912 3
3	0.0132 622	0.961 616	0.263 561	0.050 999	0.048 526 5	0.504 972	0.009 971 42	0.090 784 3	0.040 595 3
4	-0.054 251 4	1.014 49	-1.407 78	-0.193 319	-0.018 972 6	0.572 033	-0.051 724 3	0.309 56	0.037 074 8
5	-0.154 787	1.027 49	-3.071 73	-0.542 275	-0.119 505	0.669 717	-0.148 825	0.663 578	0.051 782

图11-15

用图形显示如图11-16所示。

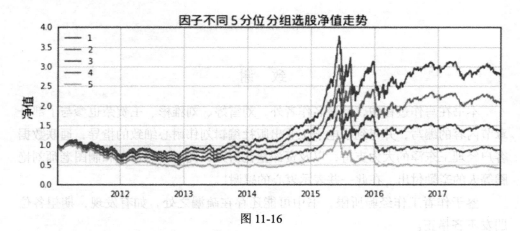

图11-16

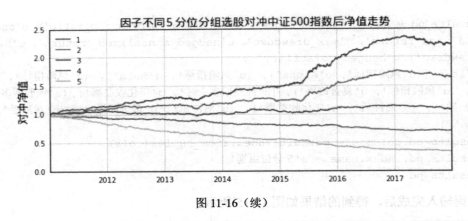

图 11-16（续）

从图 11-16 中可以看出 1~5 组有明显的单调关系，这可以说明该因子有一定的选股能力。

上述的一些输入仅作参考，读者可以根据自己的需要更改模型输入基础因子、模型训练参数及框架，来进行因子回测。

致 谢

本书在写作过程中，除署名作者外，刘雪婷、刘雅彬、王贺荣也参与了部分章节内容的编写，并得到了电子工业出版社编辑刘伟耐心细致的指导，通联数据客户经理王东泽的大力支持，以及资深量化研究员沈冬鹏的帮助和制图老师刘艳腾等人的辛勤付出，在此一并表示衷心的感谢！

鉴于作者工作经验所限，书中可能还存在疏漏之处，如有发现，期望各位朋友不吝指正。

韩 煮

2019 年 10 月